GIESSEREI Jahrbuch 2026

Titelfoto: Dmitry - stock.adobe.com
Satz: BDG/Giesserei Medien · Druck: D+L Printpartner GmbH, Bocholt

1. Auflage

Printed in Germany
ISBN 978-3-96144-313-0

Giesserei Jahrbuch 2026

herausgegeben vom

Bundesverband der Deutschen Gießerei-Industrie (BDG)
Verein Deutscher Giessereifachleute (VDG)

DVS Media GmbH, Düsseldorf

Inhaltsverzeichnis

Wichtige Termine in 2026

EUROGUSS mit Druckgusstag 2026
13.-15.01.2026, Nürnberg

NORTEC
03.-05.02.2026, Hamburg

AM Forum
10.-11.03.2026, Berlin

VDI-Facht. Gießen v. KFZ-Komp.
11.-12.03.2026, Biberach/Riß

50. Aachener Gießerei-Kolloquium
19.-20.03.2026, Aachen

LOGIMAT
24.-26.03.2026, Stuttgart

CastExpo & Metalcasting Congress
14.-16.04.2026, Grand Rapids,USA

HANNOVER MESSE
20.-24.04.2026, Hannover

Intertool Austria
21.-24.04.2026, Wels, Österreich

DMI - Die & Mold India int. Exhibition
21.-24.04.2026, Mumbai/India

68. Österreichische Gießereitagung
23.-24.04.2026, Gurten, Österreich

Surface Technology
05.-07.05.2026, Stuttgart

Metal China & Diecasting China
06.-09.05.2026, Shanghai

Deutscher Gießereitag
20.-21.05.2026, Göttingen

CastForge und Make to Order Days
09.-11.06.2026, Stuttgart

Osnabrücker Leichtbautage
10.-11.06.2026, Osnabrück

DMC Die & Mold China
01.-04.07.2026, Shanghai, China

Lightweight Asia u. Aluminium China
08.-10.07.2026, Shanghai, China

THERMOTEC
09.-11.09.2026, Tokio, Japan

GIFA INDONESIA
09.-12.09.2026, Jakarta, Indonesien

AMB, int. Ausst. f. Metallbearbeitung
15.-19.09.2026, Stuttgart

66. IFC Portoroz
16.-18.09.2026, Portoroz, Slowenien

68. ICR, intern. Feuerfest-Kolloquium
16.-17.09.2026, Aachen

METAL
22.-24.09.2026, Kielce / Polen

ALUMINIUM, Weltmesse und Kongress
06.-08.10.2026, Düsseldorf

FOND-EX & PROFINTECH
06.-09.10.2026, Brünn, Tschech. Republik

BI-MU, Fachm. f. Werkzeugm., Roboter
13.-16.10.2026, Mailand, Italien

76. Centenary World Foundry Congress
18.-24.10.2026, Istanbul, Türkei

ANKIROS / ANNOFER / TURCAST
22.-24.10.2026, Istanbul, Türkei

GIFA Mexico
28.-30.10.2026, Monterrey, Mexiko

35. Ledebur-Kolloquium
29.-30.10.2026, Freiberg

UK Metals Expo
04.-05.11.2026, Bermingham, UK

Hüttentag, Branchentreff d. Stahl-Ind.
12.11.2026, Essen

Formnext
17.-20.11.2026, Frankfurt/Main

GIFA 2027, Bright World of Metals
21.-25.06.2027, Düsseldorf

Diese Angaben sind ohne Gewähr; Änderungen von Inhalten, Terminen und Durchführungsorten vorbehalten

Haus der Gießerei-Industrie

Bundesverband der Deutschen Gießerei-Industrie e. V. (BDG)
Hansaallee 203, 40549 Düsseldorf
Telefon (0211) 6871-0, Telefax (0211) 6871-333
E-Mail: info@bdguss.de
www.guss.de

Verein Deutscher Giessereifachleute e. V. (VDG)
Hansaallee 203, 40549 Düsseldorf
Telefon (0211) 6871-0, Telefax (0211) 6871-333
E-Mail: info@vdg.de
www.vdg.de

BDG-Service GmbH
VDG-Akademie
Hansaallee 203, 40549 Düsseldorf
Telefon (0211) 6871-266
E-Mail: ralf.stog@bdg-service.de
www.bdg-service.de
www.vdg-akademie.de

1 Eisen- und Stahlguss

Die in diesem Kapitel aufgeführten Tabellen geben eine Übersicht über den Stand der wichtigsten Normen für den Bereich Gießerei. Zwischen EN- und ISO-Normen gibt es einige Abweichungen. Angegeben ist die Bezeichnung der Norm einschließlich dem Jahr der aktuellsten Ausgabe, die immer verwendet werden sollte. Die Normen können Sie bei DIN Media (www.dinmedia.de) abrufen.

1.1 Normenübersicht Gusseisenwerkstoffe und Einsatzstoffe

1.1.1 Gusseisenwerkstoffe

Gelistet sind derzeit die genormten bzw. nicht genormten Gusseisen-Werkstoffsorten.

Tabelle 1.1 Werkstoffnormen für Gusseisenwerkstoffe

Werkstoffgruppe	Europäisch (DIN EN)	International (ISO)
Gusseisen mit Lamellengraphit GJL	DIN EN 1561:2024-03	ISO 185:2020-05
Temperguss GJMW/GJMB	DIN EN 1562:2019-06	ISO 5922:2005-02, bestätigt 2016
Gusseisen mit Kugelgraphit GJS	DIN EN 1563:2019-04 bestätigt 2023	ISO 1083:2018-04 bestätigt 2022
Ausferritisches Gusseisen mit Kugelgraphit ADI	DIN EN 1564:2012-01 Überarbeitung 2023	ISO 17804:2020-06
SiMo-Gusseisen mit Kugelgraphit	DIN EN 16124:2012-02 bestätigt 2023	
Gusseisen mit Vermiculargraphit GJV	DIN EN 16079:2024-03	ISO 16112:2017-02 bestätigt 2022
Austenitisches Gusseisen GJSA	DIN EN 13835:2012-04 bestätigt 2022	ISO 2892:2007-05 bestätigt 2020
Gusseisen-Strangguss	DIN EN 16482:2024-09	
Verschleißbeständiges Gusseisen GJN	DIN EN 12513:2011-05	ISO 21988:2006-07 bestätigt 2020
Graphit-Mikrostruktur, Bestimmung	DIN EN ISO 945-1:2019-06	
Technische Lieferbedingungen 1)Allgemeines 2)Eisengussstücke	DIN EN 1559-1:2011-05 DIN EN 1559-3:2012-01 Überarbeitung 2024	
Bezeichnungssystem, Gusseisen	DIN EN 1560:2011-05	ISO/TR 15931:2004-08
Stand: 21.11.2024		

1.1.2 Einsatzstoffe

Roheisen

Die Bezeichnungen und die Einteilung von Roheisen nach den Gehalten der kennzeichnenden Elemente Kohlenstoff (C), Silizium (Si), Mangan (Mn), Phosphor (P) und Schwefel (S) sind in der Norm **DIN EN 10 001** sowie **ISO 9147** geregelt. Dort sind Grenzwerte für die chemische Zusammensetzung und die Probenahme genannt.

Stahlschrott

Stahlschrott ist der wichtigste metallische Rohstoff für die Herstellung von Gusseisen mit Lamellengrafit EN-GJL und Gusseisen mit Kugelgrafit EN-GJS. Entsprechend wichtig ist die Beachtung der Legierungs- und Begleitelemente im Stahlschrott, insbesondere bei der Herstellung von EN-GJS. Man geht davon aus, dass etwa 50 % der Stahlverbrauchsgüter nach 15 Jahren Lebensdauer zurück in den Werkstoffkreislauf gelangen.

Eingeteilt werden die Stahlsorten nach der Deutschen Stahlschrottsortenliste oder der Europäischen Stahlschrottsortenliste oder nach dem Scrap Specifications Circular.

Unterschieden wird vor allem nach

- Stahlaltschrott
- Stahlneuschrott
- Stahlspäne
- Pakete aus neuem, leichtem Stahlblechschrott

„Kupolschrott“ besteht überwiegend aus Trägern, Profilen und Grobblech (alle frei von NE-Metallen).

Weitere Informationen, insbesondere Deutsche Stahlschrott-Sortenliste: www.bdsv.org

1.2 Normenübersicht Stahlgusswerkstoffe

In den Werkstoffbezeichnungen wird Stahlguss gegenüber Stählen durch ein vorangestelltes G gekennzeichnet. Stahlguss wird nach DIN EN 10020 in die Sorten unlegiert, niedrig legiert und hoch legiert eingeteilt.

Unlegierter Stahlguss. Der Kohlenstoff (0,1 bis 0,7 %) ist im unlegierten Stahlguss das wichtigste Begleitelement für die Gefügeausbildung und damit für die mechanischen und physikalischen Eigenschaften.

Bezeichnung: ähnlich wie bei den Stählen für den Maschinenbau
Beispiel: GE 300 ist ein Stahlguss mit einer Streckgrenze von 300 MPa.

Durch Zugabe weiterer Legierungselemente können hohe Festigkeiten bei gleichzeitig hohen Dehnungswerten erzielt werden. Legierter Stahlguss wird in niedrig- und hochlegierte Werkstoffe unterteilt.

Niedrig legierter Stahlguss. Als niedriglegiert bezeichnet man Stahlgusssorten, bei denen die Summe der Legierungselemente einen Gehalt von 5 Massenprozent nicht überschreitet.

Hoch legierter Stahlguss. Als hochlegiert bezeichnet man Stahlgusssorten, bei denen der mittlere Massengehalt mindestens eines Legierungselementes ≥ 5 % ist.

Hochlegierte Stahlgusssorten werden vorn durch ein X gekennzeichnet.

Tabelle 1.2 Derzeit genormte bzw. nicht genormte Stahlguss-Sorten

Werkstoffgruppe	**Europäisch (EN)**	**International (ISO)** *Werkstoffe zum Teil ähnlich*
Stahlguss für allgemeine Anwendungen	DIN EN 10293:2015-04 bestätigt 2022 Überarbeitung 2021	ISO 9477:2015 Überarbeitung 2023-11 ISO 14737:2021-07
Stahlguss für das Bauwesen	DIN EN 10340:2008-01	
Hochfester Stahlguss mit guter Schweißneigung	SEW 520:2017-12	
Stahlguss für Druckbehälter	DIN EN 10213:2016-10	ISO 4991:2015-12 bestätigt 2022
Hitzebeständiger Stahlguss	DIN EN 10295:2003-01 bestätigt 2020	ISO 11973:2015 Überarbeitung 2023-11
Kaltzäher Stahlguss	nicht genormt, SEW 685:2019-04	nicht genormt
Korrosionsbeständiger Stahlguss	DIN EN 10283:2019-06 Amendment 2021	ISO 11972:2015 Überarbeitung 2023-
Austenitischer Manganstahlguss	DIN EN 10349:2010 bestätigt 2020	ISO 13521:2023-02 Übersetzung 2023-11
Nichtmagnetisierbarer Stahlguss	nicht genormt	nicht genormt
Stahlguss für Werkzeuge	nicht genormt	ISO 10679:2019-09
Gusslegierungen mit bes. phys. Eigensch.	nicht genormt	ISO 19960:2023-02
Stahlguss für Flamm- und Induktionshärtung	SEW 835:2018-01	nicht genormt
Schleuderguss/ Hitzebeständiger Stahl	nicht genormt	ISO 13583-1:2023-02 ISO 13583-2:2023-02
Technische Lieferbedingungen Allgemeines Stahlgussstücke	DIN EN 1559-1:2011-05 DIN EN 1559-2:2014-12 bestätigt 2020	ISO 4990:2023-11
Bezeichnungssystem	DIN EN 10027-1: 2017-01 DIN EN 10027-2: 2015-07	ISO/TS 4949:2016-11
Stand: 15.11.2024		

1.3 Ferrolegierungen

Tabelle 1.3: Derzeit genormte Ferrolegierungen

Werkstoffgruppe	National (DIN)	Europäisch (EN)	International (ISO)
Ferrosilicium	DIN 17560-1:2004-02	–	ISO 5445:1980-12
Silicium	DIN 17560-2:2004-02	–	–
Ferromolybdän	DIN 17561:2004-02	–	ISO 5452:1980-12
Ferrowolfram	DIN 17562:2004-02	–	ISO 5450:1980-12
Ferrovanadium	DIN 17563:2004-02	–	ISO 5451:2022-12
Ferromangan, Ferromangan-Silicium und Mangan	DIN 17564:2004-02	–	ISO 5446:2017 ISO 5447:1980-12
Ferrochrom, Ferrochrom-Silicium und Chrom	DIN 17565:2004-02	–	ISO 5448:1981 ISO 5449:1980-12
Ferrotitan	DIN 17566:2004-02	–	ISO 5454:1980-12
Ferrobor	DIN 17567:2004-02	–	ISO 10386:1994-09
Ferronickel	DIN EN ISO 6501:2021-03		
Ferroniob	DIN 17569:2004-02	–	ISO 5453:1980-12
Calcium-Silicium	DIN 17580:2004-02	–	–
Stand: 15.11.2024			

More affordable than you might believe

1.4 Additiver Oberflächenschutz: LMD-Beschichten von Gusseisen mit Edelstahl

Gusseisen wird aufgrund seiner ausgezeichneten Dämpfungseigenschaften und Kosteneffizienz häufig eingesetzt, zeigt jedoch Schwächen in korrosiven und abrasiven Umgebungen. Die Meissner AG hat eine Laser Metal Deposition (LMD)-Anlage entwickelt, die hier eine nachhaltige Lösung bietet.

FOTOS: MEISSNER AG

Ein auf Hochglanz polierter Testwürfel zeigt das erreichbare Gefüge additiv gefertigter Oberflächenstrukturen

Von Philipp Reichel

Aufgrund seiner mikrostrukturellen Eigenschaften ist Gusseisen, insbesondere EN-GJL250, in der Lage, Schwingungen zu dämpfen und wird daher in Bereichen wie der Lebensmittel-industrie oder dem Maschinenbau und der Automobilindustrie als bevorzugtes Material für Maschinenständer oder Grundgestelle eingesetzt. Allerdings zeigt es sich in feuchter und chemisch belasteter Umgebung anfällig für Korrosion, was insbesondere in der Lebensmittelindustrie zu einem ernsthaften Problem werden kann.

Eine lackierte Oberfläche bietet nur bedingten Schutz gegen die Einwirkung aggressiver Reinigungsmittel und heißem Wasser, was die Lebensdauer von Anla-gen und Maschinen erheblich verkürzt. So führt die Reinigung bei lackierten Getriebegehäusen in Maschinen der Lebensmittelindustrie immer wieder dazu, dass sich die Lackierung vom Guss löst und es zu teilweise massiven Korrosionen kommt. Neben der verminderten Belast-barkeit ist vor allem die Verunreinigung in der Lebensmittelindustrie ein Ausschlusskriterium für Maschinen mit korrodierten Bauteilen. Maschinenstillstand mit Produktionsausfall und eine teure Wartung sind das Ergebnis.

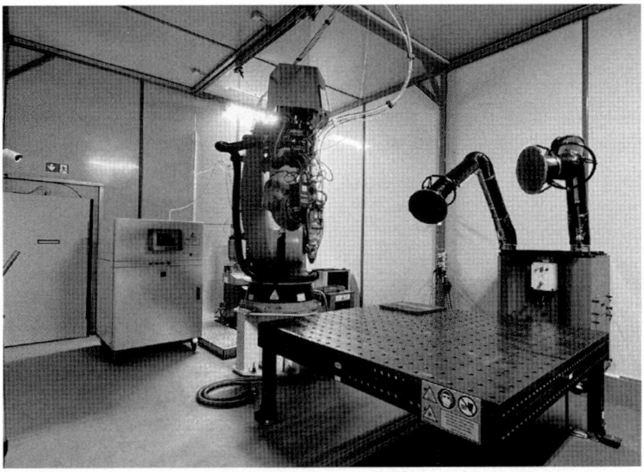

Bild 1: Blick ins Innere der von der Meissner AG entwickelten LMD-Anlage.

Einschränkungen bisheriger Lösungen

Die am weitesten verbreiteten Methoden, um Korrosion zu verhindern, wie etwa das Galvanisieren oder das thermische Sprit-zen, stoßen bei mechanisch stark belasteten Teilen und aufgrund der mangelnden Haftung an ihre Grenzen. Galvanische Schichten sind relativ dünn und neigen bei mechanischer Belastung zu Rissen und Abplatzungen. Auch das thermische Spritzen, bei dem Metallpulver auf die Oberfläche geschleudert wird, zeigt Schwächen, da die unterschiedlichen thermischen Ausdehnungskoeffizienten zwischen Guss und Edelstahl zu Spannungen und damit ebenfalls zu Rissen führen können.

Der Lösungsansatz: LMD-Technologie

Die von der Meissner AG entwickelte LMD (Laser Metal Deposition)-Anlage, deren Bau 2019 begann, stellt eine signifikante Verbesserung gegenüber bisherigen Verfahren dar (**Bild 1**). Da es auf dem Markt keine Maschinen in der ge-wünschten Größe gab, musste die Meissner AG ihre LMD-Anlage auf Basis vorhandener Technologie selbst entwickeln. Sie nutzt eine Laserquelle mit spezifischer Wellenlänge, die eine optimale Ein-kopplung des Strahls in das zu beschichtende Gusseisen ermöglicht. Dies ist entscheidend, da die Absorption der Laserenergie von den Legierungsbestandteilen des Grundmaterials und des aufzutragenden Pulvers abhängt.

Hierbei spielen im Gusseisen besonders das Eisen (Fe) sowie im Edelstahlpulver auch Chrom (Cr) und Nickel (Ni) eine zentrale Rolle. Eisen absorbiert den Laserstrahl gut, was eine effiziente Wärmeübertragung und die gezielte Auf-schmelzung ermöglicht. Bei der Beschichtung mit Edelstahl sind jedoch auch die Absorptionseigenschaften der Legierungsbestandteile von entscheidender Bedeutung. Chrom und Nickel sorgen nicht nur für die Korrosionsbeständigkeit, sondern beeinflussen auch die Wechselwirkung mit dem Laserstrahl, da sie die Absorption im Nahinfrarotbereich begünstigen. Um auch große Bauteile sicher und einfach bearbeiten zu können, verfügt die LMD-Anlage der Meissner AG über einen 4 m^2 großen Maschinentisch. Die Bearbeitungsoptik, aus der der Laser-

Bild 2: Querschnitt durch einen Probekörper aus Gusseisen, auf dem für den Korrosionstest eine bzw. zwei Schichten aus Edelstahl aufgebracht wurden

strahl austritt und über die das Pulver des aufzutragenden Materials austritt, wird von einem Industrieroboter geführt. Nahezu einschränkungsfreie Bewegungen sind das Resultat.

Materialauftrag und Durchmischung

Ein wesentlicher Vorteil der LMD-Technologie liegt darin, dass durch die gezielte Energieeinbringung in Form von Laserstrahlung nur ein kleiner Bereich des Grundmaterials aufgeschmolzen wird. Dies vermeidet großflächige thermische Beeinträchtigungen, wie sie bei konventionellen Schweißverfahren auftreten. Das aufzutragende Material wird in Pulverform mit Partikeldurchmessern von 50 bis 150 µm zugeführt. Diese Partikel werden bereits beim Ausbringen aus der Düse durch den Laserstrahl angewärmt und teilweise geschmolzen und verbinden sich im erzeugten Schmelzbad endgültig mit der Oberfläche des Gusseisens. Diese Technik ermöglicht es, Schichten aufzutragen, bei denen die Durchmischungs-zone von Gusseisen und Edelstahl lediglich 300 µm beträgt, wie Labortests gezeigt haben (**Bild 2**). Dieser schmale Übergangsbereich verhindert, dass der Edelstahl signifikant in den Gussgrundkörper eindringt, wodurch die mechanischen Eigenschaften des Grundwerkstoffs erhalten bleiben. Die nur minimal invasive Wärmebeeinflussung bewahrt also die mikrostrukturellen Eigenschaften des Gusses.

Laserstrahlung zeichnet sich durch ihre hohe Kohärenz, Fokussierbarkeit und geringe Divergenz aus. Diese Eigenschaften ermöglichen eine hohe Energiedichte, die mit der LMD-Technologie präzise auf die Bauteiloberfläche gerichtet wird. Durch die gezielte Einkopplung wird die Energie effizient in das Material eingebracht, was zu einem kontrollierten Schmelzprozess führt. Dabei spielt die Wellenlänge des Lasers eine entscheidende Rolle, da unter anderem von ihr die Absorption des Werkstoffmaterials ab-hängt. Eine spezielle Regelung sorgt in der LMD-Anlage der Meissner AG dafür, dass die Energiedichte jederzeit über-wacht und gesteuert wird. Somit wird sichergestellt, dass die thermischen Gegebenheiten ständig dem Prozess ideal angepasst werden.

Vorteile und Flexibilität der LMD-Anlage

Die eigens entwickelte LMD-Anlage der Meissner AG bietet im Vergleich zu traditionellen Schweiß- oder Beschichtungs-verfahren eine Reihe von Vorteilen. Die hohe Steuerbarkeit der Energiedichte des Lasers in Verbindung mit der genauen Positionierbarkeit der Bearbeitungsoptik durch einen Industrieroboter ermöglicht die exakte Dosierung der aufzutragenden Schichten, was die Materialnutzung optimiert. Da das Pulvermaterial nur dort aufgebracht wird, wo es benötigt wird, wird Materialverschwendung minimiert. Dies ist besonders bei hochpreisigen Legierungen wie Edelstahl von wirtschaftlicher Bedeutung. Darüber hinaus wurde die LMD-Anlage der Meissner AG von Grund auf selbst entwickelt. Sie ist also ideal an die Bedürfnisse großer Bauteile angepasst, was sich unter anderem in der Kühlung widerspiegelt, die sicher-stellt, dass selbst große Massen von Pulver sicher aufgeschweißt werden können. Auch an die Möglichkeit die Reproduzierbarkeit von Prozessen und die sichere Nachverfolgbarkeit von Bauteilen wu-de bei der Meissner AG gedacht. Mit Beteiligung der IT-Abteilung wurde ein Datenlogger geschaffen, der neben den Leistungswerten der Laserquelle auch Werte zu Temperatur, Luftfeuchtigkeit oder gemessene Schmelzbadgröße abspeichert. Dazu werden für jedes Bauteil Bilder des Pyrometers abgelegt, sodass eine Kontrolle von Schweißnähten auch nachgelagert vereinfacht wird. Ein System mit Künstlicher Intelligenz (KI) rundet die Steuerung der Meissner LMD-Anlage ab. Beim Einfahren von neuen Prozessen oder Materialien kann die KI wertvolle Unter-stützung leisten, da der Bediener nicht im Trüben fischt, sondern direkt gezielte Werte eingeben kann.

Bild 3: Mittels LMD-Technologie wurde auf diesen Getriebedeckel eine Schicht aus korrosionsfestem Edelstahl aufgebracht.

Darüber hinaus bietet die LMD-Technologie Flexibilität in der Gestaltung der Beschichtung. Mehrere Schichten mit unterschiedlichen Eigenschaften können in einem Prozess aufgebracht werden. So kann eine erste Schicht zur Verbesserung der mechanischen Festigkeit oder der besseren Anbindung an das Grundmate-rial dienen, während die äußere Schicht aus hochkorrosionsbeständigem Edel-stahl (**Bild 3**) einen optimalen Schutz gegen chemische Einflüsse bietet.

Wirtschaftliche und technische Effizienz

Neben den technischen Vorteilen führt die Materialeffizienz des Verfahrens zu erheblichen wirtschaftlichen Einsparungen. Das gezielte Aufbringen von Edel-stahl reduziert den Materialverbrauch und senkt die Kosten im Vergleich zu konventionellen Verfahren wie der Herstellung aus einem Edelstahlblockmaterial. Maschinenständer, die traditionell aus Gusseisen gefertigt werden können, behalten durch die LMD-Beschichtung ihre

Dämpfungseigenschaften, während sie gleichzeitig an den beanspruchten Flächen zuverlässig vor Korrosion geschützt sind. Dies erhöht die Standzeiten der Maschinen und minimiert Stillstandzeiten durch Korrosionsschäden, was sich letztlich in weniger Produktionsausfällen und gesteigertem Umsatz beim Anwender äußert.

Technologische Zukunftsaussichten

Die LMD-Technologie der Meissner AG stellt eine deutliche Verbesserung im Be reich der Gussbeschichtung dar. Durch die präzise Lasersteuerung, die optimierte Energieeinkopplung und die gezielte Materialauftragung ermöglicht diese Methode hochfeste, korrosionsbeständige Schichten auf Gusseisen, ohne dessen mechanische Eigenschaften zu beeinträchtigen. Die wirtschaftlichen Vorteile durch reduzierte Materialkosten und verlängerte Standzeiten machen die LMD-Technologie zu einer vielversprechenden Lösung für zahlreiche industrielle Anwendungen. Eine eigenentwickelte LMD-An-lage mit intelligenter Steuerung und Überwachung in Verbindung mit einer Konstruktions- und Simulationsabteilung sowie der schlagkräftigen Zerspanungs-abteilung machen die Meissner AG zum idealen Partner.

Diese Entwicklungen zeigen, dass die Zukunft der Beschichtungstechnologie im Einsatz von hochpräzisen und materialeffizienten Laserverfahren liegt, die eine Anpassung von Gussmaterialien an moderne, korrosive Umgebungen ermöglichen.

www.meissner.eu

Philipp Reichel, Bachelor of Engineering, Projektmanagement, Automatisierung, Meissner AG, Biedenkopf-Wallau

1.5 Optimierung im Strahlprozess: Hohe Einsparungen durch digitale Analyse und Steuerung

Der Strahlprozess bietet ein hohes Potenzial zur Effizienzsteigerung in Gießerei-Anwendungen. Die Reinhard Tweer GmbH hat in einem gemeinsamen Projekt mit der Eisenwerk Würth GmbH/Würth Solutions ihre Strahlprozesse analysiert und das Optimierungssystem APCon zur Steuerung von Strahlanlagen getestet. In Folge wurden alle Strahlanlagen auf den ganzheitlich gesteuerten und optimierten Prozess umgestellt.

FOTOS: REINHARD TWEER GMBH

Oft wenig beachtet, aber extrem wichtig: das strahlende Finish für einen gelungenen Guss.

Von Dietmar Marx, Joachim Vianden

Mit einem Produktionsvolumen von rund 11 000 t Stahl- und Sphäroguss (2023) und einer mehr als 110 Jahre währenden Firmengeschichte gehört die Reinhard Tweer GmbH zu den großen, traditionsreichen Gießereien im Land. Als Familienunternehmen hält man zusammen. Die Verbindung zwischen der Geschäftsleitung und den rund 270 Mitarbeitern ist eng und die Richtung ist klar: Es geht vorwärts, und zwar allen aktuellen Herausforderungen zum Trotz: mit Motivation und Begeisterungsfähigkeit und immer mit Blick auf die nächste Generation. Dazu gehört natürlich ein hohes Maß an Innovationsfähigkeit und Offenheit für neue Möglichkeiten. Gerade dem konservativen Ruf der Branche hält das Geschäftsleitungsteam um Reinhard Tweer mutig die Tatkraft und Weitsicht des

GRAFIKEN: EISENWERK WÜRTH GMBH

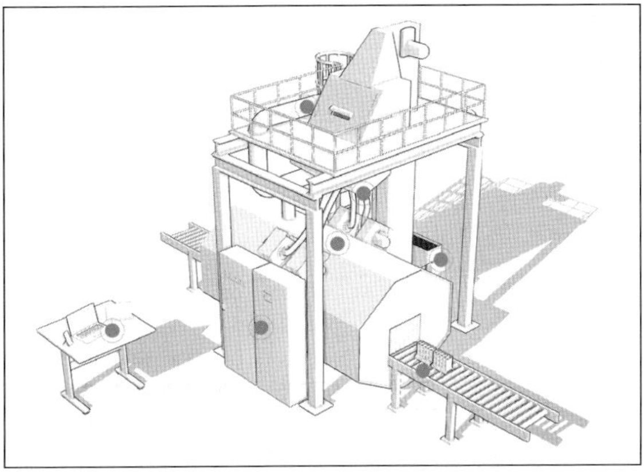

Bild 1: Schema der Strahlanalyse. Sensoren an den neuralgischen Stellen helfen, die richtigen Stellschrauben für die Prozessoptimierung zu finden.

mittelständischen Unternehmers entgegen. Hierzu gehört selbstverständlich auch das Thema Digitalisierung.

Digitalisierung etablieren

Viele Gießereien haben aktuell noch keine klare Vision, wenn es um die Nutzung digitaler Lösungen für die Fertigung geht, schlimmstenfalls stehen Mitarbeiter den neuen Möglichkeiten sogar skeptisch bis ablehnend gegenüber, insbesondere wenn die Tools den Wert der eigenen Kompetenzen und Erfahrungen vermeintlich gefährden. Bei Reinhard Tweer setzt man in diesem Zusammenhang bewusst auf das „Wir“ und bindet die Belegschaft aktiv und verantwortlich in solche Transformationsprojekte ein. So auch bei der Integration von APCon, dem von der Würth Solutions entwickelten System zur Optimierung von Strahlanlagen. Das Projekt ist ein Schritt hin zu einer modernen, neuen Fertigungssteuerung, die irgendwann in ein integriertes Gesamtsystem münden soll.

Prozesse verstehen

Strahlanwendungen kommen insbesondere zum Ablösen von Sandanhaftungen sowie zur Herstellung von sauberen, metallisch glänzenden Gussoberflächen zum Einsatz. Optik und Sicherheit sind dabei die wichtigsten Qualitätsmerkmale. „Bisher hieß es einfach Sack auf, einfüllen und los“, beschreibt Reinhard Tweer den Umgang mit Strahlmitteln auf den insgesamt sechs betriebenen Strahlanlagen des Unternehmens. „Wir haben möglichst wirtschaftlich eingekauft und den Prozess selbst nicht weiter hinterfragt, solange die Ergebnisse stimmten“. Doch nicht zuletzt durch den fachlichen Austausch mit Würth Solutions rückte der Strahlprozess selbst immer mehr in den Fokus. „Für viele unserer Kunden ist die Strahlanlage eine Black Box“, berichtet Marc Schürmann, Anwendungsfachmann bei Würth, „und wir haben mit APCon eine Lösung, die auf einmal Einblicke ermöglicht, die es vorher nicht gab“.

Mehrere Gründe machen das Thema Strahlprozess-Optimierung immer interessanter:

> Der hohe Verbrauch an Strom und Strahlmittel schlägt immer teurer zu Buche, insbesondere vor dem Hintergrund von hohen Lohn- und Energiekosten.

> Steigende Kundenanforderungen machen es nötig, dass manche Teile bis zu fünf oder sechs Mal gestrahlt werden müssen, sodass jeder unnötige Schritt die Wirtschaftlichkeit zusätzlich belastet.

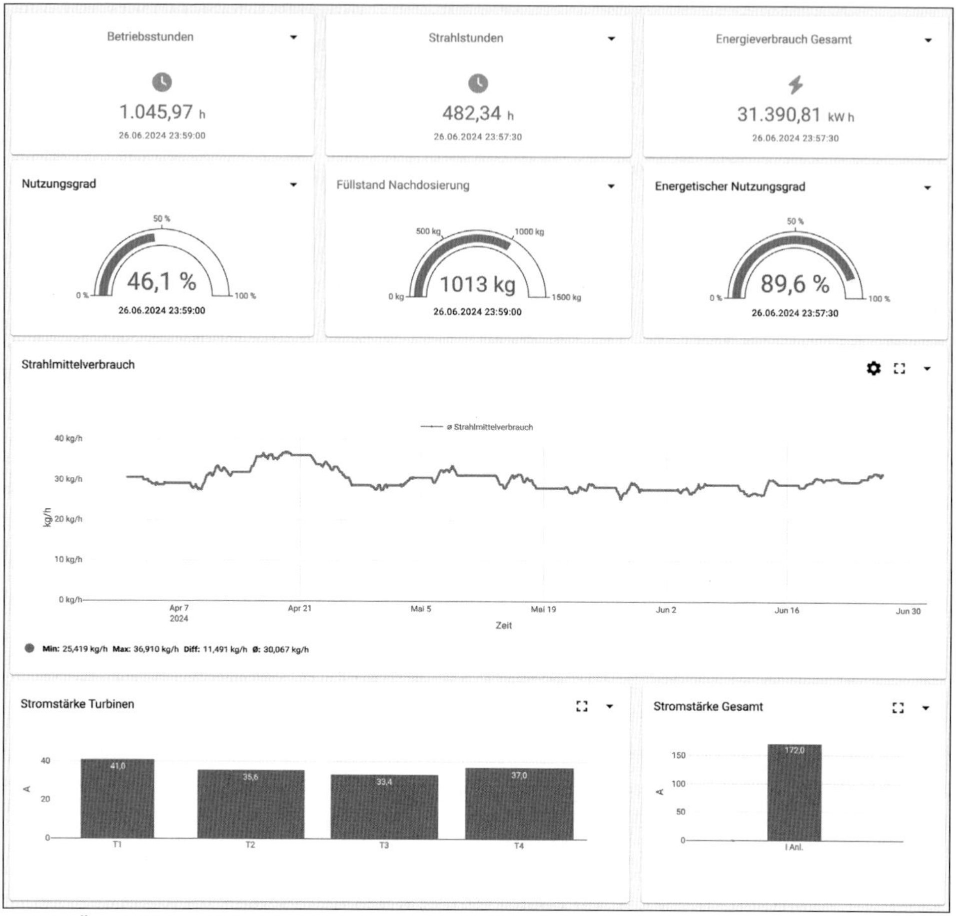

Bild 2: Über digitale Endgeräte können wichtige Daten der Anlage, wie Verbräuche oder Auslastung, eingesehen und reguliert werden.

Stellschrauben finden

Nach dem Motto „Versuch macht klug“ entschied man sich bei Tweer im Jahr 2022 zunächst für die Installation von APCon auf einer Einzelanlage. Das System lieferte valide Verbrauchskennzahlen sowie eine vollständige Dokumentation der Abläufe. Dies bildete die Grundlage für einen ersten Optimierungsschritt: den Austausch des Strahlkorns.

In der Vergangenheit musste man bei Tweer feststellen, dass das eingesetzte kantige Strahlprodukt zwar zum Ziel führte, aber gleichzeitig für eine starke abrasive Abnutzung der Anlage sorgte und damit langfristig Anlagenschäden vorprogrammiert waren. Würth

Solutions empfahl deshalb den Umstieg auf das Strahlmittel VERA der Eisenwerk Würth GmbH, das so intensiv wie ein hochgekohltes Produkt reinigt, gleichzeitig aber die lange Standzeit und den geringen Anlagenverschleiß eines niedriggekohlten Strahlmittels aufweist. „Tatsächlich waren wir am Anfang skeptisch, denn das neue Strahlprodukt war deutlich teurer als das alte, das wir lange Jahre im Einsatz hatten. Allerdings stellten wir schnell fest, dass wir unseren Verbrauch durch das neue Material drastisch reduzieren konnten", erklärt Reinhard Tweer. Während bislang etwa 50 kg pro Strahlstunde benötigt wurden, konnte nach und nach ein Durchsatz von nur 30 kg pro Strahlstunde eingefahren werden. Gleichzeitig wurde eine Steigerung der Qualität sowie eine Verbesserung des Verschleißverhaltens erreicht. Bereits nach wenigen Monaten war der Projektverantwortliche Uwe Nickel, Putzereileiter bei Reinhard Tweer, so überzeugt, dass sich Geschäftsleitung und Einkauf schnell darauf einigen konnten, auch die weiteren Strahlanlagen auf APCon und das neue Strahlkorn umzustellen.

System integrieren

Bei der Installation von APCon wurden zunächst Sensoren an verschiedenen kritischen Stellen aller Strahlanlagen angebracht (**Bild 1**). Diese zeichnen den Nutzungsgrad der Anlage sowie den Strahlmittel- und Energieverbrauch auf und werten die aufgezeichneten Daten über eine digitale Plattform aus (**Bild 2**). Zu dieser Plattform haben die Verantwortlichen über PC oder Smartphone Zugriff, sodass sie permanent über die Performance der Anlagen informiert sind und jederzeit auf die Dokumentation der Prozesse zurückgreifen können. Zu den wichtigsten Funktionen des Systems gehören dabei:

- Das automatische, bedarfsorientierte Nachsetzen von frischem Strahlmittel in kleinen Dosen, um ein konstantes Betriebsgemisch zu garantieren,
- integriertes Wartungsbuch,
- Echtzeit-Warnmeldungen beim Überschreiten von definierten Parametern,
- Steigerung der Kostentransparenz durch nachvollziehbare Verbrauchsdaten,
- optionales Nachbestellen von Strahlmittel sowie Ersatz- und Verschleißteilen,
- lückenlose Dokumentation, die häufig Zertifizierungsvoraussetzung für ISO 9001 bzw. IATF 16949 ist und die Auditierung wesentlich vereinfacht.

Mit Effizienz in die Zukunft

Teil des Optimierungsprozesses war in der Einführungsphase der regelmäßige fachliche Austausch zwischen den Experten von Würth Solutions und der Putzereileitung, sodass bei Tweer noch weitergehende wertvolle Erkenntnisse über das Thema Strahlen gewonnen werden konnten: „Das Wir macht den Unterschied" ist bei Tweer nicht nur das Firmenmotto, sondern hat sich auch in der Zusammenarbeit mit Würth Solutions als Erfolgsfaktor herausgestellt.

„Als Branche stehen wir extrem unter Druck, deshalb sind wir froh, dass wir die starke Partnerschaft mit Würth haben und jeden Tag bei der Weiterentwicklung unserer Ferti-

Bild 3: Das Familienunternehmen Reinhard Tweer GmbH setzt allen Widrigkeiten zum Trotz auf eine moderne Zukunft. Bei der Digitalisierung des Strahlprozesses hat Marc Schürmann (re.) von Eisenwerk Würth GmbH Mitarbeiter und Geschäftsleitung (v.l.n.r.: Reinhard Tweer, Johannes Tweer, Kristine Tweer) tatkräftig unterstützt.

gung sehen: Da geht noch was“, so Johannes Tweer, der bei der Reinhard Tweer GmbH (**Bild 3**) schon für eine Führung in der 5. Generation am Start steht. Er wird das Thema Digitalisierung entschlossen weiter vorantreiben. Die positiven Projekterfahrungen im Teilbereich Strahlen haben auch die Mitarbeiter motiviert, noch offener mit dem Thema Digitalisierung umzugehen und sinnvolle neue Tools mit positiver Neugierde einzusetzen: Die Zukunft kann kommen.

www.eisenwerk-wuerth.de

Joachim Vianden, Geschäftsführer, Dietmar Marx, Vertriebsleiter, Eisenwerk Würth GmbH, Bad Friedrichshall

1.6 Digitalisierte Produktionsplanung: Plattenbelegung im Fokus der Prozessoptimierung

Die Digitalisierung verändert die Produktionsplanung in Gießereien grundlegend. Besonders die Plattenbelegung stellt eine Herausforderung dar, bei der herkömmliche Methoden oft an ihre Grenzen stoßen. Flexible, datengetriebene Lösungen sind gefragt, um Effizienz, Materialnutzung und Durchlaufzeiten kontinuierlich zu verbessern.

FOTO: BARTZ-WERKE

Eine intelligente Plattenbelegung macht Prozesse besser planbar und erhöht die Produktionseffizienz.

Von Niklas Eickworth und Christian Erazo Recalde

Die Digitalisierung hat sich zu einem zentralen Treiber für Effizienz und Wettbewerbsfähigkeit in der Gießerei-Industrie entwickelt. Insbesondere in Bereichen wie der Produktionsplanung, wo ein präzises Vorgehen und die optimale Ressourcennutzung entscheidend sind, bietet die Digitalisierung enorme Potenziale. Doch der Weg zu einer erfolgreichen digitalen Transformation ist kein Selbstläufer. Es reicht nicht aus, einfach neue Technologien einzuführen. Stattdessen gilt es, die vorhandenen Abläufe regelmäßig auf den Prüfstand zu stellen und kritisch zu analysieren, ob sie den Anforderungen einer modernen Produktion noch gerecht werden.

Die Plattenbelegung ist ein gutes Beispiel dafür, wo traditionelle Planungsmethoden an ihre Grenzen stoßen können. In Zusammenarbeit mit der Bartz-Werke GmbH wurde ein schrittweiser Digitalisierungsansatz entwickelt, der bestehende Prozesse integriert und kontinuierlich verbessert. Durch intelligente Planung, Automatisierung und Echtzeitdaten konnten die Gießerei- und Softwarespezialisten von Casculate dabei helfen, die Plattenbelegungssysteme gezielt zu optimieren. Dieser Beitrag zeigt, wie diese in der Praxis funktionieren und welche Vorteile sie bieten.

Digitalisierung im konkreten Kontext

Es geht nicht darum, manuelle Plattenbelegungspläne einfach in digitale Formate zu übertragen. Vielmehr handelt es sich um einen ganzheitlichen Ansatz, der die intelligente Nutzung von Daten, Algorithmen und modernen Planungstools in den Vordergrund stellt. Digitalisierung bedeutet, Prozesse neu zu denken, von der automatisierten Optimierung der Belegungspläne bis hin zur Echtzeitüberwachung und -anpassung während der Produktion. Dennoch ist die Digitalisierung kein Allheilmittel. Es gilt, die Balance zwischen bewährten Methoden und innovativen Technologien zu finden. Dies erfordert eine kontinuierliche Bereitschaft zur Reflexion und Anpassung.

Bei der Frage, wie die Digitalisierung bei unserem Kunden konkret die Plattenbelegung in der Produktionsplanung revolutionieren kann, stand der Aspekt im Mittelpunkt, wie wir durch eine regelmäßige Analyse und Optimierung der bestehenden Prozesse sicherstellen können, dass die Digitalisierung nicht nur ein Schlagwort bleibt, sondern zu einem echten Mehrwert führt, sei es durch reduzierte Materialverschwendung, kürzere Durchlaufzeiten oder eine gesteigerte Gesamteffizienz. Nur wer die Anforderungen der Produktion, die Eigenschaften der Materialien und die Kapazitäten der Maschinen genau kennt, kann digitale Tools sinnvoll einsetzen.

Schrittweise zur intelligenten Automatisierung

Bei der Umsetzung dieser Thematik haben wir bewusst einen schrittweisen Ansatz gewählt, um die Komplexität der Digitalisierung zu beherrschen und die Mitarbeiter unseres Kunden mitzunehmen:

- Der erste Schritt bestand darin, den Status quo in eine neue Architektur zu überführen. Dabei wurde sichergestellt, dass die bestehenden Regeln und Prozesse, die sich in den Köpfen der Mitarbeiter verankert haben, zunächst unverändert blieben. Dies ermöglichte es, sich an die neue Umgebung zu gewöhnen, ohne die tägliche Arbeit zu beeinträchtigen.
- Im zweiten Schritt wird die Schnittstelle zum ERP-System automatisiert. Hierbei werden relevante Daten der Aufträge gezogen, die für die Plattenbelegung benötigt werden, und nach erfolgreicher Planung wieder zurückgeschrieben. Dieser Schritt schafft die Grundlage für eine effizientere und fehlerfreie Datenverarbeitung und es reduziert eine mögliche Redundanz von nicht synchronisierten Daten.
- Der dritte Schritt umfasst die Nutzung der bereits im ERP-System vorhandenen Daten, um Modelle zu trainieren, die Vorschläge für die Plattenbelegung generieren. Diese Modelle basieren auf historischen Daten und lernen kontinuierlich dazu, um die Pla-

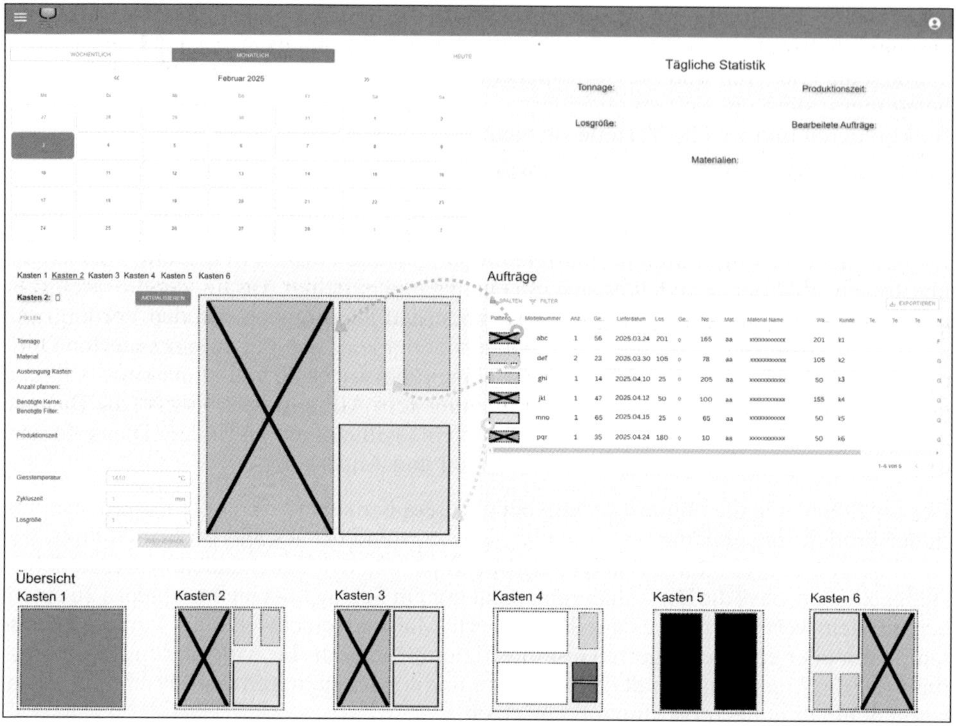

GRAFIKEN: CASCULATE

Bild 1: Eine gute Visualisierung der vorhandenen Platten und ein Drag-and-Drop-System zur Formbelegung erleichtert die Planungsoptimierung.

nung immer weiter zu optimieren. Nach wie vor ist der Mitarbeiter der Pilot im Cockpit der Produktionsplanung.

> Erst im vierten Schritt wird dieser Prozess automatisiert, um die Mitarbeiter gezielt zu entlasten und die Effizienz weiter zu steigern.

Die weiteren Schritte sehen vor, Echtzeitdaten aus der Produktion zu tracken und bei Bedarf eine automatisierte Umplanung vorzunehmen. Beispielsweise können unvorhergesehene Ereignisse, wie die verspätete Lieferung, von zum Beispiel Speisern, erkannt und die Produktion entsprechend angepasst werden.

Visualisierung und Interaktion

Ein zentraler Bestandteil unserer Lösung ist die intuitive Visualisierung der Daten. Bisher wurden Informationen in Form von Zahlen- und Buchstabenkombinationen dargestellt, die oft Zeit und Konzentration erfordern, um sie zu verstehen, was wiederum dazu führt, dass man keinen schnellen Überblick über die Daten hat. Um dies zu vereinfachen, setzen wir auf Graphen und Farbcodes, die dem Planer, der Produktion und dem Management blitzschnell ein Verständnis der Daten vermitteln.

Unterschiedliche Plattengrößen werden durch verschiedene Farben dargestellt, wodurch auf einen Blick erkennbar ist, welche Platten zur Verfügung stehen. Die Reihenfolge der Aufträge kann flexibel nach verschiedenen Kriterien sortiert werden, sei es nach Lieferdatum, Plattengröße oder priorisierten Kunden. Dabei wird sofort sichtbar, wenn ein Auftrag geplant werden muss, um pünktliche Lieferungen sicherzustellen. Diese Informationen können in Bruchteilen einer Sekunde erfasst werden, was die Planung erheblich beschleunigt. Darüber hinaus ist es auch wichtig, eine Übersicht der vorhandenen Platten und deren Kombinationspotenzial aufzuzeigen (**Bild 1**). So hat man einen genauen Überblick, ob das vorhandene Potenzial zum Auftrag passt und die Produktion gewährleistet ist.

CASCULATE
SOFTWARE SOLUTIONS FOR FOUNDRIES

Casculate by Data Vantage GmbH
Die Data Vantage GmbH mit Sitz in Esslingen am Neckar hat Mitte 2024 die Entwicklung sowie den Markennamen des Start-ups Casculate übernommen, das sich auf Instant Pricing-Software für Gießereien spezialisiert hat. Heute versteht sich die Data Vantage GmbH als Softwareunternehmen, das maßgeschneiderte Softwarelösungen, umfassende Digitalisierungsprojekte und individuelle Beratungsleistungen für die Gießerei-Industrie entwickelt und anbietet. Mit tiefgreifendem Branchenwissen und technologischem Know-how unterstützen wir unsere Kunden bei der Optimierung ihrer Prozesse und der fortschreitenden digitalen Transformation. Wir freuen uns in naher Zukunft weitere Innovationen zu präsentieren.

Smarte Drag-and-Drop-Planung

Da eine schnelle und flexible Planung für unsere Kunden von entscheidender Bedeutung ist, setzen wir auf eine moderne Software-Architektur, die intuitive Bedienbarkeit mit intelligenten Funktionen kombiniert. Die Platten werden per Drag-and-Drop in die Kästen gezogen und können nur dort platziert werden, wo es die Regeln erlauben. Dabei werden Platten, die aufgrund von Größe, Position, Material oder Batchgröße nicht mehr platziert werden können, automatisch ausgeblendet. Dies reduziert Fehler durch eine klare Übersicht der zu planenden Aufträge und sorgt für eine effizientere Nutzung der Ressourcen.

Skalierbarkeit und Anpassungsfähigkeit

Ein besonderes Merkmal unserer Lösung ist die offene und flexible Architektur, die nicht nur auf die spezifischen Anforderungen eines einzelnen Kunden zugeschnitten ist, sondern auch anderen Unternehmen die Möglichkeit bietet, davon zu profitieren. Die modulare und skalierbare Struktur der Software ermöglicht es, die Lösung an die individuellen Bedürfnisse verschiedener Kunden anzupassen, unabhängig von deren Branche oder

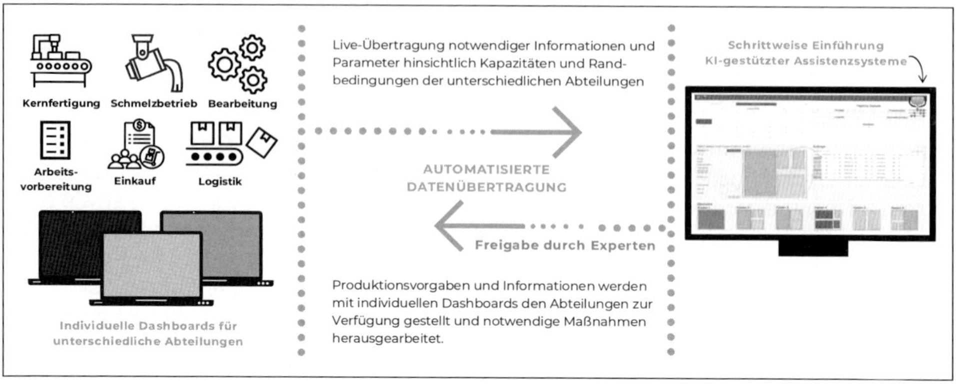

Bild 2: Schrittweise Umsetzung, intuitive Visualisierung und skalierbare Architekturen helfen Produktionsunternehmen ihre Prozesse zu optimieren und zukunftssicher aufzustellen.

Größe. Ob es sich um die Automatisierung von Schnittstellen, die Nutzung von Künstliche Intelligenz (KI)-Modellen zur Planungsoptimierung oder die Echtzeitüberwachung der Produktion handelt, die Lösung ist so konzipiert, dass sie nahtlos in bestehende Systeme integriert werden kann.

Weiterentwicklung der digitalen Produktionsplanung

Ein zentraler Fokus liegt auf der weiteren Automatisierung und Selbstoptimierung der Planungsprozesse. Durch den Einsatz von Künstlicher Intelligenz (KI) und Maschinellem Lernen (ML) sollen Algorithmen in Zukunft nicht nur Vorschläge zur Plattenbelegung generieren, sondern auch selbstständig Anpassungen an veränderte Produktionsbedingungen vornehmen (**Bild 2**). So könnten beispielsweise unvorhergesehene Materialverzögerungen oder Maschinenstillstände automatisch erkannt und in Echtzeit alternative Produktionspläne erstellt werden.

Darüber hinaus eröffnet die Kombination mit digitalen Zwillingen neue Möglichkeiten. Durch die Simulation verschiedener Szenarien kann die bestmögliche Produktionsstrategie im Voraus berechnet und getestet werden. Dies würde nicht nur die Planungsgenauigkeit erhöhen, sondern auch Risiken und Produktionsausfälle minimieren. Schließlich wird auch die Integration von Internet of Things (IoT)-Technologien weiter vorangetrieben. Sensoren in Maschinen und Produktionsanlagen könnten zukünftig kontinuierlich Echtzeitdaten liefern, um die Plattenbelegung noch präziser an die tatsächlichen Produktionsbedingungen anzupassen.

Eine Lösung für die Zukunft

Diese Entwicklungen zeigen, dass die digitale Transformation der Gießerei-Industrie weit über die aktuellen Ansätze hinausgeht und zudem für alle machbar und gewinnbringend ist. Durch den gezielten Einsatz neuer Technologien wird es möglich, Produktionsprozesse nicht nur effizienter, sondern auch robuster und anpassungsfähiger zu gestalten. So ist die Digitalisierung der Plattenbelegung mehr als nur ein technologischer Fortschritt, sie ist ein strategischer Hebel, um in einer immer komplexeren und dynamischeren Produktionsumgebung wettbewerbsfähig zu bleiben.

BARTZ-WERKE GMBH

Bartz-Werke GmbH – Tradition trifft Innovation
Die Bartz-Werke GmbH blickt auf eine über 100-jährige Erfahrung als industrieller Produzent zurück. Seit ihrer Gründung im Jahr 1897 haben sich die Bartz-Werke von einer Herd- und Ofenfabrik zu einem leistungsstarken Zulieferer für eine Vielzahl von Maschinenbau-Unternehmen entwickelt. Heute spezialisiert sich das Unternehmen auf die Fertigung von seriengefertigten Gussteilen in Eisenwerkstoffen. An die Gießerei in Dillingen ist eine eigene mechanische Bearbeitung angeschlossen, wodurch Gussteile einbaufertig an die Kunden geliefert werden können. Durch die Einführung einer maßgeschneiderten Softwarelösung, die die spezifischen Anforderungen der Produktionsplanung und Plattenbelegung berücksichtigt, konnte die Effizienz deutlich gesteigert werden. Gleichzeitig bleibt die Flexibilität erhalten, die für die individuellen Kundenbedürfnisse erforderlich ist.

Durch die schrittweise Umsetzung, die intuitive Visualisierung und die moderne, skalierbare Architektur schaffen wir eine Lösung, die Unternehmen dabei unterstützt, ihre Produktionsprozesse zu optimieren und zukunftssicher aufzustellen. Es wurde gezeigt, wie dieser Ansatz in der Praxis umgesetzt wird und welche Vorteile er für die Produktionsplanung und insbesondere für die Plattenbelegung bietet. Die Bartz-Werke GmbH steht dabei exemplarisch für die erfolgreiche Verbindung von Tradition und Innovation in der modernen Produktionswelt.

www.casculate.com

Niklas Eickworth, Geschäftsführender Gesellschafter, Christian Erazo Recalde, CTIO, Data Vantage GmbH, Esslingen

2 Leichtmetallguss

2.1 Normen

Alle angegebenen Normen sind beim Beuth-Verlag (www.beuth.de) erhältlich.

Al- und Mg-Werkstoffe

In den folgenden Tabellen sind die derzeit genormten bzw. nicht genormten Al- und Mg-Metallwerkstoffsorten aufgeführt. Angegeben ist die Bezeichnung der Norm einschließlich des Jahres der aktuellsten Ausgabe. Es soll die aktuellste Ausgabe verwendet werden.

DIN EN ISO 8062	Geometrische Produktspezifikation (GPS) – Maß-, Form- und Lagetoleranzen für Formteile, 2008, Teile 1 und 3
DIN EN 575:1995	Aluminium und Aluminiumlegierungen – Vorlegierungen durch Erschmelzen hergestellt, Spezifikationen
DIN EN 576:2004	Aluminium und Aluminiumlegierungen – Unlegiertes Aluminium in Masseln – Spezifikationen
DIN EN 577:1995	Aluminium und Aluminiumlegierungen – Flüssigmetall, Spezifikationen
DIN EN 601:2004	Aluminium und Aluminiumlegierungen – Gussstücke, Chemische Zusammensetzung von Gussstücken, die in Kontakt mit Lebensmitteln kommen
DIN EN 1676:2020	Aluminium und Aluminiumlegierungen – Legierte Masseln zum Wiedereinschmelzen - Spezifikationen
DIN EN 1706:2021	Aluminium und Aluminiumlegierungen – Gussstücke, Chemische Zusammensetzung und mechanische Eigenschaften
DIN EN 1780-1:2003	Aluminium und Aluminiumlegierungen – Bezeichnung von unlegiertem und legiertem Aluminium in Masseln, Vorlegierungen und Gussstücken, Teil 1: Numerisches Bezeichnungssystem
DIN EN 1780-2:2003	Aluminium und Aluminiumlegierungen – Bezeichnung von unlegiertem und legiertem Aluminium in Masseln, Vorlegierungen und Gussstücken, Teil 2: Bezeichnungssystem mit chemischen Symbolen
DIN EN 1780-3:2003	Aluminium und Aluminiumlegierungen – Bezeichnung von unlegiertem und legiertem Aluminium in Masseln, Vorlegierungen und Gussstücken, Teil 3: Schreibregeln für die chemische Zusammensetzung
DIN EN 1559	Gießereiwesen – Technische Lieferbedingungen – Zusätzliche

Teil 4:2015	Anforderungen an Gussstücke aus Aluminiumlegierungen
DIN EN 1559 Teil 5:2017	Gießereiwesen – Technische Lieferbedingungen – Zusätzliche Anforderungen an Gussstücke aus Magnesiumlegierungen
DIN EN 1753:2019	Magnesium und Magnesiumlegierungen – Blockmetall und Gussstücke aus Magnesiumlegierungen
DIN EN 12421:2017	Magnesium und Magnesiumlegierungen – Reinmagnesium
DIN EN 12438:2017	Magnesium und Magnesiumlegierungen – Magnesiumlegierungen für Gussanoden
DIN EN 1754:2015	Magnesium und Magnesiumlegierungen – Anoden, Blockmetalle und Gussstücke aus Magnesiumlegierungen. Bezeichnungen
ISO 16220:2017	Magnesium und Magnesiumlegierungen – Blockmetall und Gussstücke aus Magnesiumlegierungen
DIN EN ISO 10135:2010	Geometrische Produktspezifikation (GPS) – Zeichnungsangaben für Formteile in der technischen Produktinformation (TPD)
ISO 23079:2005	Magnesium und Magnesiumlegierungen – Rücklaufmaterial – Anforderungen, Klassifikation und Annahme
DIN EN ISO 15614-4: 2022-03 - Entwurf	Anforderung und Qualifizierung von Schweißverfahren für metallische Werkstoffe: Schweißverfahrensprüfung, Teil 4: Fertigungsschweißen von Aluminiumguss

2.2 Aluminium-Gusslegierungen

2.2.1 Chemische Zusammensetzung und mechanische Eigenschaften nach DIN EN 1706

Die chemische Zusammensetzung der genormten Aluminiumgusslegierungen und die Eigenschaften von Gussstücken, hergestellt mit den verschiedenen Standard-Gießverfahren, sind in der DIN EN 1706 "Aluminium und Aluminiumlegierungen - Gussteile - Chemische Zusammensetzung und mechanische Eigenschaften" enthalten. Diese Norm enthält außerdem vergleichende Angaben der Legierungen über die Gießbarkeit und andere Eigenschaften, wie Bearbeitbarkeit, Korrosionsbeständigkeit, Anodisierbarkeit und Polierbarkeit, und über physikalische Eigenschaften, wie Wärmeausdehnung und elektrische und thermische Leitfähigkeit. Ergänzend zu der DIN EN 1706 für Gussteile gilt die DIN EN 1676 für Legierte Barren zum Umschmelzen.

2.2.2 Sonstige physikalische und mechanische Werkstoffeigenschaften

Einen allgemeinen Überblick über die Werkstoffeigenschaften (physikalische und mechanische Kennwerte) der Aluminium-Gusslegierungen gibt **Tabelle 2.2.2.**

Tabelle 2.2.2: Übersicht über die Eigenschaften von Aluminium-Gusslegierungen

Allgemeine Werkstoffeigenschaften Aluminiumlegierungen		
Dichte	[103 kg/m3]	2,65 … 2,75
Längenausdehnungskoeffizient 20 – 100 °C"	[10–6/K]	20 … 24
Wärmeleitfähigkeit	[W/m*K]	80 … 220
Elektrische Leitfähigkeit	[106S/m]	12 … 28
E-Modul	[kN/mm2]	68 … 78
Schubmodul	[kN/mm2]	22 … 28
Querkontraktionszahl (Poisson-Zahl)		0,32 … 0,36
spez. Wärmekapazität bei RT	[kJ/kg*K]	0,9 … 1,0
Schmelzwärme	[kJ/kg]	380 … 480

Kerbschlagzähigkeit von Aluminium-Gusslegierungen

Aufgrund der Tatsache, dass Aluminiumlegierungen ein kubisch flächenzentrierte Gitter haben, gibt es keinen Steilabfall der Kerbschlagzähigkeit bei tiefen Temperaturen, wie er bei kubisch raumzentrierten Metallen zu verzeichnen ist. Die Kerbschlagzähigkeit ist bei den Aluminium-Werkstoffen eine wenig kennzeichnende und wenig bedeutsame Eigenschaftsgröße. Der kleinere E-Modul ergibt ein höheres Arbeitsaufnahmevermögen.

Typische Werte für die Kerbschlagzähigkeit a_k reichen von 4 bis 6 J/cm^2 für die Legierung Al Si10 Mg (T6-wärmebehandelt) bis zu 10 bis 12 J/cm^2 für die Legierung Al Cu4 Ti (T6-wärmebehandelt)

2.2.3 Gießeigenschaften und Hinweise zur Verarbeitung

Die **Tabelle 2.2.3** gibt Anhaltspunkte zum gießtechnischen Verhalten und Hinweise zur Verarbeitung verschiedener Aluminium-Gusslegierungen.

Tabelle 2.2.3: Eigenschaften von Aluminium-Gusslegierungen

Legierungs-gruppe	Werkstoffbezeichnung		Zerspanbarkeit*)						
	chemische Symbole	numerische Symbole	im Gusszustand	nach Wärmebehandlung	Dekorative Anodisation*)	Polierfähigkeit	Korrosionsbeständigkeit	elektrische Leitfähigkeit [10^6 S/m]	Wärmeleitfähigkeit [W/m*K]
Al	Al 99,6EAl 99,6E	4	4	1	2	1	33	180…210	
	Al 99,7EAl 99,7E	4	4	1	2	1	34	180…210	
AlCu	EN AC-Al Cu4TiMg	EN AC-21000	–	1	3	2	4	16 … 23	120…150
	EN AC-Al Cu4Ti	EN AC-21100	–	1	3	2	4		
	EN AC-Al Cu5MgMn	EN AC-21200	–	1	3	2	4		
AlMgSiTi	EN AC-Al Si2MgTi	EN AC-41000	3	2	2	2	2	19 … 25	140…160
AlSi7Mg	EN AC-Al Si7Mg	EN AC-42000	2/3	2	4	3	2/3	19 … 25	150…170
	EN AC-Al Si7Mg0,3	EN AC-42100	–	2	4	3	2	20 … 27	160…180
	EN AC-Al Si7Mg0,6	EN AC-42200	–	2	4	3	2	20 … 26	150…180
AlSi10Mg	EN AC-Al Si10Mg(a)	EN AC-43000	2/3	2	5	4	2/3	18 … 25	140…170
	EN AC-Al Si10Mg(Cu)	EN AC-43200	2/3	2	5	3	3	16 … 24	130…170
	EN AC-Al Si9Mg	EN AC-43300	2/3	2	5	4	2	20 … 26	150…180
AlSi	EN AC-Al Si11	EN AC-44000	3[4])	–	5	4	2	18 … 24	140…170
	EN AC-Al Si12(b)	EN AC-44100	3	–	5	4	2/3	16 … 23	130…160
	EN AC-Al Si12(a)	EN AC-44200	3	–	5	4	2	17 … 24	140…170
	EN AC-Al Si9	EN AC-44400	3	–	5	4	3	16 … 22	130…150
AlSi5Cu	EN AC-Al Si6Cu4	EN AC-45000	2	–	4	2	4	14 … 17	110…120
	EN AC-Al Si5Cu3Mg	EN AC-45100	2	1	4	2	4	16 … 19	130
	EN AC-Al Si5Cu1Mg	EN AC-45300	2	2	4	2	4	19 … 23	140…150
	EN AC-Al Si5Cu3Mg	EN AC-45400	2	2	4	2	4	16 … 19	120…130
	EN AC-Al Si7Cu0,5Mg	EN AC-45500	2	2	4	3	2/3	16 … 22	150…165

Tabelle 2.2.3: Eigenschaften von Aluminium-Gusslegierungen (Fortsetzung)

Legierungsgruppe	Werkstoffbezeichnung		Zerspanbarkeit*)						
	chemische Symbole	numerische Symbole	im Gusszustand	nach Wärmebehandlung	Dekorative Anodisation*)	Polierfähigkeit	Korrosionsbeständigkeit	elektrische Leitfähigkeit [10^6 S/m]	Wärmeleitfähigkeit [W/m*K]
AlSi9Cu	EN AC-Al Si8Cu3	EN AC-46200	2	–	5	3	4	14 … 18	110…130
	EN AC-Al Si9Cu1Mg	EN AC-46400	2	2	5	4	4	16 … 22	130…150
	EN AC-Al Si7Cu2	EN AC-46600	2	–	5	3	4	15 … 19	120…130
AlSi(Cu)	EN AC-Al Si12(Cu)	EN AC-47000	3	–	5	3	3	16 … 22	130…150
AlSiCuNiMg	EN AC-Al Si12CuNiMg	EN AC-48000	–	2	5	3	3	15 … 23	130…160
	EN AC-Al Si17Cu4Mg	EN AC-48100	5	2	4	4	4	14 … 17	120…130
AlMg	EN AC-Al Mg3(a)	EN AC-51100	1	–	1	1	1	14 … 16	130…140
	EN AC-Al Mg5	EN AC-51300	1	–	1	1	1	15 … 21	110…130
	EN AC-Al Mg5(Si)	EN AC-51400	1	–	2	1	1	15 … 21	110…140
AlZnMg	EN AC-AlZn10Si8Mg	EN AC-71100	1	–	5	3	3	17 … 20	120…130

*) Qualitatives Bewertungsschema Eigenschaften
1 ausgezeichnet
2 gut
3 annehmbar
4 unzureichend
5 nicht emfehlenswert

Tabelle 2.2.3: Eigenschaften von Aluminium-Gusslegierungen (Fortsetzung)

Legierungs-gruppe	Werkstoffbezeichnung		Richtwerte zur Verarbeitung					Gießeigenschaften		
	chemische Symbole	numerische Symbole	Liquidus-tempe-ratur [°C]	Solidus-tempe ratur [°C]	Gieß-tempe-ratur-bereich	Schwind-maß Sandguss [%]	Schwind-maß Kokillen-guss [%[	Fließ-ver-mögen*)	Warm-rissbe-ständig-keit*)	Druck-dicht-heit*)
AlSi9Cu	EN AC-Al Si8Cu3	EN AC-46200	600	500				2	2	2
	EN AC-Al Si9Cu1Mg	EN AC-46400	600	500	680 … 750	1,0 … 1,2	0,6 … 1,0	2	2	2
	EN AC-Al Si7Cu2	EN AC-46600	620	500				2	2	2
AlSi(Cu)	EN AC-Al Si12(Cu)	EN AC-47000	577	577	670 … 740	1,0 … 1,2	0,5 … 0,8	1	1	1
AlSiCuNiMg	EN AC-Al Si12CuNiMg	EN AC-48000	600	540	670 … 740	1,0 … 1,2	0,5… 1,0	1	1	1
	EN AC-Al Si17Cu4Mg	EN AC-48100	650	510	720 … 760	0,6 … 1,0	0,4 … 0,8	4	3	2
AlMg	EN AC-Al Mg3(a)	EN AC-51100	650	600				3	4	4
	EN AC-Al Mg5	EN AC-51300	630	550	700 … 750	1,0 … 1,5	0,7 … 1,2	3	4	4
	EN AC-Al Mg5(Si)	EN AC-51400	630	550				3	4	4
AlZnMg	EN AC-AlZn10Si8Mg	EN AC-71100	640	550	690 … 740	1,0 … 1,2	0,8 … 1,0	1	1	2

*) Qualitatives Bewertungsschema Eigenschaften
1 ausgezeichnet
2 gut
3 annehmbar
4 unzureichend
5 nicht emfehlenswert

Tabelle 2.2.3: Eigenschaften von Aluminium-Gusslegierungen (Fortsetzung)

Legierungs-gruppe	Werkstoffbezeichnung		Richtwerte zur Verarbeitung					Gießeigenschaften		
	chemische Symbole	numerische Symbole	Liquidus-tempe-ratur [°C]	Solidus-tempe ratur [°C]	Gieß-tempe-ratur-bereich	Schwind-maß Sandguss [%]	Schwind-maß Kokillen-guss [%[	Fließ-ver-mögen*)	Warm-rissbe-ständig-keit*)	Druck-dicht-heit*)
AlSi9Cu	EN AC-Al Si8Cu3	EN AC-46200	600	500	680 … 750	1,0 … 1,2	0,6 … 1,0	2	2	2
	EN AC-Al Si9Cu1Mg	EN AC-46400	600	500				2	2	2
	EN AC-Al Si7Cu2	EN AC-46600	620	500				2	2	2
AlSi(Cu)	EN AC-Al Si12(Cu)	EN AC-47000	577	577	670 … 740	1,0 … 1,2	0,5 … 0,8	1	1	1
AlSiCuNiMg	EN AC-Al Si12CuNiMg	EN AC-48000	600	540	670 … 740	1,0 … 1,2	0,5… 1,0	1	1	1
	EN AC-Al Si17Cu4Mg	EN AC-48100	650	510	720 … 760	0,6 … 1,0	0,4 … 0,8	4	3	2
AlMg	EN AC-Al Mg3(a)	EN AC-51100	650	600	700 … 750	1,0 … 1,5	0,7 … 1,2	3	4	4
	EN AC-Al Mg5	EN AC-51300	630	550				3	4	4
	EN AC-Al Mg5(Si)	EN AC-51400	630	550				3	4	4
AlZnMg	EN AC-AlZn10Si8Mg	EN AC-71100	640	550	690 … 740	1,0 … 1,2	0,8 … 1,0	1	1	2

*) Qualitatives Bewertungsschema Eigenschaften
1 ausgezeichnet
2 gut
3 annehmbar
4 unzureichend
5 nicht emfehlenswert

2.2.4 Wärmebehandlung von Aluminium-Gusslegierungen

Eine Wärmebehandlung von Aluminiumguss kann aus verschiedenen Gründen vorgenommen werden:

- zur Steigerung der Festigkeitswerte bei den wärmebehandelbaren Aluminium-Gusslegierungen, oder zur Verbesserung der Duktilität bei nicht aushärtbaren Legierungen.
- zum Abbau von Spannungen, die infolge rascher Erstarrung in der Form, durch schroffes Abschrecken nach dem Gießen oder bei spanender Bearbeitung der Gussstücke entstehen.
- zum Stabilisieren von Gussstücken, die im Betrieb besonders gute Maßhaltigkeit gewährleisten müssen.
- zum Vorwärmen von Gussstücken, an denen Schweiß- oder Lötarbeiten ausgeführt werden sollen.

Im Gegensatz zu konventionellen Druckgussstücken können Aluminium-Sand- und -Kokillengussstücke uneingeschränkt wärmebehandelt werden.

Folgende Varianten der Wärmebehandlung sind bei Aluminiumguss verbreitet:

- F Gusszustand
- T4 Lösungsgeglüht, abgeschreckt und kaltausgelagert
- T5 Kontrollierte Abkühlung nach dem Guss und warmausgelagert oder überaltert
- T6 Lösungsgeglüht, abgeschreckt und vollständig warmausgelagert
- T7 Lösungsgeglüht, abgeschreckt und überaltert (warmausgelagert, stabilisierter Zustand)

2.3 Magnesium-Gusslegierungen

2.3.1 Chemische Zusammensetzung und mechanische Eigenschaften

Die chemische Zusammensetzung und mechanische Eigenschaften von Magnesium-Gusslegierungen sind der Norm EN 1753 bzw. ISO 16220 zu entnehmen.

2.3.2 Werkstoffeigenschaften

Einen Überblick über die allgemeinen Werkstoffeigenschaften (physikalische und mechanische Kennwerte) der Magnesium-Gusslegierungen zeigt **Tabelle 2.3.2**.

Tabelle 2.3.2: Übersicht über die Eigenschaften von Magnesium-Gusslegierungen

Allgemeine Werkstoffeigenschaften Magnesium-Legierungen		
Dichte	[103 kg/m^3]	1,77 … 1,81
Längenausdehnungskoeffizient 20 – 100 °C"	[10–6/K]	26
Wärmeleitfähigkeit	[W/m*K]	50 … 84
Elektrische Leitfähigkeit	[106S/m]	6 … 10
E-Modul	[kN/mm^2]	43 … 45
Schubmodul	[kN/mm^2]	16 … 17
Querkontraktionszahl (Poisson-Zahl)		0,35
spez. Wärmekapazität bei RT	[kJ/kg*K]	1,0 … 1,2
Schmelzwärme	[kJ/kg]	360 … 390

2.4 Druckgusslegierungen: Passgenaue Zusammensetzungen ermöglichen klimafreundlichen Automobilbau

Als regionaler Grundstoffproduzent stellt Trimet über kurze Wege die Metallversorgung seiner Kunden sicher und liefert Werkstoffe, die für nahezu jede Anwendung passgenaue Qualitäten bieten. Durch die kundenspezifische Entwicklung von Legierungen gelingt es, dem Leichtmetall Aluminium insbesondere im Automobilbau neue Anwendungsfelder zu erschließen.

FOTOS: TRIMET

Von Andreas Kleine

Im Automobilbau gilt Aluminium mittlerweile als bevorzugtes Material bei der Auslegung von Skelettkarosserien. Mit dem Druckgießverfahren lassen sich großserientauglich Bauteile mit geringen Wanddicken produzieren. In Kombination mit dem Werkstoff Aluminium macht das Verfahren den Leichtbau von Karosserie- und Antriebsbauteilen sowie weiteren Komponenten des Automobilbaus möglich, um den Kraftstoffverbrauch und die CO_2-Emissionen zu reduzieren und bei Elektrofahrzeugen die Reichweite zu steigern. So ist der durchschnittliche Aluminiumanteil pro Fahrzeug von 121 kg im Jahr 2006 auf 205 kg im Jahr 2022 gestiegen. 2030 sollen es 256 kg sein. Hierbei spielen Druckgussbauteile für die Elektromobilität eine wichtige Rolle.

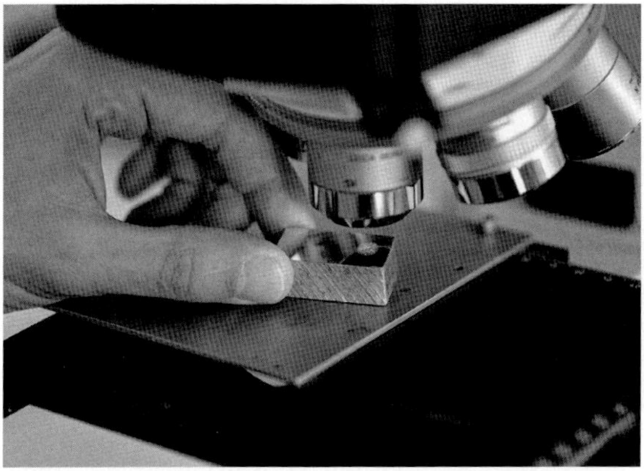

Bild 1: Die Zusammensetzung der Druckgusslegierungen wird an die jeweiligen Anforderungen angepasst.

Legierungen für viele Einsatzgebiete

Trimet hat innovative Druckgusslegierungen entwickelt, die höchste Standards erfüllen (**Bild 1**). Gleichzeitig lassen sich die Werkstoffe ressourcenschonend erzeugen und verarbeiten und leisten damit einen wesentlichen Beitrag zum Klimaschutz. Die Basis bilden eisenarme AlSi-Legierungen mit Siliziumgehalten zwischen 7,5 und 11,5 Gew.-%, wobei Silizium maßgeblich für die ausgezeichnete Gießbarkeit verantwortlich ist. Weiterhin wirkt Silizium der Schrumpfung der Aluminiumlegierung beim Erstarren entgegen. Durch die Veredelung mit Strontium kommt es zur Verkleinerung und Abrundung des eutektischen Siliziums, wodurch die Bruchdehnung im Vergleich zu einem unveredelten lamellaren eutektischen Silizium deutlich steigt. Eine weitere Möglichkeit zur Veränderung der Form des eutektischen Siliziums besteht in der Durchführung einer Wärmebehandlung.

Eine Voraussetzung für hohe Dehnungen sind auch niedrige Eisengehalte. Darüber hinaus wird durch ein ausgewogenes Eisen-Mangan-Verhältnis die Klebneigung der Gussbauteile in der Druckgießform auf ein Minimum reduziert. Geringe Kupfergehalte sorgen für eine hohe Korrosionsbeständigkeit. Die nachfolgenden Ausführungen geben Gussanwendern und -herstellern einen ersten Überblick über die von Trimet angebotenen Druckgusslegierungen.

Ein Allrounder für verschiedenste Anwendungsbereiche

Eine über Jahrzehnte erprobte Druckgusslegierung für die Herstellung von Strukturbauteilen ist trimal-05 (**Bild 2**). Hierbei handelt es sich um eine Legierung vom Typ AlSi10MnMg, die entsprechend der Norm EN AB-43500 oder aber gemäß den Vorgaben definierter Kundenspezifikationen lieferbar ist. Der Siliziumgehalt von rund 10 Gew.-% erlaubt eine ausgezeichnete Gießbarkeit.

Bezüglich der mechanischen Eigenschaften bietet diese Legierung ein breites Spektrum. Die Einstellung des Magnesiumgehalts definiert die Werte für Festigkeit und Dehnung. So bewirkt ein geringer Magnesiumgehalt eine hohe Dehnung und mittlere Festigkeit, während ein hoher Magnesiumgehalt gewählt wird, wenn hohe Festigkeit und mittlere Dehnung gefordert sind. Darüber hinaus eröffnen auf das jeweilige Produkt hin abgestimmte Wärmebehandlungen die Möglichkeit, flexibel auf unterschiedliche Kundenanforderungen eingehen zu können. Für crashrelevante Anwendungen ist beispielsweise die

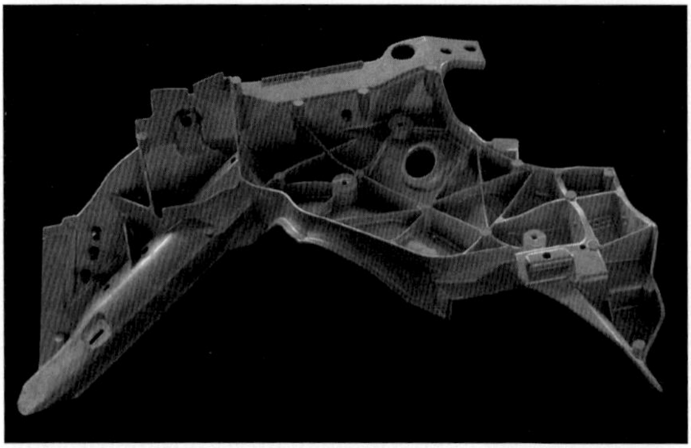

Bild 2: Trimal-05 wurde speziell für Strukturbauteile entwickelt.

sogenannte T7-Wärmebehandlung eine häufige Empfehlung, bei der das Gussbauteil lösungsgeglüht, abgeschreckt und anschließend vollständig überaltert wird.

Trimal-05 wird eingesetzt für Anwendungen mit höchsten Anforderungen an die statischen und dynamischen Eigenschaften des Bauteils, wie zum Beispiel Strukturbauteile, Space-Frame-Knoten oder Motorträger. Angesichts der zunehmenden Elektrifizierung des Antriebsstrangs findet sie auch vermehrt bei Gehäusen für Elektromotoren und bei Batteriegehäusen (**Bild 3**) Anwendung. Weiterhin verfügt trimal-05 über ein ausgezeichnetes Korrosionsverhalten, sodass Gussbauteile aus dieser Legierung ohne weitere Korrosionsschutzmaßnahmen verbaut werden können.

Druckgusslegierung für duktile Anwendungen

Die Legierung trimal-37 (AlSi9Mn) weist gegenüber herkömmlichen Druckgusslegierungen im Gusszustand eine vorzügliche Duktilität auf. Sie besitzt durch den Siliziumgehalt von 9 Gew.-% eine hervorragende Gießbarkeit und eignet sich daher auch zum Gießen kompliziertester Strukturen. Der Zusatz von Mangan verringert die Formklebeneigung. Bei extrem großflächigen Strukturbauteilen sind weitere Maßnahmen gegen Formkleben möglich. Die Elemente Zirkon und Mangan sorgen für die nötige Festigkeit bei Raumtemperatur und bewirken eine gute Wärmefestigkeit bei erhöhten Temperaturen. Durch eine Kurzzeitglühung weit unterhalb der Blistertemperatur wird das Silizium bereits eingeformt und die Duktilität kann weiter gesteigert werden. Der geringe Magnesiumgehalt bewirkt, dass der Werkstoff nicht altert.

Trimal-37 kommt beispielsweise bei einer Scharnieraufnahme zum Einsatz, die in der Dachstruktur im Hinterwagen eines SUV verbaut wird. Durch die hohe Duktilität und Verformbarkeit der Legierung wird beim Aufspreizen des Niets eine Rissfreiheit in der unteren Werkstücklage realisiert. Weil die untere Lage aus trimal-37 nicht durchgestanzt wird, bildet sich eine gas- und flüssigkeitsdichte, punktförmige Verbindung aus, deren Festigkeit auf Formschluss zurückzuführen ist.

Druckgusslegierung für höchste Verformbarkeit

Die Legierung trimal-38 (AlSi8ZnMn) besitzt im Vergleich zu herkömmlichen Druckgusslegierungen beste Duktilitätseigenschaften im Gusszustand. Dies äußert sich in einer hohen Dehnrate und hervorragender Umformbarkeit. trimal-38 eignet sich besonders für

Bauteile, die ohne Wärmebehandlung Crash- und Stanznieteigenschaften aufweisen müssen, wie etwa Batteriegehäuse oder Strukturbauteile, beispielsweise für Elektrofahrzeuge.

Die Legierung weist zudem eine hervorragende Gieß- und Entformbarkeit auf. Trotz des vergleichsweise niedrigen Siliziumgehalts von 7,5 bis 8,5 Gew.-% lässt sich die Legierung mit den Prozessparametern der weiterverbreiteten trimal-37 (AlSi9Mn) vergießen, was einen einfachen Legierungswechsel ermöglicht. Durch die gezielte Zugabe weiterer Legierungselemente werden die Fließfähigkeit und Festigkeit sowie das Formfüllungsvermögen optimiert. Die Klebeneigung wird minimiert. Um einen bedenkenlosen internationalen Einsatz zu ermöglichen, wurde auf kritische Elemente verzichtet. Die gezielte Beschränkung des Magnesiumgehalts bewirkt, dass der Werkstoff nicht altert und seine mechanischen Eigenschaften ohne zusätzliche Wärmebehandlung erreicht.

Aufgrund des hohen Umformvermögens von trimal-38 im Gusszustand ist die Legierung für die Herstellung von crashbeteiligten Strukturbauteilen vorgesehen. Weiterhin ist eine gute Stanznietbarkeit kennzeichnend. Die Druckgussbauteile kommen beispielsweise in Karosserien in Multimaterial-Bauweise zum Einsatz.

Recyclinglegierung für Bauteile mit hoher Duktilität und Energieabsorptionsvermögen

Die Legierung trimal-04 (AlSi10MnMg) ist eine Recyclinglegierung mit reduziertem Eisengehalt, was ihr eine hohe Duktilität im Gusszustand verleiht. trimal-04 verfügt bereits im Gusszustand über ein gutes Energieabsorptionsvermögen, das sich durch eine gezielte Wärmebehandlung verbessern lässt. Die Legierung wird bei Trimet an den Recyclingstandorten Gelsenkirchen und Harzgerode aus ausgewählten Aluminiumschrotten hergestellt.

Das ausgezeichnete Gieß- und Formfüllverhalten von trimal-04 ist in erster Linie auf einen Siliziumgehalt von rund 10 Gew.-% zurückzuführen. Durch den reduzierten Eisengehalt sorgt eine definierte Zugabe von Mangan dafür, dass die Klebeneigung in Druckgießformen verringert wird. Festigkeit und Härte werden über den Magnesiumgehalt gesteuert. Ergänzend zu diesen Maßnahmen trägt eine Veredelung des eutektischen Siliziums zur hohen Duktilität und zum guten Energieabsorptionsvermögen im Gusszustand bei. Mögliche Anwendungen sind beispielsweise duktile Ölwannen, Abdeckungen oder Gehäusekomponenten mit vergleichbaren Anforderungen.

Recyclinglegierungen tragen zu einer kontinuierlichen Reduktion der CO_2-Emissionen bei. Konkret hat sich die Automobilindustrie das Ziel gesetzt, sukzessive CO_2-ärmere Teile in den Fahrzeugen zu verbauen. Durch den Einsatz von Sekundäraluminium gegenüber Primäraluminium lassen sich bis zu 85 % CO_2-Emissionen und bis zu 95 % Energie einsparen.

Speziell für Rotoren von Elektromotoren

trimal-34E (AlSi0,2Fe0,2Mg0,2) wurde speziell für Rotoren in Asynchronmaschinen (ASM) von Elektrofahrzeugen entwickelt. Ebenso wie Gehäuse für Elektronikbauteile

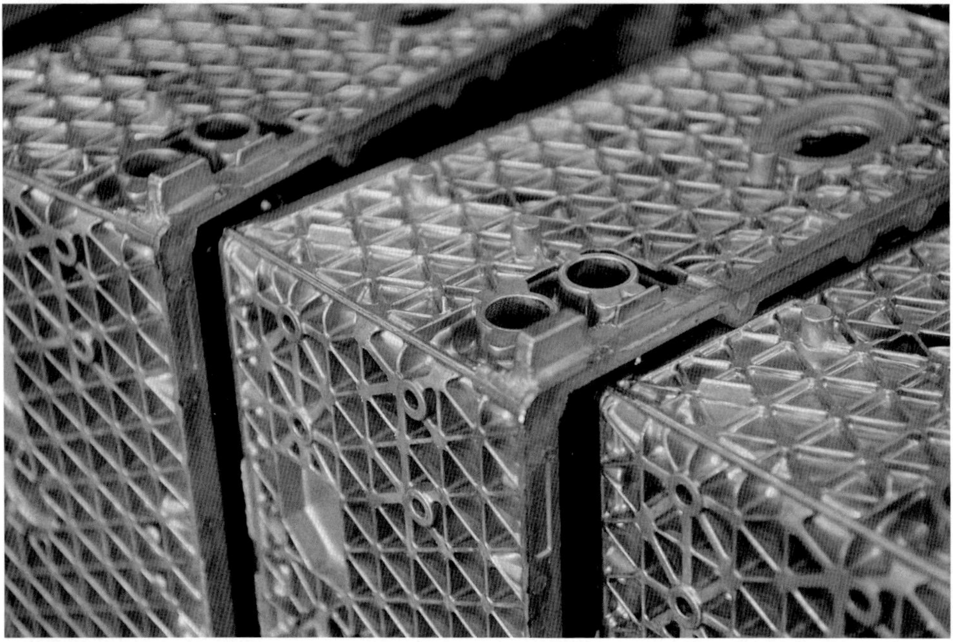

Bild 3: Batteriegehäuse spielen für den Druckguss eine zunehmend wichtige Rolle.

oder Wärmetauscher werden diese im Druckgießverfahren gefertigt. Die Legierung zeichnet sich durch eine besonders hohe Leitfähigkeit bei gleichzeitig guter mechanischer Festigkeit aus.

Durch den insgesamt niedrigen Gehalt an Legierungselementen ist sowohl die thermische als auch die elektrische Leitfähigkeit von trimal-34E vergleichbar mit der von Reinaluminium. Die Legierungselemente Silizium, Eisen und Magnesium wurden gewählt, um die Leitfähigkeit möglichst wenig zu beeinflussen. Gleichzeitig kommen so nur umweltverträgliche und gut verfügbare Elemente zum Einsatz. Dabei werden die mechanischen Eigenschaften so eingestellt, dass der Werkstoff zur Steigerung der Leistungsfähigkeit von hochmodernen Elektromotoren beiträgt. Der Werkstoff wird bei Trimet aus hochreinem Basismetall mit besonders geringen Gehalten an Mangan, Titan, Vanadium und Chrom hergestellt, wodurch eine kostenintensive Schmelzebehandlung entfällt und der Werkstoff ökonomisch produziert wird.

Die ermittelten Eigenschaften zeigen, dass die Festigkeit auch nach längerem Einsatz bei gesteigerten Temperaturen erhalten bleibt. Der Werkstoff hält den Beanspruchungen stand, die beispielsweise in Elektromotoren auftreten können. Die Leitfähigkeit steigt durch den Wärmeeinfluss bis auf das Niveau von Al99,7E an. Im Gegensatz dazu ist die Festigkeit von Reinaluminiumlegierungen für elektrische Anwendungen, bedingt durch die niedrige Dehngrenze und Zugfestigkeit, deutlich niedriger.

Partnerschaftliches Engagement für klimaneutrale Aluminiumherstellung

Bild 4: Trimet beteiligt sich mit seinen Forschungsaktivitäten an mehreren Projekten zu den Themen CO_2-Neutralität und Steigerung des Recyclinganteils.

Die hohe Relevanz der Themen CO_2-Neutralität und Steigerung des Recyclinganteils kommt auch durch aktuelle Forschungsaktivitäten zum Ausdruck (**Bild 4**). So hat sich beispielsweise Trimet mit Borbet, der Jordan Spritzgusstechnik, der Fachhochschule Dortmund und dem Fraunhofer Institut für Gießerei-, Composite- und Verarbeitungstechnik im Forschungsprojekt SUPA-Wheel (Sustainable Production of Aluminium Wheels) zu einem Verbundvorhaben zusammengeschlossen (s. GIESSEREI 111(2024), [Nr. 05], S. 40-44). Ziel des Vorhabens ist die Entwicklung eines Rads, das die technischen, ökonomischen und ökologischen Anforderungen der Hersteller für unterschiedliche Antriebsstränge erfüllt. Trimet übernimmt dabei die Entwicklung, Charakterisierung und Produktion von recyclingfähigen und auf Recyclingmaterial basierenden Aluminiumlegierungen vom Typ AlSi7Mg.

In einer weiteren Kooperation zwischen Audi, Otto Fuchs, Cleansort, Cleanlaser, Matplus, dem Lehrstuhl für Allgemeine Werkstoffeigenschaften an der Friedrich-Alexander-Universität und Trimet erarbeiten die Partner im Rahmen des Forschungsvorhabens Green-Al-Light Konzepte für die Herstellung nachhaltiger und kosteneffizienter Aluminiumbauteile für Mobilitätsanwendungen.

www.trimet.eu

Andreas Kleine, Projektleiter im Bereich Forschung und Entwicklung bei Trimet

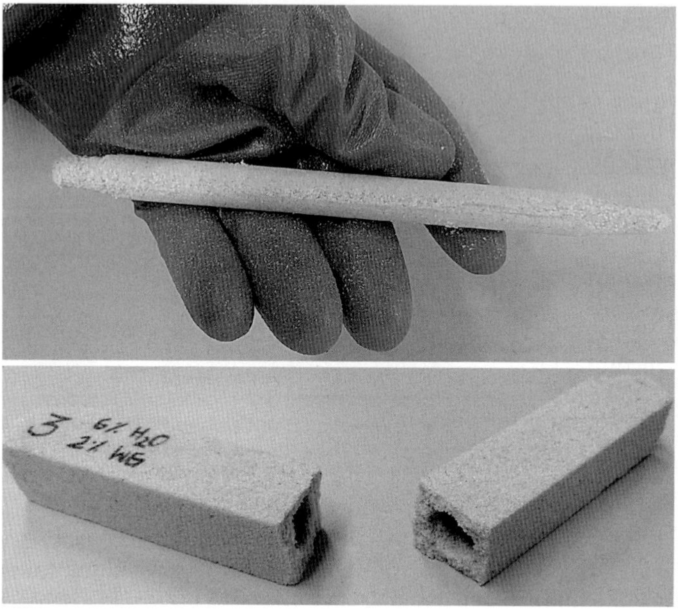

FOTOS UND GRAFIKEN: FRAUNHOFER IGCV

Ein neues Fertigungskonzept für nachhaltigere Gießkerne kann das Einsatzfeld für die Anorganik erheblich erweitern.

2.5 Verlorene Gefrierkerne: Hohlkerne für material- und energieeffizienten Guss

Moderne Konstruktionsweisen sind meist durch Leichtbau und raumsparendes Design gekennzeichnet, die in hochkomplexen Bauteilen resultieren. Dabei steht als zentraler Treiber eine nachhaltigere Produktion im Vordergrund, die nicht zuletzt auch von den immer strenger werdenden Umweltgesetzen in der Europäischen Union eingefordert werden.

Für hochkomplexe Metallgussteile eignen sich besonders Sand- und Kokillengießverfahren, da sie Innenstrukturierungen erlauben. Ein zentraler Ansatz in den Gießereien hier umweltfreundlicher zu produzieren, ist die weitgehende Umstellung von organischen auf anorganische Bindemittel in der Sandkernfertigung. Dies bringt prozesstechnische Herausforderungen mit sich, zu denen beispielsweise die schwierigere Entkernung nach dem Gießen gehört. In einem Forschungsprojekt entwickelte das Fraunhofer-Institut für Gießerei-, Composite- und Verarbeitungstechnik IGCV gemeinsam mit der Peak Deutschland GmbH und der Pinter Guss GmbH ein neues Verfahrenskonzept zur Herstellung von Hohlkernen im Kernschießprozess. Durch den Einsatz verlorener Gefrierkerne sollen hohle, wasserglasgebundenen Kerne erzeugt werden, die leicht auszulösen sind und gleichzeitig Sand und Binder einsparen.

Von Christopher Locke, Daniel Günther, Joshua Bissels und Hartmut Polzin

Obwohl anorganische Kernherstellungsverfahren aus Umwelt- und Gesundheitsschutzgründen großflächig in den Gießereien eingeführt werden müssen, ist ihre tatsächliche Anwendung derzeit auf ein enges Feld begrenzt. Ein Beispiel ist die Serienproduktion von Zylinderköpfen in der Automobilindustrie. Die Entwicklung eines innovativen Fertigungskonzepts für Hohlkerne soll einen Beitrag zur stärkeren Verbreitung wasserglasgebundener Bindersysteme leisten.

Prinzip der Hohlkernerzeugung

Der Prozessablauf zur Hohlkernerzeugung ist in **Bild 1** exemplarisch für einen hohlen Prüfriegel dargestellt. Zunächst wird in das Formwerkzeug vor dem eigentlichen Schießprozess ein Gefrierkern eingesetzt, der aus mit gefrorenem Wasser gebundenem Formstoff besteht. Dazu sind im Formwerkzeug besondere Kernmarken angebracht. Beim gezeigten Werkzeug wird die obere Kernmarke mit einem Einleger realisiert, der zudem das Zuströmen des Formstoffgemisches aus dem Schießkopf ermöglicht. Jetzt wird das Formstoffgemisch im Schießkopf fluidisiert und in das Formwerkzeug geschossen. Die Konstruktion des Werkzeugs muss bei diesem Verfahren die engen Spalte für die Formstofffüllung berücksichtigen. Das Bindemittel kann, im Fall eines anorganischen Bindemittels, unter Wärmezufuhr ausgehärtet werden. Dazu wird das Werkzeug geheizt und bei hohen Anforderungen an die Produktivität kann zusätzlich geheizte Druckluft zur Spülung durch den Kern geleitet werden. Nach der vollständigen Aushärtung kann der Kern entnommen werden und der verbleibende, lose Sand des getauten Gefrierkerns lässt sich aus dem eigentlichen, dünnwandigen Gießkern schütteln.

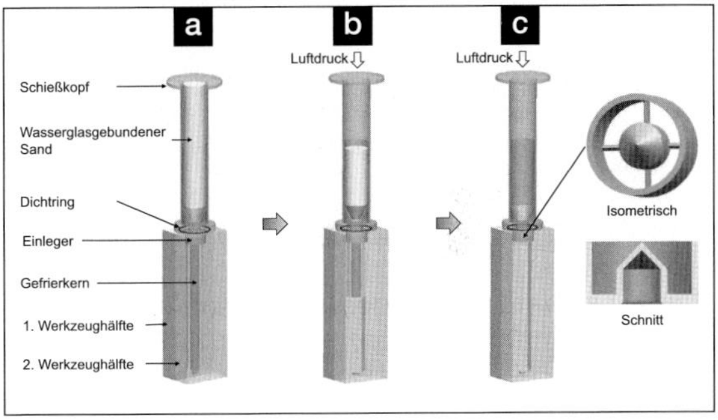

Bild 1: Verfahrensprinzip des Kernschießens mit Gefrierkern zur Hohlkernerzeugung: a) Gefrierkern vor dem eigentlichen Schießen; b) die Füllung mit dem Formstoffgemisch; c) Einleger zur Zentrierung des Gefrierkerns.

Der Gefrierkern wird in diesem Beispiel ebenso durch ein Kernschießverfahren hergestellt. Ein Gemisch aus Sand und Wasser wird in ein Kernwerkzeug geschossen und anschließend tiefgefroren. Ist der Kern fest, wird er aus dem Kernwerkzeug entnommen. Das Handling kann so lange sicher durchgeführt werden, wie das Wasser im Kern gefroren ist. Ein Temperaturanstieg unterhalb des Gefrierpunktes beeinflusst die Festigkeit nur geringfügig, entscheidend für die Festigkeit ist die Wassermenge. Die Parameter und Einflussgrößen für dieses Verfahrenskonzept und deren Wechselwirkungen können in der Veröffentlichung [1] gefunden werden. Der hier vorliegende Beitrag fokussiert auf die Anwendung verlorener Gefrierkerne in der Praxis.

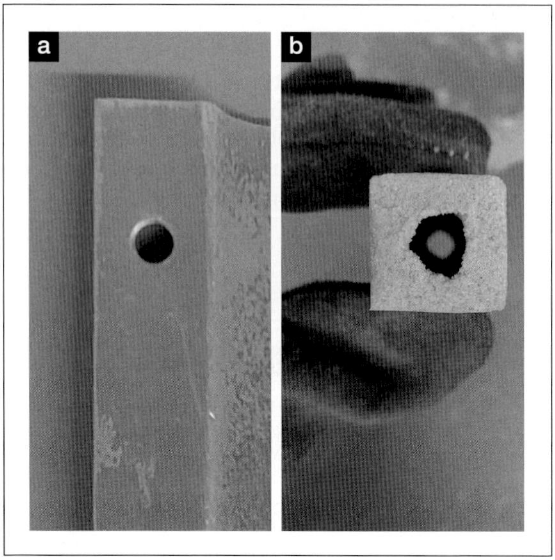

Bild 2: Laborergebnisse des Formverfahrens: a) Gefrierkern im Werkzeug; b) Blick durch den erzeugten Hohlkern.

Laborversuche

Die Laborversuche zeigen, dass die Herstellung von Hohlkernen mit einem großen Aspektverhältnis möglich ist. Die Festigkeitsmessungen belegen zudem, dass das Ausdampfen des Wassers während des Aushärtens (hier mit einem heißhärtenden Wasserglasbinder) die erreichbare Härte des Formstoffgemisches nicht beeinflusst. Bei filigranen Strukturen sind die Toleranzen der Kernmarken, und damit der Lage des Gefrierkernes relativ zum Kern, wichtig für die festigkeitsbildende Struktur. **Bild 2** zeigt einen Gefrierkern und den zugehörigen Prüfkörper (Biegeriegel).

Verlorene Gefrierkerne in der Praxis

Das Anwendungsbeispiel ist ein großvolumiger Kern für ein Aluminiumgussteil, das im Kundenguss bei der Pinter Guss GmbH auch mit konventionellen Kernen hergestellt wird. Konstruktive Vorteile beim Einsatz eines Gefrierkernes liegen in der Reduktion des Kerngewichtes für das Handling sowie weniger Deformation durch das Eigengewicht. Der Einsatz von Sand und Bindemittel, im Vergleich zum konventionellen Kern, soll konstruktiv im Bereich von 50 % liegen. Da die Verfestigung des Gefrierkernes im Tiefkühler bedingt durch den Temperaturgradienten und die Wärmeleitfähigkeit erhebliche Zeit in Anspruch nimmt, wird im Praxisversuch eine Verfestigung durch Trockeneis genutzt. Dies erlaubte eine deutlich höhere Abkühlrate.

Bestimmung der Abkühlraten im Gefrierprozess

Zur Bestimmung der Entformungszeiten wurden die Abkühlraten für verschiedene Formsandmischungen ermittelt. Hierzu wurden Thermoelemente vom Typ K mit den in **Tabelle 1** angegebenen Abständen in einem zylindrischen Probekörper eingeformt und der Abstand vom Rand bei gleichbleibender Tiefe schrittweise erhöht. Die Temperaturwerte wurden mit einem Datenlogger der Firma Graphtec (GL-220) mit einer Messfrequenz von 1 Hz aufgenommen, bis alle Messstellen mindestens den Nullpunkt unterschritten hatten. Die Kühlung erfolgte durch Einbetten des Zylinders in Trockeneis. **Bild 3** gibt die Messergebnisse für ein Formstoffgemisch mit 1 % Wasser wieder:

> An den Rändern sinkt die Temperatur erwartungsgemäß früher.

Tabelle 1: Versuchsaufbau zur experimentellen Bestimmung der benötigten Zeit bis zum Durchhärten eines Sandkerns		
Thermoelement	Randabstand (in mm)	Messtiefe (in mm)
Channel 1	19	60
Channel 2	38	60
Channel 3	56	60
Channel 4	75	60

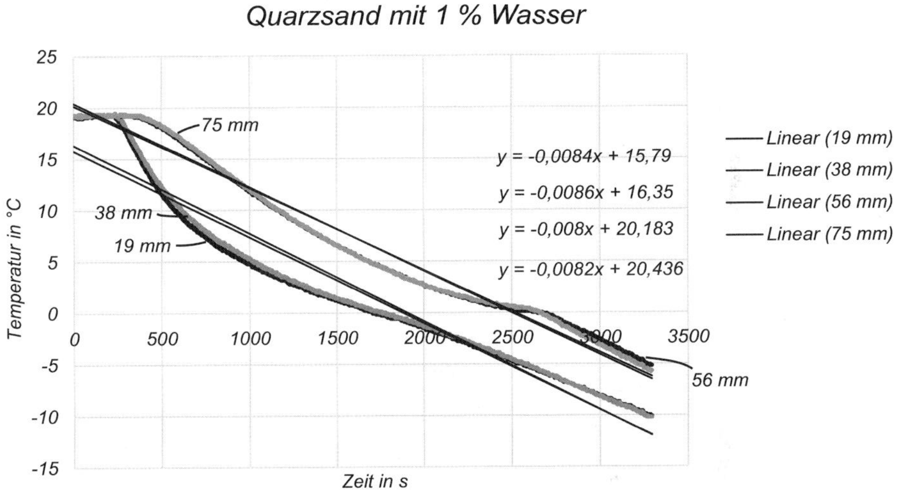

Bild 3: Messergebnisse für das Eindringen der Kälte von einer Trockeneisschüttung in den Kernsand mit 1 % Wasser an verschiedenen Messpositionen im Prüfkörper.

> Am Nullpunkt ist ein Knick zu erkennen, der auf die Energieabgabe bei der Bildung von Eis zurückzuführen ist.

> Formstoffdicken von 75 mm frieren ab einer Zeit von ca. 40 min durch.

Aus diesen Kurven können lineare Ableitungen genähert werden, die eine Abschätzung für verschiedene Ballenstärken des Formstoffes ermöglichen. Es zeigt sich auch, dass für einen hohen Durchsatz bei der Kernproduktion spezielle Designs genutzt werden müssen, die die Wärmeabfuhr begünstigen, also in sich dünnwandige Strukturen sind.

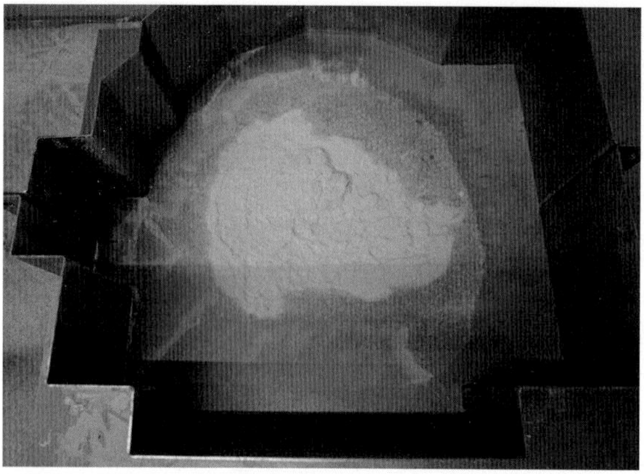

Bild 4: Flächige Anhaftung von reinem Eis führte zu einem Ausbruch des Gefrierkerns. Die Stärke des Effekts wird durch absinkendes Wasser im Kernsand verursacht.

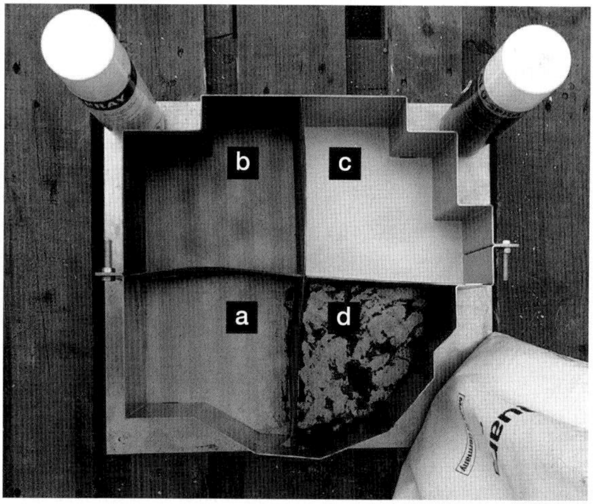

Bild 5: Gefrierkernkasten mit vier verschiedenen Beschichtungszonen: a) unbehandelt, b) Grafitspray, c) Alu-Spray, d) Grafitpulver.

Entformungsverhalten

Bei der Entformung der Gefrierkerne zeigten sich Abhängigkeiten der Prozesssicherheit vom Wassergehalt, der Rauigkeit der Form und der Haftungsneigung des Formwandmaterials. Es kann zu starken Anhaftungen kommen (**Bild 4**), die je nach Ausprägung, die Geometrie und die Verwendbarkeit des Kernes beeinflussen. Zur Lösung der Problemstellung wurden Versuche mit verschiedenen Trennmitteln durchgeführt. Die Gefrierkernform wurde dazu in vier gleichgroße Teile unterteilt (**Bild 5**). Jede dieser vier Zonen wurde mit einem unterschiedlichen Trennmittel behandelt. Das Alu-Spray und das Grafitspray wurden dünn und gleichmäßig direkt auf die Form aufgebracht. Das Grafitpulver wurde zuerst eingeschüttet und dann von Hand in der Form verteilt. Pulverreste wurden anschließend entfernt bis lediglich eine Schmierschicht in der Form zurückblieb. Anschließend wurde der Formstoff eingefüllt, verdichtet, der Gefrierkern eingefroren und danach wieder entformt. Nach 20 Minuten im Trockeneis wurden die Kerne entformt und die Kernteile verglichen (**Bild 6**):

> Das schlechteste Ergebnis lieferte das Viertel ohne jegliche Trennmittelbehandlung.

> Ein etwas kleinerer Ausbruch war bei dem mit Grafitspray behandeltem Viertel zu beobachten.

> Das Viertel mit dem Alu-Spray zeigte eine dünne gleichmäßige Schicht der Anhaftung, die die Oberfläche des Gefrierkernes nicht maßgeblich verschlechterte.

> Das beste Ergebnis, nahezu ohne Anhaftungen, zeigte das mit Grafitpulver behandelte Viertel.

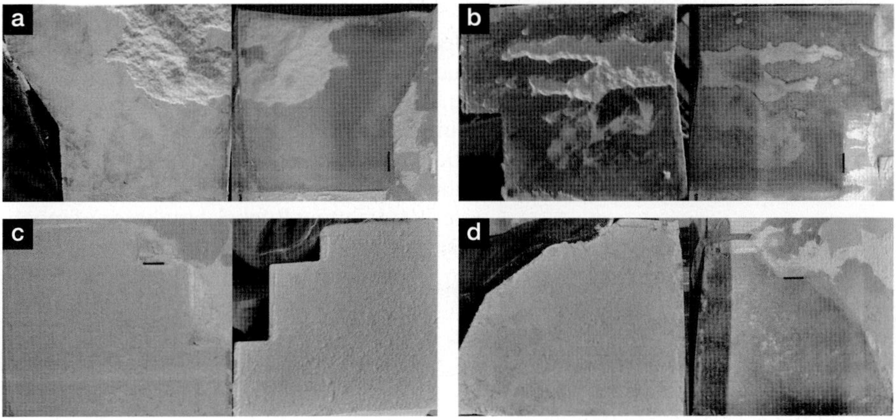

Bild 6: Erzeugte Gefrierkerne (links) mit den zugehörigen Formsegmenten (rechts) bei Verwendung verschiedener Trennmittel: a) unbehandelt, b) Grafitspray, c) Alu-Spray, d) Grafitpulver.

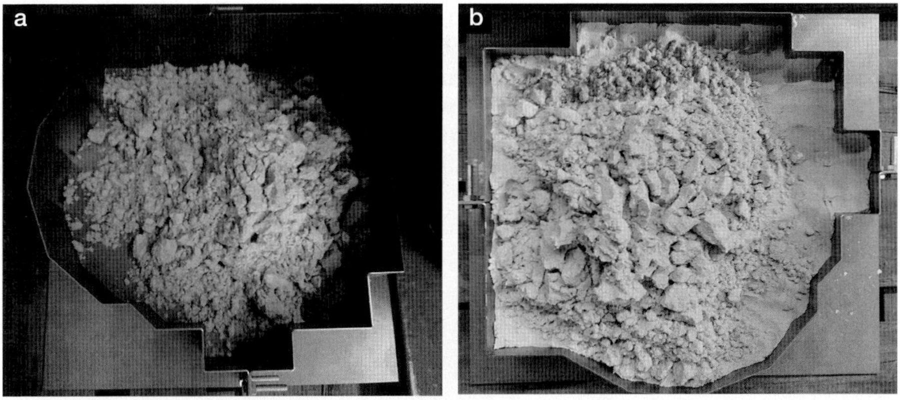

Bild 7: Formstofffüllung des Kernkastens: a) lose Schüttung im Blechrahmen des Kastens, b) händisch verdichteter Randbereich bei der schichtweisen Füllung und Verdichtung mit dem Sand-Wasser-Gemisch.

Herstellung im Handformverfahren

Die Formstoffmischung für die Gefrierkerne besteht aus einem Gemisch aus H32-Quarzsand und 3 Gew.-% Wasser. Die Mischung erfolgt händisch mit einem Bohrmaschinenrühraufsatz und einer Mischzeit von 5 min. Optisch können nach dieser Zeit keine Agglomerate mehr gefunden werden. Im Anschluss wird der Sand in die Form gefüllt und dabei

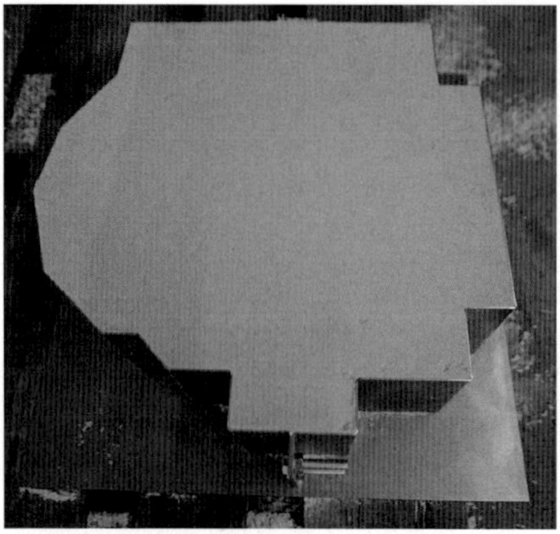

Bild 8: Fertiger Kernkasten vor der Einbettung in Trockeneis. Das Kerngewicht beträgt rund 35 kg.

von Hand vorverdichtet (**Bild 7**). Die Kompression wird erfahrungsbasiert vorgenommen, mit der Zielsetzung eine möglichst homogene Verdichtung zu erreichen. Dieses Vorgehen erfolgt analog dem Vorversuch zur Temperaturmessung, um ähnliche Verhältnisse bezogen auf die Wärmeleitung zu erzielen. Der Formaufbau über ein abgekantetes Blechband erfordert bei der Verdichtung Rücksichtnahme auf mögliche Deformationen des Kernkastens. Die Verdichtung wird schichtweise wiederholt, bis die Blechform vollständig mit Sand gefüllt ist. Da in diesem Anwendungsfall zwei baugleiche Kerne übereinandergesetzt werden, wird die Deckfläche sorgfältig abgezogen (**Bild 8**).

Erzeugung von Hohlkernen

Die erzeugten Gefrierkerne werden in den Formkasten eingelegt und dabei über die konstruktiven Kernmarken platziert. In diesem Versuch wurde der Kernraum mit einem Resol-Formstoffgemisch aufgefüllt und schrittweise verdichtet. Im Anschluss wird der Kern über eine CO_2-Begasung ausgehärtet und dem Kernkasten entnommen. Das Resol-CO_2-Verfahren wird hier zur Aushärtung verwendet, weil es der Serie entspricht. Für die Entnahme des Gefrierkerns wurde dieser bei Umgebungstemperatur aufgetaut und der feuchte Sand anschließend mittels eines Industriestaubsaugers entfernt (**Bild 9**). Um Restwasser vor dem Gießen auszutrocknen, wurde der Kern zusätzlich 24 h gelagert. Die Öffnung zur Gefrierkernentnahme wurde vor dem Gießen mit einem Deckel aus Formstoff geschlossen und der Kern in die Gussform eingesetzt.

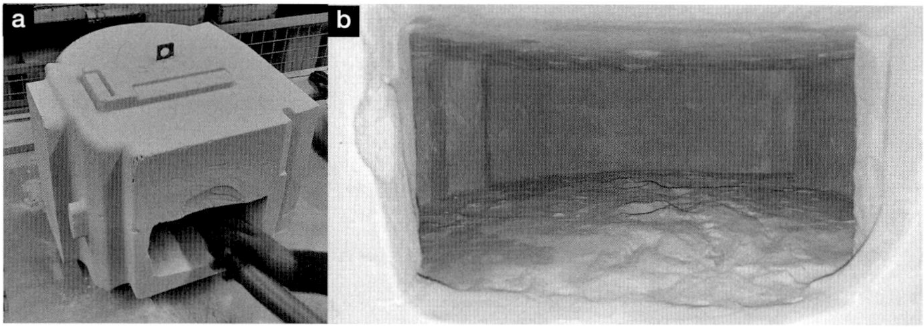

Bild 9: Fertiger Kern: a) Entfernung des losen Sandrückstands des Gefrierkerns; b) Hohlraum, den der Gefrierkern hinterlassen hat. Es sind Anhaftungen zu erkennen, die bei dieser Kerngeometrie jedoch kein technisches Problem darstellen.

CT-Untersuchungen

Das fertige Gussteil weist keine sichtbaren Defekte an den Innenflächen auf. Zur Sicherung der Bauteilqualität im Vergleich zur klassischen Fertigung mit einem konventionellen Kern wurde pro Fertigungsvariante ein Bauteil im Computertomographen (CT) untersucht. Hierfür wurden die Bauteile jeweils in drei für die Funktion besonders relevante Abschnitte unterteilt (**Bild 10**), die entsprechend gescannt wurden. Ziel war es zu prüfen, ob die Gefrierkerne zu einer veränderten Porengröße und Verteilung im Fertigteil führen. Aufgrund des prozesstechnisch eingebrachten Wassers gilt es, eine erhöhte Gasporosität auszuschließen.

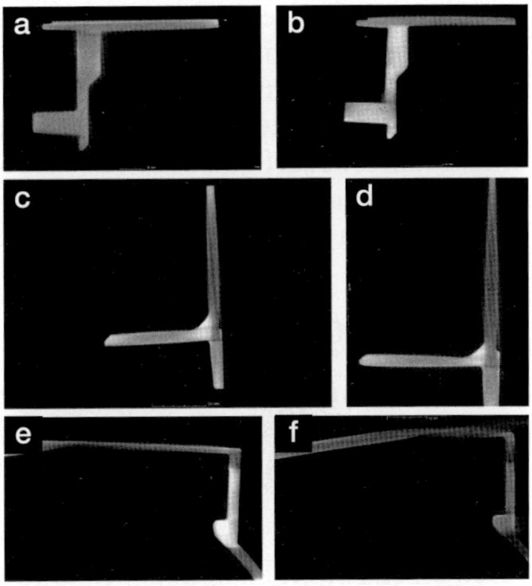

Bild 10: CT-Aufnahmen der drei Teilbereiche der fertigen Gussteile: a), c) e) Konventionell gefertigtes Referenzbauteil; b), d), f) mithilfe des Gefrierkerns gefertigtes Bauteil.

Erkennbar ist, dass sowohl in dem mit Gefrierkern als auch mit dem im Standardverfahren hergestellten Bauteil eine gleichmäßige Porenverteilung vorliegt. Keines der beiden Bauteile weist randnahe Poren auf, die auf besondere Einflüsse der Feuchtigkeit des Gefrierkerns hindeuten würden. Auch die Größe der Poren ist vergleichbar und entspricht einem verfahrensbedingten Porenaufkommen im Sandguss. Das gleichmäßige Porenbild ohne Randschichtkonzentration lässt auf füllungsbedingte Porenbildung schließen. Die Porenverteilung ist auch in den drei funktionellen Teilbereichen und in jeder Höhe der Gießlage vergleichbar.

Formstoffeinsparung und $C0_2$-Bilanz

Der CO_2-Fußabdruck der Fertigung von Sandkernen und -formen für den Handformguss setzt sich zum überwiegenden Teil aus den Wirkungen der Einsatzstoffe zusammen. Die Kernfertigung wird im betrachteten Beispiel mit einem Resol CO_2-Verfahren durchgeführt. **Tabelle 2** gibt die Kenngrößen für die eingesetzten Stoffe und Binderzugaben wieder.

Tabelle 2: **Verwendete Stoffe für das Resol-CO_2-Verfahren und die jeweiligen Beiträge zum CO_2-Fußabdruck**

Einsatzstoff	CO_2-Äquivalent (in kg CO_2/kg)	Quelle	CO_2-Äquivalent (je kg Formstoff)
Quarzsand	0,023	EEW 2022	0,019303
Resol	1,5	Herstellerangabe	0,01925

Beispielhaft wurde eine Einsparung des Formstoffs für das im Gefrierkernverfahren hergestellte Serienbauteil errechnet und die CO_2-, sowie die Ressourceneinsparung ermittelt. Das Serienbauteil hat einen Kern mit ca. 65 kg Formstoff. Durch den Einsatz des Gefrierkerns konnte das Kerngewicht um 35 kg reduziert werden. Dadurch entstehen bei einem Jahresbedarf von in etwa 500 Teilen die in **Tabelle 3** aufgeführten Einsparungen. Übertragen auf die gesamte Fertigung bei der Pinter Guss GmbH wird eine mögliche Ersparnis von in etwa 20 % des Formstoffs erwartet.

Zusammenfassung

Im Projekt „Anorganisches Kernpaketverfahren mit dünnwandigen Strukturen zur Energieeinsparung", gefördert durch die Deutsche Bundesstiftung Umwelt, wurde als ein wesentlicher Aspekt die Herstellung von verlorenen Gefrierkernen untersucht. Es konnte gezeigt werden, dass sich über die Technik der Gefrierkerne Sandkerne nicht nur innenstrukturieren lassen, sondern dabei auch vergleichsweise filigrane Hohlraumstrukturen erzeugt werden können. Dies funktioniert darüber hinaus mit verschiedenen Bindersystemen. Für Gussanwendungen lassen sich mit dieser Entwicklung prozesstechnische Vorteile erzielen. Ein Beispiel ist die Entkernung von Gussteilen, die mit anorganisch gebundenen Kernen hergestellt werden, da der Einsatz des umweltfreundlichen Wasserglasbinders begünstigt wird.

Das Praxisbeispiel, das den Vergleich mit einem massiven Kern zeigt, ergibt deutliche Einsparungen von CO_2 für die Serienproduktion. Hierbei wurde das Resol-CO_2-Verfahren zur Kernaushärtung eingesetzt, weil es der Serie entspricht. Dies ist nicht optimal, jedoch gibt es auch Alternativen, wie zum Beispiel die Warmluftaushärtung, die als Entwicklungspotenzial angesehen werden kann. Insgesamt ergibt sich besonders für Kundengießereien eine gute Perspektive, in Zukunft umweltfreundlicher produzieren zu können und dies gleichzeitig auch als Wettbewerbsvorteil nutzen zu können.

www.igcv.fraunhofer.de

M.Eng. Christopher Locke, Dr.-Ing. Daniel Günther, Fraunhofer-Institut für Gießerei-, Composite- und Verarbeitungstechnik IGCV, Garching; Wirt.-Ing. M.Sc. Joshua Bissels, Pinter Guss GmbH, Deggendorf; Prof. Dr.-Ing. habil. Hartmut Polzin, Peak Deutschland GmbH, Nossen.

Tabelle 3: **Summen der CO_2-Einsparung für die Serienproduktion des beispielhaften Bauteils mit einer Produktionsmenge von 500 Stück im Jahr**

Einsatzstoff	CO_2-Äquivalent (in kg CO_2/kg)	Quelle	CO_2-Äquivalent (je kg Formstoff)
Quarzsand	0,02254	386	17.250
Resol	0,03	513,75	345
CO2-Gas*	0,0465	795,95	
Summe		1695,7	

gefördert durch

DBU

Deutsche
Bundesstiftung Umwelt

www.dbu.de

Wir danken der Deutschen Bundesstiftung Umwelt für die Förderung dieses Vorhabens mit dem Kennzeichen 35497, die gute Zusammenarbeit und die Möglichkeiten, die sich daraus für mittelständische Gießereien ergeben. Mehr Informationen können im Abschlussbericht zum Projekt gefunden werden [2].

Literatur:

[1] Locke, C., Polzin, H., Bissels, J. et al. Production of Inorganic Hollow Cores Using Sacrificial Ice Cores. Inter Metalcast (2023). https://doi.org/10.1007/s40962-023-01101-x

[2] DBU-Forschungsprojekt 35497 „Anorganisches Kernpaketverfahren mit dünnwandigen Strukturen zur Energieeinsparung", Peak Deutschland GmbH, Pinter Guss GmbH, Fraunhofer IGCV; https://opac.dbu.de/ab/DBU-Abschlussbericht-AZ-35497_01-Hauptbericht.pdf

2.6 Kippdrehtrommelöfen in der Praxis: Speira stellt Aluminiumrecycling technisch neu auf

Seit Juni 2025 ist bei Speira Recycling Services in Grevenbroich ein neuer Recyclingofen in Betrieb – weitere Standorte folgen. Der Aluminiumspezialist verspricht sich dadurch einen effizienteren und prozesssicheren Betrieb in einer Sparte, die unter anderem Lösungen für Gießereianwendungen anbietet. Grund genug, sich die Technik hinter den neuen Anlagen genauer anzuschauen.

FOTO: pepebaeza – stock.adobe.com

Aluminium kann beliebig oft ohne Qualitätsverlust recycelt werden. Entsprechende Schrotte spielen als nachhaltiger Rohstoff daher eine wichtige Rolle.

Von Frederic Brinkmann, Yannik Schnitzler, Marco Gehlen und Hans-Jürgen Bartz

Das Recycling von Aluminium und aluminiumhaltigen Vorstoffen ist umgesetzte Ressourcenschonung: das Metall wird dem Materialkreislauf unmittelbar wieder zur Verfügung gestellt, bei deutlich reduziertem Energieeinsatz gegenüber Primäraluminium (ca. 5 % des Energiebedarfs). Zudem kann durch die gezielte Zusammenstellung verschiedener Schrottsorten aus unterschiedlichen Legierungen ein neuer Werkstoff erschmolzen werden, der nicht nur das Aluminium im Kreislauf hält, sondern auch kostbare und teilweise kritische Legierungselemente wie Magnesium oder Mangan in den Stoffstrom

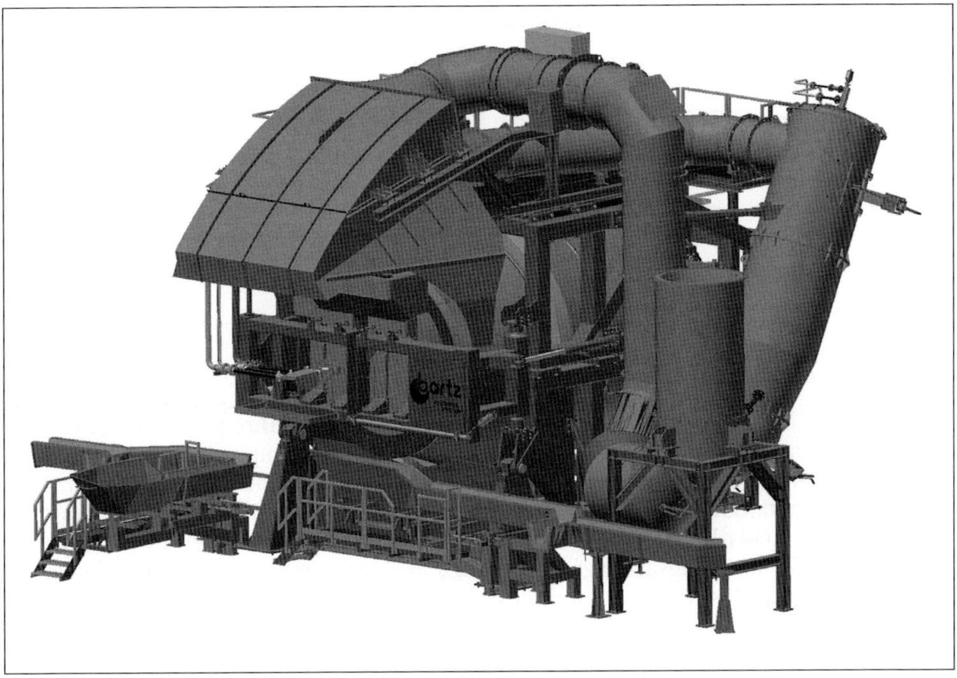

FOTOS UND GRAFIK: SPEIRA

Bild 1: Modellhafte Darstellung des neuen Kippdrehtrommelofen der Firma Bartz.

zurückführt. Im Sinne einer „Circular Economy“ und wachsenden Unsicherheiten auf Rohstoffmärkten, gerade in Europa, ist das Recycling von Aluminium hochrelevant für die gesamte Wertschöpfungskette.

Gleichzeitig werden Schrotte durch höhere Produktanforderungen komplexer, ihre Verunreinigungsgehalte höher und durch ein wachsendes ökonomisches und ökologisches Interesse am Recycling auch knapper. Insgesamt wachsen die Recyclingkapazitäten in Europa. Die Business Unit „Recycling Services“ von Speira stellt mit einer Schrottinputkapazität von rund 400 000 t/a einen gewichtigen Marktteilnehmer dar, der Kunden mit flüssig ausgeliefertem Metall für Gießereien, sowohl als Knet- als auch Gusslegierungen, versorgt. Daneben stehen RSI (remelt secondary ingot) und Masseln im Produktportfolio.

Aufgrund steigender Anforderungen an die Recyclingprozesse in den Kippdrehtrommelöfen der Speira Recycling Services ist ein Upgrade der Ofentechnik notwendig. Konkret betrifft dies

> steigende Organikanteile im Einsatzmix,

> einen erhöhten Automatisierungsgrad durch komplexer werdende Prozessschritte,

> Vermeidung diffuser Emissionen beim Chargieren und Schmelzen sowie

> eine optimierte Abgastemperaturführung zum effizienten Abreinigen saurer Komponenten.

Die bestehenden Anlagen (TRF) sind seit ca. 25 Jahren im Dienst. Durch kontinuierliche Verbesserungen und Upgrades wurde die Prozessführung über die Zeit verfeinert und bildet die Grundlage für die Leistung der Werke hinsichtlich Ausbeute, Durchsatz und Energieverbrauch. Mit der Errichtung neuer Öfen soll das starke Prozess-Know-how mit moderner Technik gepaart werden, um die Produktion noch effizienter zu gestalten und auch in Zukunft wachsenden Anforderungen zu genügen. In Partnerschaft mit Bartz Maschinenbau werden zu diesem Zweck vier Öfen – zwei in Grevenbroich, zwei in Töging – gegen neue Aggregate ausgetauscht.

Die neuen Kippdrehtrommelöfen

Kippdrehtrommelöfen sind Schmelzaggregate, die sich durch ihre konstruktiven Merkmale für eine innige Schrottbehandlung durch eine Salzschlackenphase eignen. Die batchweise betriebenen Öfen werden einseitig beschickt, durch Zugabe von Schmelzsalz werden die nicht-metallischen Verunreinigungen vom Metall getrennt. Über einen in der Tür untergebrachten Gas-Luft-(Sauerstoff-)Brenner wird das Material über die unterschiedlichen Wärmeübertragungsarten geschmolzen und über Rotation vermischt. Dabei ist die Herausforderung, das Material möglichst ausbeuteschonend zu behandeln und dabei unterschiedlichste Geometrien, Dichten, Metallinhalte und Verunreinigungsgehalte innerhalb des Schrottmixes zu kombinieren. Am Ende der Charge liegt eine flüssige Aluminiumphase vor, die von einer Salzschlackenphase vor Oxidation geschützt wird. Durch das Kippen des Ofens wird das Metall abgegossen, während die Schlackenphase in einem zweiten Schritt ausgedreht wird. Typische Durchsätze sind materialabhängig, lassen sich aber bei guter Prozessführung mit ca. 5 t/h angeben. Das maximale Füllvolumen der zu ersetzenden Öfen beträgt etwa 25 t.

Die neuen Öfen (**Bild 1**) tragen den Umständen Rechnung, die sich aus den Entwicklungen im Aluminiumrecyclingmarkt ergeben. Folgende Vorteile sind dabei hervorzuheben:

> Steigerung der Wirtschaftlichkeit durch reduzierte Chargierzeiten: Einsatz einer Chargiermaschine

> Erhöhung des thermischen Wirkungsgrades auf ca. 70 %

> Verbesserung der Ofentüren durch integrierte Brennerjustierung, Schlackerückhaltvorrichtung und Rauchgasführung

> Mitfahrende Abgasführung zur optimalen Prozessgassammlung in jeder Ofenstellung (Neigung)

Technische Innovationen und Vorteile

Durch die bisherige Abgassammlung über eine starre Haube wurden neben der Prozessluft hohe Anteile Umgebungsluft in die Abgasleitung eingespeist, was zu mehreren Nachteilen führt. Unter anderem erhöht sich der Energiebedarf der Filteranlage durch die

Bild 2: Montage der Ofentrommel in den Rahmen.

höheren Volumenströme. Der Batchprozess bedingt zudem stark variierende Abgastemperaturen, wodurch die Sorptionsmittel zur Bindung saurer Abgasbestandteile nicht effizient genutzt werden können. Darüber hinaus sind auch die thermischen Nachverbrennungen ineffizient, da kalte Abgasströme vorliegen.

Dieser Problematik wird mit der Einführung eines Doppelhaubensystems begegnet: Die innere Haube sitzt passgenau auf dem Kamin der Ofentür und entnimmt vornehmlich Prozessgas, das nach Bedarf über eine thermische Nachverbrennung (TNV) in seiner Gesamt-C-Konzentration entlastet wird. Die äußere Haube nimmt hingegen diffuse Emissionen auf und ist insbesondere beim Chargieren bzw. bei der Schlackeentnahme aktiv. Durch eine geeignete Kombination der Volumenströme beider Stränge lässt sich die Abgastemperatur hinter dem Mischpunkt im Schmelzbetrieb steuern. Ferner bietet die Temperaturmessung im Ofenabgas weitere Möglichkeiten zur Prozesssteuerung.

Eine Erhöhung der Energieeffizienz und somit des CO_2-Ausstoßes wird durch die Positionierung der Brennerflamme erreicht. Diese streicht in den neuen Öfen, im Gegensatz zu dem bisherigen Aufbau, entlang der brennernahen Trommelwand. Die Modulierfähigkeit von Flammenlänge und -temperatur erlaubt es, die Wärmeübertragung in jeder Phase des Ofenzyklus so zu verändern, dass Metallausbeute und Salzeinsatz optimiert werden und dem Ofenoperator eine höhere Prozesskontrolle bieten.

Zusätzlich werden die neuen Öfen wesentlich weniger Türöffnungen durch Chargiervorgänge verzeichnen als bisher. Durch den Einsatz von Chargiermaschinen werden pro Chargiervorgang wesentlich höhere Mengen in die Öfen verbracht als bislang mit Frontladerschaufeln. So wird neben den reduzierten Wärmeverlusten auch die Verweildauer von Material im Ofen erhöht. Durch eine konisch zulaufende Ofentrommel wird außerdem die Fläche der Türseite minimiert.

Standardisierungen im Prozessablauf sind stets das Ziel von Optimierungen. Dem stehen häufig variierende Schrottmixe und die Streuung von Schrotteigenschaften (Ausbeuten, Geometrien, Verunreinigungen, usw.) gegenüber, die Adaptionen im Prozess verlangen – häufig minütlich. Um einen Schritt in Richtung Automatisierung zu unternehmen, werden verstärkt Messwerte eingesetzt, die durch die neue Ofentechnik verfügbar gemacht werden. So führen Abweichungen vom Normbereich in der Abgastemperatur, im Drehmoment der Ofentrommel oder in der Feuerfesttemperatur im Türbereich zu Parameteranpassungen, die konsequent auf maximale Wärmeübertragung und optimaler Mischung im Material hinwirken. Kritische Punkte im Schmelzprozess werden somit schnell erkannt und die passenden Schritte werden unmittelbar eingeleitet, mit Vorteilen für die drei Hauptkriterien Ausbeute, Energieeffizienz und Durchsatz.

Die nun zu ersetzenden Öfen von Speira Recycling Services zeichnen sich durch lange Standzeiten aus. Diese werden auch mit den neuen Öfen angestrebt. Durch die Fortschritte an konstruktiven Möglichkeiten in den vergangenen Jahren wurde bei der Ausgestaltung des Ofens besonderer Wert auf die dynamischen Belastungsfälle gelegt, die ein rotierender Ofen mit großformatigen Produktionsschrotten (z.B. Krätzen) erfahren kann. Entsprechend sind die neuen Öfen sowohl robust gebaut als auch gut zugänglich für Wartungsarbeiten – insbesondere durch das Wegfallen der statischen Haube.

Umsetzung in Töging und Grevenbroich

In der ersten Jahreshälfte 2025 wurde der erste Ofen in Grevenbroich ausgetauscht, in der zweiten Hälfte geht der erste Ofen in Töging an den Start. Dieser Ablauf wiederholt sich im Jahr 2026.

Eine Besonderheit dieses Projekts liegt in der intensiven standortübergreifenden Zusammenarbeit: Bereits während der Planungsphase waren beide Werke eng miteinander vernetzt. So konnte Töging bereits frühzeitig in die Konzeption, Inbetriebnahme und Produktionsanläufe des ersten neuen Ofens in Grevenbroich eingebunden werden. Dieses Miteinander ermöglichte eine bestmögliche Vorbereitung auf den eigenen Umbauprozess und führte zu einem intensiven Know-how-Transfer zwischen den Standorten.

Auch im weiteren Projektverlauf wird dieser Austausch aktiv gelebt: Wenn der erste neue Ofen in Töging umgesetzt wird, werden wiederum Kollegen aus Grevenbroich vor Ort unterstützen. Ziel ist es, das Prinzip „Best Practice“ über beide Werke hinweg konsequent anzuwenden und die neuen Ofenanlagen standortübergreifend mit gleichem Qualitäts- und Leistungsanspruch zu betreiben.

Trotz des gemeinsamen Projektziels gilt: Auf hoher Flughöhe ähneln sich die Projekte, doch im Detail ist jede Umsetzung individuell. Unterschiedliche bauliche Gegebenheiten, infrastrukturelle Voraussetzungen und betriebliche Abläufe stellen jeweils eigene Herausforderungen dar, die aber durch die enge Abstimmung und das gemeinsame Verständnis für das große Ganze effizient gelöst werden.

Bild 3: KTO2 während der Aufheizphase

Projektablauf: Von der Planung bis zur Inbetriebnahme

Der Ursprung dieses Projekts lag in einem klassischen Ansatz: Ende 2023 wurde die Entscheidung getroffen, vier bestehende TRF – je zwei an den Standorten Grevenbroich und Töging – im Rahmen eines Sanierungsvorhabens zu ertüchtigen. Die initiale Projektphase widmete sich entsprechend der Konzeption und Planung dieser Sanierungsmaßnahmen.

Doch bereits zu Beginn des Projekts kam die Frage auf: Warum sanieren, wenn ein Neubau wirtschaftlich, technisch und strategisch sinnvoller wäre? Diese Überlegung gewann schnell an Substanz und wurde intensiv ausgearbeitet. In mehreren technischen und wirtschaftlichen Bewertungen zeigte sich schließlich, dass der Neubau nicht nur nachhaltiger, sondern auch besser mit der langfristigen Unternehmensstrategie vereinbar war.

Nach detaillierten Konzeptausarbeitungen und mehreren Gremienpräsentationen entschied die Geschäftsführung im Februar 2024, das Sanierungsprojekt zugunsten eines Neubauprojekts vollständig neu auszurichten. Nur wenige Monate nach Projektstart wurde somit ein bedeutender strategischer Richtungswechsel vollzogen. Es folgte eine intensive Planungsphase, die sowohl technische Auslegungen als auch infrastrukturelle Aspekte umfasste. Mitte 2024 erfolgte die finale Investitionsfreigabe durch die Eigentümer.

Die Umsetzung sah mehr als nur den Austausch der Öfen vor: Für jeden Ofen wurde die umgebende Infrastruktur individuell bewertet und optimiert. So wurden unter anderem Schalträume versetzt, Hydraulikanlagen entkoppelt und weitere betriebliche Schnittstellen modernisiert, um die neuen Anlagen optimal betreiben zu können.

Nach einer Bauzeit von rund 70 Tagen – vom Rückbau des Altbestands bis zur mechanischen Fertigstellung (**Bild 2**) – wurde am 26. Mai 2025 der erste neue Drehtrommelofen am Standort Grevenbroich erfolgreich in Betrieb genommen. Damit markiert dieses Projekt nicht nur ein technisches Großvorhaben, sondern auch ein Beispiel für schnelle Entscheidungsprozesse, standortübergreifende Zusammenarbeit und zielgerichtete Umsetzung auf höchstem Niveau.

Erste Betriebserfahrungen

Der neue Ofen spielt direkt seine Vorteile hinsichtlich der verbesserten Verwertung von Energieeinträgen aus. In den ersten beiden Monaten im Produktionsbetrieb wurde eine Einsparung an Erdgas von ca. 30 bis 50 % (bei hohem Organikanteil im Aufgabeschrott) erzielt. Durch die wesentlich bessere Isolation des Ofens, dessen Trommelform und der punktuellen Abgasabsaugung wird die eingetragene Wärme effizienter zur Aufheizung des Feuerfests und der Einsatzschrotte genutzt. Des Weiteren ist das Ablassen bei geschlossenem Deckel möglich (**Bild 3**), indem das sogenannte Salzwehr zur Zurückhaltung der Salzschlacke im Ofendeckel integriert wird.

Weitere Prozessvorteile ergeben sich durch die Ausrichtung der Brennerflamme. Gegenüber der bestehenden Ofentechnik bei Speira wird die Flamme entlang der Ofentrommel geführt - Stand der Technik war bislang die Querführung der Flamme durch den Gasraum der Ofentrommel. Diese Änderung geht mit einer Verkürzung der Flammenlänge einher, die sich in einem geringeren Luftanteil im Brennergasmix und damit weniger inertem Gas niederschlägt, wiederum mit einer Einsparung an Energie. Dadurch ist die Strömung im Ofenraum optimiert auf die Nachverbrennung von Schwelgasen im Ofenraum.

Die Öffnungsdauer des Ofendeckels während einer Charge wird durch den Einsatz einer Chargiermaschine (Fassungsvermögen ca. 7 t Krätze) wesentlich reduziert. Erste Erkenntnisse zeigen eine Reduktion um ca. 60 % - Zeit, die für das Heizen verwendet werden kann und zudem zu geringeren Wärmeverlusten führt. Durch das Einbringen des Materials über die Chargiermaschine wird zudem eine wesentlich gleichmäßigere Beschickung des Ofens erzielt, im Vergleich zu einer Materialchargierung mittels Frontlader.

Die Rückmeldung der Produktionsmitarbeiter ist dabei durchweg positiv. Aufgrund der Mehrzahl an Informationen über den Prozess wird die Entscheidungsfindung der Operatoren erleichtert. Durch den schlanken Aufbau der Anlage ist zudem die Übersichtlichkeit ein großer Vorteil, um sowohl aus dem Leitstand, als auch direkt vor Ort Zustände zu erkennen. Die Chargiermaschine dient überdies als Puffer, um Materialchargierungen vorzubereiten und punktgenau dem Ofen zuzuführen.

Über Speira Recycling Services
Mit drei Standorten in Deutschland liefern die Recycling Services von Speira jährlich 325 000 t recycelte Aluminiumlegierungen aus. Die Zentrale in Grevenbroich ist auch Standort des größten Werkes des 1916 gegründeten Erftwerks. Hier stellen 230 Mitarbeiter an sechs Öfen bis zu 150 000 t Aluminium im Jahr her. Das 1917 gegründete Innwerk in Töging ist der zweite große Produktionsstandort, wo neben dem Aluminiumgeschäft (100 000 t/a, 180 Mitarbeiter) auch jährlich 4000 t Magnesiumlegierungen aus Schrotten erschmolzen werden. Das Werk Deizisau bei Stuttgart komplettiert mit 65 000 t/a Kapazität das Portfolio. In Grevenbroich und Töging werden Kippdrehtrommelöfen betrieben, die als sogenannte Refiner auch komplexere Schrotte mit geringem Metallinhalt verarbeiten können. Diese recyceln beispielsweise Krätzen aus Gießerei- oder anderen Schmelzbetrieben – häufig in Kombination mit einer wachsenden Menge an organisch verunreinigten Materialien – zu neuen Legierungen nach Kundenspezifikation. Speira – mit über 5000 Beschäftigten an elf Produktionsstätten in Deutschland und Norwegen, im Forschungs- und Entwicklungszentrum in Bonn und in dem Joint-Venture-Walzwerk Alu-Norf in Neuss – stellt jährlich über eine Million t Aluminiumwalzprodukte her.

Fazit

Die Investition in neue Öfen stärkt die Wettbewerbsfähigkeit und Nachhaltigkeit von Speira. Ziel ist eine höhere Energieeffizienz, bessere Prozesssicherheit und optimierte Emissionskontrolle. Weitere Optimierungen und Investitionen sind geplant, um die Recyclingprozesse weiter zu verbessern.

Die technischen Verbesserungen umfassen mehrere Einrichtungen, die in Ihrer Gesamtheit für einen erheblichen Fortschritt gegenüber der bisherigen Ofentechnik sorgen. Die mitfahrende Abgasführung reduziert Umgebungsluft im Abgasstrom und verbessert die Filtereffizienz. Gepaart mit dem Doppelhaubensystem werden Prozessgase und diffuse Emissionen für gezielte Nachverbrennung aufgeteilt. Eine optimierte Brennerflammenführung reduziert den Luftanteil und verbessert die Energieausnutzung des Erdgases. Nicht zuletzt ermöglicht eine Chargiermaschine gleichmäßige und schnelle Beschickung und reduziert dabei Wärmeverluste durch kürzere Türöffnungszeiten.

Ursprünglich als Sanierung geplant, wurde das Projekt Anfang 2024 auf Neubau umgestellt. Der erste neue Ofen wurde am 26. Mai in Grevenbroich in Betrieb genommen. Weitere Öfen folgen bis Ende 2026, mit enger Zusammenarbeit zwischen den Standorten.

www.speira.com

Frederic Brinkmann: Manager Development & Projects (Speira), Yannik Schnitzer: Manager Projects (Speira), Marco Gehlen: Head of Operations & Technology (Speira), Hans-Jürgen Bartz: Geschäftsführer (Bartz Maschinenbau)

3 Weitere NE-Gusswerkstoffe (Kupfer, Zinn, Zink, Blei)

3.1 Normen

DIN EN ISO 8062	Geometrische Produktspezifikation (GPS) – Form- und Lagertoleranzen für Formteile, 2008, Teile 1 und 3
DIN EN 1412	Kupfer und Kupferlegierungen – Europäisches Werkstoffnummersystem, 2017
DIN EN 1981	Kupfer und Kupferlegierungen, Vorlegierungen, 2003
DIN EN 1982	Kupfer und Kupferlegierungen, Blockmetalle und Gussstücke, 2017
DIN EN 1774	Zink und Zinklegierungen – Gusslegierungen – in Blockform und in flüssiger Form, 1997
DIN EN 12844	Zink und Zinklegierungen – Gussstücke Spezifikationen, 1999
DIN EN 1559-6	Gießereiwesen – Technische Lieferbedingungen, Teil 6: Zusätzliche Anforderungen an Gussstücke aus Zinklegierungen, 1999
DIN EN 610	Zinn und Zinnlegierungen – Zinn in Masseln, 1995
DIN EN 611-1	Zinn und Zinnlegierungen – Zinnlegierungen und Zinngerät, Teil 1: Zinnlegierungen, 1995
DIN EN 611-2	Zinn und Zinnlegierungen – Zinnlegierungen und Zinngerät, Teil 2: Zinngerät, 1996
DIN EN 12402	Blei und Bleilegierungen – Probenahme für die chemische Analyse, 1999
DIN EN 12659	Blei und Bleilegierungen – Blei, 1999

3.2 Präzisionsguss: Robotergestützter Formenbau für Turbinenschaufeln

Per Funk zum drehbaren Robotergreifer – diese Art der Signalübertragung haben die Betriebstechniker der Bochumer Präzisionsgießerei Doncaster in Eigenregie realisiert. Dabei kommt ein Funksensor von Steute zum Einsatz: Er signalisiert den Betriebszustand des Greifers, der die Gusstrauben von einem Hängeförderer entnimmt. Ein Blick auf die Technik.

FOTOS: UDO KOWALSKI/STEUTE

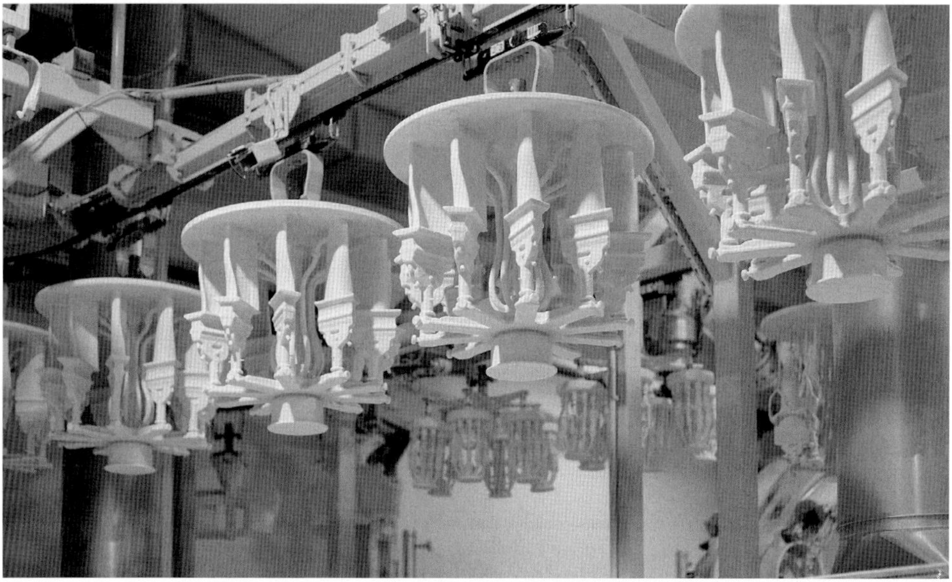

Ein Zwischenprodukt beim Vakuum-Feinguss von Turbinenschaufeln: Gusstrauben mit den Keramikformen

Von Gerald Scheffels

Ein Roboter entnimmt eine Gusstraube mit Wachsmodellen von einer Hängebahn, taucht sie in ein Becken mit einer weißen, zäh wirkenden Flüssigkeit auf Keramikbasis und bewegt die Traube so, dass die Flüssigkeit auch in Hinterschneidungen gelangt. Anschließend hält er die Traube in eine rotierende Trommel, wo sie „besandet" wird. Das heißt: Die noch feuchte Traube wird mit Sand umhüllt. Dieser Vorgang – zu dem auch die Trocknung der besandeten Keramikmasse in einer Trockenkammer gehört – wiederholt sich mehrfach. Ergebnis ist eine Keramikform, die das Wachsmodell umschließt und sich durch hohe Formstabilität auszeichnet. Aus dieser Form wird im weiteren Prozess das Wachs ausgeschmolzen, und das flüssige Metall kann, nach dem Brennen der Form, in den entstehenden Hohlraum eingefüllt werden.

Hoch komplexer Fertigungsprozess

Bild 1: Der Roboter identifiziert die Gusstraube per RFID, entnimmt sie vom Gehänge, taucht sie in ein Keramikbad und lässt überflüssiges Material in einem vorgegebenen Bewegungsprofil ablaufen.

So entstehen bei Doncasters Precision Castings in Bochum (DPC) die Gießformen von Lauf- und Leitschaufeln für stationäre Gasturbinenkraftwerke und für Flugzeugtriebwerke. Das ist nur einer von vielen Schritten des hochkomplexen Feingussprozesses, bei dem im Wachsausschmelzverfahren bis zu 80 cm lange Turbinenschaufeln erzeugt werden, die höchsten Ansprüchen standhalten: In Gasturbinen werden die Schaufeln mit bis zu 1400 °C heißem Gas angeströmt und erreichen Drehzahlen von 50 bis 60 Hz (Umdrehungen pro Sekunde). Unter diesen extremen Bedingungen erreichen sie – so die Anforderung der Turbinenhersteller – eine Standzeit von mindestens 10 000 Stunden.

Die Betriebstechniker von Doncasters verfügen über umfassendes Know-how nicht nur im Feinguss, sondern auch in der Produktionstechnik. Deshalb begab sich Guido Neef, Instandhaltungs-Experte im Bochumer Werk, zunächst auf eigene Recherche, nachdem es im eingangs beschriebenen Produktionsschritt der robotergestützten Formenherstellung Optimierungsbedarf gab – genauer gesagt an den Greifern der Roboter. Neef beschreibt den Prozess so: „Der Greifer nimmt die Gusstraube, die mit einer Hängeförderanlage von Station zu Station verfährt, von einem Gehänge ab. In das Rohr des Gehänges fährt pneumatisch ein Bolzen ein, um die pendelnd aufgehängten Gusstrauben zu fixieren – das ist die Voraussetzung für eine gezielte dreidimensionale Bewegung der Gusstraube in den Becken."

Bild 2: Der Greifer des Roboters (a) mit dem nachträglich installierten Funksensor mittig in der Aufnahme für den Bolzen (b)

Gesucht: Lösung für die Positionsabfrage

Was den Betrachter erstaunt, ist die Vielfalt der Gusstrauben auf dem Hängeförderer. Die Varianz der Gussteile ist sehr groß, und jedes Bauteil verlangt nach anderen Bewegungsabläufen des Roboters bei der Formherstellung. Deshalb wird an jeder Roboterstation ein RFID-Code abgelesen,

Bild 3: Guido Neef (r.) fand die Lösung für die Signalübermittlung vom drehbaren Greifer zur Robotersteuerung und installierte die Funksensorik in der Formenherstellung von Doncasters. Links im Bild: Sascha Elsner, Product Manager Wireless Applications bei Steute

der das Teil identifiziert und das entsprechende Programm aufruft.

Optimierungsbedarf gab es hier, weil in einigen Fällen der Bolzen des Robotergreifers nicht in das Gehänge einfahren konnte. Das geschieht, wenn sich der Bolzen zum Beispiel verkantet oder nicht optimal positioniert ist. Die Anlage detektierte dann nicht, dass die vom Roboter geführte Gusstraube pendeln kann. Damit besteht das Risiko einer Kollision mit Anlagenkomponenten. Die Idee: ein Sensor, der detektiert, ob der Bolzen in das Rohr eingefahren ist. Eine solche Abfrage ist grundsätzlich einfach realisierbar, etwa mit einem Induktivsensor. In diesem Fall bestand die Herausforderung aber in der Energie- und Signalzuführung: „Weil der Greifer um 360 °C drehbar sein muss, lässt sich eine Stromversorgung unter den gegebenen Bedingungen schlecht realisieren. Deshalb fährt der Bolzen auch pneumatisch aus", erläutert Neef.

Gefunden: Induktiver Funksensor

Die logische Lösung: ein möglichst batteriebetriebener Sensor, der Signale per Funk sendet. Dann kann man weiterhin auf Leitungen bis zum Greiferkopf verzichten. Die intensive Recherche nach einem solchen Sensor führte Neef unter anderem auf die Homepage des Steute-Geschäftsbereichs „Controltec", der ein umfassendes Programm an industriegerechten Funkschaltgeräten und -sensoren bietet. Sie werden über eine Longlife-Batterie mit Energie versorgt und kommunizieren per Funk mit der zugehörigen Empfangseinheit, die bei größeren Anlagen in deren Schaltschrank untergebracht ist.

In Abstimmung mit Steute wurde ein Funk-Induktivsensor IS M 12 ausgewählt. Sowohl die Energieversorgung per Batterie als auch das Senden der Signale übernimmt ein separates, kompaktes Modul. Dabei kommt die von Steute entwickelte sWave-Funktechnik zum Einsatz, die auch unter ungünstigen Bedingungen im Industriebetrieb eine zuverlässige Signalübertragung gewährleistet.

Einen solchen Sensor installierte das Instandhaltungsteam von Doncasters zunächst testweise an einem Robotergreifer – und schützte dabei das separate Batteriemodul mit einer selbst gebauten Einhausung. Der Sensor sitzt im Greifer und detektiert zuverlässig, ob der Bolzen ausgefahren und somit die ansonsten pendelnde Verbindung zwischen Greifer und Gusstraube starr ist. Der Roboter startet nur, wenn der Sensor das Signal gibt. Dieses

Feinguss von Turbinenschaufeln

Der Gießprozess bei Doncasters Precision Castings in Bochum (DPC) beginnt mit dem Erschmelzen der (Super-)Legierungen auf Nickelbasis. Die Formenschalen für den Gießprozess werden im eigenen Werk hergestellt. Ebenso selbst gefertigt werden die Kerne, die im Gussteil die Hohlräume im Inneren der Schaufeln abbilden. Sie entstehen im Spritzgussverfahren aus einem keramischen Material, werden anschließend gebrannt und dann mit CNC-Maschinen hochpräzise bearbeitet. Die Kerne werden mit Wachs ummantelt, das als „Platzhalter" für die Schmelze und somit das Bauteil dient. Daraufhin wird das Wachs mit Keramikmaterial umhüllt. So entsteht die Form, die – bei definierter Temperatur und Feuchte – mehrfach in eine flüssige keramische Masse getaucht, in Trommeln „besandet" und getrocknet wird. Nachdem die Formschale so Schicht für Schicht aufgebaut wurde, wird das Wachs ausgeschmolzen und die Formschale in Vakuum-Gießöfen mit dem bis zu 1 500 °C heißen flüssigen Metall gefüllt. Zum Abschluss folgt ein kontrollierter, sehr langsamer Abkühlprozess.

Über Doncasters

An mehr als dreißig Fertigungsstätten in Europa, den USA und Mexiko fertigt die Doncasters-Gruppe, die 1778 in England von Daniel Doncaster gegründet wurde, anspruchsvolle Gusskomponenten für toleranzkritische Anwendungen. Die Doncasters Precision Castings-Bochum GmbH (DPC) produziert mit ca. 500 Mitarbeitern im Feingussverfahren Lauf- und Leitschaufeln, die in Flugzeugtriebwerken und in industriellen Gasturbinen zum Einsatz kommen. Weltweit gibt es nicht viele Unternehmen, die auf diesem Niveau hochbelastbare Präzisionsgussteile herstellen und dabei polykristalline und auch gerichtet bzw. einkristallin-gerichtet erstarrte Bauteile vergießen. Von der hohen Expertise profitiert das Unternehmen: Die große Nachfrage nach Lauf- und Leitschaufeln insbesondere für Gasturbinen – Stichwort Energiewende – führt dazu, dass am Standort Bochum aktuell eine Betriebserweiterung geplant wird.

Signal wird von einer Empfangseinheit mit Antenne empfangen, die am einige Meter entfernten Steuerschrank der Anlage befestigt ist.

Risiken minimiert, Verfügbarkeit erhöht

Zugegeben: Es verlangt sehr hohe Kompetenz, als Anwender einer hoch automatisierten Anlage sowohl in die Mechanik (Installation des Funksensors in den Greifer) als auch in die Steuerungstechnik (Integration des Sensorsignals in die Robotersteuerung) einzugreifen. Das wird sich längst nicht jeder Fertigungsbetrieb zutrauen. Doncasters hat die Expertise, um diese anspruchsvolle Aufgabe anzugehen und umzusetzen. Das Ergebnis spricht für sich: Der kabellose Sensor mit der Punkt-zu-Punkt-Funkverbindung funktioniert auch in Grenzbereichen einwandfrei. Der Roboter startet nur dann, wenn der Bolzen vollständig in den Greifer eingefahren ist. Somit ist das Risiko einer Havarie oder Beschädigung sowohl der Anlage als auch der Gießformen ausgeschlossen. Die Konsequenz, laut Neef: „Von den fünf Robotern in der Formenproduktion haben wir schon drei mit den Funksensoren ausgerüstet, die anderen beiden werden folgen."

Gerald Scheffels ist Fachjournalist aus Wuppertal

www.doncasters.com

3.3 Ofenmanagement: Vom Luftstrom zur perfekten Flamme

Verlässliche Ofenbedingungen sind ein wichtiger Baustein im Gießprozess bis hin zum fertigen Bauteil und der Charge mit gleichbleibend hoher Qualität. Soll das Metall in einem Schachtofen geschmolzen werden, kommt es dabei besonders auf die richtigen und konstanten Strömungsverhältnisse bei der Luftzufuhr an.

FOTOS: CONTINENTAL INDUSTRIE

Schmelzen, Gießen, Walzen: Die präzise aufeinander abgestimmte Kupferdrahtproduktion bei der Deutsche Giessdraht GmbH.

Von Tobias Boeckh und Ralf Goffin

Die präzise Regelung von Prozessluft ist ein zentrales Element effizienter Gießereitechnik. Im Formguss, wo geometrisch komplexe Bauteile in meist kleineren Losgrößen gefertigt werden, ist eine gleichmäßige Luftzufuhr für stabile Ofenbedingungen ebenso entscheidend wie bei der kontinuierlichen Herstellung von Gießdraht. Anforderungen wie konstante Strömungsverhältnisse, ölfreie Druckluft und die bedarfsgerechte Anpassung der Luftmenge an den jeweiligen Prozess sind in beiden Verfahren essenziell.

Beispiel Kupferguss

Wie solche Anforderungen in einem kontinuierlich arbeitenden Betrieb umgesetzt werden können, zeigt das Beispiel der Deutschen Gießdraht GmbH. Die Tochter des Aurubis-

Bild 1: Jährliche Diagnosen ohne Beanstandungen: Bei den regelmäßigen Inspektionen traten auch nach vielen Jahren des Dauerbetriebs keine Lagerschäden auf.

Konzerns ist eines der weltweit führenden Unternehmen in Kupferproduktion und -recycling und fertigt aus hochreinen Kupferkathoden über 250000 t Draht pro Jahr in den Durchmessern 8, 10, 13 und 16 mm. Dank der guten logistischen Anbindung via Schiff, Bahn und Lkw, sichert sie vom Betriebsgelände aus eine nachhaltige Versorgung für die Kabel- und Elektroindustrie des Schwerpunkt-Absatzmarktes Europa. Seit 2008 kommt am Standort Emmerich ein Zentrifugalgebläse von Continental Industrie aus Dormagen zum Einsatz (**Bild 1**), um den Kathodenschachtofen mit der erforderlichen Verbrennungsluft zu versorgen. Das Aggregat bringt stündlich 20000 Nm^3 Umgebungsluft auf einen Druck von 330 mbar, um sie anschließend dem Ofen zuzuführen. Dadurch entsteht eine gleichmäßige, emissionsarme Verbrennung für den Kupferschmelzprozess.

Verlässlichkeit als Schlüssel

Ein Gebläse muss zuverlässig arbeiten, wenn es über Tage hinweg in unterschiedlichen Drehzahlen im Einsatz ist. Im Idealfall sollte man es dabei noch nicht einmal bemerken. Dr.-Ing. Alexander Khoury, Geschäftsführer der Deutschen Giessdraht, bestätigt: „Bei uns hat das Gebläse bisher seinen Anteil dazu geleistet, Verbrennungsluft für einen Schmelzprozess von ungefähr 3 Mio. t bereitzustellen, zuverlässig, ruhig und störungsfrei.“ Unser redundantes Notfall-Gebläse musste bisher noch nie einspringen.“ Diese Verfüg-

Bild 2: Seit 2008 dauerhaft im Einsatz: Das 4-stufige Gebläse von Continental Industrie für die Verbrennungsluftversorgung bei der Deutsche Giessdraht GmbH.

barkeit ist von zentraler Bedeutung für das kontinuierliche Produktionsverfahren, das die Schritte Schmelzen, Gießen und Walzen miteinander koppelt. Es zeichnet sich durch hohe Energieeffizienz und Geschwindigkeit aus, da es mehrere Fertigungsschritte, die traditionell getrennt voneinander durchgeführt wurden, nahtlos integriert und auf diese Weise eine gleichbleibende Qualität und eine hohe Produktionskapazität sicherstellt. Vor diesem Hintergrund entstehen täglich mehr als 1000 t Draht in unterschiedlichen Durchmessern.

Technologie für optimale Verbrennung

Die Besonderheit des Gebläses für den Schachtofen besteht darin, dass Druck und Volumenstrom im richtigen Verhältnis zueinanderstehen. Die Gebläse liefern hierfür die nötige Verbrennungsluft. Eine zentrale Rolle spielt dabei die Frequenzumrichtertechnik: Sie ermöglicht eine bedarfsgerechte Anpassung der Gebläse-Drehzahl an die Prozessanforderungen. Dadurch wird stets nur so viel Luft mit dem exakt benötigten Druck bereitgestellt, wie für eine effiziente und emissionsarme Verbrennung erforderlich ist. Diese dynamische Regelung verbessert die Energieeffizienz, reduziert den Energieverbrauch und verspricht innerhalb eines sehr großen Leistungsbereichs von 20 bis 100 % eine gleichmäßige Luftzufuhr ohne pulsierende Strömungen. Die Strömungsmaschinen von Continental Industrie operieren so fast geräuschfrei. Sie erzeugen zudem vollständig ölfreie Druckluft, wodurch jeglicher Fremdkörpereintrag ausgeschlossen und somit eine konstant hohe Prozessluftqualität sichergestellt wird. Präzision und Langlebigkeit tragen entscheidend dazu bei, die hohen Anforderungen einer modernen Kupferproduktion zu erfüllen.

Langfristige Zuverlässigkeit bestätigt

Stefan Weber, Leiter des After-Sales-Bereichs bei Continental Industrie, hält fest: „Noch acht Jahre nach der Installation lagen die Werte für Vibrationen und Temperaturen der Lager nahe am Auslieferungszustand. Selbst bei den jährlichen Inspektionsintervallen (**Bild 2**) konnten kaum schlechtere Werte gemessen werden.“ Erst nach 80 000 Betriebsstunden wurde als vorsorgliche Wartung ein Austausch der Kugellager empfohlen und durchgeführt. Eine regelmäßige Überprüfung der Betriebsparameter wie Vibrationen und Temperaturen erfasst den Verschleißzustand. Die Kunden erhalten ein Inspektionsdokument, das eine lückenlose Rückverfolgung erlaubt. Es gibt ihnen einen Überblick über mögliche Abnutzungserscheinungen, die langfristig optimiert werden können.

www.continental-industrie.de

Tobias Boeckh, Continental Industrie GmbH Gebläse- und Exhaustorentechnik, Dormagen

4 Druckguss

4.1 Normen

DIN EN ISO 8062	Geometrische Produktspezifikation – Maß-, Form- und Lagetoleranzen für Formteile, 2008, Teile 1 und 3
DIN 1742:1971	Zinn-Druckgusslegierungen – Druckgussstücke
DIN EN 1706:2021	Aluminium und Aluminiumlegierungen – Gussstücke, Chemische Zusammensetzung und mechanische Eigenschaften
DIN EN 1676:2020	Aluminium und Aluminiumlegierungen – Legierte Masseln zum Wiedereinschmelzen – Spezifikationen
DIN EN 601:2004	Aluminium und Aluminiumlegierungen – Gussstücke, Chemische Zusammensetzung von Gussstücken, die in Kontakt mit Lebensmitteln kommen
DIN EN 577:1995	Aluminium und Aluminiumlegierungen – Flüssigmetall, Spezifikationen
DIN EN 1559 Teil 4:2015	Gießereiwesen – Technische Lieferbedingungen – Zusätzliche Anforderungen an Gussstücke aus Aluminiumlegierungen
DIN EN 1559 Teil 5:2017	Gießereiwesen – Technische Lieferbedingungen – Zusätzliche Anforderungen an Gussstücke aus Magnesiumlegierungen
DIN EN 1753:2019	Magnesium und Magnesiumlegierungen – Blockmetall und Gussstücke aus Magnesiumlegierungen
DIN EN 1982:2017	Kupfer und Kupferlegierungen, Blockmetalle und Gussstücke, November 2017
DIN EN 1774:1997	Zink und Zinklegierungen – Gusslegierungen – in Blockform und in flüssiger Form
DIN EN 12844:1999	Zink und Zinklegierungen – Gussstücke, Spezifikationen
DIN EN 1559-6:1999	Gießereiwesen – Technische Lieferbedingungen, Teil 6: Zusätzliche Anforderungen an Gussstücke aus Zinklegierungen
DIN EN 869:2009	Sicherungsanforderungen an Metall-Druckgießanlagen
ISO 16220:2017	Magnesium and magnesium alloys – Magnesium alloy ingots and castings

Notizen

4.2 Zinkdruckguss: Spiegelglänzende „as cast“-Oberflächen durch trennmittelfreie Fertigung

Trenn- und Schmiermittel können auf der Bauteiloberfläche von Zinkdruckgussteilen zu Fehlstellen führen, die aufwendig nachgearbeitet werden müssen. Im AiF-IGF-Projekt GlossyCAST wurde nun eine innovative Plasma-Formbeschichtung entwickelt, die es erlaubt, trennmittelfrei direkt höhere Guss- und Oberflächenqualitäten sowie eine bessere Beschichtbarkeit zu erreichen.

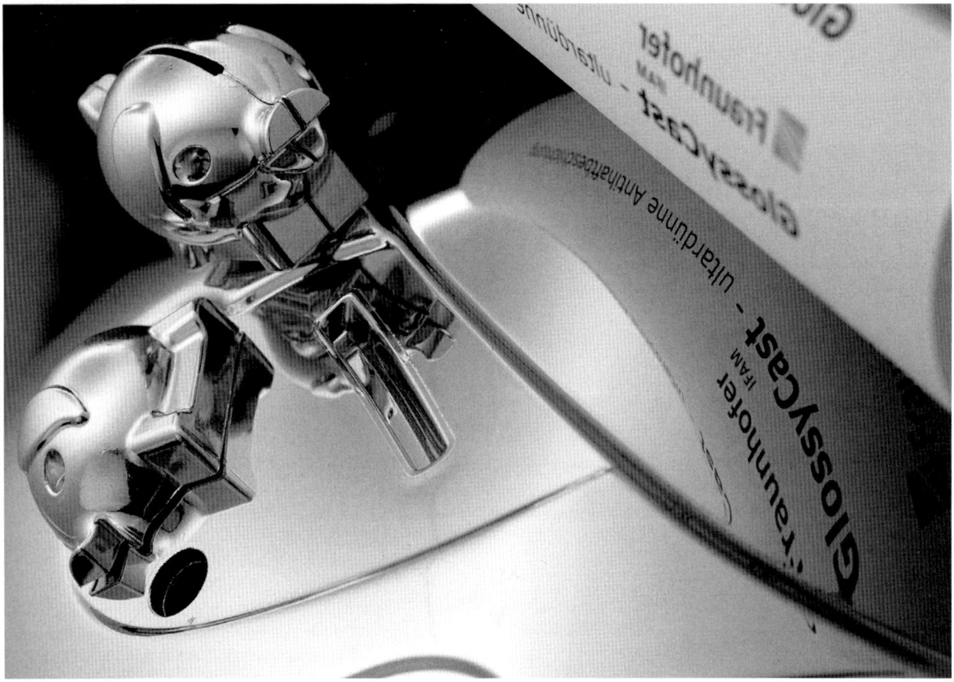

FOTOS UND GRAFIKEN: FRAUNHOFER IFAM

Spezielle Formbeschichtungen ermöglichen strahlende „as cast“-Oberflächen.

Von Michael Heuser, Klaus Vissing, Marco Haesche, Alireza Moazezi, Heidi Willing und Alexander Pfund

Die hier beschriebenen Arbeiten zielten darauf ab, in einer trennmittelfreien Zinkdruckguss-Fertigung spiegelglänzende Oberflächen zu erzeugen, um die Nachbearbeitung deutlich zu vereinfachen. Durch die Entwicklung einer neuartigen, antihaftenden Werkzeugbeschichtung konnten erfolgreich Zinkbauteile ohne Trennmittel hergestellt werden. Dadurch wurde unmittelbar eine höhere Gussqualität und Oberflächensauberkeit produziert. Die mittels eines Plasmaverfahrens hergestellten Beschichtungen wurden hinsicht-

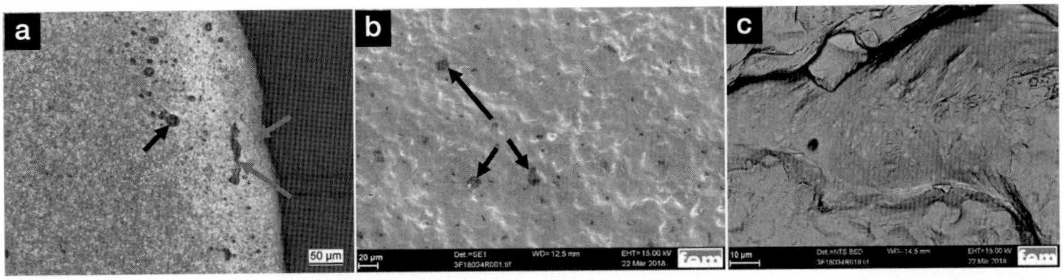

BILDER B UND C: FEM

Bild 1: a) Zinkdruckgussteil (Schliffbild) mit typischen Gussfehlern: Gaspore (schwarz), Porosität (grün) und Kaltfließstelle (rot), b) REM-Aufnahme der Oberflächen eines Zinkdruckgussteils mit Trennmittelrückständen [6]; c) REM-Aufnahme einer Kaltfließstelle [6]

lich ihrer mechanischen und thermischen Stabilität optimiert und in Laborversuchen getestet. Die besten Oberflächeneigenschaften wurden mit harten und dünnen Schichten erzielt. Praxisversuche bei industriellen Projektpartnern bestätigten die Vorteile der Technologie:

> Standzeiten von > 80 000 Gießzyklen,

> bis zu 30 % geringere Taktzeiten durch die Einsparung des Trennmittelsprühprozesses

> ca. 50 % weniger Zeit für die Nachbearbeitungsschritte Schleifen und Polieren.

Zusätzlich zeigen die trennmittelfrei hergestellten Gussteile nach einer anschließenden Verchromung verbesserte Korrosionseigenschaften. Insgesamt bietet das Verfahren wirtschaftliche, technologische und ökologische Vorteile für die Zinkdruckguss- und Galvanotechnikbranche.

Herausforderungen im Zinkdruckgießen

Beim Zinkdruckgießen wird flüssige Zinklegierung unter hohem Druck und Geschwindigkeit (40-60 m/s) in eine temperierte (ca. 160-180 °C) Gussform geschossen. Die Oberflächentemperatur der Form beim Auswerfen des Gussteils (Entformungstemperatur) liegt im Bereich von 190-287 °C [1]. Der Formverschleiß durch Thermoschocks ist im Warmkammer-Zinkdruckgießen aufgrund der niedrigen Schmelzetemperatur (ca. 390 °C) und der geringen Reaktionsfreudigkeit zwischen Zinkschmelze und der Formoberfläche verhältnismäßig gering, sodass hohe Standzeiten der Druckgießwerkzeuge von 0,5 bis 2 Mio. Gussstücken erreicht werden [2].

Vor jedem Gießzyklus werden Trenn- und Schmiermittel auf die Kavität der Form aufgetragen, damit die Gussteile beim Ausstoßen aus der Gießform nicht beschädigt werden. Jedoch können diese Stoffe auf der Bauteiloberfläche zu Fehlstellen führen (**Bild 1**), sodass die Gussteile aufwendig nachgearbeitet werden müssen, um die vom Markt erwartete Oberflächenqualität gewährleisten zu können. Die Verdampfung und Pyrolyse der Hilfsstoffe während des Gießprozesses kann zur Bildung von oberflächennahen Poren

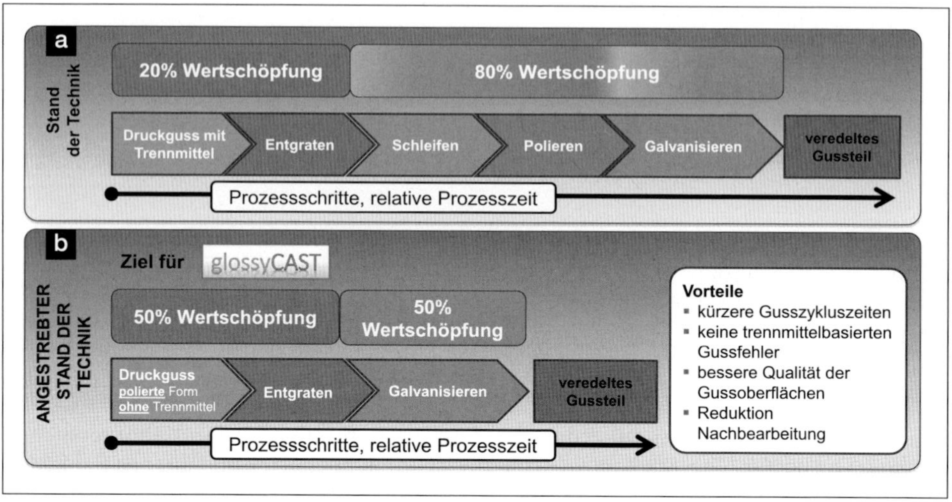

Bild 2: Prozesskette und relative Prozesszeit zur Herstellung galvanisierter Zinkdruckgussbauteile mit Anteil der Wertschöpfung; a) Stand der Technik, b) angestrebter Stand der Technik im Vorhaben glossyCAST: zu erwartende Verlagerung der Wertschöpfung zugunsten der Gießereien, Aufzählung möglicher Vorteile und Einsparung der relativen Prozesszeit aufgrund reduzierter Nachbearbeitungsschritte

führen, einem der größten Qualitätsprobleme des Zinkdruckgusses. Denn mit Eintritt der heißen Metallschmelze in die Formkavität wird der organische Anteil der Trennmittel unmittelbar thermisch zersetzt und verdampft. Es bildet sich dabei ein Gaspolster zwischen Kavität und Gießmetall. Dabei werden große Gasmengen von der Schmelze aufgenommen. Diese Gase führen im Gussteil zur Ausbildung von Poren.

Weitere typische, auf den Einsatz von Trennmittel zurückzuführende Gussfehler (s. Bild 1) sind z.B. Schlieren, Rauigkeiten, Fließlinien und Trennmittelrückstände auf der Gussteiloberfläche [3, 4]. Die Trennmittel vermischen sich mit der unter Druck einschießenden Metallschmelze in Abhängigkeit des lokalen Materialflusses, sodass sie sich ungleichmäßig in die Oberfläche der Gussbauteile einlagern und zu einer negativen Beeinflussung der Oberflächeneigenschaften (z.B. Verfärbungen, schlechte Benetzbarkeit oder Galvanisier- bzw. Lackierfähigkeit) bzw. zu Defekten im Gussstückinneren führen. Dies ist bei dekorativen Gussteilen besonders kritisch, denn die oberflächennahen Fehler werden oft erst durch die nachgelagerten Prozessschritte des Schleifens und Polierens freigelegt. Einige Fehler werden sogar erst nach der galvanischen Beschichtung auf der dann glänzenden, spiegelnden Oberfläche sichtbar und führen erst ganz am Ende der aufwendigen Prozess- und Wertschöpfungskette zum Ausschuss, dem sogenannten „Edelschrott" [1].

Das Ziel des hier vorgestellten AIF-IGF Vorhabens glossyCAST war daher, die Entwicklung, Erprobung und Bereitstellung einer neuartigen, dauerhaft beständigen Werkzeugbeschichtungstechnologie zur druckgießtechnischen Herstellung maßhaltiger, sauberer Zinkbauteile ohne jeglichen Trennmitteleinsatz (**Bild 2**). Diese Weiterentwicklung des

Zinkdruckgießprozesses ermöglicht, Taktzeiten deutlich zu reduzieren und Ressourcen einzusparen, sowie technologische und wirtschaftliche Vorteile in den Prozessschritten Nachbearbeitung und Beschichtung zu generieren, da aufgrund der Vermeidung von Trennmitteln eine höhere Gussqualität durch Reduktion von Porosität und insbesondere eine höhere Oberflächensauberkeit erwartet werden.

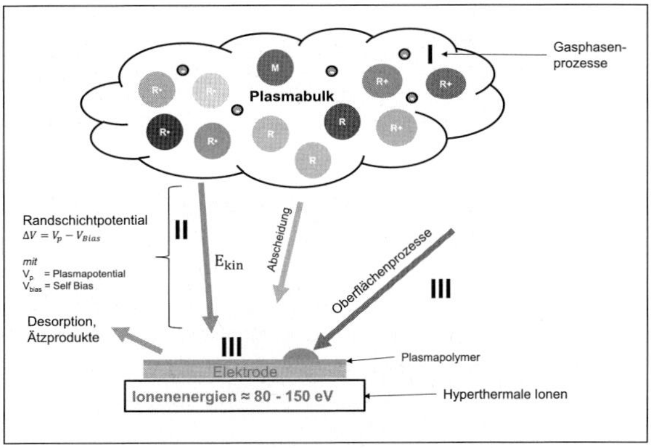

Bild 3: Modell zur Schichterzeugung mit Self-Bias Null und wirksamem Plasmapotenzial

Schichtentwicklung

Das Forschungsziel war es, plasmapolymere Trennschichten zu entwickeln, die für den dauerhaften Einsatz im Zinkdruckgießen geeignet sind, sodass in der Folge

> der konventionelle Sprühprozess zum Trennmittelauftrag komplett entfallen kann,

> die hohe Oberflächenabbildungsgenauigkeit ein weiteres Verbesserungspotenzial bei der Herstellung von dünnwandigen Präzisionsbauteilen eröffnet,

> eine dauerhaft erreichbare Oberflächengüte der Bauteile es ermöglicht, nachfolgende Oberflächenbehandlungsschritte zu vereinfachen.

> sich unmittelbar im Druckgießprozess die fertigungstechnische Möglichkeit eröffnet, neben der Herstellung sauberer Präzisionsbauteile auch Oberflächen zu erzeugen, die zumindest in Teilbereichen reproduzierbar die Rauheitsklasse N1–N4 (DIN EN ISO 1302) aufweisen (in Verbindung mit polierten Oberflächen der Druckgießform).

Verfahrensauswahl

Um innerhalb des Projektes das Anforderungsprofil zu erfüllen, dass die Trennbeschichtung glatte, optische Oberflächen ($Rz \leq 25$ nm) abbilden kann, muss die Beschichtung selbst glatt und strukturlos sein ($Sa < 0,5$ nm, $Sq < 0,5$ nm). Zur Erfüllung dieser Kriterien wurde ein kaltes Plasmaverfahren, das sogenannte PE-CVD (Plasma enhanced chemical vapour deposition)-Verfahren, eingesetzt. Dabei ist nicht nur das hochreaktive Plasma kalt (Raumtemperatur), sondern auch das zu bearbeitende Werkstück bleibt handwarm. Das Verfahren ist insofern vorteilhaft, dass es durch die Veränderung der Plasmabedingungen den Aufbau einer Gradientenschicht ermöglicht. Dadurch kann einerseits eine sehr gute Schichthaftung zum Produktkörper aufgebaut und andererseits produktseitig sehr gute Antihafteigenschaften mit vorteilhaften physikalischen Merkmalen bereitgestellt werden.

Bild 4: In den Laborversuchen des Fraunhofer IFAM getestete Variante ebener Wechselkern, im Fertigungszustand (rechts) sowie poliert und beschichtet (links)

Die Anforderung, eine funktionsstabile Trennschicht für den Zinkdruckguss bereit zu stellen, machte es notwendig, nach Schichtsystemen zu suchen, die eine erhöhte mechanische Festigkeit aufweisen. Technologische Zielstellung war es daher, E-Moduli > 20 GPa zu erreichen.

Vorgehensweise

Für das Projekt wurde zunächst eine Anlage ausgewählt, die sich dadurch auszeichnet, dass der Self-Bias bei 0 V gehalten werden kann (Elektroden- und Massefläche sind ähnlich). Daher wirkt nur das Plasmapotenzial. Dies kann in einer Halbwelle der Hochfrequenzentladung (13,56 MHz) hyperthermale Ionen auf die Oberfläche beschleunigen. Insbesondere die Ionendichte wird so gegenüber einem Aufbau mit Bias reduziert. Dies ist der Modellvorstellung geschuldet, dass ein übermäßiger Ionenbeschuss die Antihafteigenschaften nachteilig beeinflusst. Nach Brenner [5] werden in der sich bildenden plasmapolymeren Schicht durch die auftreffenden Hyperthermal-Ionen Radiale gebildet (Oberflächenprozesse), die das Netzwerksystem vergrößern. Liegen nun viele Kohlenwasserstoffe in der Schicht vor und stehen gleichzeitig nicht übermäßig viele Sauerstoffionen im Plasma zur Verfügung, wird die Alkylkettenbildung gegenüber einer SiO-Verbrückung über Peroxide bevorzugt. Die Bedingungen für den LEIIC-Mechanismus (low-energy ion-induced cross-linking) ist erfüllt (**Bild 3**).

Zunächst stand im Vordergrund zu untersuchen, ob und wie sich stark organische Schichten mit hohem E-Modul erzeugen lassen. Dazu wurde u.a. für die Prozessgasversorgung ein Hexamethyldisiloxan (HMDSO) zu Sauerstoff (O2) Verhältnis von 2,54 : 1 gewählt und eine Leistungsvariation durchgeführt. Daraus resultierten Werte des E-Moduls von 2,5 GPa bis zu > 30 GPa, die anhand der Leistung durchstimmbar waren. Die Dichte stieg dabei von etwa 1,2 g/cm³ auf 1,5 g/cm³. Alle Schichten waren hydrophob, sodass die Grundlage für gießtechnische Versuche gelegt war.

Gießtechnische Untersuchungen

Die gießtechnische Bewertung der Beschichtungsvarianten wurde in zwei Abschnitte unterteilt. Zunächst wurden Gießversuche im Technikum des Fraunhofer IFAM in Bremen durchgeführt, um eine größere Anzahl von Beschichtungsvarianten schnell bewerten zu können. Im Ergebnis erfolgte eine Schichtauswahl, welche dann in nachfolgenden Praxisversuchen bei verschiedenen Industriekunden im seriennahen Betrieb getestet wurde.

Laborversuche

Tabelle 1: Untersuchte Beschichtungen und deren Eigenschaften.

Schicht-Typ	E-Modul in GPa	Dichte in g/cm³	OFE in mN/m	Dicke in µm	Beobachtung
D105	25	1,5	30	2,3	Fließlinien sichtbar
				0,31	Gute optische Qualität
D44	36	1,83	38	0,2	Glanzübertrag
				0,27	
D83	32	1,7	29	0,26	Glanzübertrag
		1,83			
D71	2,8	1,24	22,5	2,2	Mattierung
				0,25	
Co-Polymer	5	1,15	30,5	0,31	Mattierung

Ziel der Laborversuche war, die schnelle Qualifizierung von unterschiedlichen plasmapolymeren Beschichtungen hinsichtlich der Trennwirkung auf glatten und konturierten Formgeometrien zu ermöglichen. Außerdem wurden die Beschichtungen auf Unterschiede in der Standzeit und der thermischen Beständigkeit getestet und bewertet. Darüber hinaus wurde untersucht, inwiefern Hochglanzoberflächen vom Formeinsatz auf das Gussteil übertragen werden können.

Um eine systematische Bewertung der Trennschichten zu gewährleisten, wurden zunächst Formeinsätze entwickelt und gefertigt, die eine einfachen Prüfung unterschiedlicher Beschichtungssysteme für das trennmittelfreie Zinkdruckgießen und die Erzeugung von Glanzoberflächen erlauben. Dazu wurde eine am Fraunhofer IFAM vorhandene Druckgießform um zwei modulare Formeinsätze erweitert, die den schnellen Ein- und Ausbau von Teilsegmenten (Wechselkernen) sicherstellt. An diesen Probekörpern können Oberflächeneigenschaften (z.B. unterschiedlich polierte Oberflächen), die verschiedenen Trennbeschichtungen und geometrische Parameter (u.a. Waben- und Schlitzstrukturen) variiert und empirisch erprobt werden. **Bild 4** zeigt jeweils einen ebenen Wechselkern im Fertigungszustand und nach dem Polieren und Beschichten. Die Konstruktion und Fertigung der Einsätze und Wechselkerne wurden von der Firma Siegfried Müller und der Firma HOPPE durchgeführt.

Die orientierenden Gießversuche erfolgten mit einer Kaltkammerdruckgießmaschine vom Typ FRECH DAK 250-34. Dabei wurde vollständig trennmittelfrei gearbeitet. Nicht verzichtet werden konnte allerdings auf die Schmierung des Gießkolbens, ebenso mussten die Auswerfer vor der Montage mit einem Schmiermittel versehen werden. Die weiteren Gießparameter waren wie folgt:

> Formtemperatur: ca. 190 °C bis 200 °C (nach öffnen der Gießform),

> Kolbengeschwindigkeit: ca. 4,5 m/s,

> Schmelzetemperatur: 450 °C (Kaltkammerdruckguss)

> Zinklegierung: ZnAl4Cu1 (bereitgestellt von der Fa. Grillo).

Die Wechselkerne wurden mit 5 unterschiedlichen Beschichtungen (**Tabelle 1**) versehen und in den Formeinsatz eingebaut. Dabei wurden für die Versuche zur Erzeugung von Hochglanzoberflächen die Oberflächen (ebener Wechselkern) zunächst von der Fa. Bestenlehrer poliert und anschließend am IFAM beschichtet. Es wurden wahlweise die Ober-

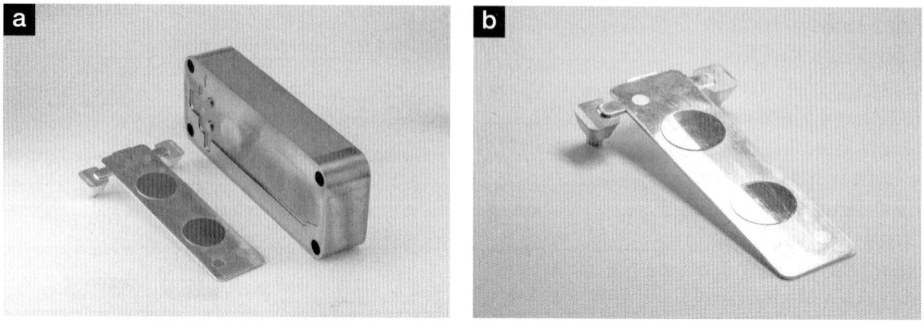

Bild 5: a) Beschichteter Formeinsatz mit polierten und beschichteten Wechselkernen sowie ein zugehöriges Gussbauteil; b) trennmittelfrei hergestelltes Zinkdruckgussbauteil mit partiellen Spiegelglanzoberflächen (durch die polierten und beschichteten Wechselkerne)

flächen technischer Hochglanz (N2, Ra: 0,05 µm) und Hochglanz (N1, Ra: 0,02 µm) untersucht. Bei den konturierten Wechselkernen wurde der Einfluss der Formgeometrie auf das Entformungsverhalten bei einer trennmittelfreien Fertigung bewertet.

Trennmittelfreie Fertigung: Hierfür wurden unterschiedliche Beschichtungen (D44, D83, D71, Co-Polymere, D105), teilweise in unterschiedlichen Schichtdicken, in Bezug auf ihre Stabilität und ihr Trennvermögen im Zinkdruckgießen untersucht. Die beschichteten Formeinsätze zeigten auf ebenen Wechselkernen keine Entformungsprobleme bei 100 - 230 Gießzyklen. Mit Ausnahme der weichen Beschichtungstypen (D71 und Co-Polymere) waren alle aufgetragenen Beschichtungen (erkennbar an den Interferenzfarben) nach den Gießversuchen noch vollständig vorhanden. Klassische Trennmittel für den Zinkdruckguss besitzen eine gute Trenn- und Schmierwirkung. Die untersuchten Beschichtungen zeigen zwar eine gute Trennwirkung aber keine ausreichende Schmierwirkung. Dies ist bei der Auslegung von Formen zur trennmittelfreien Fertigung zu berücksichtigen.

Hochglänzende Oberflächen: Die Untersuchungen zur direkten Erzeugung hochglänzender Oberflächen im Zinkdruckgießverfahren zeigten, dass dies grundsätzlich möglich ist. Dazu wurden Wechselkerne mit unterschiedlich polierten Oberflächen (technischer Glanz, Hochglanz) und einer Beschichtung in das Gießwerkzeug eingebaut und im Zinkdruckgießverfahren übergossen. Dabei wird die hohe Oberflächengüte des Formeinsatzes direkt auf das Gussbauteil übertragen und man erhält hochglänzende Bauteilbereiche (**Bild 5**). Allerdings sind trotz der trennmittelfreien Fertigung Fließstrukturen auf den glänzenden Bauteilbereichen zu erkennen, die von den Strömungsbedingungen der Zinkschmelze abhängig sind. Insbesondere härtere Schichten, z.B. die Schichttypen D83 und D44, zeigen eine gute Glanzübertragung und Schichtbeständigkeit nach 100 Gießzyklen. Weichere Schichten wie z.B. Co-Polymere-Beschichtungen zeigten dagegen schon nach wenigen Schuss ein mattes Aussehen.

Schichthärte und -dicke: Neben der Schichthärte besitzt insbesondere die Schichtdicke einen Einfluss auf das Entformungsverhalten. Am Beispiel der Beschichtung D105, die an der gleichen Versuchsgeometrie in den Schichtdicken 2,3 und 0,31 µm untersucht wurde, konnte dies gezeigt werden. Während in dieser Untersuchung der beschichtete Formeinsatz mit der dickeren Beschichtung nach ca. 100 Gießzyklen schon leichte Fließstrukturen zeigte, waren auf dem Formeinsatz mit der dünneren Beschichtung nach ca. 220 Gießzyklen die Interferenzfarben der Schicht noch optisch unbeeinflusst erkennbar. Letztendlich zeigten vor allem harte und dünne Schichten, insbesondere des Typs D83 (Schichtdicke ca. 0,26 µm), eine hohe Stabilität im Zinkdruckgießprozess und wurden für die nachfolgenden Praxisversuche bei den Industriepartnern ausgewählt.

Bild 6: Hochglanzpolierte Kavität der Formoberfläche mit plasmapolymerer Trennschicht für die getesteten Geometrien Schweinchen und Taler

Praxisversuche im industriellen Umfeld

Auf Basis der Laboruntersuchungen konnten im Rahmen des AiF-IGF-Forschungsprojekts glossyCAST praxisnahe Versuche im Bereich des Zinkdruckgusses durchgeführt werden, um die Wirksamkeit der plasmapolymeren Trennbeschichtung zu evaluieren. Alle Industriepartner haben daher bewusst auf den Einsatz herkömmlicher Trennmittel verzichtet. Die Gießversuche fanden bei den beteiligten Industriepartnern im Warmkammerdruckgießen statt, wobei verschiedene Formen und Größen von Gussteilen ausgewählt wurden. Teilbereiche der Druckgießformen wurden vor dem Auftragen der plasmapolymeren Beschichtung hochglanzpoliert, wobei die Polierarbeiten von der im projektbegleitenden Ausschuss beteiligten Firma Bestenlehrer durchgeführt wurden.

Für die Praxisversuche bei den Industriepartnern wurde die Beschichtung D83 verwendet. **Bild 6** zeigt die beschichteten Formhälfte (Düsenseite) der verwendeten Druckgießform. Die Kavitäten (Schweinchen, Taler) wurden hochglanzpoliert. Weitere Kavitäten der Druckgießform wurden nicht poliert und beschichtet, um einen Vergleich der Gussoberflächen aus einem Gießzyklus zu ermöglichen. Die Entformung der Gussteile verlief problemlos und ohne Metallanhaftungen an der Formoberfläche. Zur Optimierung des schmiermittelarmen Auswerfens der Gussteile wurden DLC-beschichtete Auswerferstifte eingesetzt, denn sowohl in den Labor-, als auch den Praxisversuchen hat sich gezeigt, dass Schmiermittel in die Gießkavität transportiert werden. Diese Hilfsstoffe stellen aufgrund einer möglichen thermischen Degradation während des Gießprozessen ein Problem dar. Dabei baut sich ein fest anhaftender, unlöslicher schwarzer Belag auf der Formoberfläche auf. Diese Rückstände sind sehr schwer zu entfernen und erfordern den Einsatz aggressiver Chemikalien und aufwendiger Reinigungsverfahren. Insofern

Bild 7: Zinkdruckgussteile in verschiedenen Variationen: Links: Trennmittelfrei hergestelltes Zinkdruckgussteil mit galvanischer Beschichtung (Glanznickel); Mitte: Stand der Technik: Mit Trennmittel hergestelltes Zinkdruckgussteil im Gusszustand; rechts: Trennmittelfrei hergestelltes Zinkdruckgussteil im Gusszustand mit polierter und beschichteter Form.

sind schmiermittelfreie, oder zumindest schmiermittelarme, Auswerferlösungen zu bevorzugen.

Nach 14 000 Entformungen wurden die Druckgießform und die Beschichtung am Fraunhofer IFAM charakterisiert. Die Analyse zeigte, dass die Beschichtung die Gießversuche unbeschadet überstanden hat und weiterhin auf der Oberfläche zu erkennen war. Neben den Vorteilen im Gießprozess selbst, wurden in Beschichtungsversuchen der Gussteile gezeigt, dass die Kombination von einer polierten Formkavität und trennmittelfreier Fertigung die Herstellung hochwertiger Gussoberflächen ermöglicht, sodass die Nachbearbeitungsschritte Schleifen und Polieren entfallen können. Die Gussoberflächen erfüllen damit die hohen Qualitätsansprüche für direkte galvanische Beschichtung mit Hochglanzchrom. **Bild 7** zeigt ein derart hergestelltes Gussbauteil.

In einem weiteren Versuch konnten in einem einzigen Gießlos 80 000 Zinkteile trennmittelfrei hergestellt werden, ohne dass eine Wartung oder Reinigung der Druckgießform erfolgte. Dies unterstreicht die Effizienz des Verfahrens und die Qualität der Form. Im konventionellen Verfahren hätte die Form innerhalb dieser Zyklen mehrmals gereinigt werden müssen.

Durch den Einsatz der plasmapolymeren Trennbeschichtung konnte die Zykluszeit reduziert und die Nachbearbeitungszeit für das Schleifen und Polieren um beeindruckende 50 % verringert werden. Insgesamt zeigen die Ergebnisse, dass die Kombination aus einer gut gestalteten Form, Oberflächenbehandlung und effizientem Gießverfahren zu hochwertigen Zinkteilen führt.

Ergebnis Schichtentwicklung

Auf Basis der gewonnenen Ergebnisse konnte die Trennschicht im Projektnachgang noch weiterentwickelt werden. In diesem Zusammenhang wurde die Schichtpolarität abgesenkt und die Abscheiderate erhöht. Die besonders geeigneten Beschichtungen zeichnen sich durch einen hohen E-Modul (28 - 32 GPa) und eine hohe Dichte (1,5 g/cm³) aus. Dies resultiert in einem Mohshärtebereich von 5,5, der damit auf dem Niveau von Gläsern oder Emaille liegt. Kennzeichnend ist ferner, dass die ausgewählten Antihaftbeschichtungen eine geringe Oberflächenenergie (< 28 mN/m) mit geringer Polarität (< 1,5 mN/m) aufweisen. Die gewählten Abscheidebedingungen ermöglichen sogar eine perfekte Abbildung spiegelglänzender Oberflächen. Es werden Rauwerte im Bereich von Sa = 0,32 nm, Sq = 0,40 nm ermöglicht. Zwischenzeitlich erfolgte für diese Art Beschichtung eine Markenanmeldung, sodass diese jetzt den Markennamen UltraPLAS führt.

Technische und wirtschaftliche Bewertung

Die Ergebnisse des Projekts zeigen, dass die trennmittelfreie Fertigung von Zinkdruckgussteilen mit der entwickelten plasmapolymeren Trennbeschichtung erhebliche Vorteile bietet. Die höhere Oberflächensauberkeit und reduzierte Porosität führen zu einer verbesserten Gussqualität. Die Einsparungen bei Material und Prozesszeit, sowie die verlängerten Wartungszyklen tragen erheblich zur Wirtschaftlichkeit des Verfahrens bei. Allerdings ist bei komplexen Bauteilgeometrien eine sorgfältige Auslegung der Gießformen hinsichtlich thermischer und geometrischer Aspekte erforderlich, um eine zuverlässige Entformung zu gewährleisten. Die Verbesserungen der Oberflächenqualität der Zinkdruckgussteile durch eine trennmittelfreie Fertigung führt in Kombination mit einer dekorativen galvanischen Beschichtung zu weiteren Einsparungspotenzialen in Bezug auf die Fertigungskosten, die Produktionszeiten und den Materialverbrauch. Im Folgenden werden entlang der Fertigungskette den potenziellen Einsparungen die Zusatzkosten entgegengestellt:

Standzeit Trennschicht: Ein wesentlicher Einflussfaktor für die Wirtschaftlichkeit ist die Standzeit, also die maximale Anzahl an Entformungszyklen. Die Lebensdauer der Ultraplas-Beschichtung konnte während der Projektlaufzeit nicht abschließend beurteilt werden. Ein Praxisversuch ergab eine Standfestigkeit von 80000 Gießzyklen ohne erkennbare Abnutzung. Ausgehend hiervon ist anzunehmen, dass Standzeiten von 250000 bis über 1 Mio. Schuss möglich sind.

Trennschichtkosten: Die Kosten für die UltraPlas-Beschichtung bewegen sich zwischen 2500 und 5000 Euro, abhängig von Größe, Komplexität und Reinigungszustand.

Formreinigung: Der Einsatz einer plasmapolymeren Trennschicht und ein reduzierter Einsatz von Schmiermitteln verlängern die Reinigungsintervalle zur Entfernung von Zink- und Schmiermittelrückständen an den Formoberflächen bis zu einem Faktor 5. Dies erhöht die Ausbringung und reduziert Maschinenstillstandzeiten.

Zykluszeiten: Durch die Verwendung der UltraPlas-Trennschicht konnten weitere attraktive Einsparpotenziale im Gießprozess identifiziert werden. Ein wesentlicher Faktor ist dabei die Einsparung der Trennmittelkosten und insbesondere der Sprühzeit für den Trennmittelauftrag. Dies ermöglicht eine Verkürzung der Zykluszeit im Bereich von 10-30 %.

Schleif- und Polierarbeiten: Polierte Formoberflächen (Rauheitsklasse N1-N2), die mit der plasmapolymeren Trennschicht beschichtet werden, ermöglichen die Herstellung glatter und sauberer Zinkdruckgussbauteile mit einer Rauheitsklasse von N2. In der Folge reduzieren sich die Schleif- und Polierarbeiten um bis zu 50 %. Reinigungsprozesse zur Entfernung von Trennmittelrückständen auf den Oberflächen der Zinkdruckgussteile entfallen gänzlich.

Kosten für Werkzeugpolitur: Die Kosten für das Polieren der Werkzeugkavität richten sich nach dem zeitlichen Aufwand für die überwiegend manuelle Tätigkeit. Einflussfaktoren sind hier die Komplexität der zu polierenden Kavität, die Polierfläche und die angestrebte Oberflächengüte. Konkret wurden im Projekt für die Teilpolitur der Kavität der „Schweinchenform" eine Arbeitszeit von ca. 50 h benötigt. Die Polierarbeiten einer Kavität für einen Modulgriff erforderten 10 h Arbeitszeit. In diesem Fall wurde nur die Sichtseite, d.h. nur die Kavität in einer der beiden Formhälften poliert.

Galvanische Beschichtung: Die Oberflächenqualität der trennmittelfrei hergestellten Zinkgussteile ermöglicht eine Reduktion (in Art und Zeit) der einzelnen galvanischen Vorbehandlungs- und Prozessschritte. Infolge der deutlich geringeren Verschmutzung der Teileoberflächen kann die Abkochentfettung entfallen. Ebenso kann auf die einebnende Glanzkupferbeschichtung verzichtet werden und die erforderlichen Schichtdicken der cyanidischen Verkupferung bzw. der Glanzvernicklung kann jeweils um 50 % reduziert werden. Infolgedessen werden deutliche Einsparungen bei Materialeinsatz, Energiekosten und Prozesszeiten erzielt. Das gesamte Einsparpotenzial in Bezug auf die Beschichtung wird auf 20-50 % eingeschätzt.

Insgesamt zeigen sich deutliche Einsparpotenziale entlang der Fertigungskette. Diese sind nicht auf Glanzbauteile beschränkt. Der Einsparung stehen lediglich moderaten Beschichtungskosten entgegen.

Zusammenfassung

Das AiF-IGF-Projekt GlossyCAST hat gezeigt, dass eine trennmittelfreie Serienfertigung von Zinkdruckgussteilen mit plasmapolymeren Trennbeschichtungen möglich ist. Mit dieser Technik lassen sich gießtechnisch saubere Bauteile der Rauheitsklasse N2 herstellen. Die entwickelten Technologien bieten wirtschaftliche, technologische und ökologische Vorteile und können sowohl in der Zinkdruckguss- als auch in der Galvanotechnikbranche eingesetzt werden. Zukünftige Arbeiten sollten sich auf die Optimierung der Beschichtungen, der Gießformen und den Verzicht auf Schmiermittel konzentrieren, denn Schwachstellen in diesen Aspekten werden jetzt nicht mehr durch das Trennmittel kaschiert.

www.ifam.fraunhofer.de

Michael Heuser, Klaus Vissing, Marco Haesche, Fraunhofer-Institut für Fertigungstechnik und Angewandte Materialforschung IFAM, Bremen; Alireza Moazezi, Heidi Willing, Alexander Pfund, fem Forschungsinstitut, Schwäbisch Gmünd

Gefördert durch:

Bundesministerium
für Wirtschaft
und Klimaschutz

aufgrund eines Beschlusses
des Deutschen Bundestages

iGF

Literatur:

[1] Walkington, W. G., North American Die Casting Association, Die casting Defects – Causes and Solutions, Wheeling, Illinois, 2007.

[2] Verband Deutscher Druckgießereien (VDD) und Bundesverband der Deutschen Gießerei-Industrie (BDG), Druckguss aus NE-Metallen - Technische Richtlinien, Überarbeitete Fassung Januar 2016.

[3] Ernst Brunhuber, Praxis der Druckgußfertigung, 1991, Berlin, Schiele & Schöne

[4] Boris Nogowizin, Theorie und Praxis des Druckgusses, 2011, Berlin, Schiele & Schön.

[5] Dissertation Thorben Brenner, „Entwicklung eines Modells für die Schichtbildung von stark kohlenstoffhaltigen, siliziumorganischen Plasmapolymeren", Universität Bremen, DOI: 10.26092/elib/1921, 2022.

[6] IGF19483N: Einfluss von Alterungs-, Herstellungs- und Nachbehandlungsprozessen auf die galvanische Beschichtbarkeit von Zinkdruckguss.

4.3 Interview zu Rheocasting: „Schlüsseltechnologie für hochbelastbare Leichtmetallbauteile“

Die Salzburger Aluminium Group (SAG) errichtet in Lend/Salzburg derzeit ein Forschungs- und Testzentrum für Rheocasting. Mithilfe von Versuchsanlagen und einem Labor will man das Verfahren so optimieren. Um erste Einblicke in das Projekt zu erhalten, haben wir uns mit Fabian Hofstätter unterhalten. Als Team Leader Product Development Rheocasting bei SAG weiß der Experte um die vielversprechenden Perspektiven der Technologie.

FOTOS: KARIN PASTERER/SAG GROUP

Produktionshalle von SAG in Lend/Salzburg: Hier am Standort soll auch das neue Forschungs- und Entwicklungszentrum für Rheocasting entstehen.

Von Niklas Reiprich

Herr Hofstätter, was war der ausschlaggebende Grund, ein Forschungs- und Entwicklungszentrum speziell für das Rheocasting zu errichten?

Fabian Hofstätter: Die Themen Forschung und Entwicklung sind uns bei SAG sehr wichtig. Im Bereich Rheocasting haben wir die letzten Jahre intensiv geforscht und getestet, und uns dadurch als erster als Serienproduzent am Markt etabliert. Jetzt geht es darum, unsere Technologieführerschaft in diesem Bereich weiter auszubauen und der Forschung – im wörtlichen Sinne – noch mehr Raum zu geben.

Bild 1: Der Gesprächspartner: Fabian Hofstätter, Team Leader Product Development Rheocasting bei SAG

Welche konkreten Ziele verfolgen Sie mit dem neuen Zentrum? Wie soll es das Verfahren weiter voranbringen?

Hofstätter: Beim Skalieren stellen sich immer auch neue Herausforderungen, dadurch erforschen wir neue Zusammenhänge und können den Prozess laufend noch besser verstehen und optimieren. Wir arbeiten an Feinheiten und Verbesserungen, wie zum Beispiel beim Schussgewicht, und wir erweitern unser Spektrum bei den Legierungen.

Welche Tests und Forschungsreihen werden im Zentrum durchgeführt? Gibt es bestimmte Anwendungen, die Sie im Blick haben?

Hofstätter: Wir denken hier sehr breit. So sind etwa Fahrwerkskomponenten für viele Arten von Fahrzeugen im Fokus, vom Elektroauto über Motorräder bis hin zu Flugzeugen. Auch CO_2-Kühlsysteme sind ein Thema. Diese haben hohe Anforderungen an Dichtigkeit und Druckbeständigkeit. Hier kann Rheocasting eine gute Lösung zur Herstellung der Bauteile sein.

Apropos CO□: Mit dem Rheocasting werden häufig Vorteile für die Reduktion der Treibhausgasemissionen verbunden. Wie messbar sind diese Einsparungen tatsächlich und wie sieht der langfristige Beitrag der Technologie zur Nachhaltigkeit aus?

Bild 2: Hofstätter demonstriert zwei gefertigte Bauteile.

Hofstätter: Rheocasting bietet tatsächlich signifikante Potenziale zur CO_2-Reduktion – insbesondere durch den energieeffizienten Herstellungsprozess und den reduzierten Materialeinsatz durch die erhöhten Festigkeiten. Im Vergleich zu konventionellen Gießverfahren ermöglicht Rheocasting eine niedrigere Prozesstemperatur sowie eine laminare Formfüllung, wodurch Ausschussraten gesenkt und Nachbearbeitungen minimiert werden können. Das wirkt sich direkt auf den Energieverbrauch und somit auf die CO_2-Bilanz aus. Die Einsparungen sind je nach Bauteil und Prozessführung unterschiedlich, lassen sich aber durch Lebenszyklusanalyse und CO_2-Bilanzen der Produktionskette nachvollziehbar quantifizieren. Erste Studien und interne Berechnungen zeigen, dass CO_2-Ein-sparungen im zweistelligen Prozentbereich realistisch sind – insbesondere dann, wenn Leichtbaupotenziale durch die Materialwahl und das Design konsequent genutzt werden.

Können Sie ein Beispiel für den Einsatz von Rheocasting nennen und wie sich dieser positiv auf die Leistung und Effizienz von Produkten auswirkt?

Hofstätter: Ein konkretes Beispiel ist die Herstellung von Fahrwerkskomponenten oder Strukturbauteilen aus Aluminium, die durch Rheocasting mit hoher Maßgenauigkeit und ausgezeichneter mechanischer Festigkeit produziert werden können. Dies ermöglicht beispielsweise ein Ersetzen von Aluminium-Schmiedeteilen mit Rheocasting. Dadurch kann man auch näher an der Endkontur gießen, was einen zusätzlichen Gewichtsvorteil mit sich bringt. Ein weiteres Beispiel sind Komponenten, die druckdicht sein müssen. Hier hat Rheocasting durch die geringen Defekte klare Vorteile – die Bauteile müssen nicht imprägniert werden, um dicht zu sein. Mögliche Anwendungen sind Luftspeicher oder Luftfahrwerkskomponenten.

Wie positioniert sich SAG im Vergleich zu anderen Unternehmen, die ebenfalls auf Rheocasting setzen? Was hebt ihre Forschung und Entwicklung in diesem Bereich von anderen ab?

Hofstätter: SAG zählt zu den Vorreitern im industriellen Einsatz von Rheocasting und positioniert sich als technologisch führender Anbieter in diesem Bereich. Im Vergleich zu anderen Unternehmen setzen wir nicht nur auf die Anwendung bestehender Verfahren, sondern treiben aktiv die Weiterentwicklung der Technologie voran – insbesondere im Hinblick auf Prozessstabilität, Automatisierung und Materialvielfalt. Ein Alleinstellungsmerkmal unserer Forschungs- und Entwicklungsarbeit ist die enge Verzahnung von Werkstoffentwicklung, Prozesstechnik und Produktdesign. Durch interdisziplinäre Teams in

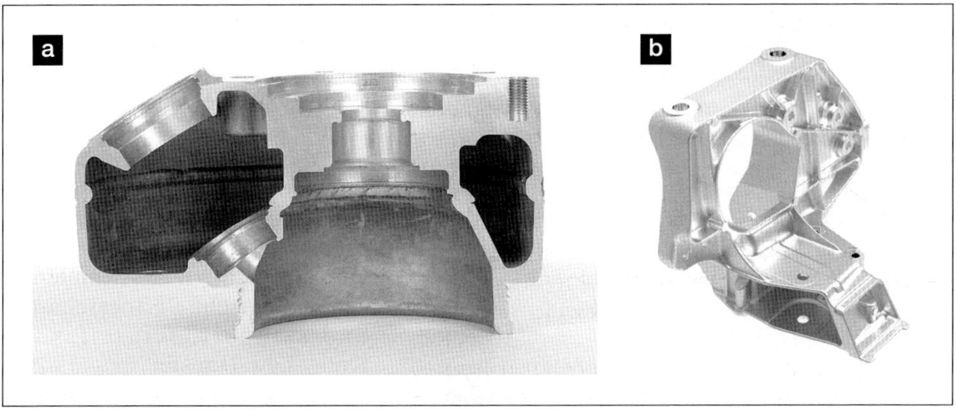

Bild 3: Komplexe Designs mit unterschiedlichen Wandstärken können laut SAG problemlos und in einem Schritt mit der Rheocasting-Technologie gegossen werden. Im Bild: a) ein Luftspeicher mit Wandstärkensprüngen und Schweißnähten, b) ein Gussknoten

unserem Entwicklungszentrum in Lend gelingt es uns, maßgeschneiderte Lösungen für anspruchsvolle Anforderungen zu realisieren – von der ersten Idee bis zur Serienfertigung.

Arbeiten Sie mit anderen Unternehmen, Universitäten oder Forschungsinstituten zusammen, um das Zentrum weiterzuentwickeln?

Hofstätter: Wir pflegen bereits eine vertiefte Forschungspartnerschaft mit der Montanuniversität Leoben und sind dabei, auch Partnerschaften mit anderen Institutionen aufzubauen. Der Know-how-Transfer ist wichtig und gewinnbringend, was die Tiefe der Forschungsergebnisse betrifft.

Welche Auswirkungen hat das neue Zentrum auf den Arbeitsmarkt in der Region? Wie sichern und fördern Sie das erforderliche Fachwissen?

Hofstätter: Die kontinuierliche Weiterbildung unserer Mitarbeitenden hat bei uns einen hohen Stellenwert. Viele Kollegen absolvieren berufsbegleitende Studiengänge, besuchen regelmäßig Seminare oder erweitern ihre fachliche Qualifikation durch zusätzliche Ausbildungen. Für das Entwicklungszentrum in Lend suchen wir für den Bereich Rheocasting einen engagierten Prozesstechniker. Vielleicht spricht dieser Beitrag potenzielle Interessenten an.

Der Markt für Aluminiumkomponenten wächst. Wie sieht aus Ihrer Sicht die internationale Perspektive für die Rheocasting-Technologie aus? Was sind Ihre Pläne für den globalen Markt?

Hofstätter: Aus unserer Sicht hat Rheocasting das Potenzial, sich global als Schlüsseltechnologie für die wirtschaftliche und nachhaltige Herstellung hochbelastbarer Leichtmetallbauteile zu etablieren. Insbesondere in Regionen mit starkem Innovations- und Kostendruck – etwa in Nordamerika, Europa und Asien – sehen wir ein wachsendes

Über die Salzburger Aluminium Group (SAG)
Die Salzburger Aluminium Group (SAG) ist ein österreichisches Familienunternehmen mit weltweit 1100 Mitarbeitern an neun Standorten in Europa, Mexiko und den USA. Als Marktführer für Aluminiumtanks für schwere Lkw ist SAG international erfolgreicher Lieferant vieler namhaften OEMs. Des Weiteren werden innovative Leichtbaukomponenten, Luftspeicher, Druckluftbehälter sowie Spezial-Bauteile für die Nutzfahrzeug-, Bahn- und Sonderfahrzeugindustrie produziert und weltweit ausgeliefert. Mit dem neuen Forschungs- und Testzentrum in Lend/Salzburg verfolgt das Unternehmen das Ziel, die Rheocasting-Technologie zu optimieren und für neue Anwendungen in der Fahrzeugindustrie und darüber hinaus zu erschließen. In einem ersten Schritt habe man 750 000 Euro in den Standort investiert, weitere Investitionen sollen folgen.

Rheocasting: Das Verfahren im Detail
Beim Rheocasting handelt es sich um ein spezielles Gießverfahren, bei dem Aluminium nicht wie bei konventionellen Gießverfahren im vollständig flüssigen, sondern im halbfesten bzw. halbflüssigem (Semi-Solid Process) Zustand verarbeitet wird. Das dem Rheoprozess zugrunde liegende Prinzip, die Thixotropie von Leichtmetallschmelzen, wurde in den 1970er-Jahren am Massachusetts Institute of Technology entdeckt. Im Gegensatz zum konventionellen Druckgießen, bei denen dendritisch erstarrte a-Aluminium-Körner charakteristisch für die Mikrostruktur sind, bilden sich beim Rheocasting durch eine vorgeschaltete kontrollierte Abkühlung der Schmelze und einer Rührbewegung runde Körner, sogenannte Globuliten. Diese begünstigen die Fließfähigkeit bei der Formfüllung sowie die Nachspeisung während der Erstarrung. Da die zu verarbeitende Aluminiumschmelze schon vor der Formfüllung zu einem guten Teil erstarrt ist, können Erstarrungslunker und Verzug minimiert werden. Die hohe Viskosität der Schmelze verhindert zudem Turbulenzen und damit Gaseinschlüsse, die als Poren bei konventionellen Gießverfahren den größten und schädlichsten Anteil an Gussfehlern ausmachen.

Interesse an dieser Technologie. SAG verfolgt deshalb eine klare Internationalisierungsstrategie: Wir bauen unsere technologischen Kompetenzen kontinuierlich aus und evaluieren gemeinsam mit unseren Kunden Möglichkeiten zur Umsetzung von Rheocasting-Projekten auch außerhalb Europas. Dabei setzen wir unter anderem auf strategische Partnerschaften und standortübergreifenden Know-how-Transfer.

Welche Trends erwarten Sie in der Entwicklung von Leichtmetallkomponenten?

Hofstätter: Wir sehen klare Trends in Richtung Funktionsintegration und Nachhaltigkeit. Bauteile sollen leichter, multifunktional und gleichzeitig ressourcenschonend gefertigt werden. Recyclingfähige Werkstoffe wie Aluminium rücken dabei noch stärker in den Fokus. Neue Legierungen, hybride Materiallösungen und KI-gestützte Prozessdatenauswertungen ermöglichen zusätzliche Effizienz- und Qualitätsgewinne.

Die Fragen stellte GIESSEREI-Redakteur Niklas Reiprich

4.4 Ehrenamt und Social Media: Matthies Druckguss auf Kurs

Matthies Druckguss ist ein Familienunternehmen mit jahrzehntelanger Tradition. Unter der Leitung von Marco Matthies, der die Geschäftsführung 2019 übernahm, meistert das Unternehmen Herausforderungen, wie die Coronapandemie und globale Lieferkettenprobleme mit Weitblick. Mit einem Fokus auf additive Fertigung, digitalem Engagement und der Stärkung von Netzwerken zeigt das Unternehmen, wie Tradition und Innovation Hand in Hand gehen können.

FOTOS: CHRISTIAN THIEME

Das Familienunternehmen mit seinen 28 Mitarbeitern fertigt Präzisionswerkstücke für die Schifffahrt, den Maschinenbau und die Branche der erneuerbaren Energien.

Von Christian Thieme

Eingebettet in das norddeutsche Rendsburg, liegt der Betrieb Matthies Druckguss. Das Unternehmen ist ein Symbol für Beständigkeit, Handwerk und Innovation an diesem Ort. Seit 1955 steht der Betrieb für qualitativ hochwertige Gussprodukte und hat sich über die Jahre hinweg als zuverlässiger Partner in der Branche etabliert. Die Produkte des Serienfertigers finden Anwendung in zahlreichen Branchen, von der Schifffahrt über den Maschinenbau bis hin zu erneuerbaren Energien. Dieses breite Portfolio sorgt nicht nur für Stabilität, sondern auch für die Flexibilität, sich an veränderte Marktbedingungen anzupassen. „Wir sind ein Unternehmen, das nicht nur Produkte liefert, sondern Lösungen bietet“, erklärt Marco Matthies. „Unser Ziel ist es, unsere Kunden von der ersten Idee bis zur Serienproduktion zu begleiten.“ 2019 trat Marco Matthies in die Fußstapfen seines Vaters und übernahm die Geschäftsführung. Doch für ihn war die neue Position kein plötzlicher Umbruch: Schon seit seiner Kindheit war er eng mit dem Unternehmen verbunden, lernte die Abläufe von Grund auf kennen und entwickelte ein tiefes Verständnis für die Gießerei-Welt. „Ich habe von klein auf Gießerei-DNA in mir“, erzählt Marco Matthies lächelnd. „Der Familienbetrieb war immer präsent – beruflich und privat. Man kennt die Prozesse, die Herausforderungen und die Chancen.“ Der Übergang in die Selbstständigkeit war dennoch herausfordernd: „Ich hatte mir vieles einfacher vorgestellt“, gibt Matthies zu. Doch mit einem klaren Ziel vor Augen und einem engagierten Team an seiner Seite stellte er sich den Herausforderungen der ersten Jahre.

„Ich wünsche mir kein überstürztes Wachstum, sondern ein langsames, natürliches – eines, das den Familiencharakter bewahrt und auch in 10 oder 15 Jahren noch spürbar ist.“ Marco Matthies

Herausforderungen in der Coronapandemie

Die Pandemie stellte das Unternehmen vor nie dagewesene Herausforderungen. Durch plötzliche Nachfragerückgänge und akute Lieferkettenprobleme musste Marco Matthies in den Krisenmodus schalten. „Plötzlich standen wir durch den hohen Krankenstand vor der Aufgabe, ein Notfallkonzept für unsere Mitarbeiter zu entwickeln“, erklärt der Inhaber. Hinzu kamen Unsicherheiten auf dem Markt: „Wir wussten teilweise wochenlang nicht, was als Nächstes passiert. Der Bedarf brach weg, und wir mussten reagieren.“

Die Coronakrise zwang das Unternehmen nicht nur dazu, kurzfristige Lösungen zu finden, sondern auch langfristige Strategien zu überdenken. Digitale Kommunikationstools wurden eingeführt, um die Zusammenarbeit sowohl intern als auch extern zu verbessern. „Wir mussten lernen, mit neuen Methoden zu arbeiten und gleichzeitig die Belegschaft zu schützen“, so Matthies.

Bild 2: Ein bedeutender Meilenstein war die erfolgreiche Umsetzung des Qualitätsziels, eine vollständige Eigenfertigung im unternehmenseigenen Werkzeugbau zu realisieren.

Lieferkettenprobleme und ihre Auswirkungen

Ein besonders einschneidendes Erlebnis war der Einbruch der Lieferketten: „Wir haben zum ersten Mal erlebt, dass Lieferanten einfach nichts mehr liefern konnten. Das war für uns ein Weckruf." Um darauf zu reagieren, setzte das Unternehmen auf Vorratswirtschaft und alternative Beschaffungsstrategien, was jedoch hohe Kosten verursachte.

Ein zentrales Thema, das sich aus der Pandemie herauskristallisierte, war die Fragilität globaler Lieferketten. Marco Matthies beschreibt eine beispiellose Situation: „Wir arbeiten mit großen Lieferanten zusammen, die Gigatonnen an Rohmaterial verarbeiten. Doch plötzlich hieß es: ‚Wir haben nichts mehr, weil ein Legierungselement fehlt.' Das war für uns völlig neu." Diese Erfahrung führte zu einem Umdenken im Unternehmen. Die Abhängigkeit von globalen Lieferketten sollte reduziert und lokale Partnerschaften gestärkt werden. „Wir müssen resilienter werden", betont Matthies. „Das gilt nicht nur für uns, sondern für die gesamte Industrie. Leider sehe ich, dass viele wieder zu alten Mustern zurückkehren."

Die Problematik der Lieferketten war jedoch nicht nur eine Herausforderung, sondern auch eine Gelegenheit zur Weiterentwicklung. So wurden interne Prozesse optimiert und neue Partnerschaften geknüpft, um zukünftig besser vorbereitet zu sein. „Wenn etwas Gutes aus dieser Krise hervorgegangen ist, dann die Erkenntnis, wie wichtig regionale Netzwerke sind", erklärt Matthies. Diese Netzwerke helfen nicht nur, Engpässe zu überbrücken, sondern stärken auch die Zusammenarbeit innerhalb der Branche.

Innovation durch additive Fertigung

Ein weiterer Meilenstein in der Entwicklung von Matthies Druckguss ist der Einsatz additiver Fertigungstechnologien. „Wir wollten etwas Neues ausprobieren und haben mit einem einfachen Kunststoff-3D-Drucker angefangen", erinnert sich Marco Matthies. Heute ist der 3D-Druck ein integraler Bestandteil des Unternehmens, insbesondere in der Prototypenherstellung. „Früher waren Prototypen oft mit hohen Kosten verbunden, da spezielle Werkzeuge angefertigt werden mussten. Mit dem 3D-Druck können wir unseren Kunden schnell und kosteneffizient erste Muster liefern", erklärt Matthies. Dies ermöglicht nicht nur eine schnellere Produktentwicklung, sondern auch eine engere Zusammenarbeit mit den Kunden.

Ein besonderes Highlight ist der Einsatz der Technologie zur Optimierung von Formen. „Mit 3D-Druck können wir komplexe Geometrien und innovative Kühlsysteme direkt in die Form integrieren, was die Effizienz und Qualität unserer Produkte erheblich steigert", betont Matthies. Dennoch bleibt er realistisch: „Der 3D-Druck ist kein Allheilmittel, aber ein wertvolles Werkzeug, das uns neue Möglichkeiten eröffnet."

Bild 3: Das Unternehmen nutzt das Druckgießverfahren zur Verarbeitung von Messing, das vor allem in der Schifffahrt Anwendung findet.

Netzwerken, Ehrenamt und Engagement in den sozialen Medien

Marco Matthies ist nicht nur Unternehmer, sondern auch ein engagierter Netzwerker. Als aktives Mitglied im Bundesverband der Deutschen Gießerei-Industrie (BDG) setzt er sich für die Förderung der Branche ein. „Wir müssen gemeinsam an Lösungen arbeiten, statt uns als Konkurrenten zu sehen", erklärt er. Besonders wichtig ist ihm die Zusammenarbeit mit anderen Unternehmen, um Wissen und Ressourcen zu teilen. Auch in der Region Rendsburg engagiert sich Matthies intensiv. Er arbeitet eng mit Schulen und lokalen Organisationen zusammen, um Nachwuchskräfte zu fördern und die Attraktivität des eigenen Betriebs zu steigern. „Es ist wichtig, den jungen Menschen zu zeigen, dass Gießereiarbeit innovativ und spannend sein kann", sagt er. Ein wesentlicher Bestandteil seiner Strategie ist die Präsenz in den sozialen Medien. „Wir möchten transparent zeigen, wer wir sind und was wir tun", erklärt Matthies. Plattformen wie TikTok, Instagram und LinkedIn spielen dabei eine zentrale Rolle. Mit erklärenden Videoclips und kurzen Einblicken in den Arbeitsalltag erreicht Matthies Druckguss nicht nur potenzielle Kunden, sondern auch zukünftige Auszubildende. „Die Idee kam mir schon vor zwei, drei Jahren", so Matthies. In Gesprächen mit Bewerbern aus der Umgebung stellte er fest, dass sein Unternehmen kaum jemand kannte. „Und das hat mich schockiert, weil es uns seit 1955 gibt, aber wir werden in dieser Stadt und der Region nicht wahrgenommen."

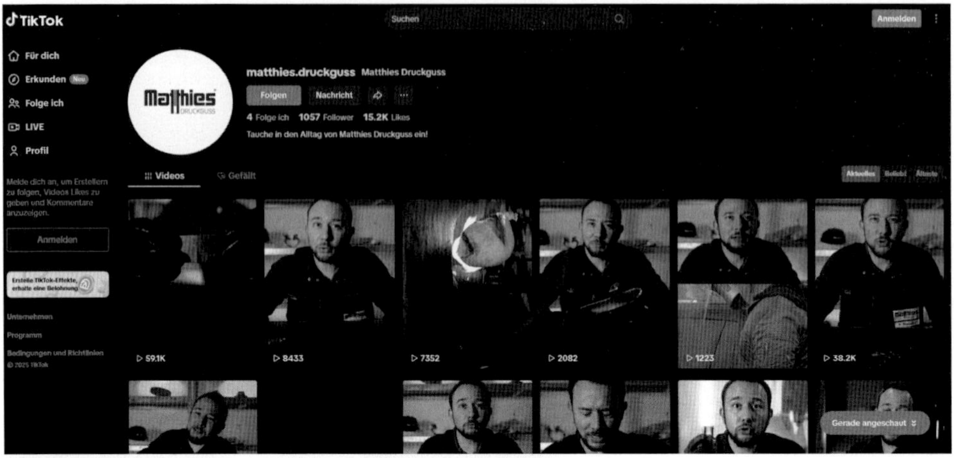

Bild 4: Der TikTok-Kanal des Unternehmens verzeichnete dank einer durchdachten Strategie ein rasches Wachstum.

Dieser Mangel an Wahrnehmung führte dazu, dass sich das Unternehmen dazu entschied, gezielt auf moderne Kommunikationskanäle zu setzen. Mit einer Mischung aus lokal ausgerichteten Kampagnen und plakativen Slogans wie „Bock auf Arbeit?“ startete das Team zunächst Tests, um die Resonanz in der Region zu prüfen. Doch die Erkenntnis, dass viele Menschen kaum Wissen über die Gießerei oder die Druckgießverfahren besitzen, bekräftigte den Ansatz, in den sozialen Medien stärker auf Aufklärung und Employer Branding zu setzen. Mit Authentizität, Transparenz und einer klaren, verständlichen Sprache möchte das Unternehmen nicht nur Fachkräfte gewinnen, sondern auch die Verbundenheit zur Region stärken.

Um seine Botschaften gezielt zu vermitteln, arbeitet das Unternehmen seit mehreren Jahren eng mit einer kleinen Agentur zusammen, die eine sehr praxisnahe und dialogorientierte Herangehensweise verfolgt. Statt vorgefertigte Lösungen zu präsentieren, basiert die Zusammenarbeit auf einem offenen Austausch, bei dem Probleme und Fragen im gemeinsamen Brainstorming analysiert werden. Die Agentur setzte dabei bewusst auf einen Perspektivwechsel: Sie durchlief den Betrieb mit unvoreingenommenem Blick und stellte einfache, aber grundlegende Fragen wie „Was macht diese Maschine eigentlich?“ oder „Wie funktioniert dieser Prozess?“ Dadurch entstanden Ansätze, technische Abläufe anschaulich und verständlich zu erklären.

Schritt für Schritt wurden Ideen getestet, verworfen und weiterentwickelt, bis sich das Konzept der Kurzvideos herauskristallisierte. Diese Clips, oft nur 30 bis 40 Sekunden lang, zeigen klar und kompakt, wie etwa eine Druckgießmaschine funktioniert. TikTok wurde dabei als Hauptkanal ausgewählt, um besonders junge Zielgruppen zu erreichen und die Resonanz auf das Gezeigte zu testen. Instagram diente dabei eher als ergänzende Plattform. Mit dieser kreativen und experimentellen Herangehensweise prüfte das Unternehmen, ob es gelingt, technisches Wissen authentisch und spannend zu vermitteln – und bei der jungen Generation Interesse für den Betrieb und die Branche zu wecken.

„Unsere Videos erzielen teilweise mehr als 100.000 Aufrufe. Das zeigt uns, dass wir mit unserer Strategie auf dem richtigen Weg sind“, berichtet Matthies stolz. Die Inhalte reichen heute von detaillierten Erklärungen der Produktionsprozesse auf LinkedIn bis hin zu Einblicken in die tägliche Arbeit im Unternehmen auf TikTok. „Wir möchten zeigen, dass Gießerei nicht nur Tradition, sondern auch Innovation bedeutet.“ Dabei geht das Unternehmen clever vor. Nachdem die Außenfassade des Unternehmens mit einem schlechten Graffiti verschandelt wurde, nutze das Unternehmen TikTok, um kurzerhand in der Community einen Künstler zu finden, der ein Druckgussmotiv realisieren könnte. Social Media dient bei den Rendsburgern nicht nur der Nachwuchsgewinnung, sondern auch der Positionierung als Vorreiter in der Branche. „Wir möchten mit unserer Offenheit neue Standards setzen und zeigen, dass unsere Branche Zukunft hat“, erklärt Matthies.

Über Matthies Druckguss

Seit der Gründung im Jahr 1955 hat sich Matthies Druckguss zu einem führenden Anbieter im Bereich Aluminium-, Messing- und Zinkdruckguss entwickelt. Gegründet von Willy Matthies, legte das Unternehmen früh den Grundstein für seinen Erfolg und errichtete bereits 1960 das heutige Werk, das seither kontinuierlich modernisiert wurde. Heute ist das Familienunternehmen nicht nur als Druckgusslieferant bekannt, sondern überzeugt als Systemlieferant, der Kunden von der ersten Planungsphase bis zur finalen Serienfertigung begleitet.
Unter der Leitung von Marco Matthies, der die Geschäfte 2019 von seinem Vater Jörn Matthies übernahm, hat sich das Unternehmen kontinuierlich weiterentwickelt. Ein wichtiger Meilenstein war die Umsetzung einer 100-prozentigen Eigenfertigung im Inhouse-Werkzeugbau – eine Maßnahme, die höchste Qualitätsstandards garantiert.

Neben klassischen Druckgussteilen bietet die Tochtermarke matthies cast design innovative Lösungen für dekorative Anwendungen. Dank eines speziellen Druckgussfertigungsprinzips mit Oberflächenveredelung können Gussteile nun auch im dekorativen Bereich eingesetzt werden, ohne an Wirtschaftlichkeit einzubüßen.

Matthies Druckguss ist nicht nur ein Innovationsführer, sondern auch ein mehrfach ausgezeichneter Betrieb. So erreichte das Unternehmen 2022 den dritten Platz beim Europäischen Druckgusswettbewerb. Dieser Erfolg unterstreicht die Verbindung von technologischem Fortschritt und handwerklicher Präzision, die Matthies Druckguss auszeichnet.

Gestärkt aus Krisen hervorgehen

Trotz der Herausforderungen der letzten Jahre blickt Marco Matthies optimistisch in die Zukunft. „Wir haben gelernt, uns immer wieder neu zu erfinden und auf die Bedürfnisse des Marktes einzugehen“, sagt er. Sein Ziel ist es, das Unternehmen nachhaltig zu stärken und als innovativen Partner in der Branche zu etablieren.

Die Rendsburger zeigen, wie ein traditionsreiches Familienunternehmen durch Anpassungsfähigkeit und Weitblick erfolgreich bleibt. „Wir haben aus jeder Krise etwas mitgenommen und uns weiterentwickelt“, betont Matthies. „Das macht uns als Unternehmen stark und zukunftsfähig.“

www.druckgiesser.com

Christian Thieme ist freier Journalist aus Hamminkeln

5 Additive Fertigungsverfahren

5.1 3-D-gedruckte Filter: Gezieltes Porendesign für eine sichere Prozess- und Qualitätskontrolle

Schaumfilter aus hochreinen Oxidkeramiken halten im Gießprozess nichtmetallische Einschlüsse zurück und steigern so die Effizienz. Produktionsbedingte Strukturgrenzen begünstigen jedoch zum Beispiel Filterbits, die die Schmelze verunreinigen, sowie unregelmäßige Poren, die eine laminare Strömung beeinträchtigen. 3-D-gedruckte Filter stellen hier eine innovative Lösung dar.

FOTOS UND GRAFIKEN: ASK CHEMICALS

Mit ihren 3-D-gedruckten Exactpore-Filtern ermöglicht ASK Chemicals Gießern eine neue Dimension der Filtrationstechnik.

Von David Heckman und Ulrich Voigt

Das Streben nach Reinheit in der Schmelze begleitet das Gießen seit seinen Anfängen. Es spielt keine Rolle, ob es sich um Eisen- oder Nichteisenmetalle oder deren Legierungen handelt: nichtmetallische Verunreinigungen in den Schmelzen sind grundsätzlich unerwünscht. Ihr Vorhandensein führt fast immer zu einer Beeinträchtigung der Eigenschaften des gegossenen Teils, bis hin zur Unbrauchbarkeit und somit zu einem wirtschaftlichen Verlust. Nacharbeit an Gussteilen sind gegebenenfalls möglich, aber selbst diese Maßnahmen sollten als letztes Mittel betrachtet werden, denn sie bedeuten zusätzlichen Aufwand. In einigen Fällen ist eine Reparatur nicht einmal machbar, da bestimmte spätere Anwendungen dieser Teile dies nicht zulassen.

Filtration von flüssigen Metallen

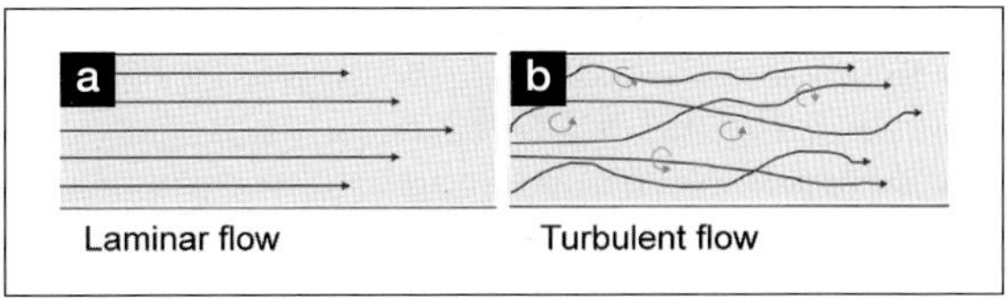

Bild 1: Schematischer Vergleich a) der laminaren und b) der turbulenten Strömung

Die Vermeidung von Verunreinigungen während des Gießprozesses ist daher von entscheidender Bedeutung. Dies beinhaltet zwei wesentliche Aspekte:

> die Beseitigung bereits vorhandener Verunreinigungen in der Schmelze durch geeignete Hilfsmittel,

> die Reduzierung von Reoxidationen während des Gießens durch einen möglichst turbulenzarmen und ruhigen Füllvorgang des Formhohlraums.

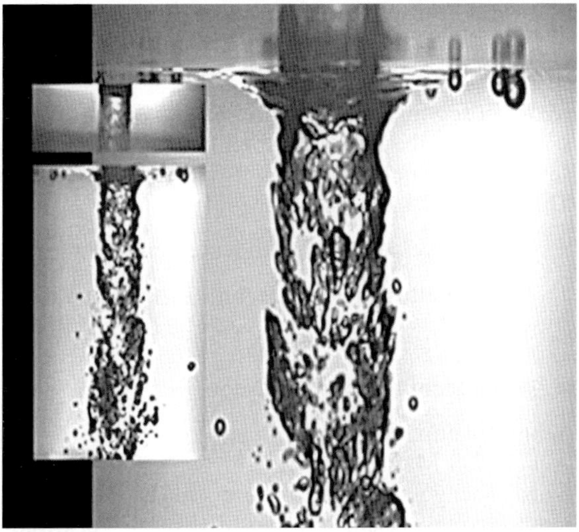

Bild 2: Mitgerissene Luft beim Aufprall eines Flüssigkeitsstrahles auf die Badoberfläche (Auszug aus [1]).

Besonders das Vermeiden von Turbulenzen spielt eine zentrale Rolle bei der Erzeugung sauberer Gussteile. Dieser Aspekt sollte bereits bei der Konzeption und Auslegung der Gieß- und Anschnittsysteme berücksichtigt werden. Die Nutzung vorhandener Simulationsprogramme ist dabei äußerst hilfreich [1]. Warum jedoch ist ein ruhiger Füllvorgang so wichtig? Um dies zu verstehen, lohnt sich ein kurzer Blick in die Physik, genauer gesagt in die Strömungslehre von Flüssigkeiten, und die Betrachtung der Wechselwirkungen zwischen Strömungsgeschwindigkeit und der Geometrie der durchströmten Bereiche.

Die Reynolds-Zahl – der Troublemaker?

Kurz gesagt ist die Reynolds-Zahl Rn das Verhältnis der an den Strömungsteilchen angreifenden Trägheitskräfte (hier einer Flüssigkeit) zu den Zähigkeitskräften (Reibungskräften) derselben. Sie ist dimensionslos und wird unter anderem zur Unterscheidung laminarer und turbulenter Strömung genutzt. Dabei ist die laminare Strömung mit einer Reynolds-Zahl von <2000 und die turbulente Strömung mit einer Reynolds-Zahl von >4000 angegeben (**Bild 1**). Der Bereich dazwischen wird als laminar instabil bezeichnet [2].

Was hat das mit dem Gießen zu tun? Sehr viel. Gießereien verwenden zur Bestimmung ihres Gießsystems eine aus den Grundformeln der Strömungslehre gebildete Gleichung (1) zur Anschnittsberechnung der Gussteile:

$$n * S_A = \frac{22,6 * G}{\rho * t * \xi * \sqrt{H}}$$

mit
G: Gewicht (in kg)
H: Höhe des Gießmetalls (in cm)
R: Dichte des Gießmetalls (in g/cm³)
T: Gießzeit (in s)
x: Strömungskoeffizient (Verlustfaktor)
n: Anzahl der Anschnitte
S_A: Anschnittsquerschnitt (in cm²)

In dieser sogenannten allgemeinen Anschnittgleichung wird ein gießtechnischer Beiwert x verwendet, der strömungsbedingte Geschwindigkeitsverluste berücksichtigen soll. Dieser beinhaltet neben den üblichen Strömungsumlenkungen im Gießsystem die Reynolds-Zahl. Dabei wird beachtet:

> die Gießweise (z.B. fallend, steigend etc.),

> das Verhältnis der Querschnitte zueinander (Einguss/Lauf/Summe aller Anschnitte)

> die effektiven Gießhöhen,

> gegebenenfalls weitere Daten.

Schon ein einfacher Einlauf kann zu Verunreinigungen führen. In einer sehr interessanten Arbeit von Majidi und Beckermann [3] zum Thema Lufteintrag bei der Formfüllung wurde nachgewiesen, dass dieser eine der Hauptquellen des Sauerstoffs ist, der zur Bildung von Reoxidationseinschlüssen und somit Verunreinigungen führt (**Bild 2**). Bei einer Aufprallgeschwindigkeit von ca. 5 m/s des Gießstrahles in ein stehendes Flüssigkeitsbad konnte ein Verhältnis Flüssigkeitsvolumen zu mitgerissener Luft von 1:1 festgestellt werden.

Damit wird klar, dass die Reduzierung von Turbulenzen eine äußerst wichtige Rolle spielt, wenn es um die Vermeidung von nichtmetallischen Einschlüssen in Schmelzen geht. Viele Maßnahmen werden sowohl beim Schmelzen der Metalle als auch außerhalb und innerhalb des Formhohlraumes getroffen. Egal ob es sich um Schlackenzurückhaltungen oder spezielle Eingüsse handelt, ein Hilfsmittel ist hier besonders gut geeignet: Der Schaumkeramikfilter.

Filter aus Schaumkeramik

Der Einsatz von feuerfesten Schaumkeramikfiltern zur Filtration und, noch wesentlich wichtiger, zum beruhigten Formfüllen wird sehr geschätzt. Schaumkeramikfilter gibt es in verschiedenen Materialien, welche einige grundlegende gemeinsame Anforderungen erfüllen müssen, gute chemische, thermische und mechanische Eigenschaften sind nur einige davon. Zum Einsatz kommende Materialien sind zum Beispiel Siliziumkarbid, Zirkonoxid und Aluminiumoxid, jeweils mit möglichen Stabilisatoren und Bindemitteln.

Dabei wird bei höchsten Ansprüchen sehr häufig teilstabilisiertes Zirkonoxid eingesetzt. Je nach verwendetem Herstellungsprozess des Grundmaterials ist es in zwei farblichen Ausführungen verfügbar (weiß und gelbbraun). Nachteilig bei der Herstellung solcher Filter aus diesem Material ist der während des Brennvorgangs stattfindende Schrumpfungsprozess, der bis zu 20% betragen kann und die Einhaltung der entsprechenden maßlichen Toleranzen der jeweiligen Filter durchaus anspruchsvoll macht.

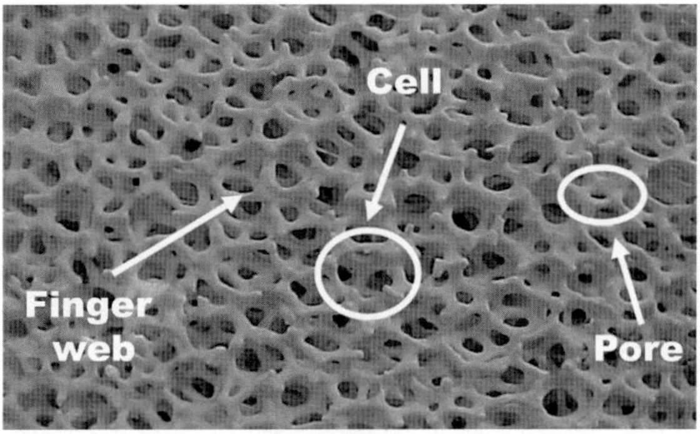

Bild 3: Aufbau einer Schaumkeramik

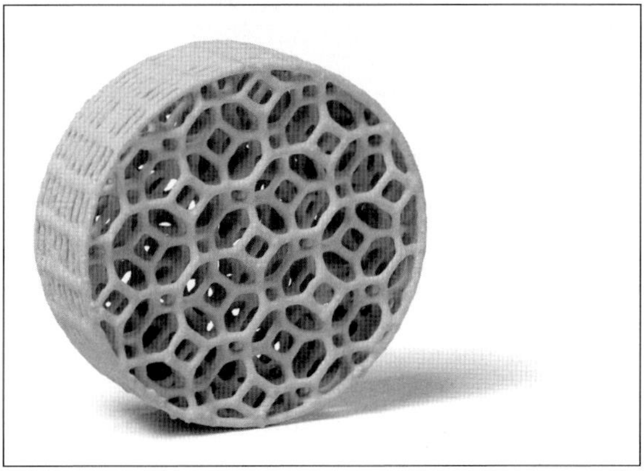
Bild 4: Beispiel eines 3-D-gedruckten Exactpore-Filters

Wenn man die normale Filterstruktur etwas näher betrachtet, fallen sich wiederholende Strukturen auf. **Bild 3** erklärt die Begriffe Webfinger, Zelle und Pore. Die Verteilung der Poren und Zellen ist dabei zwar von einer gewissen Regelmäßigkeit, trotzdem schwanken ihre genauen Anordnungen, Größen und Verbindungen, sodass die Schäume innerhalb der gleichen PPI-Zahl eine Verteilung aufweisen.

Die Klassifizierung der Filter wird in PPI vorgenommen (Pores per Inch), welches eine Einschätzung der Kapazitäten und möglichen Durchflussmengen je nach durchfließendem Metall der Filter ermöglicht. Die Einteilung in PPI-Klassen und weitere Klassifizierungen erfolgen zumeist visuell durch besonders geschultes Personal anhand von Vergleichsnormalen (Retainer). Dieses Verfahren ist rein manuell, und wird kontrovers diskutiert, stellt allerdings ein über viele Jahre gängiges und hinreichend genaues System dar. Für spezielle Anwendungen können weitere, auf den jeweiligen Einsatzfall zugeschnittene Lösungen Anwendung finden, z.B. vereinbarte Gewichtskontrollen oder ähnliches. Auch können besondere Prüfverfahren, z.B. ein Impingementtest, genutzt werden, um genauere Daten zu gewinnen und gezielt zu nutzen.

Die Qualität der Schaumkeramikfilter ist trotz aller Anstrengungen der Filterhersteller abhängig von der Qualität der PU-Schäume. Ungeachtet aller genauen und strengen Kontrollen kann es vorkommen, dass sich Strukturen in den Schäumen befinden, die sich negativ auf die Filtrationswirksamkeit und das Verhalten während des Durchströmens des Filters mit flüssigem Metall auswirken. Das mögliche Vorhandensein von dünnen,

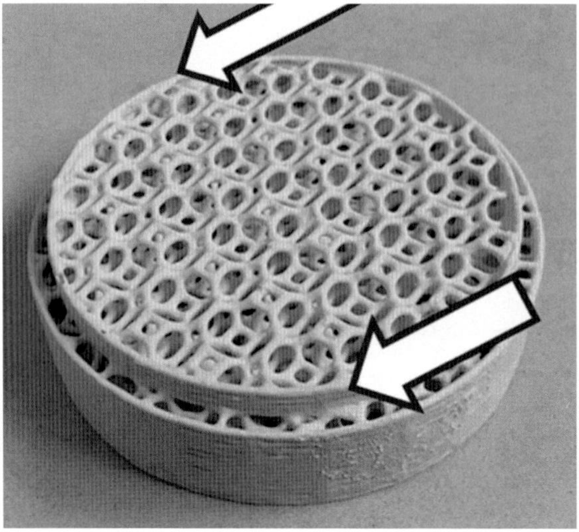

Bild 5: Speziell designter, gedruckter Keramikfilter mit Einlegerand

unterbrochenen Stegen, uneinheitlichen Strukturen und Porengrößen kann einen negativen Einfluss haben. Kleinste Partikel, sogenannte Filterbits, welche möglicherweise nicht fest genug mit dem Grundmaterial versintert sind, könnten während des Durchgießens der flüssigen Schmelze losgelöst werden.

Filtrierungsinnovation: 3-D-gedruckte Filter Exactpore

Die Lösung, Filterbits wirkungsvoll zu verhindern und gleichzeitig eine Wiederholbarkeit der Filterstrukturen sicherzustellen, ist die Herstellung der Filter durch geeignete 3-D-Druckverfahren. Der Vorteil liegt auf der Hand: exakte Reproduzierbarkeit. Ist die Struktur des Filters einmal als CAD-Datei im Computer vorhanden, werden saubere, immer exakt reproduzierbare Geometrien hergestellt. Der 3-D-gedruckte Filter (**Bild 4**) stellt somit eine neue Qualität der Reproduzierbarkeit dar: ein gedruckter Filter ist gleich dem vorher gedruckten, und der nächste Filter wird wieder genau gleich sein. So wird die Prozesssicherheit wesentlich verbessert. Vorteile der Exactpore-Filter von ASK Chemicals auf einen Blick:

- gleichbleibende Fließeigenschaften bei jedem Filter,
- erhebliche Reduktion von sich möglicherweise lösenden Partikeln,
- verbessertes Fließverhalten der Schmelze,
- erhöhte Filterkapazitäten,
- genaue und gleichbleibende Porengrößen, auch gemäß individuellen Anforderungen,
- frei skalierbare Porengrößen,
- kundenspezifische Lösungen bei größtmöglicher Gestaltungsfreiheit,
- exaktere Simulationsmöglichkeiten.

Die freien Gestaltungs- und die Skalierungsmöglichkeiten erlauben völlig neue Ansätze bei der Herstellung von Filtern. Bisher wurde das Gussteil und dessen Gießtechnik an den Filter angepasst, jetzt kann der Filter auf die besonderen Anforderungen des Gussteils angepasst werden.

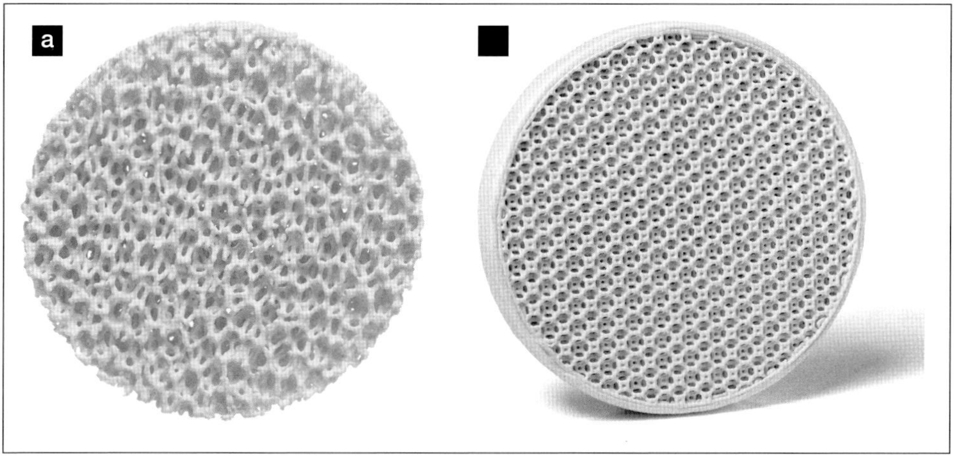

Bild 6: Vergleich: a) Standard-Schaumkeramikfilter versus b) 3-D-gedruckter Filter

Neue Möglichkeiten und Produktvariationen

Die erreichte Gießleistung (kg/sec) schwankt bei Einsatz des Standard-Schaumfilters teils stark und führt infolge zu Ausschuss. Gelöst werden kann das Problem durch den Wechsel zu einem gedruckten Exactpore-Filter mit einer exakt für den Anwendungsfall eingestellten Porengröße. Durch das Herstellungsverfahren wird diese einmalige Einstellung nun absolut gleich bei jedem Filter wiederholt. Dies gewährt eine konstante Gießleistung.

Die filtrationstechnischen Adaptionen sind nur ein Merkmal bei der Nutzung von gedruckten Filtern. Ein weiterer Vorteil ist die Vermeidung des Filterkippens. Während des Eingießens der Schmelze in einen Eingießtrichter kann der normale, runde Standardfilter kippen. Die Lösung bringt ein 3-D-gedruckter Exactpore-Filter mit einer speziellen Geometrie (**Bild 5**), bei der ein zusätzlich in die Filtergeometrie eingearbeiteter Rand das Kippen erfolgreich verhindert.

Use-Cases

Eine mittelgroße Stahlgießerei stellte die Exactpore-Filter vor eine Herausforderung, denn die Filtereffizienz sollte durch Erhöhung der Kapazitäten und Durchflussraten bei mindestens gleicher Filtrationswirkung (verglichen mit den üblich eingesetzten Standard-Schaumkeramikfiltern) verbessert werden (**Bild 6**). Für eine möglichst große Aussagekraft des geplanten Tests stellte man verschiedene Filtergrößen und Schmelzemengen zusammen. Vor allem aber wurden Gussteile gewählt, die in großer Menge und mit dem vergleichbaren Standard-Schaumkeramikfilter hergestellt wurden, um eine gut vergleichbare Basis zu haben.

Als Filtergrößen wurden runde Filter mit dem Durchmesser 75 mm und der Dicke 25 mm in 10 PPI und quadratische Filter mit den Abmessungen 150x150x30 mm in 10 PPI genommen. Beide Typen bestanden aus teilstabilisiertem Zirkonoxid.

Die durch die Verwendung dieser Filter erzielte Senkung des Nachbearbeitungsaufwandes von 33 % und 38 % gegenüber den herkömmlichen Schaumkeramikfiltern in dem oben genannten Beispiel ist immens und zeigt den wirtschaftlichen Vorteil deutlich. In der Summe ist der Einsatz von 3-D-gedruckten Exactpore-Filtern in vielen Fällen eine technische und wirtschaftliche Prozessoptimierung. Zusammen mit ihren Produktvariationen und Anwendungsmöglichkeiten sind sie eine zukunftsweisende Innovation für Gießereianwendungen. Insbesondere bei großen Gussteilen (> 1200 kg) bieten sie unschlagbare Vorteile.

www.ask-chemicals.com

David Heckman, Technical Product Management Filters & Risers North America, Dublin, USA; Ulrich Voigt, Technical Product Management Filters & Risers Europe Hilden; ASK Chemicals.

Literatur:

[1] Voigt, Ulrich; Filtration von flüssigen Metallen; Präsentation auf dem GIFA-Forum des BDG, Juni 2023

[2] Giesserei-Lexikon, Schiele & Schön, Ausgabe 2006; Seiten 48-54; 620 ff.

[3] Majidi, S.H., Beckermann, C. "Modeling of air entrainment during pouring of steel castings"; 70thSFSA Conf., Paper No. 4.8, Steel Founders Society of America, Chicago, IL, 2016.

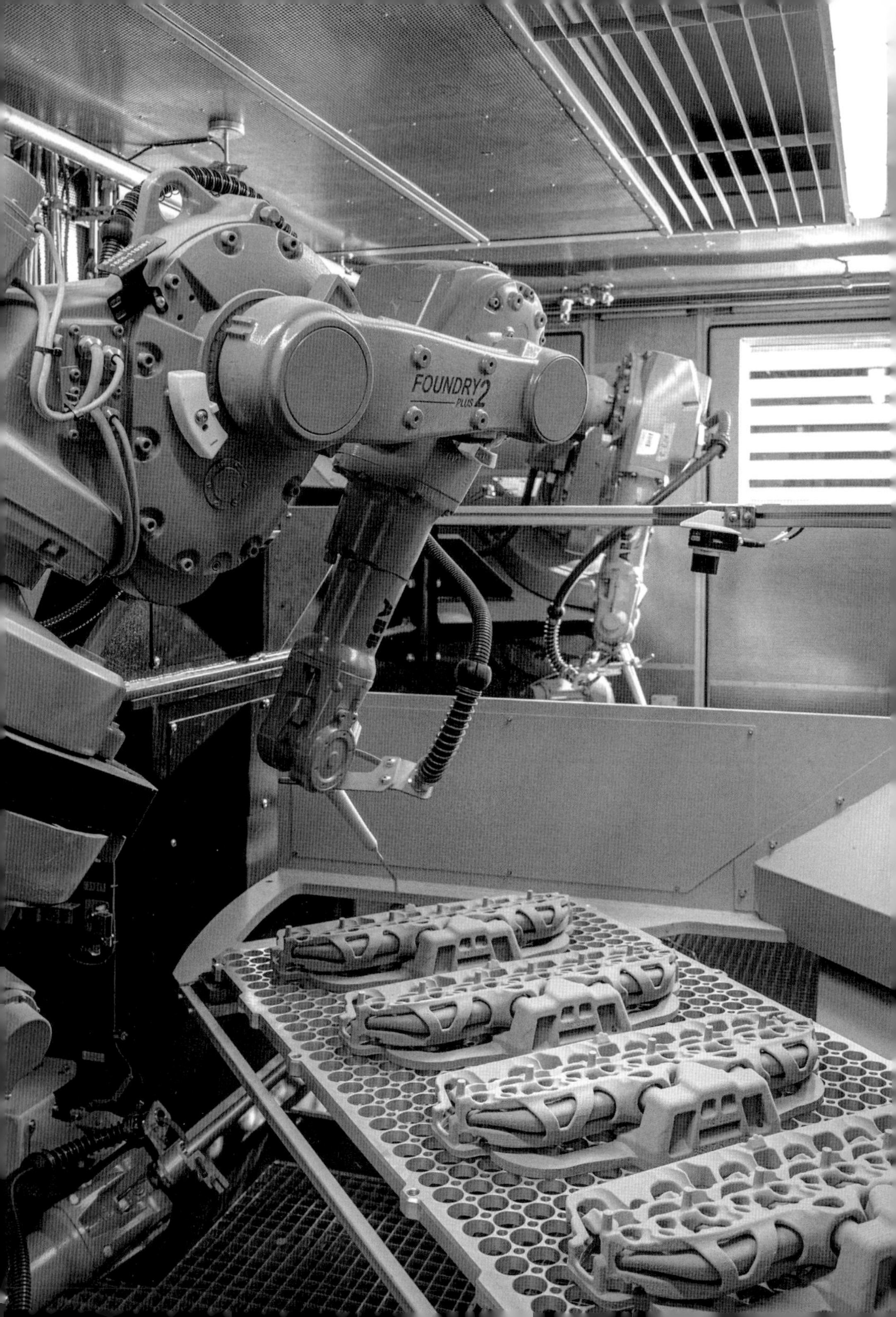
FOUNDRY 2 PLUS

Die Automatisierung bei Kernmacherei und -handling verbessert Effizienz und Qualität in der Gießerei.

5.2 Sandkerne: Die hybride und digitale Kernmacherei der Zukunft

Bei der Sandkernherstellung haben Gießereien einhergehend mit dem industriellen Fortschritt unterschiedliche Fertigungsverfahren und Bindersysteme eingesetzt. Je komplexer die Gussteile wurden, desto mehr musste die Kernherstellung weiterentwickelt werden. Der mögliche und sehr wahrscheinlich nächste Schritt wird hin zur Digitalisierung und Hybridisierung der Kernmacherei sein. Unternehmen wie die Laempe Mössner Sinto GmbH spielen eine führende Rolle bei dieser Transformation und setzen neue Maßstäbe für die Kernmacherei der Zukunft.

Von Rudolf Wintgens

Sprachliche Bedeutung und Deutung
Der aus dem Griechischen stammende Begriff hybrid (abgeleitet von hýbris: Übermut, Anmaßung) hat über das Lateinische (hybrida: Bastard, Mischling) den Weg unter anderem in die englische und deutsche Sprache gefunden. Als „hybrid" bezeichnet man heute etwas Gebündeltes, Gekreuztes oder Vermischtes; im Allgemeinen werden Kombinationen verschiedener Verfahrensweisen oder Prozesse also als „hybrid" bezeichnet. Der aus dem Lateinischen stammende Begriffe digital (abgeleitet von digitus: Finger) beschreibt etwas nicht analoges, eine diskrete Information.

Die Sandkernherstellung in Gießereien hat im Laufe der industriellen Entwicklung viele Änderungen in Fertigungsverfahren und Bindersystemen durchlaufen. Angefangen von relativ einfach Konturen, die mit wasserglasbasierten Systemen manuell in Holzkernkästen gefüllt wurden, über die ersten mechanisierten heißhärtenden Systeme aus harzumhülltem Sand für Hohl- und Vollkerne nach dem Croning-Verfahren bis hin zur Entwicklung des Kernschießverfahrens 1949 aus dem ersten Patent von Hansberg. Die fortgeführten Entwicklungen bei den Bindersystemen von heißhärtenden, kalt-gashärtenden und modernen anorganischen Systemen und die korrespondierende Maschinentechnik mit teilweise vollständig automatisierter Kernnachbehandlung stellen heute in den meisten Gießereien den Stand der Technik bei der maschinellen Kernfertigung dar. Die manuelle Kernfertigung komm mit Kaltharzsystemen vor allem im Großguss und bei Einzel- oder Kleinserienfertigung zum Einsatz.

Die möglichen – und sehr wahrscheinlich – nächsten Entwicklungsschritte werden Digitalisierung und Hybridisierung der Kernmacherei sein.

Was ist nun das Hybride und Digitale bezogen auf die „Kernmacherei der Zukunft"?

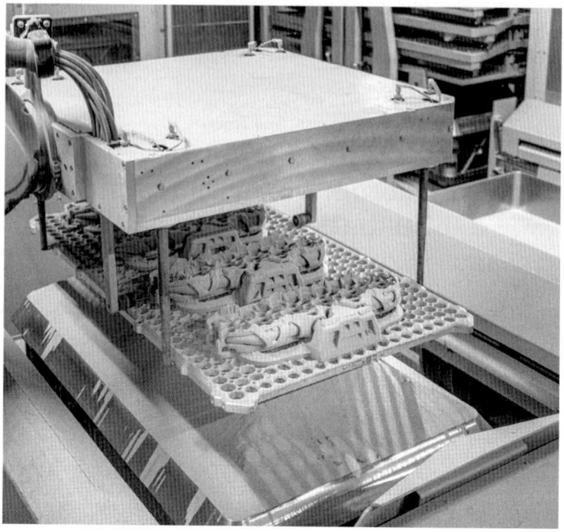

Bild 1: Moderne, automatisierte Maschinentechnik trägt zum effizienten Betrieb auch in der Kernmacherei bei.

Die hybride Kernmacherei ermöglicht es Gießereien weltweit, die nötige Flexibilität in einem Zeitalter der Transformation – alles mit dem Ziel qualitätsorientiert, ressourcenschonend und zu den niedrigsten Stückkosten – zu produzieren. Bei der hybriden Herangehensweise entscheiden Gießereien und Kernfertiger in Abhängigkeit ihres individuellen Produktportfolios, welche Kerne traditionell produziert („geschossen"), welche Kerne über eine Additive Fertigung hergestellt („gedruckt") und welche Kerne eventuell hinzugekauft („Core-as-a-service") werden.

Grundlage für diese strategischen Entscheidungen müssen verlässliche Kalkulationsdaten sein. Mithilfe digitaler, in die Anlagen integrierter Auswertungen können neben der eigentlichen Fertigungssteuerung verlässliche Daten schnell ermittelt werden. Durch Systeme wie das Laempe Digital Cockpit werden Erfahrungswerte und Daten im Maschinenbetrieb konsolidiert, visualisiert und ausgewertet. Diese Realdaten geben in Echtzeit Aufschluss über die Gesamtanlageneffektivität („OEE") und zeigen Verbesserungspotenziale zur Kostenoptimierung auf. Die Echtzeitfähigkeit bietet dabei den Vorteil, dass der Anwender unmittelbar im Fehlerfall Gegenmaßnahmen ergreifen kann, im Gegensatz zur traditionell analogen Vorgehensweise, wo am Schicht- oder Wochenende nur ein Rückblick in die Vergangenheit erfolgen kann.

1. Datenbasierte Steuerungssysteme

Die zukünftige Kernmacherei wird demnach stark von datenbasierten Steuerungssystemen profitieren. Der Einsatz von Steuerungsplattformen zur optimierten Auslastung der Anlagen und Künstlicher Intelligenz (KI) zur Szenarienerstellung wird das technische Prozessverständnis verbessern. Durch verstärkte Nutzung von Simulationsergebnissen und automatischen Parameteranpassungen über die Produktionsdauer hinweg können Produktionsprozesse weiter optimiert werden. Persönliches Wissen und Erfahrung werden in Datensysteme überführt, was zu einer kontinuierlichen Verbesserung der Fertigungsprozesse führt. Gießereien stehen heute vor der Herausforderung, einen Transformationsprozess zu bewältigen, der neue, und zum Teil komplexe Geometrien erfordert. Gleichzeitig stehen die Grenzkosten und der effiziente Betrieb einer Kernmacherei im Fokus. Die hybride und digitale Kernmacherei hat die Fähigkeit, den optimalen Betriebs-

Bild 2: Vollautomatisierte Kerndruckanlage mit einem Drucker für kleine bis mittlere Lose

punkt zu erreichen, damit zu den niedrigsten Stückkosten und maximal ressourceneffizient produziert werden kann. Dazu brauchen Gießereien das passende Equipment, Knowhow und intelligente Softwarelösungen zur Entscheidungsfindung.

2. Kernfertigung durch Kernschießen

Für jede Kernart die möglichst optimale Maschinen- und Anlagentechnik einschließlich einer spezifischen und dennoch flexiblen Automatisierung auszuwählen, ist der erste Schritt der Überlegung, gegebenenfalls abgeglichen mit dem Bestand vorhandener Anlagen.

Die frühzeitige Integration aller Fertigungsschritte von der Kernherstellung, Kernentnahme, Kernnachbehandlung (z. B. Entgraten, Schlichten, Trocknen, Paketmontage) über die Lagerlogistik bis hin zum Einlegen der Kerne in Formanlagen oder Kokillen ist dabei grundlegend. Beginnend mit der Werkzeuggestaltung der Kernkästen müssen hier die Anforderung aller Prozesse einfließen:

- Welche Kernorientierung ist ideal für den Schießprozess? Kann in dieser Lage der Kern aber auch von einem (Roboter)-Greifer bei der Entnahme aus dem Kernkasten, beim Schlichten, beim Ablegen in ein Lagerregal oder beim Einlegen in die Gießform sicher und positionsgenau gehalten werden?
- Sind standardisierte Greif- und Lagerszenarien für mehrere Kerntypen realisierbar, um auch kleine Serien trotzdem automatisiert fahren zu können, ohne für jede Type eine vollständige Werkzeugeinrichtung beschaffen zu müssen?
- Wie ist der Materialfluss zwischen der Kernmacherei und der Gießerei? Welche Entkopplungsmechanismen zwischen den Prozessschritten sollten sinnvollerweise eingebaut werden, um bei einem Stillstand eines Teilprozesses nicht Teile oder gar die gesamte Prozesskette zum Stillstand zu bringen?
- Können Großkerne für Handformteile, die bisher manuell gestampft wurden, geschossen werden, um mit geringerem Personaleinsatz schneller und effektiver zu fertigen?

Werden diese Fragen grundlegend beantwortet und in der Planung berücksichtigt, unterstützt moderne Maschinentechnik den effizienten Betrieb (**Bild 1**). Die Maschinentechnik in der Kernfertigung wird durch den zunehmenden Einsatz von Automatisierungen auch für kleine und mittlere Serien revolutioniert. Verfahrensvariable Kernschießmaschinen erfordern eine größere Planungstiefe unter Berücksichtigung von Kernmacherei, Lagerung, Logistik und Kerneinleger. Diese Flexibilität und Automatisierung tragen zur Effizienzsteigerung und Kostensenkung bei.

3. Kernfertigung durch 3-D-Drucken

Der Einsatz von 3-D-Drucktechnologien in der Kernfertigung bietet erhebliche Vorteile. Einzelanlagen ermöglichen die Produktion kleiner und mittlerer Losgrößen (**Bild 2**) ohne die Notwendigkeit teurer Werkzeuge. Der direkte Druck aus 3-D-Daten ermöglicht schnelle Variantenwechsel und reduziert die Aufwände für Werkzeugherstellung, Lagerung und Instandhaltung. Bisher wurde der 3-D-Sanddruck aufgrund der relativ langen Prozesszeiten und dem hohen manuellen Aufwand beim Entpacken im Wesentlichen für Einzelstücke und Kleinserien eingesetzt. Mittlerweile sind aber auch Hochgeschwindigkeitsdrucker mit vollautomatisierten Entpack- und Reinigungssystemen verfügbar (**Bild 3**), die schnell gießfertige Kerne produzieren – exemplarisch die Laempe-3-D-Drucklinie bei der BMW-Leichtmetallgießerei in Landshut. Damit kann das 3-D-Sanddruckverfahren sowohl bei Einzelstücken und Kleinserien Kosten und Zeiten für die Herstellung der Kernformwerkzeuge sparen und zusätzlich auch komplexe Strukturen für große Serien abbilden, die werkzeuggebunden nicht zu fertigen sind.

4. Kerne aus Fremdbezug

Die Kernmacherei ist oft ein „ungeliebtes Kind“ in Gießereien – sie ist aufwendig, teuer und nicht im Prioritätsfokus von Technologie und Personal. Die Fremdbeschaffung von Kernen und Formen durch spezialisierte Dienstleister ermöglicht es, sich auf Kernprozesse zu konzentrieren und die Produktivität zu steigern. Diese Dienstleister, die Kernfertigung als Hauptgeschäft betreiben, können nicht nur Produktionsspitzen abdecken oder Kerne liefern, die der hausinterne Maschinenpark nicht fertigen kann. Durch ihre

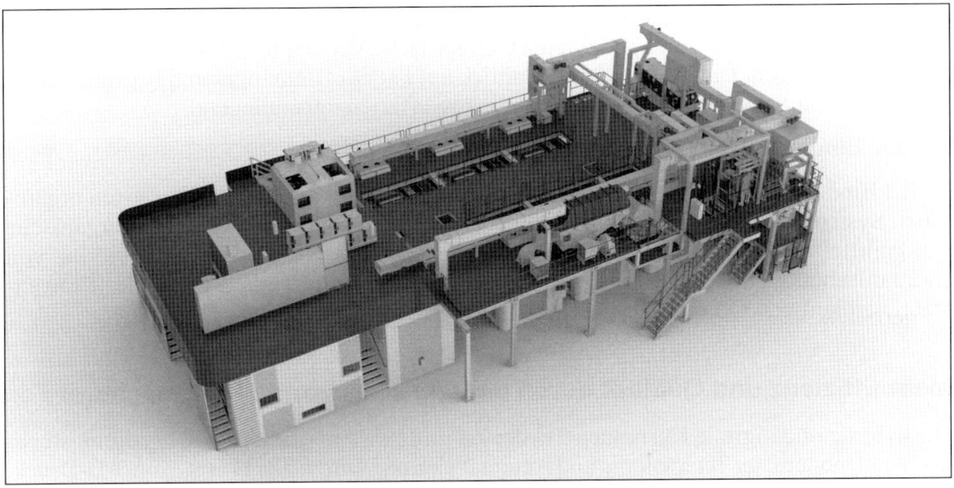

Bild 3: Vollautomatisierte Kerndruckanlage mit sechs Druckern für mittlere bis große Lose

Spezialisierung auf die Kernherstellung bieten sie oft eine gute Kombination aus optimaler Verfahrenstechnik – zum Beispiel die Fokussierung auf die anorganische Kernfertigung bei der Inacore GmbH, einem Joint-Venture der Laempe Mössner Sinto GmbH und der R.Scheuchl GmbH – und daraus folgende gut verwertbare kommerzielle Ergebnisse.

5. Berechnung von Kernkosten und CO_2-Footprint

Heute können die wenigsten Gießereien verlässlich sagen, wie hoch die Kosten eines Kerns sind, inklusive der Kosten der gesamten Wertschöpfungskette. Spezialisierte Kalkulationsprogramme mit hohem technischen Inhalt können hier Transparenz schaffen. Anhand der Bauteilgeometrie und der geplanten Stückzahlen lässt sich auf der Plattform sehr schnell feststellen, wie viel ein Kern kosten wird und wie viel CO_2 dabei voraussichtlich emittiert wird. Professionelle Kalkulationswerkzeuge wie zum Beispiel das Berechnungstool TSET ermitteln verlässlich Kosten und CO_2-Footprint.

Die tatsächlichen Kosten werden entweder auf Basis von Standardwerten oder aber abgestimmt auf die jeweilige Fertigungsanlage ermittelt. Dabei werden anlagenspezifische Daten aus Systemen wie das „Laempe Digital Cockpit" (LDC) die Daten in einer Kernmacherei erfasst und eingespeist. So lässt sich die Gesamtanlageneffektivität (OEE) feststellen und auch, wo die Verhinderer einer Top-OEE liegen: Ist es der Stillstand, ist es der Ausschuss oder die Taktzahl? – Genau auf diese und viele weitere Fragen liefert das LDC eine Antwort.

6. Laempe-AR: Hilfe bei Problemen in Echtzeit

Laempe hat umfassendes Know-how im Bereich Wartung und Reparatur von Kernschießmaschinen und Anlagen. Dieses Know-how kann Kunden zur Verfügung gestellt werden.

So können sich Servicetechniker direkt von den Laempe-Standorten weltweit mit Kunden verbinden und mithilfe eines geeigneten Gerätes (z. B. VR-Brille) gemeinsam die Fehlersuche durchführen. Das ist gerade in Hinblick auf Fachkräftemangel und begrenzte Verfügbarkeit von Servicetechnikern sowie Prozesseffizienz grundlegend.

7. Neue Binderverfahren

In den Binderverfahren der Zukunft wird der Einsatz von lösemittelreduzierten organischen Systemen und anorganischen Bindemitteln verstärkt. Insbesondere anorganische Bindemittel finden zunehmend auch im Feinguss Anwendung. Die Entwicklung von anorganischen kalthärtenden Systemen trägt zusätzlich zur Verbesserung der Umweltfreundlichkeit und Qualität der Kernfertigung bei.

Mehr Effizienz und Qualität durch digitale und hybride Kernmacherei

Die hybride und digitale Kernmacherei der Zukunft vereint traditionelle Fertigungstechniken mit modernster Technologie und Automatisierung. Durch den Einsatz von 3-D-Druck, Automatisierung und datenbasierten Steuerungssystemen wird die Effizienz und Qualität in der Kernfertigung erheblich gesteigert. Unternehmen wie die Laempe Mössner Sinto GmbH spielen eine führende Rolle bei dieser Transformation und setzen neue Maßstäbe für die Kernmacherei der

Zukunft. Die Kombination aus Inhouse-Fertigung und der Nutzung externer Dienstleister ermöglicht es, flexibel auf Marktanforderungen zu reagieren und gleichzeitig die Kosten zu optimieren. Insgesamt wird die hybride und digitale Kernmacherei die Branche nachhaltig verändern und neue Möglichkeiten für Innovation und Effizienz schaffen.

www.laempe.com

Dipl.-Ing. Rudolf Wintgens, Geschäftsführer der Laempe Mössner Sinto GmbH

6 Industrie 4.0

6.1 Nutzung von Laufzeitdaten: Proof of Concept für die automatisierte Gussfehlerprognose

Die Qualität von Gussteilen hängt von einer Vielzahl an Einflussparametern ab, die sich zudem häufig gegenseitig beeinflussen, sodass kleinste Einzelabweichungen in der Summe zu erheblichen Einbußen führen können. Über die Echtzeiterfassung und -auswertung der wichtigsten Prozessdaten sollen Abweichungen direkt erkannt und reguliert werden.

FOTO: GF JRG, BEARBEITUNG: FH NORDWESTSCHWEIZ

Methoden der Künstlichen Intelligenz (KI) unterstützen Gießereien, Ausschuss proaktiv zu minimieren.

Von Daniel Begert, Simona Burri, Markus Krack, Fabian Haag

Ein Dauerthema in fast jeder Gießerei ist die "Reduktion von Schlechtteilen" durch Verbesserung der Prozessstabilität. Oftmals stehen dabei die verschiedenen Einflussparameter eng in Wechselwirkungen zueinander, sodass auch jeweils kleine Schwankungen zu signifikanten Abweichungen in der Gussteilqualität führen können. Im beschriebenen Forschungsprojekt zwischen der Fachhochschule Nordwestschweiz und der Georg Fischer JRG AG (GF JRG) wurden die wichtigsten Parameter des Gießprozesses erfasst und mittels Algorithmen in Echtzeit ausgewertet. Ziel war es, Abweichungen schon während des Gießprozesses zu erkennen und Maßnahmen zur Prozessstabilisierung sofort einzuleiten.

Prozessdatenerfassung in der Gießerei

Die in der Gießerei von GF JRG installierten Produktionsanlagen inkl. Schmelz- und Gießöfen sind mit modernen Steuerungen ausgestattet, die über eine bereits gute Prozessdatenerfassung verfügen. Diese sind jedoch dezentral in den jeweiligen Anlagensteuerungen abgelegt und nicht miteinander verknüpft. Kommt es zu Abweichungen in der Gussteilqualität, wird dies in der Regel erst nach dem Gießprozess bemerkt. Die Verantwortlichen müssen dann aufgrund der vorhandenen Prozessdaten die Fehlerursache eruieren. Dies ist ein zeitraubender und aufwendiger Prozess, der zwar die Fehlerursache klärt, den Prozess aber nicht stabilisiert oder gar den Gussfehler rückgängig macht.

Eine weitere Herausforderung ist die Rückverfolgbarkeit der einzelnen Chargen. Das Qualitätsmanagement erfolgt vor der Nachbearbeitung der Teile, wobei die Teile manuell aussortiert und die Fehlerarten bestimmt werden. Die Anzahl der Ausschussteile pro Fehlerart und Auftrag wird am Ende des Prozesses erfasst und ebenfalls in einer Datenbank hinterlegt. Dadurch stehen sowohl die Prozessparameter als auch die Ausschusszahlen pro Fehlerart und Auftrag zur Verfügung. Eine Zuordnung der einzelnen Gussteile zum jeweiligen Gießvorgang ist jedoch nur sehr schwer möglich. Um hier Verbesserungen zu erreichen, wurde ein System gesucht, bei dem man Abweichungen von Parametern bereits während des Gießprozesses erkennen und frühzeitig Maßnahmen ergreifen kann, um Ausschuss zu vermeiden. Ebenso mussten Überlegungen zur Verknüpfung der Prozess- mit Auftrags- und Qualitätsdaten erfolgen, was sich als eine sehr große Aufgabe herausstellte.

Aufgrund dieser Ausgangslage wurde beschlossen, ein Proof of Concept durchzuführen, mit der Zielsetzung, die Daten der verschiedenen Produktionssysteme in der Gießerei zusammenzuführen, diese in Echtzeit zu visualisieren sowie mittels Algorithmen auszuwerten, um mögliche Gussfehler schon während der Produktion zu erkennen.

Vorgehenssystematik

Gussteilauswahl für das Proof of Concept

Für die Untersuchung wurde mit dem Gussteil Dosenbogen bewusst ein häufig produziertes Teil (high runner) ausgewählt, da hierfür zahlreiche Daten verfügbar sind, die eine fundierte Analyse ermöglichen. Um die Untersuchung gezielt zu gestalten, wurde festgelegt, welche speziellen Fehlerarten betrachtet werden sollen. Diese sind Kaltlauf, Rauheit und Penetration sowie Makroporosität, wobei sich die nachfolgenden Ausführungen in dieser Publikation auf die Fehlerart Kaltlauf beziehen. Ein wesentlicher Bestandteil zu Beginn des Projekts war es, die zu analysierenden Fehlerarten so zu beschreiben, dass das Verständnis für die Einflussparameter geschaffen wurde.

Die bewusste Wahl der zu analysierenden Fehlerarten ist entscheidend, um eine präzise Klassifizierung zu erreichen. Denn ein wesentlicher Bestandteil der Untersuchung ist die physikalische Beschreibung der Fehlerarten, um die Qualität und Zuverlässigkeit der produzierten Gussteile nachhaltig zu verbessern.

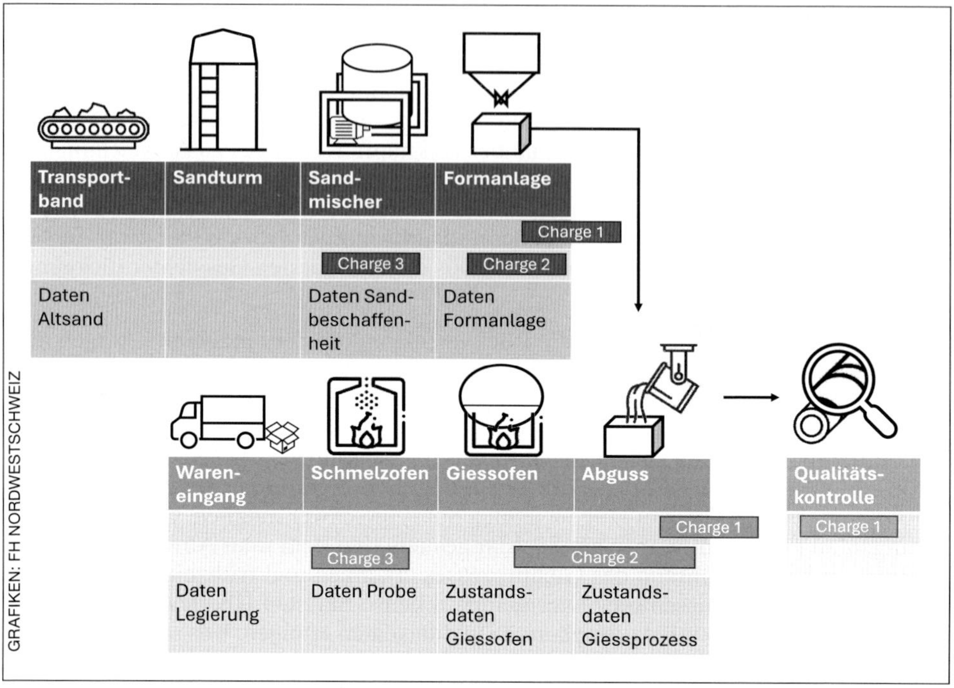

Bild 1: Entstehungspunkte der relevanten Prozessdaten

Erfassung der Datenentstehungspunkte

Grundlage für Smart Factory-Anwendungen ist eine solide Datenbasis. Im Vorfeld wurden bereits zahlreiche Daten gesammelt und in verschiedenen Datenbanken abgelegt. Mithilfe von Interviews und Auszügen aus den Datenbanken wurden ca. 120 verknüpfbare Parameter identifiziert. Jedem Parameter wurden eine Einheit und ein Datentyp zugeordnet. Um geeignete Änderungen am System vorschlagen zu können, muss zunächst ein umfassendes Systemverständnis erreicht werden. Hierfür wurde eine Prozesslandkarte auf Basis des Materialflusses erstellt. Dabei wurde sowohl der Weg der Schmelze als auch der des Formsandes nachgezeichnet. Diese Karte wird dann durch den Datenfluss und die entsprechenden Datensenken ergänzt.

Die beziehbaren Parameter sind ihren Entstehungspunkten zugeordnet, wobei Parameter mit gleichen Entstehungspunkten und Informationswegen zu Datenpaketen zusammengefasst wurden. Diese Datenpakete wurden den Verbindungen zwischen den Anlagen und den verschiedenen Datensenken zugeordnet. Des Weiteren werden Daten von den Datensenken in das System übertragen, auch dieser Datentransfer wurde erfasst und visualisiert. Das Ergebnis dieses Schrittes ist eine Darstellung, in der jeder Parameter auf seinen Entstehungspunkt und seinen Weg durch die Informationssysteme zurückverfolgt werden kann.

Bildung von mathematischen Modellen und Verknüpfung der Daten

Auf Grundlage der physikalischen Gesetzmäßigkeiten der Gießereitechnik und Metallurgie wurden mathematische Modelle zu den zuvor genannten Gussfehlern erstellt. Diese Modelle zeigen die für die Fehlererkennung relevanten Parameter auf. Anhand der geschaffenen Systemlandschaft mit den Daten- und Informationsflüssen wurden die Entstehungspunkte im System evaluiert. Dadurch konnte analysiert werden, welche Daten für ein erfolgreiches System zusammengeführt werden müssen.

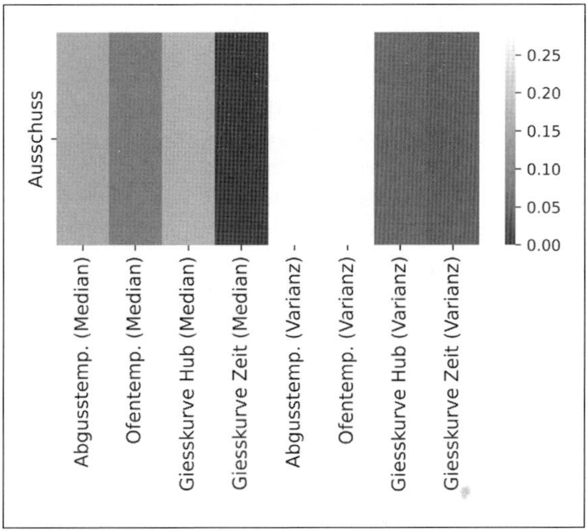

Bild 2: Korrelationsmatrix: Korrelation der Features gegenüber der Zielvariablen.

Für die betrachteten Gussfehler sind Daten aus der Sandaufbereitung, dem Schmelzofen, dem Gießofen und dem eigentlichen Gießvorgang relevant. Eine besondere Schwierigkeit bei der Modellierung ist das Zusammenführen der Sand- und Gießdaten. Gründe hierfür sind die unterschiedlichen Chargengrößen in den Prozessen, der Zeitpunkt der Ermittlung der Sanddaten und das Fließverhalten des Sandes im Silo (**Bild 1**). Um die Gießdaten mit dem erkannten Austausch zu verknüpfen, werden in der Produktion den Gießparametern und der Ausschusserkennung eindeutige Chargen zugeordnet. So aufbereitet, sind die Daten bereit für die weitere Sichtung.

Systemaufbau und Entwicklung der Algorithmen zur Auswertung

Datensichtung

Um die mathematischen Modelle zu verbessern, wurden sie mittels maschinellem Lernen (Machine Learning) trainiert. Ein wesentlicher Schritt in der hierfür notwendigen Datenvorverarbeitung ist die gründliche Sichtung und Analyse der Rohdaten. Hierzu wurde ein spezielles Datensichtungstool entwickelt, das die interessanten Prozessdaten und Einflussparameter pro Gussfehler detailliert visu-

alisiert, um ein besseres Verständnis der zugrundeliegenden Daten zu erlangen. Ausreißer und andere signifikante Ergebnisse werden effizienter erkannt, was entscheidend ist, um die Datenqualität zu verbessern und die Daten für die nachfolgenden Schritte der Datenvorverarbeitung vorzubereiten.

Auf Grundlage dieser Erkenntnisse wurde die Datenvorverarbeitung implementiert. Darin werden Ausreißer gefiltert und alle Aufträge mit kleineren Stückzahlen für das Trainingsdatenset vernachlässigt, da der relative Ausschuss ansonsten das Bild verzerren würde.

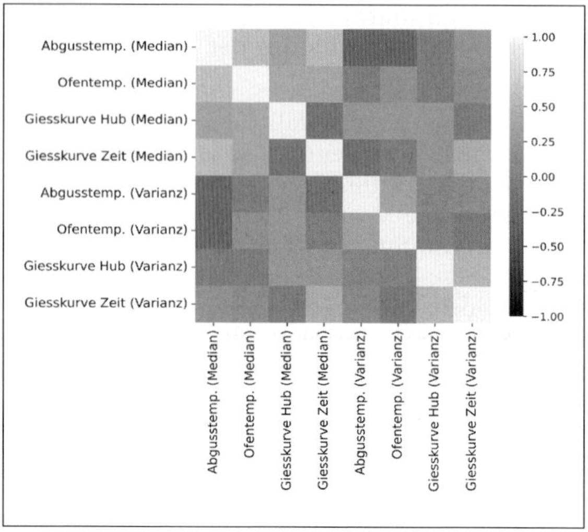

Bild 3: Korrelationsmatrix, Beziehungen der Features untereinander

Feature Engineering und bestimmen der Klassifizierung

Feature Engineering ist ein entscheidender Schritt im maschinellen Lernen und der Datenvorverarbeitung. Es umfasst die Erstellung, Auswahl und Transformation von Datenmerkmalen (Features), um die Leistung eines Modells zu verbessern. Eine der größten Herausforderungen im Feature Engineering besteht darin, dass Prozessdaten nicht direkt mit der Klassifizierung in Verbindung gebracht werden können.

In diesem konkreten Fall kann anhand der Prozessdaten nicht direkt auf den Ausschuss geschlossen werden. Dies ist dadurch bedingt, dass die Prozessdaten keine direkte Verbindung zu der Klassifizierung "gut / schlecht" haben. Es müssen entsprechend Features generiert werden, die möglichst gut mit dem Ausschuss korrelieren. Dies bedeutet, dass die Daten als Gesamtheit zu betrachten sind, um aussagekräftige Merkmale zu extrahieren.

Neue Features werden auf Grundlage der physikalischen Beschreibung der Fehlerarten geschaffen. Beispielsweise kann die Gießtemperatur, die einen großen Einfluss auf die Fehlerarten Kaltlauf hat, als relevantes Feature genutzt werden. Mithilfe statistischer Eigenschaften werden aus den Temperaturdaten pro Auftrag Median und Varianz berechnet. Die Median-Temperatur gibt einen Anhaltspunkt darüber, ob die Gießtemperatur im gewünschten Bereich ist, ohne Verfälschung durch Ausreißer. Die Varianz ist ein Maß der Streuung und gibt einen Anhaltspunkt über Temperaturschwankungen. Beide statistischen Werte können für die Gesamtheit aller erfassten Parameter berechnet werden und sind geeignet, um mit diesen als neue Features zu arbeiten. Um nicht zu viele Features zu berücksichtigen, können sie gegeneinander geprüft und in Korrelationsmatrizen dargestellt werden.

Tabelle 1: Klassifizierungsregeln der verschiedenen Features

Klassifizierung	Name	Wert
1	sehr gut	Ausschuss < 2%
2	gut	Ausschuss 2% -4%
3	mittel	Ausschuss 4% - 8%
4	schlecht	Ausschuss < 8% - 12%
5	sehr schlecht	Ausschuss > 12%

Bild 2 zeigt die Korrelation der Features gegenüber der Zielvariablen Ausschuss in einer Korrelationsmatrix. Es ist zu sehen, dass keine direkte starke lineare Beziehung besteht (Werte < 0,8). Das deutet darauf hin, dass der Einfluss der beschriebenen Parameter nicht linear ist. Diese Erkenntnis ist für die Wahl des Klassifikators entscheidend. In der Korrelationsmatrix der verschiedenen Features untereinander (**Bild 3**) können deren Beziehungen betrachtet und redundante Features für die Klassifikation ausgeschlossen werden. Wie zu erwarten, korrelieren beispielsweise die Gieß- und die Ofentemperatur sehr stark. Für den Algorithmus kann also die Ofentemperatur vernachlässigt werden. Für die Klassifizierung soll nach **Tabelle 1** unterschieden werden.

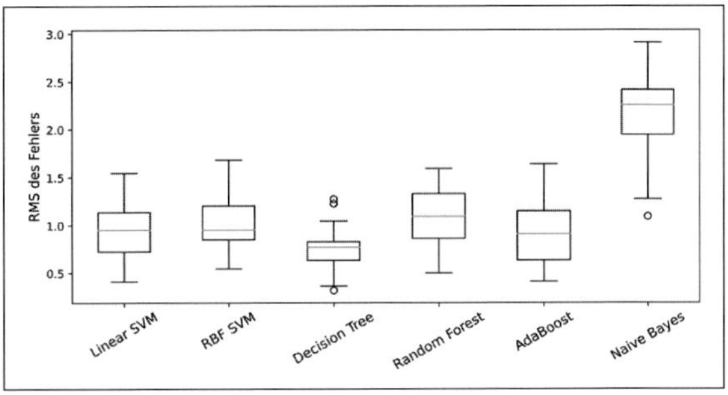

Bild 4: Vergleich der Klassifikatoren

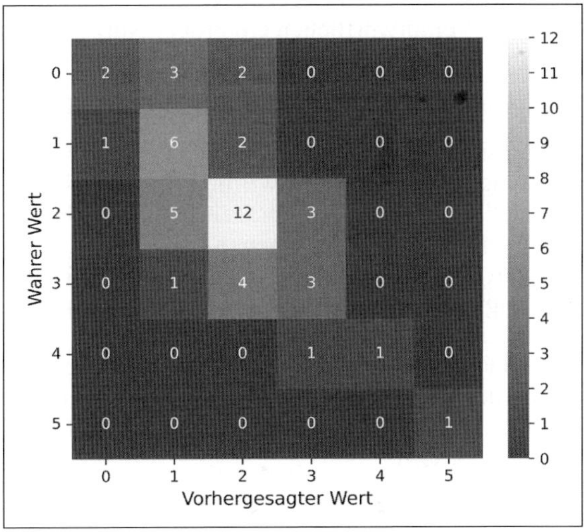

Bild 5: Güte der Klassifikatoren

Wahl des Klassifikators

Mit den neu geschaffenen Features sollte der beste Klassifikator für die Anwendung ermittelt werden. Zur Bewertung der Leistungsfähigkeit der verschiedenen Klassifikatoren wurden die Daten in Trainings- und Testdatensätze aufgeteilt, wobei die Methode der k-fachen Kreuzvalidierung zum Einsatz kam, die die Daten in k gleiche Teile unterteilt. Jeder Klassifikator durchlief k Trainings- und Testphasen, wobei jedes Mal ein anderer Teil der Daten als Testdatensatz diente und die restlichen Teile für das Training genutzt wurden. Der quadratische Mittelwert des Fehlers (RMSE) wurde berechnet, um die Differenz zwischen den vorhergesagten und tatsächlichen Werten zu quantifizieren. Zur Visualisierung der Verteilung der Fehlerwerte für jeden Klassifikator sind die RMSE-Werte im Boxplot (**Bild 4**) dargestellt. Diese Analyse zeigt, dass der Klassifikator Decision Tree die besten Ergebnisse liefert. Seine Güte wird in der Konfusionsmatrix (**Bild 5**) dargestellt, die die Anzahl der korrekt und falsch klassifizierten Instanzen im Vergleich zu ihren tatsächlichen Klassen zeigt.

Validierung und Nutzung

> **Industriepartner Georg Fischer JRG AG**
> Das Unternehmen mit Sitz in Sissach in der Schweiz ist spezialisiert auf die Produktion von hochwertigen Trinkwasser- und Armaturensystemen. Die Produktion mit einer hohen Fertigungstiefe umfasst neben der mechanischen Bearbeitung und Montage eine moderne Sandgießerei. In dieser werden aus Rotgusslegierungen Armaturen- und Verrohrungsteile verschiedenster Art gegossen.
> *www.gfps.com/jrg*

Resultate des Proof of Concept

Das bei der Georg Fischer JRG AG durchgeführte Proof of Concept hat das Potenzial der Nutzung von Verdichten und Verknüpfen von Echtzeitdaten mittels Algorithmik und Machine Learning sehr gut aufgezeigt. Die durchgeführten Arbeiten sorgten dafür, dass Dateninseln konsolidiert wurden. Aus diesem untersten Level der Smart Factory Maturität "Monitoring von Daten" konnte für die Verantwortlichen ein großer Nutzen im Bereich der Fehlererkennung und Prozessüberwachung erkannt werden.

Weiterentwicklung zu einem Digitalen Zwilling

Auf Basis des jetzigen Standes des Proof of Concept könnte die Weiterentwicklung in Richtung eines Digitalen Zwillings der logische nächste Schritt sein. Ein Digitaler Zwilling stellt eine virtuelle Repräsentanz eines physischen Objektes dar. Beide sind miteinander verbunden und tauschen in Echtzeit bidirektional Daten / Informationen aus. Daten die vom realen Objekt, z.B. dem Schmelzofen geliefert werden, werden im Digitalen Zwilling mittels Algorithmen und Künstlicher Intelligenz zu Entscheidungen verarbeitet und das reale Objekt entsprechend beeinflusst. Hierfür müssten jedoch weitere Parameter und Fehlerarten in das System aufgenommen und entsprechende Versuche zum Trainieren der Maschine Learning-Modelle durchgeführt werden. Auch die bidirektionale Anbindung von Anlagensteuerungen an den Digitalen Zwilling dürften noch einiges an Arbeit erfordern.

Die Rolle der Menschen in der digitalen Welt

Bei letzteren Ausführungen zum Thema Digitaler Zwilling, wie auch beim durchgeführten Einsatz von Machine Learning-Technologien im Rahmen des Projekts, war bei einigen Mitarbeitenden bereits eine gewisse Zurückhaltung zu spüren. Ängste, dass Algorithmen nun ihr Fachwissen übernehmen und direkt den Anlagen weitergeben, waren vorhanden.

Die Digitale Welt ist ohne Menschen und sein Fachwissen nicht möglich! Nur die Rolle des Menschen hat eine neue Bedeutung. Sie verschiebt sich vom Macher zum Gestalter. Aus dieser Warte sehen wir die Entwicklung als positiv und nutzen die Unterstützung der digitalen Welt auch in traditionellen Industrien, wie den Gießereien.

www.fhnw.ch/technik, www.gfps.com

Daniel Begert, Simona Burri, Prof. Markus C. Krack, Fachhochschule Nordwestschweiz, Hochschule für Technik und Umwelt, Windisch, Schweiz, Dr. Fabian Haag, Leiter Gießerei, Georg Fischer JRG AG, Sissach, Schweiz

Notizen

6.2 KI in der Gussteilentwicklung: Mit Geschwindigkeit und Präzision Innovation vorantreiben

Die Simulation ist fester Bestandteil im Produktentwicklungsprozess vieler Unternehmen, um Prototypen zu sparen und insgesamt effizienter zu entwickeln. Simulationen für Gießverfahren können allerdings sehr aufwendig sein, und das Know-how liegt oft in den Händen weniger Experten. Künstliche Intelligenz und maschinelles Lernen schaffen hier neue Möglichkeiten, Abläufe weiter zu optimieren.

GRAFIKEN ALTAIR

KI-gestützte Tools ermöglichen es Unternehmen, dem wachsenden Innovationsdruck qualitativ und quantitativ standzuhalten.

Von Moritz Frenzel und Mirko Bromberger

Die Fertigungsindustrie steht heute vor einer Vielzahl von Herausforderungen. Während die Hersteller sich eine möglichst energie- und ressourcenschonende Fertigung zum Ziel setzen, steigen gleichzeitig die Anforderungen an die Qualität der Endprodukte kontinuierlich. Nicht nur Branchen wie die Luft- und Raumfahrt, die Automobilindustrie oder der Maschinenbau sind mit hohen Produktivitätszielen und engen Zeitplänen oder Budgetvorgaben konfrontiert. Gerade auch in der Entwicklung für energieintensive Gussbauteile müssen Hersteller ihre Konstruktions- und Designprozesse beschleunigen, um den sich ständig ändernden Bedingungen anzupassen, ohne dabei Kompromisse bei Präzision und Effizienz eingehen zu müssen. Um diesen Spagat zu meistern, hat sich die Prozesssimulation in der Produktentwicklung fest etabliert. Die vollständige numerische Erfassung von Gießverfahren ist allerdings sehr vielschichtig und oft liegt die entsprechende Expertise in den Gießereien bei wenigen Fachleuten. Hier stellt sich die grundsätzliche Frage, wie Unternehmen der Gießerei-Industrie ihre Abläufe weiter optimieren und die Produktentwicklung insgesamt beschleunigen können. Eine Antwort liegt in der frühzeitigen Integration innovativer Technologien wie künstlicher Intelligenz (KI) und maschinellem Lernen (ML) in die Gussteilentwicklung.

Data Science in der Produktentwicklung

KI und ML haben in den letzten Jahren große Fortschritte gemacht und ermöglichen Herstellern völlig neue Ansätze in der Bewertung von Konstruktionsvarianten. Sie bieten die Möglichkeit, traditionelle, rein physikbasierte Simulationsmethoden durch datengetriebene Prozesse zu ergänzen, was die Effizienz erheblich steigert. Mit Methoden des maschinellen Lernens lassen sich Verhaltensmuster erkennen, beispielsweise bei umfassenden Variantenanalysen in der Produktentwicklung. Mit dem sogenannten Clustering können Parametersätze in Gruppen, sogenannte Cluster, eingeteilt werden, die zu einem gewünschten Verhalten führen, etwa bei der Optimierung sicherheitskritischer Bauteile für Fahrzeugcrashs oder bei anspruchsvollen Fertigungsprozessen. Dadurch lassen sich spezifische Eigenschaften oder Problemzonen eines Designs sichtbar machen, die auf traditionellem Weg nur schwer zu erkennen wären.

Während klassische Simulationslösungen auf umfangreiche Berechnungen und iterative Prozesse angewiesen sind, lässt sich KI mit Bestandsdaten trainieren, um schnelle und dennoch präzise Vorhersagen zu treffen. Darüber hinaus liefern Simulationen synthetische Daten, um Lernmodelle zu trainieren und Daten von unterschiedlichsten, auch unerwünschten Betriebszuständen zu generieren. Hersteller können so verschiedene Designoptionen virtuell testen, physische Prototypen weiter reduzieren und die Kosten sowie die Zeit für Fehleranalysen minimieren. Darüber hinaus kann KI in Echtzeit Anpassungen vornehmen, die es ermöglichen, besser auf sich ändernde Anforderungen zu reagieren.

Ein KI-Werkzeug, das den Zusammenhang von Geometrie und beliebigen physikalischen Effekten lernt, ist das von Altair entwickelte Physics AI. Der Einsatz ist insbesondere zu Beginn eines Entwicklungsprozesses, wenn noch zahlreiche verschiedene Konstruktionsvarianten bewertet werden, sinnvoll. Es nutzt Bestandsdaten aus Simulationen, um präzise physikalische Vorhersagen zu treffen und schließt damit eine kritische Lücke in der frühen Phase des Produktlebenszyklus. Die Anwender können ihre CAD-Variante direkt bewerten und müssen keine zeitaufwendigen neuen Simulationen durchführen. Dies ist ein enormer Vorteil, wenn es darum geht, frühzeitig schnelle Antworten zu erhalten.

Vorteile von KI in der Gussteilentwicklung

Effizienz und Geschwindigkeit

Einer der wichtigsten Vorteile KI-gestützten Tools wie Altair PhysicsAI in der Gussteilentwicklung ist die Geschwindigkeit. Mit ihnen können Vorhersagen bis zu 1000-mal

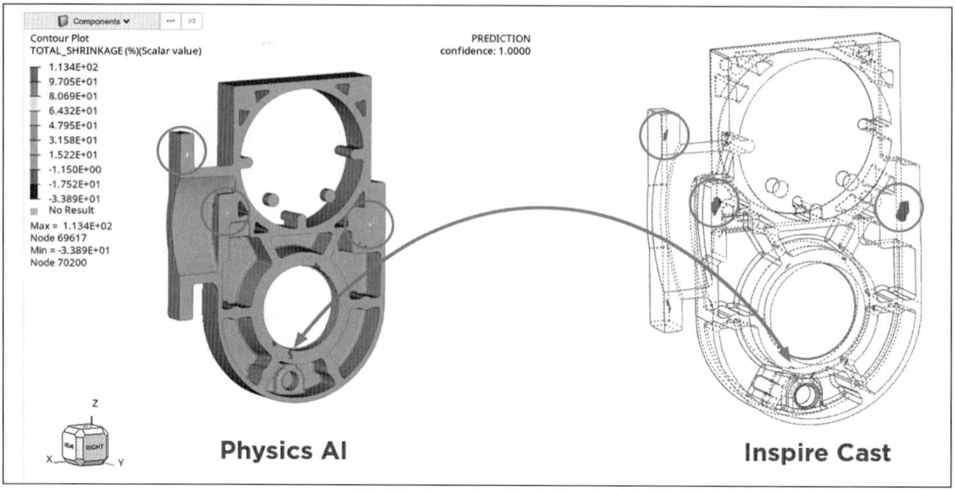

Bild 1: Vergleich der berechneten Porosität mit Altair Inspire Cast und Altair PhysicsAI

schneller getroffen werden als mit traditionellen Simulationslösungen. Sie liefern dabei wertvolle Einblicke, die die Entscheidungsfindung unterstützen. Ingenieurteams können verschiedene Szenarien simulieren, die Auswirkungen von Änderungen sofort bewerten, in kürzerer Zeit mehr Designoptionen evaluieren und so fundierte Designentscheidungen treffen. Dies erhöht nicht nur die Qualität der Endprodukte, sondern führt auch zu einer schnelleren Marktreife der Produkte.

Flexibilität und Anpassungsfähigkeit

Der Algorithmus von Altair PhysicsAI kann Abhängigkeiten zwischen Geometrien und einem beliebigen Ergebnis lernen. So kann das KI-Tool sowohl für strukturelle Bewertungen als auch für die Beurteilung der jeweiligen Fertigungsmethode, der Test-Daten oder anderer geometrieabhängiger Ergebnisse herangezogen werden. Dies macht es zu einer äußerst flexiblen Technologie, die sich leicht an unterschiedliche Anforderungen anpassen lässt. PhysicsAI nutzt geometrisches Deep Learning, um die Beziehung zwischen Form und Funktion in unterschiedlichen physikalischen Szenarien zu verstehen. Mithilfe intuitiver Arbeitsabläufe können Anwender trainierte Modelle auswählen, Vorhersagen erstellen und die Qualität für eine Reihe von Fertigungsprozessen bewerten. So lassen sich selbst komplexe Designprobleme mit minimalem Aufwand lösen.

Kosteneinsparungen

KI ermöglicht es, den Bedarf an physischen Prototypen und kostspieligen Versuchsreihen drastisch zu senken. Unternehmen können aus bereits vorhandenen Daten lernen und neue Konstruktionen bewerten, ohne zusätzliche Investitionen in Maschinen oder Materialien tätigen zu müssen. Langfristig führt dies zu einer signifikanten Entlastung des Budgets und einer besseren Allokation von Ressourcen.

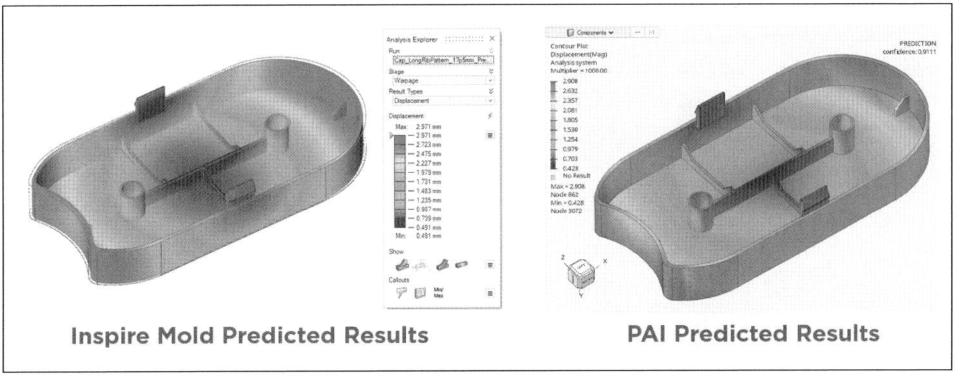

Bild 2: Vergleich des Verzugs mit Altair Inspire Mold und Altair PhysicsAI.

Frühzeitige Fehlererkennung

KI-gestützte Simulationen haben die Fähigkeit, Fehler und Schwachstellen frühzeitig im Entwicklungsprozess zu identifizieren. Dies vermeidet nicht nur ungünstige Designrichtungen, sondern hilft auch, spät erkannte Fehler und die damit verbundenen unnötigen Entwicklungskosten zu vermeiden.

KI in Aktion: Anwendungsfälle aus der Praxis

Porositätsanalyse bei Druckgießverfahren

Eines der häufigsten Probleme bei Druckgussteilen sind Poren, die sich durch Lufteinschlüsse während des Einschießens in die Form bilden und die Funktionalität und Lebensdauer von Komponenten beeinträchtigen können. Ihre Ursache liegt oft in einer unzureichenden Formgestaltung oder mangelnder Prozesskontrolle. In einem Anwendungsfall mit der Simulationssoftware Altair Inspire Cast und Altair physicsAI konnte die Porosität eines industriellen Getriebegehäuses analysiert und durch gezielte Optimierungen signifikant reduziert werden (**Bild 1**). Der gesamte Prozess verlief dabei deutlich schneller als mit herkömmlichen Simulationsmethoden.

Optimierung von Rippenstrukturen bei Kunststoffteilen

Bei der Herstellung von Kunststoffteilen kann Verzug ein ernsthaftes Problem darstellen, insbesondere bei Teilen mit komplexen Rippenstrukturen. Durch den Einsatz von Altair Inspire Cast und PhysicsAI konnte der Verzug vor der Fertigung frühzeitig vorhergesagt und durch Designanpassungen minimiert (**Bild 2**) werden, um insgesamt die strukturelle Integrität des Bauteils zu verbessern.

Blechumformung und Rohlingsoptimierung

Ein weiteres Beispiel ist die Optimierung von Rohlingen in der Blechumformung. Altair Inspire Form half dabei, die ideale Größe und Form eines Rohlings zu bestimmen, um

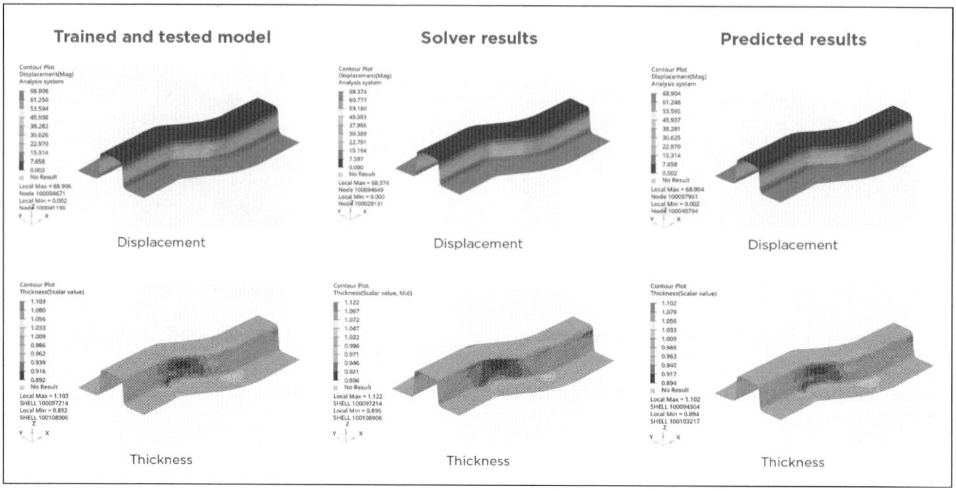

Bild 3: Vergleich von Verschiebung und Dicke mit Altair Inspire Form und Altair PhysicsAI

Materialkosten zu reduzieren und gleichzeitig die Umformbarkeit des Endprodukts zu maximieren (**Bild 3**). Durch den Einsatz von KI konnten Vorhersagen schneller und genauer getroffen werden, was zu einer effizienteren Materialnutzung führte.

In einem weiteren Anwendungsfall wurden mit Altair Inspire PolyFoam Schäumungsprozesse bei Kühlschranktüren analysiert. KI-Modelle halfen dabei, die Dichteverteilung und Eigenspannungen vorherzusagen. So konnte die Produktqualität gesteigert und Produktionsfehler vermieden werden.

Generatives KI-Design für Megacasting

Als neues Herstellungsverfahren in der Automobil-Industrie eröffnet der Trend Megacasting großes Potenzial, bringt jedoch erhebliche Herausforderungen mit sich. Die Fertigung großer Gussteile erfordert spezielle Maschinen und höchste Präzision, um Toleranzen trotz der enormen Dimensionen der Bauteile einzuhalten und die Materialqualität sicherzustellen. Gleichzeitig ermöglicht die neue

Gestaltungsfreiheit innovative Leichtbauansätze.

Für Konstrukteure wird es daher immer wichtiger, Technologien wie KI und ML einzusetzen, um Ansätze zur Gewichtsreduktion, Kostensenkung und Leistungssteigerung zu entwickeln. Ein integrativer Entwicklungsprozess, der Data Science und Engineering verbindet, bildet dafür die Lösung. Mithilfe von KI, generativem Design und modernster CAE-Technologie können tausende Varianten gleichzeitig untersucht werden, um fertigungsgerechte und effiziente Strukturen zu schaffen. KI-gestütztes generatives Design erlaubt es, den Zusammenhang zwischen Materialqualität und Bauteilverhalten zu steuern und auf gewünschtes Verhalten hin zu optimieren (**Bild 4**).

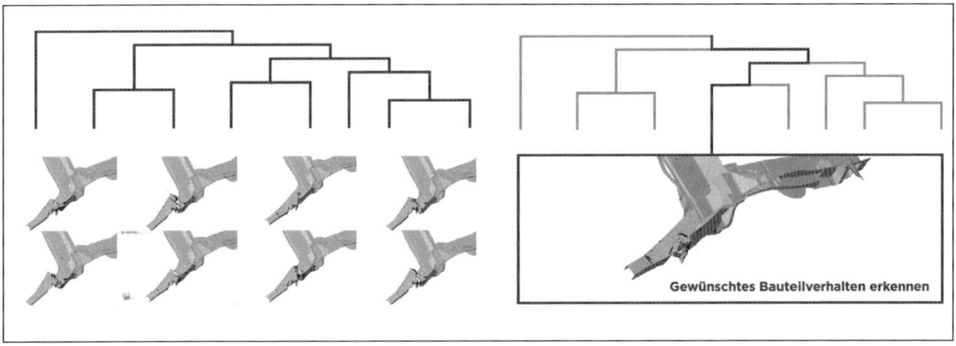

Bild 4: Beispiel Megacasting: mit KI das gewünschte Bauteilverhalten erkennen und daraufhin optimieren

Altair hat einen skalierbaren Prozess entwickelt, der Expertenwissen nutzt, um komplexeste Anforderungen zu erfüllen. Die Optimierungsroutine beim Beispiel Megacasting-Komponenten erfolgt in zwei Phasen:

> Topologieoptimierung: Diese Technik ermöglicht die ideale Materialverteilung unter Berücksichtigung linearer Lastfälle und Fertigungseinschränkungen. Sie identifiziert optimale Lastpfade und berücksichtigt multidisziplinäre Belastungen.

> Multidisziplinäre Optimierung: KI-gestützte Methoden kombinieren Response Surface-Optimierung mit ML, um die besten Rippenorientierungen und Dickenverteilungen für Gussstrukturen zu ermitteln. Durch Clustering und Klassifizierung können Entwicklungsziele auf das gewünschte Bauteilverhalten abgestimmt werden.

Unüberwachtes maschinelles Lernen unterstützt zudem die Bewertung der Herstellbarkeit. So lassen sich Strömungsgeschwindigkeiten und Fließfronten in der Simulation analysieren, um optimale Geometrien für Anschnitte und Angüsse zu definieren. Dieser Ansatz ermöglicht eine effiziente und präzise Umsetzung komplexer Gussbauteile, die den Anforderungen von Megacasting gerecht werden. Einen expliziten Fachartikel hierzu finden Sie unter dem folgenden Link:

www.altair.de/megacasting

Integration von KI in den Fertigungsprozess

Die Implementierung von KI in bestehende Fertigungsprozesse ist für viele Unternehmen ein großer Schritt in ein unbekanntes Terrain, der zu Beginn meist mehr Fragen als Antworten mit sich bringt. Dank moderner Tools wie Altair Inspire und Altair PhysicsAI,

Data Science in der Produktentwicklung – eine Einordnung

Anwendungsfeld	Methode	Eingangsgröße(n)	Nutzen
Geometrien vergleichen, in Gruppen einteilen	**Encode**	FE-Netz oder CAD	Erleichterte Modellorganisation, effiziente Modellerstellung
Multidisziplinäre Design-Exploration	**Regression**	Designvariablen und Ergebnisse	Zusammenhänge erkennen, Vorhersagen machen, Lücken in Testdaten schließen
Verhaltensvorhersagen auf Bestandsdaten ohne erneuten Simulationslauf	**Geometric Deep Learning**	Geometrische Strukturen und simulierte Ergebnisse	Physikalisches Verhalten von Varianten schnell vorhersagen
Systemsimulation mit datengetriebenem Ersatzmodell	**Deep Learning**	Statische und transiente Lasten und Werte	Komplexes physikalisches Verhalten **schneller** abbilden und vorhersagen
Optimierung auf bevorzugtes Verhaltensmuster	**Clustering Classification**	Simulierter oder gemessener Verhaltensverlauf	Skalierbarkeit und Performancesteigerung

Bild 5: Nützliche KI-Anwendungen in der Produktentwicklung und Simulation

die intuitiv und leicht zu bedienen sind, können Unternehmen jedoch schnell von der neu eingeführten Technologie profitieren. Ingenieure können Modelle trainieren und innerhalb von Sekunden neue Designoptionen bewerten, ohne umfangreiche Vorkenntnisse im maschinellen Lernen zu benötigen (**Bild 5**).

Ein Vorzeigebeispiel ist das Unternehmen Hero MotoCorp Ltd, einer der größten Zweiradhersteller der Welt. Es nutzt Altair PhysicsAI, um Designprozesse zu beschleunigen und gleichzeitig die Genauigkeit zu verbessern. Jeevesh Prasoon, Senior Engineer bei Hero MotoCorp Ltd., präsentierte bei der ATCx AI for Engineers 2024 den Einsatz von Altair PhysicsAI im Entwicklungsprozess. Im Vergleich zu herkömmlichen FEA-Simulationen, die Stunden dauern, generierte Altair PhysicsAI ähnliche Vorhersagen in nur 3 min, mit einer Ergebnisabweichung von weniger als 3 %. Durch diese erhebliche Beschleunigung und aussagekräftigen Ergebnisse lassen sich Entscheidungen schneller und sicherer treffen.

Perspektiven: KI in der Gießerei-Industrie

Die Einführung von KI in der Gussteilentwicklung ist ein entscheidender Schritt, um mit den steigenden Marktanforderungen Schritt zu halten. Durch die Kombination von traditioneller Simulation und KI können Hersteller nicht nur Kosten und Zeit sparen, sondern auch die Qualität ihrer Produkte erheblich verbessern. Altair PhysicsAI und andere KI-gestützte Tools bieten eine Vielzahl von Vorteilen, von der frühzeitigen Fehlererkennung über die Optimierung von Designprozessen bis hin zur Reduzierung von Produktionskosten. Unternehmen, die diese Technologien nutzen, können innovativer sein, ihre Wettbewerbsfähigkeit steigern und ihre Produkte effizienter und früher auf den Markt bringen.

www.altair.com/ai-powered-engineering

Dr.-Ing. Moritz Frenzel, Technical Director, Engineering Data Science, Automotive, Dipl. Wirt.-Ing. Mirko Bromberger, Director, Vertical Activation Marketing, Heavy, Altair Engineering GmbH, Böblingen

6.3 Guss per Klick: Wie Castfast aus Mainz die Beschaffung neu denkt

Die Plattform Castfast zeigt, wie sich Gussbeschaffung mit 3D-Sanddruck, automatisierter Angebotskalkulation und einem wachsenden Netzwerk spezialisierter Gießereien ins digitale Zeitalter überführen lässt. Das Start-up verschlankt die Prozesse zwischen Nachfrage und Angebot – und trifft damit einen Nerv der Industrie.

FOTOS: CHRISTIAN THIEME

Rudi Riedel ist Geschäftsführer der Römheld & Moelle Eisengießerei und leitet zugleich das 2023 vom Unternehmen ausgegründete Start-up Castfast.

Von Christian Thieme

Wer durch den hellen Eingangsbereich der Neuen-Golden-Ross-Kaserne in Mainz tritt, läuft über glatt geschliffene Betonböden, vorbei an frei zugänglichen Küchen, Glastüren und Coworking-Nischen. Das imposante Gebäude, ein neoklassizistischer Kasernenbau aus dem 19. Jahrhundert, diente einst als Standort für Kavallerieeinheiten. Heute beherbergt es rund 50 Unternehmen, darunter zahlreiche Start-ups. Auf dem Dach wartet ein Pausenraum mit Blick über die Dächer der Stadt. Von hier aus lässt sich bei klarem Wetter sogar die Römheld & Moelle Eisengießerei erkennen. Genau dort liegt der Ursprung von Castfast.

Vom Werkstudentenprojekt zur Plattformidee

Der Geist eines Start-ups weht durch die Flure der Castfast-Büros: flache Hierarchien, kurze Entscheidungswege, viel Eigenverantwortung. Neue Ideen werden ausprobiert, Prozesse schnell iteriert. „Wir sind klein, aber schnell", sagt Marcel Tschillaev, Chief Product & Operations Officer bei Castfast. „Wenn wir merken, dass der Markt etwas braucht, dann setzen wir es um – ohne monatelange Abstimmungsschleifen". Diese Mentalität war bereits in der Frühphase entscheidend. Sie prägt auch die laufende Entwicklung: Neue Funktionen der Plattform entstehen oft aus direkten Rückmeldungen von Kunden oder Lieferanten. Wenn sich etwa herausstellt, dass ein bestimmter Werkstoff häufig angefragt wird, wird nicht lange diskutiert – das Team passt das System entsprechend an. Kurze Zyklen, schnelle Entscheidungen und enger Marktbezug sind Teil der DNA von Castfast. Das Unternehmen wurde 2023 als eigenständige Firma ausgegründet. Die Wurzeln reichen jedoch bis ins Jahr 2022 zurück. Damals begann die Römheld & Moelle Eisengießerei mit der Planung ihrer ersten 3D-Sanddruckanlage. „Die erste Anlage haben wir im Februar 2022 projektiert, im Oktober installiert", sagt Rudi Riedel, Geschäftsführer von Castfast und zugleich Geschäftsführer der Römheld & Moelle Eisengießerei GmbH. „Nur wenige Monate später haben wir den zweiten Drucker bestellt, weil das ziemlich gut ankam".

Bild 1: Das Team von Castfast nutzt die Räumlichkeiten in der Neuen-Golden-Ross-Kaserne, unweit der Eisengießerei Römheld & Moelle.

Printed Casting, also die modelllose Formherstellung mit Sanddruckern, ermöglicht neue Prozesse in der Gießerei. „Wir drucken nicht nur Kerne, sondern die komplette Form. Auch große Teile, die stückweise aus Formsegmenten zusammengesetzt werden", erklärt Riedel. Die Technologie überzeugte – doch mit der Nachfrage kamen neue Herausforderungen. Dabei blieb es nicht beim Sanddruck: Castfast bietet längst auch klassischen Guss über sein wachsendes Lieferantennetzwerk an. „Wenn wir merken, dass sich ein Bauteil effizienter mit konventionellen Verfahren herstellen lässt, greifen wir darauf zurück", so Tschillaev. Das Unternehmen kann Aufträge sogar auf mehrere Partner aufteilen, um etwa kürzere Lieferzeiten zu erreichen. Aktuell liegt der Fokus auf Einzelteilen, Ersatzteilen, Prototypen und Kleinserien.

Die Idee, daraus ein eigenes digitales Geschäftsmodell zu entwickeln, reifte über Monate. Dabei suchte man auch aktiv nach externem Input. In Zusammenarbeit mit der Erasmus-Universität Rotterdam nahm das Team an mehreren studentischen Businessplan-Wettbewerben teil, bei denen internationale Masterstudierende innerhalb von 24 Stunden

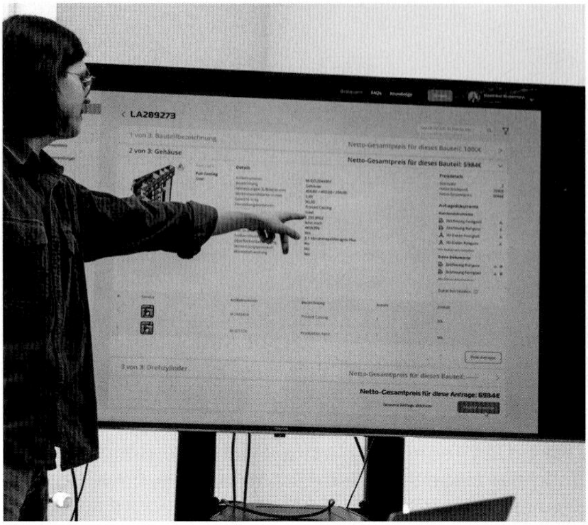

Bild 2: Marcel Tschillaev ist Chief Product & Operations Officer bei Castfast und erklärt die Funktionsweise des Portals.

innovative Geschäftsmodelle entwickeln mussten. Die Aufgabenstellung: Wie lässt sich Guss digitaler, skalierbarer und effizienter gestalten? Einige dieser Impulse flossen direkt in die spätere Plattformarchitektur ein. Der damalige Werkstudent bei Römheld & Moelle, Marcel Tschillaev, war eng in strategische Überlegungen eingebunden, wie Gießereien neue Marktpotenziale erschließen können. Über mehrere Monate verteilt, wurde der Grundstein für eine Plattform gelegt, die später unter dem Namen Castfast firmieren sollte.

Neue Wege für den Gussteileinkauf

Maschinenbauunternehmen, die Gussteile benötigen, stehen oft vor einer komplexen Aufgabe: Die Suche nach passenden Gießereien ist zeitaufwendig, unübersichtlich und häufig von langen Reaktionszeiten geprägt. Nicht selten fehlt es an Transparenz über verfügbare Verfahren, Werkstoffe oder Kapazitäten. Hinzu kommt: Der komplette End-to-End-Prozess bis zum einbaufertigen Teil wird nicht von allen geeigneten Gießereien angeboten. Gerade wenn es um Nachbearbeitung, Bearbeitung oder Oberflächenbehandlung geht, fehlen oft passende Schnittstellen. Kundenunternehmen wiederum kennen die gießereispezifischen Anforderungen meist nicht im Detail – und können deshalb nicht immer die optimale Nachbearbeitung organisieren. Gerade bei kleinen Stückzahlen oder kurzfristigen Bedarfen stoßen konventionelle Beschaffungswege schnell an ihre Grenzen.

Wie funktioniert der Ablauf für Kunden konkret? Wer Gussteile benötigt, besucht die Webseite von Castfast und lädt dort seine CAD-Daten hoch – idealerweise ein 3D-Modell. Die Plattform analysiert die Geometrie des Bauteils, prüft unter anderem Wandstärken und Materialeigenschaften und ermittelt unter anderem automatisch passende Gießereien, CNC-Betriebe, Wärmebehandler und Lackierer im Lieferantennetzwerk. Wenn die Anforderungen zu bestehenden Parametern passen, erhält der Kunde ein Sofortangebot inklusive Preis und Lieferzeit. Alternativ geht die Anfrage an mehrere Lieferanten, deren Rückmeldungen dann automatisiert gebündelt werden. Nach der Bestellung koordiniert Castfast den gesamten Fertigungsprozess – von der Formherstellung über das Gießen bis zur eventuellen mechanischen Bearbeitung. Der Kunde erhält das fertige Bauteil ohne zusätzlichen Abstimmungsaufwand mit den ausführenden Gießereien.

„Das Hauptproblem war nicht das Verfahren selbst, sondern der Aufwand im Vorfeld", so Riedel. Einfache Anfragen, viele Mails, individuelle Kalkulationen – bei kleinen Losgrößen lohnte sich das kaum. Aus dieser Erfahrung entstand die Idee zur Plattform: Digitalisierung sollte den kostspieligen Gussvertrieb effizienter machen.

Statt jede Anfrage manuell zu bearbeiten, entwickelte das Team eine Plattform, auf der Kunden ihre Bauteildaten hochladen und sofort ein Angebot erhalten. Dabei ist wichtig zu verstehen: Gießereien selbst sind keine Kunden, sondern fungieren als Lieferanten im System. Sie stellen ihre Fertigungskapazitäten zur Verfügung und erhalten qualifizierte Anfragen, die auf ihr Portfolio abgestimmt sind. Castfast sieht sich aber nicht als bloßer Vermittler. „Wir kaufen Leistungen ein und verkaufen sie als Paket weiter. Zudem unterstützen wir auch andere Gießereien im Prototyping oder in der Applikation von 3D-Sanddruck oder durch Engineering Dienstleistungen", sagt Riedel. „Wenn ein Teil gegossen, bearbeitet und grundiert werden muss, koordinieren wir die gesamte Prozesskette – bis hin zur Lieferung". Wichtig ist Riedel dabei zu betonen: Castfast will nicht die Preise in der Branche weiter drücken, sondern Gießereien als Partner einbinden, die von dem System profitieren. „Wir verstehen uns als eine Art Auftragspumpe", sagt er. „Die Plattform soll Gießereien nicht unterbieten, sondern ihnen helfen, einfacher und effizienter zu Aufträgen zu kommen".

Etwa 30 Lieferanten sind derzeit an die Plattform angebunden, Tendenz steigend. In naher Zukunft soll das Netzwerk gezielt erweitert werden – durch die aktive Ansprache potenzieller Partnerbetriebe. „Wir planen im Juni ein strukturiertes Outreach-Programm, um gezielt Gießereien mit passendem Profil anzusprechen und in die Plattform zu integrieren", so der Geschäftsführer. „Castfast deckt eine Vielzahl von Werkstoffen ab – darunter Eisen-, Stahl-, Aluminium- und Kupferlegierungen. Auch Sonderwerkstoffe wie Rotguss oder hitzebeständige Legierungen lassen sich über unser Netzwerk anfragen", ergänzt Tschillaev. Die langfristige Idee: ein „Digital Warehouse". Statt physischer Modelllager sollen 3D-Daten archiviert werden, aus denen bei Bedarf neu produziert werden kann. „Viele Gießereien lagern tausende Modelle, die nur alle paar Jahre gebraucht werden. Das ist ineffizient", sagt Riedel. Mit digitaler Lagerhaltung will Castfast hier neue Wege gehen.

Seit Januar 2024 ist Rahul Prasad Chief Technology Officer (CTO) bei Castfast mit an Bord. Er war zuvor bei Norican Digital (heute: Monitizer GmbH) tätig und verantwortet nun die technische Weiterentwicklung der Plattform. Sein Fokus liegt auf der Skalierung der Prozesse, der Optimierung der Softwarearchitektur und der Integration weiterer Partnerbetriebe. In der täglichen Arbeit ist er regelmäßig mit den Bereichen Automatisierung, Datenmanagement und Systemstabilität befasst. Prasad bringt tiefe Erfahrung aus dem technischen Management industrieller Produktionsprozesse mit und ist maßgeblich dafür verantwortlich, dass die Plattform mit den steigenden Anforderungen Schritt hält.

Präsenz im konservativen Markt

Die Fachmesse CastForge in Stuttgart gilt als die zentrale europäische Plattform für Guss- und Schmiedeteile sowie deren Bearbeitung. Wer hier ausstellt, signalisiert Marktpräsenz und Innovationsbereitschaft gegenüber Einkäufern, Lieferanten und Branchen-

Bild 3: Rahul Prasad verantwortet als Chief Technology Officer (CTO) die technische Weiterentwicklung der Castfast-Plattform.

kollegen. Für Castfast war die Teilnahme deshalb ein strategisch wichtiger Schritt, um Vertrauen im konservativen Gießereiumfeld aufzubauen. Zwar blieb die direkte Auftragsausbeute hinter den Erwartungen zurück, doch die Sichtbarkeit im Markt und das gewonnene Feedback waren wertvoll. Besonders der offene Austausch mit potenziellen Lieferanten half, die Plattform weiter zu optimieren. „Für uns war es eine Bestätigung, dass wir mit unserem Angebot einen Nerv treffen“, resümiert Riedel. Die Kombination aus 3D-Sanddruck und digitaler Prozessintegration bringe Tempo und Transparenz in einen traditionell schwerfälligen Markt.

Der Aufbau der Plattform ist längst nicht abgeschlossen. Aktuell ist Castfast vor allem im deutschsprachigen Raum aktiv – mit Kunden und Lieferanten in Deutschland, Österreich und der Schweiz. Das Unternehmen beschäftigt derzeit knapp zehn Mitarbeiter und ist flexibel aufgestellt. Insbesondere im IT-Bereich soll weiter investiert und Personal aufgebaut werden. Im vergangenen Jahr hat Castfast rund eine Million Euro Umsatz erzielt. Seit November 2023 steigen die Auftragseingänge deutlich – die Plattform verzeichnet aktuell monatlich zwischen 70 und 100 neue Anfragen. Neue Werkstoffe, internationale Partner, weitere Automatisierungsschritte: Die Liste der Ideen ist lang. „Wir glauben, dass der Guss eine digitale Zukunft hat“, sagt Riedel. Und der Blick von der Dachterrasse auf die Gießerei zeigt: Der Weg ist gar nicht so weit.

Christian Thieme ist freier Journalist aus Hamminkeln.

7 Energiewirtschaft und Dekarbonisierung

7.1 Handlungsempfehlungen für Gießereien: BDG legt Roadmap zur Treibhausgasneutralität vor

Wie gelingt der deutschen Gießerei-Industrie der Wandel hin zur Treibhausgasneutralität? Der BDG als Interessenvertreter der Branche hat sich tiefgreifend mit dieser Frage beschäftigt. Nun gibt der Verband den Unternehmen eine Studie an die Hand, die nicht nur Transformationspfade fakten- und zahlenbasiert gegeneinander abwägt, sondern auch die betriebswirtschaftlichen und externen Faktoren an Investoren, Kunden und Politik adressiert.

FOTO: LOUIS-MICHEL DESERT – STOCK.ADOBE.COM

Auch wenn Gießereien zu den kleineren deutschen Industriezweigen zählen, ist die wirtschaftliche Bedeutung der Branche aufgrund ihrer Zulieferfunktion enorm.

Von Elke Radtke

Deutschland will bis 2045 klimaneutral werden und die Branche muss sich darauf vorbereiten. Der BDG hat mit der Münchner Unternehmensberatung FutureCamp Climate vier Transformationspfade erarbeitet, die er in der Roadmap „Treibhausgasneutralität für die deutsche Gießerei-Industrie" vorstellt. Die renommierte Beratung hat bereits mehrere Studien für Verbände und Unternehmen zum Thema Treibhausgasneutralität erarbeitet. Für die BDG-Roadmap konnten die Münchner auf umfangreiche Vorarbeiten des Verbands zurückgreifen. Das Forschungsvorhaben InnoGuss (wir berichteten ausführlich in Ausgabe 01/23, S. 15ff.) wurde von NRW.Energy4Climate gefördert und lieferte die Basisdaten.

Die Roadmap liegt in einer Kurzfassung und – exklusiv für BDG-Mitglieder – einer Langfassung vor. Die Kurzfassung adressiert über die Gießereien hinaus Investoren, Kunden, Gesellschaft sowie Politik und arbeitet den komplexen Inhalt leicht verständlich, aber nicht weniger faktenbasiert auf.

Aufbau und Nutzung der Kurzfassung

Nachdem Branchenfremden Struktur, Bedeutung und Herausforderungen der deutschen Gießerei-Industrie nahegebracht wurden, erläutert die Kurzfassung das Vorgehen der Studie. Auf vier in sich abgeschlossenen Doppelseiten wird jeder Transformationspfad unter die Lupe genommen. In einer aufwendigen Datenmodellierung wurde ermittelt: Wie sind Emissionsentwicklung und Energiebedarf, wie Kostenentwicklung und Investitionsbedarf? Und – adressiert vor allem an die Politik – welche externen Faktoren sind für die erfolgreiche Durchführung notwendig? Eine Gegenüberstellung der Treibhausgasentwicklung und der Investitionsparameter mündet schließlich in konkrete Handlungsempfehlungen an die Gießereien und Forderungen an die Politik sowie in ein Fazit. Soll es noch übersichtlicher sein, fassen zwei Tabellen Zahlen und Fakten zusammen. Auf diese Weise ist eine stringente Argumentation gegenüber unterschiedlichen Stakeholdern möglich.

Die Transformationspfade – Empfehlungen für die Gießereien

Die Transformationspfade zeigen eines deutlich: Generell ist für die meisten Gießereien die Elektrifizierung der technisch gangbarste, wenn auch – aufgrund der hohen Stromkosten in Deutschland - teuerste Weg. Zumal viele Unternehmen diesen Weg bereits beschritten haben. Für Gießereien mit Heißwindkupolöfen stehen zusätzliche Übergangslösungen offen. Dennoch lautet die Empfehlung der Studie: Langfristig spricht auch für diese Gießereien vieles für die Elektrifizierung ihres Schmelzprozesses. Die Szenarien im Einzelnen:

> **Das Referenzszenario** – Anwendung der Besten Verfügbaren Techniken, kurz BVT (Pfad 1): Was ist, wenn Gießereien nur die ohnehin erforderlichen Modernisierungsmaßnahmen durchführen würden? Die damit verbundene kontinuierliche Effizienzsteigerung führt zwar zur Reduzierung des spezifischen Energieverbrauchs, aber nicht zur Treibhausgasneutralität. Somit dient Pfad 1 der Referenz, die einen Vergleich der anderen Pfade ermöglicht.

> **Der Weg zur Treibhausgasneutralität** – Elektrifizierung von Thermoprozessen (Pfad 2): Die Elektrifizierung aller Thermoprozesse erfordert die größten betrieblichen Veränderungen. Er ist somit am kostenintensivsten, aber der einzige Pfad, der letztlich zur Treibhausgasneutralität führt. Da außerdem alle erforderlichen technischen Lösun-

gen verfügbar sind und viele Gießereien ihre Schmelzaggregate bereits mit Strom betreiben, ist er für die meisten Gießereistandorte praktikabel. Gießereien mit Heißwindkupolöfen haben hier mit den größten Herausforderungen zu kämpfen. Daher stehen für sie zwei Übergangsszenarien zur Verfügung.

> **Der Übergangspfad für Heißwindkupolöfen** – Biokoks und CCU (Pfad 3): Der Ersatz von 40 Prozent des fossilen Gießereikoks und die CO_2-Abscheidung mit Methanolsynthese durch CCU führt nicht zur Treibhausgasneutralität, jedoch zu einer signifikanten Reduzierung bei moderaten Investitionskosten, da die Anlagen weiter betrieben werden können.

Informationen und Zugang zur BDG-Roadmap

Mit der Branchenroadmap „Treibhausgasneutralität für die Gießerei-Industrie" verfolgt der BDG das Ziel, Unternehmen bei ihrer Transformationsstrategie zu unterstützen. Die vier Transformationswege werden mit Emissionsentwicklung und Energiebedarf, Kostenentwicklung und Investitionsbedarf sowie den externen Faktoren vorgestellt. Damit zeigt die Roadmap zugleich die für die Branche nötigen Rahmenbedingungen auf. Der BDG stellt die 24-seitige Kurzfassung unter www.guss.de/projekte/roadmap kostenlos zum Download zur Verfügung (alternativ über beigefügten QR-Code). Die vollumfängliche, 84 Seiten umfassende Version ist exklusiv den Mitgliedern des Verbands vorbehalten.

> **Die potenzielle Alternative für Heißwindkupolöfen** – Wasserstoff statt Gießereikoks (Pfad 4): Auch die Annahme einer Substitution von 80 Prozent des Gießereikokses durch Wasserstoff führt nicht zur Treibhausgasneutralität. Außerdem ist Pfad 4 im Gegensatz zu Pfad 3 noch nicht technologisch ausgereift.

Die externen Faktoren – Forderungen an die Politik

Die Gießerei-Industrie verfügt über die technologischen Lösungen zur Treibhausgasneutralität – wenn die nötigen Rahmenbedingungen vorhanden sind. Diese fordert die Roadmap explizit von der Politik ein. Sie betreffen:

> **Energiekosten und CO_2-Preise:** Bezahlbarer, wettbewerbsfähiger (grüner) Strom ist die Grundvoraussetzung für jedes Transformationsszenario. Außerdem ist ein Level Playing Field für die CO_2-Preise essenziell.

> **Versorgungssicherheit – Infrastruktur für Strom und Wasserstoff:** Jeder Transformationspfad benötigt grünen Strom in ausreichender Menge, außerdem einen Ausbau der Infrastruktur: Netzausbau und -anschlüsse, Wasserstoffleitungen und genügend Wasserstoff.

> **Regulatorische Planungssicherheit für Biomasse und CCU:** Die anteilige Nutzung von Biokoks und CCU in Gießereien mit Heißwindkupolöfen setzt eine schnellstmögliche Klärung der rechtlichen Zulässigkeit (Stichwort Kaskadennutzung von Biomasse) voraus.

- **Rohstoffsicherung:** Eine gesicherte Versorgung mit Schrotten, Primärmetallen, Roheisen und Kohlenstoff ist essenziell für die Wettbewerbs- und Innovationsfähigkeit der Branche.
- **Mittelstandstaugliche Rahmenbedingungen:** Für ihre Transformation muss die Branche erhebliche Investitionskosten aufbringen. Ohne finanzielle Förderung kann sie das nicht stemmen. Diese Fördermaßnahmen müssen mittelstandtauglich und unkompliziert zugänglich sein.

www.guss.de

Elke Radtke ist Leiterin des Bereichs Umwelt- und Arbeitsschutz im BDG.

7.2 Formstoffaufbereitung: Intelligentes Sandmanagement – ein Upgrade für die Zukunft

Bis 2045 soll die Produktion in der EU klimaneutral gestaltet werden, die Energiepreise sind immens und die politischen Strategien wechselhaft. Trotz all dieser Mammutaufgaben hat sich die Gießereibranche zum Ziel gesetzt, zukunftsfähig zu bleiben und in nachhaltige Technologien zu investieren. Ein Ansatzpunkt ist die digitale Aufrüstung bestehender Anlagen.

FOTO: ADOBE STOCK, GORODENKOFF PRODUCTIONS OU

Nachrüsten bestehender Anlagen — eine nachhaltige Investition.

Von Maria-Luise Liepe

Die Gießerei-Industrie steht vor enormen Herausforderungen. Nicht nur sollen die Produkte in 15 Jahren bereits komplett klimaneutral gefertigt werden, auch erschweren immer neue Gesetze und Verordnungen das Navigieren durch den regulatorischen Dschungel. Hinzu kommen die stark gestiegenen Gas- und Energiepreise, die die Branche erheblich belasten. Wechselhafte politische Strategien und unklare Vorgaben von Landesregierungen und der EU verstärken die Unsicherheit zusätzlich. Dennoch ist es weiterhin das Ziel der Gießereibranche, mit hochwertigen Produkten und nachhaltigen Konzepten den Markt entscheidend mitzubestimmen. Darüber hinaus soll die Industrie auch für zukünftige Generationen ein attraktiver Arbeitgeber sein.

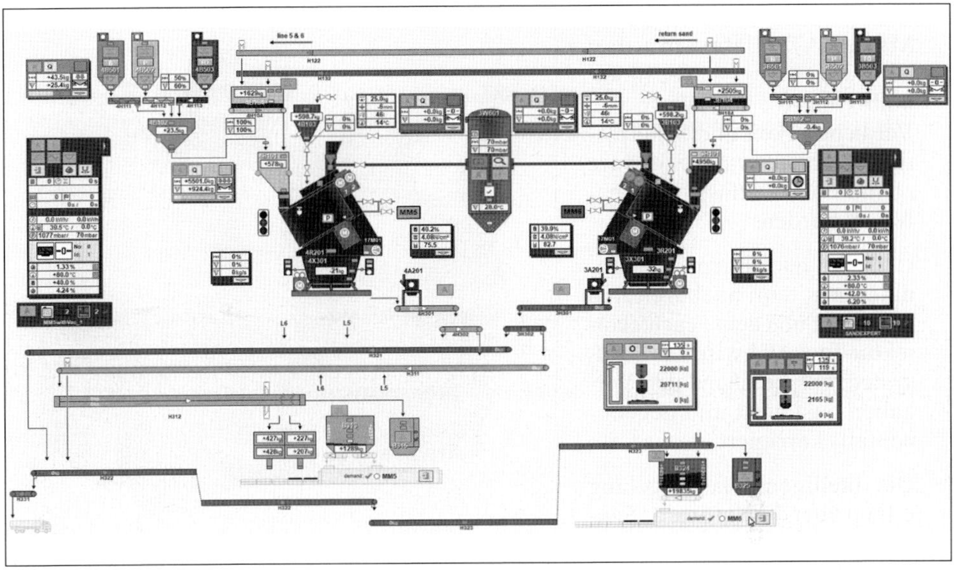

Bild 1: Visualisierung der Sandnachverfolgung über die Anlagensteuerung

FOTOS UND GRAFIKEN: EIRICH

Anlagen-Upgrade

Gerade in der Anpassung bestehender Anlagen liegt ein Schlüssel zur Zukunftssicherung. Viele Aufbereitungsanlagen aus den 1980er-, 1990er- und 2000er-Jahren sind mechanisch noch gut in Schuss, jedoch sind ihre Steuerungen technologisch überholt. Die Kontrollsysteme laufen zwar, genau wie die Maschinen, weitgehendst störungsfrei, allerdings stehen wichtige Ersatzteile nicht mehr zur Verfügung, da diese vom Hersteller abgekündigt wurden.

Eine Möglichkeit ist es, einfach die alte Hardware der bestehenden Anlagensteuerung gegen neue Komponenten auszutauschen. Oder man nutzt die Gelegenheit, sich das Steuerungskonzept einmal genauer anzuschauen und zusätzlich eine innovative Steuerungslogik mit einzubinden: Wo können sinnvoll neuste Sensorik eingesetzt, Abläufe überwacht und optimiert werden? Gemeinsam mit Experten kann die Sandaufbereitung auf ein neues Niveau gehoben werden und so einen wichtigen Beitrag zur nachhaltigen Produktion leisten.

Digitales Sandmanagement

Durch eine intelligente Sandregelung unter Berücksichtigung einer Tagesmodell-Auftragsbetrachtung werden, wie hier am System der Maschinenfabrik Gustav Eirich GmbH & Co KG aufgezeigt, Neusand und Additiv vorausschauend und bedarfsgerecht errechnet (**Bild 1**):

> Das Inline-Prüfgerät QualiMaster AT1 liefert mit drei Messungen pro Charge innerhalb von 40 s die Werte von Verdichtbarkeit und Scherfestigkeit, die über die Software „Sandreport“ erfasst und analysiert werden.

> Über die relevanten Chargendaten aus dem aufbereiteten Formstoff und dem Feuchtekorrektur-Tool AC1 wird das Sandsystem entsprechend den Vorgaben gesteuert und gegebenenfalls korrigiert.

> Die intelligente Sandregelung erfolgt über die Software „SandExpert“ mit einer vorausschauenden Neusand- und Additiv-Bedarfsberechnung.

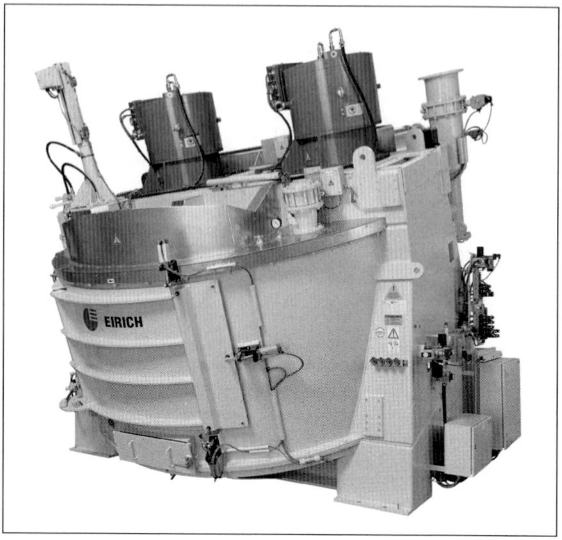

Bild 2: Eirich-Mischer mit Torque-Antrieb

So steht der Formanlage jederzeit der passende Formstoff für das jeweilige Gussprodukt zur Verfügung. Der Altsand wird mit genau so viel Bentonit, Neusand und Additiven aufgefrischt, wie dieser beim folgenden Gießprozess verliert. Das schont Ressourcen und spart Zeit. Die Gießerei hat so ein effektives Rohstoffmanagement, mit maximaler Flexibilität in der Produktionsplanung sowie stabile Prozesse und reproduzierbare Ergebnisse.

Intelligente Gussplanung

Manche Unternehmen überlegen sich zudem, bei der Steuerungsmodernisierung Künstliche Intelligenz (KI) einzusetzen. Smarte Technologien unterstützen Entscheidungen im täglichen Fertigungsprozess. Durch fortlaufende Analyse von Produktionsdaten können KI-Tools dazu beitragen, Prozesse zu optimieren. Sie identifizieren Engpässe, ineffiziente Abläufe und Verbesserungsmöglichkeiten. Produzierende Unternehmen können auf diese Weise ihre Effizienz steigern und Ressourcen effektiver nutzen.

Mit einer kombinierten Datenanalyse aus Formstoffaufbereitung und Formanlage sowie intelligenter Sensorik und der Datenanalyse Software LogLizer können Systemgrenzen übersprungen werden. So kann der Gießprozess auf mehreren Ebenen betrachtet und analysiert / gesteuert werden. Die Abfrage der Daten ist jederzeit und überall auf PC, Tablet und Smartphone möglich.

Auf dem Weg zur CO_2-Neutralität

Ein großer Punkt in diesem Zusammenhang ist der hohe Energiebedarf der Branche. Innovative Technologien spielen eine entscheidende Rolle zur CO_2-Einsparung. Ein Aspekt ist die Betrachtung der installierten im Vergleich zur tatsächlich gebrauchten elektrischen Leistung; unter anderem durch modernste Antriebe, sind 0,9 kW/h pro Tonne Guss möglich. Sowohl bei dem von Eirich entwickelten Evactherm-Mischer (**Bild 2**) als auch bei konventionellen Eirich-Intensivmischern werden für die Wirblerantriebe Torque-Motoren eingesetzt. Diese Synchronmotoren zeichnen sich nicht nur durch den exzellenten Wirkungsgrad über das gesamte Drehzahlband aus. Dieser Motorentyp ist vor allem sehr energieeffizient mit seiner hohen Wirkleistung. So können 25 % und mehr an Energie eingespart werden.

Weitere Vorteile sind eine extrem reduzierte Geräuschemission gegenüber einem Antriebsstrang mit Asynchron-Motoren und Keilriemen oder Getriebe.

Bild 3: Modernisierung einer Anlagensteuerung (Symbolbild)

Modernste Technik im Einsatz

Das Traditionsunternehmen Schönheider Guss GmbH hat die Produktionssteuerung seiner Formstoffaufbereitungsanlage umfassend modernisiert, um die Anlagenleistung und Produktionssicherheit zu verbessern. Die Umsetzung lag bei der Maschinenfabrik Gustav Eirich GmbH und Co KG.

Zunächst wurde ein modernes Automatisierungsgerät Siemens S7-1515 eingebaut sowie die gesamte Peripherie mit den entsprechenden neuen Komponenten ausgestattet (**Bild 3**), um Leistungsfähigkeit und Präzision des Produktionsprozesses zu erhöhen sowie die Ersatzteilversorgung wieder zu gewährleisten. Auch die Technologie für den Mischprozess sowie die Verteilung des Formsandes wurden umfassend modernisiert. Eine neue Feuchtesonde und eine Überarbeitung der Wasserwaage mit neuem Dosierorgan sorgen jetzt für eine optimierte und noch präzisere Wasserzugabe. Das größte Augenmerk lag hierbei auf der Einführung einer intelligenten Sandverteilung für eine gleichmäßig hohe Qualität. Um zusätzlich den Bedienkomfort für die Mitarbeiter zu steigern, wurde eine neue Prozessvisualisierung mit ergonomischer Benutzeroberfläche installiert und die SandReport-App aktualisiert.

Das umfassende technische und digitale Upgrade der Anlage führte zu einer signifikanten Performance-Steigerung und optimierten Abläufen. Die lückenlose Dokumentation der Chargenprotokolle vereinfacht darüber hinaus die Nachverfolgbarkeit bei Unregelmäßigkeiten und unterstützt die langfristige Prozesssicherheit.

Perspektiven für die Gießerei-Branche

Fakt ist, Gussteile sind weiterhin ein wichtiger Bestandteil der industrialisierten Welt. Doch die Gießereibranche muss sich ständig anpassen, um den aktuellen und zukünftigen Anforderungen gerecht zu werden. Unternehmen wie Eirich sind dabei entscheidend, indem sie innovative Lösungen bieten, die nicht nur auf aktuelle Herausforderungen reagieren, sondern die Branche aktiv für die Zukunft rüsten. Der Weg zur Klimaneutralität erfordert eine branchenweite Transformation, und beste verfügbare Technologie wird dabei eine Schlüsselrolle spielen.

Die zukunftsorientierte Ausrichtung macht die Gießereibranche weiterhin attraktiv für den Arbeitsmarkt und sichert ihre Bedeutung in einer zunehmend nachhaltigen industriellen Landschaft. Eirich es ein Anliegen, durch technologische Exzellenz und innovative Ansätze einen bedeutenden Beitrag zu leisten und die Branche in eine nachhaltige Zukunft zu führen.

www.eirich.de

Maria-Luise Liepe, Foundry Expert-Sales,
Maschinenfabrik Gustav Eirich GmbH & Co KG

Notizen

7.3 Energieeffiziente Datenverarbeitung: Nachhaltige künstliche Intelligenz für Gießereien

Künstliche Intelligenz (KI) soll Prozesse effizienter, flexibler und nachhaltiger machen. Ob vorausschauende Wartung, automatische Defekterkennung oder die Sortierung von Altmaterialien; KI-Anwendungen sind auf dem Vormarsch. Was dabei oft unbeachtet bleibt, ist der enorme Energiebedarf solcher Technologien.

FOTO: SAARSTAHL AG

Visuelle Schrottsichtung und -erfassung per Drohne.

Von Sabine Janzen, Hannah Stein, und Wolfgang Maaß

Laut der internationalen Energieagentur (International Energy Agency IEA) könnte der Energiebedarf von Rechenzentren und KI weltweit bis 2026 auf über 1000 TWh pro Jahr steigen [1]. Bereits 2023 lag allein der Verbrauch deutscher Rechenzentren bei rund 19 Mrd. kWh [2]. Diese Entwicklung steht im direkten Widerspruch zu den Zielen von Energieeffizienz und CO_2-Reduktion. Das Projekt ESCADE (Energy-Efficient Large-Scale Artificial Intelligence for Sustainable Data Centers) begegnet dieser Herausforderung mit einem ganzheitlichen Ansatz zur Energieoptimierung von KI in Rechenzentren. Es verknüpft KI-Modellkompression, Neuromorphe Hardware (s. Box spezielle IT-Begriffe) und datengetriebene Analyse-Tools wie EAVE (s. Abschnitt nächste Seite), um die Energieeffizienz von KI-Anwendungen signifikant zu verbessern, ohne deren Leistungsfähigkeit einzubüßen [3].

Schrottsortierung in der Stahlindustrie

Im Fokus dieses ESCADE-Anwendungsfalls für ressourcenschonende KI steht die Stahl-Holding-Saar (SHS), die mit Saarstahl eine der modernsten Stahlproduktionen Europas betreibt. Eine zentrale Herausforderung ist die automatisierte Sortierung von Schrottteilen anhand visueller Merkmale. Diese Aufgabe erfordert leistungsstarke Bildklassifikationsmodelle wie ResNet oder Vision Transformer. Allein das Training eines solchen Modells verbraucht jährlich bis zu 669 000 kWh Strom. Das entspricht etwa 167 000 Euro Betriebskosten und 280 t CO_2-Emissionen [4].

Durch KI-Kompressionstechniken wie Knowledge Distillation (Wissensübertragung von großen zu kleinen Modellen) oder Quantisierung (Reduktion der Rechengenauigkeit zur Effizienzsteigerung) konnte ESCADE diesen Verbrauch in Pilotstudien um bis zu 80 % senken, bei nahezu identischer Modellleistung. Besonders eindrücklich zeigt sich dies am Beispiel eines Edge-Anwendungsfalls (s. Box spezielle IT-Begriffe) bei dem eine DJI-Mavic-2-Enterprise-Advanced-Drohne zur visuellen Schrottsortierung verwendet wird (**Bild 1**). Durch den Einsatz eines optimierten KI-Modells kann die Drohne ihre Flugzeit um etwa 10,5 min verlängern. Dies entspricht einer Steigerung von rund 55,3 % gegenüber einem weniger effizienten Modell. Diese Ergebnisse belegen eindrucksvoll das Potenzial von energieeffizienter KI insbesondere für mobile und batterieabhängige Systeme.

Zugleich verbessert die effiziente Sortierung den Ressourcenkreislauf. Die Wiederverwertung von Stahlschrott spart gegenüber Primärherstellung das 3,5-fache an Energie [5]. Könnte durch KI-basierte Sortierung der Schrottanteil in deutschen Stahlprodukten von aktuell ca. 40 % [6] auf 60 % steigen, ließen sich allein hierdurch jährlich rund 29,8 Mrd. kWh einsparen [7].

Spezielle IT-Begriffe

Neuromorphe Hardware: ein spezieller Computertyp, der das menschliche Gehirn nachahmt, um Informationen besonders energieeffizient und parallel zu verarbeiten.

Edge: die dezentrale Datenverarbeitung direkt am Ort der Datenerzeugung, z.B. in Maschinen, Sensoren oder mobilen Geräten, statt in entfernten Rechenzentren / der Cloud.

Power Usage Effectiveness (PUE): eine Kennzahl zur Bewertung der Energieeffizienz eines Rechenzentrums. Sie gibt an, wie viel der gesamten aufgenommenen Energie tatsächlich für die IT-Geräte (z. B. Server) genutzt wird. Je näher der Wert an 1 liegt, desto effizienter ist das Rechenzentrum.

Bayesian Neural Network: ein künstliches neuronales Netzwerk, das statt fester Zahlen Wahrscheinlichkeiten für seine Gewichtungen verwendet, um Unsicherheiten besser abzuschätzen und zuverlässigere Vorhersagen zu treffen.

FOTO: SAARSTAHL AG

Bild 1: Automatisierte Schrottsortierung bei Saarstahl: KI-gestütztes System zur Materialklassifikation.

Bild 2: Vorhersagefunktion im Predict-Modul von EAVE: Für den Task Visuelle Klassifizierung von Stahlschrott empfiehlt das System den optimalen Ausführungszeitpunkt und -ort auf Basis von Modell-, Hardware- und Standortkonfiguration.

GRAFIKEN: DFKI

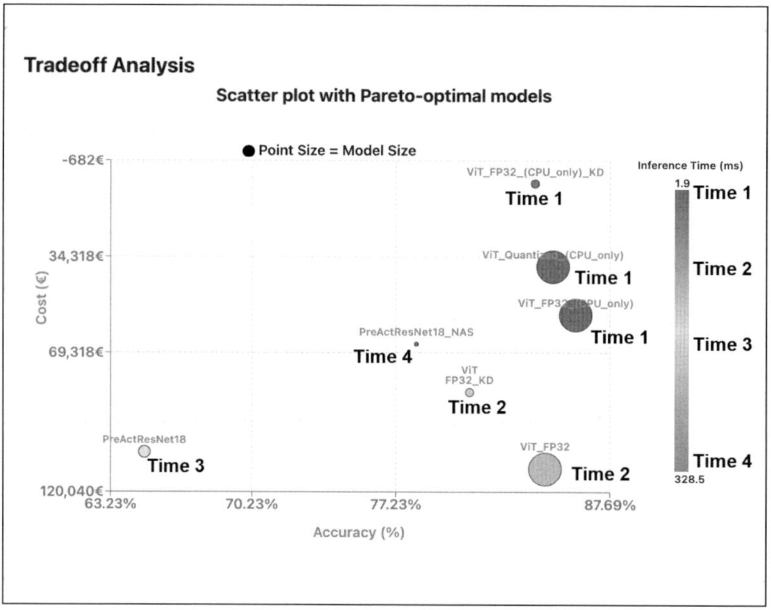

Bild 3: Trade-off-Analyse im Optimize-Modul von EAVE: Die Grafik zeigt Pareto-optimale Modelle für den Anwendungsfall der visuellen Stahlschrott-Klassifizierung, bewertet nach Kosten, Genauigkeit, Modellgröße und Ausführungszeit.

EAVE - Energiemanagement für KI

Herzstück der aktuellen Entwicklung des ESCADE-Projekts ist das EAVE-System (Energy Analytics for Cost-effective and Sustainable Operations), ein webbasiertes Analyse- und Optimierungstool für Unternehmen und Rechenzentrumsbetreiber. Es besteht aus drei Modulen:

> Measure-Modul: Es ermittelt den Energieverbrauch, CO_2-Ausstoß und die Kosten je nach KI-Modell, Hardware, Ort und Einsatzzeit. Dabei wird auch der Power Usage Effectiveness (PUE, s. Box spezielle IT-Begriffe) berechnet, ein gängiger Effizienzindikator für Rechenzentren [8].

> Predict-Modul: Es gibt Empfehlungen für optimale Ausführungszeitpunkte und -orte, um CO_2-Emissionen und Kosten zu minimieren. Grundlage sind Vorhersagen mit Bayesian Neural Networks (s. Box spezielle IT-Begriffe), trainiert auf historischen Strompreis- und Emissionsdaten für Regionen wie Deutschland, Frankreich und den USA (**Bild 2**).

> Optimize-Modul: hier werden KI-Modellalternativen mittels Pareto-Optimierung analysiert (**Bild 3**). So lassen sich etwa kleinere, komprimierte Modelle identifizieren, die bei geringem Leistungsverlust erhebliche Energieeinsparungen erzielen.

https://eave.dfki.de

Chancen für KMU

Gerade kleine und mittlere Unternehmen profitieren von den Ergebnissen des ESCADE-Projekts. Zum einen wird der Energieverbrauch von KI erstmals mess- und steuerbar. Zum anderen können auch Unternehmen ohne eigene Rechenzentren durch Tools wie EAVE Energie und Kosten sparen. Und schließlich ermöglicht die KI-Modellkompression den Betrieb energieeffizienter KI direkt vor Ort oder in Edge-Umgebungen.

Ein konkretes Beispiel: Eine mittelständische Gießerei mit automatisierter Rissdetektion in Gussteilen kann mittels EAVE die optimale Uhrzeit für Training oder Inferenz ihres KI-Modells (s. Box spezielle IT-Begriffe) bestimmen; etwa nachts bei niedriger Netzlast und günstigem Strommix.

Darüber hinaus bietet ESCADE einen strukturierten Einstieg in nachhaltige Digitalisierung. Beispielsweise kann eine mittelständische Gießerei mithilfe von EAVE erkennen, ob ein KI-Modell zur Prozesssteuerung nicht nur in einem Rechenzentrum in Frankfurt, sondern zu bestimmten Tageszeiten auch in Paris oder Amsterdam effizienter trainiert und ausgeführt werden kann; bei gleicher Leistung, aber niedrigerem CO□-Fußabdruck und geringeren Kosten. Auch Hardwareentscheidungen lassen sich datenbasiert treffen, zum Beispiel, wann sich der Wechsel auf energieeffizientere Server lohnt.

Kurzinterview Energieeffiziente KI

Prof. Dr.-Ing. Wolfgang Maaß ist Leiter des Bereichs Smart Service Engineering am Deutschen Forschungszentrums für Künstliche Intelligenz (DFKI) und Inhaber des Lehrstuhls für Wirtschaftsinformatik der Universität des Saarlandes.

Herr Prof. Maaß, warum ist das Thema „energieeffiziente KI" aus Ihrer Sicht gerade jetzt so relevant?
Die Diskussion um KI wird derzeit vor allem durch Funktionalität und Leistung dominiert. Aber jeder Algorithmus hat auch eine energetische Komponente. In Zeiten steigender Energiekosten und Klimavorgaben müssen wir die Frage stellen: Wie viel Energie dürfen wir für ein Prozent mehr Genauigkeit ausgeben?

Welche Rolle spielt die Gießerei-Industrie im Projekt ESCADE?
Sie ist für uns ein idealer Transferpartner. Die Prozesse sind energieintensiv, die Digitalisierung ist im Gange, und es gibt eine Offenheit für Innovationen. Der Anwendungsfall bei Saarstahl ist ein hervorragendes Beispiel dafür, wie KI nicht nur Automatisierung, sondern auch Nachhaltigkeit ermöglicht.

Wie kann ein KMU konkret vom System EAVE profitieren?
Klein- und mittelständische Unternehmen bekommen ein Werkzeug an die Hand, das über die Maßeinheit „Genauigkeit" hinausdenkt. Sie können Szenarien vergleichen: Wie ändert sich mein Energieverbrauch, wenn ich ein kleineres Modell nutze? Oder das Modell auf einem effizienteren Cloud-Server laufen lasse? Diese Art von datenbasierter Entscheidungskompetenz war bisher großen Tech-Konzernen vorbehalten. Das ändert sich jetzt.

Ein weiterer Vorteil für KMUs liegt in der schnellen Umsetzbarkeit: Modellkomprimierungstechniken wie Knowledge Distillation oder Quantisierung erlauben es, bestehende Modelle anzupassen, ohne sie komplett neu zu entwickeln. Damit wird KI nicht nur kostengünstiger, sondern auch ressourcenschonender; ein wichtiger Aspekt für kleinere Unternehmen mit begrenztem Budget und IT-Personal.

Ausblick: Energieeffizienz messbar machen

Zentrale Herausforderung in der heutigen KI-Implementierung ist der fehlende Einblick in die Wirkzusammenhänge von Energieverbrauch, KI-Modellwahl und Infrastruktur. Im Projekt ESCADE soll dieser „Black-Box"-Effekt überwunden und ein Paradigmenwechsel eingeleitet werden: weg von rein leistungsorientierter KI, hin zu energieeffizienter KI, bei der Kosten, Energieverbrauch und CO_2-Ausstoß als zentrale Parameter mitgedacht werden. Zukünftige Erweiterungen des EAVE-Systems beinhalten die Integration von Echtzeitdaten aus Rechenzentren, die Einbindung weiterer europäischer Standorte sowie die Unterstützung neuromorpher Hardwarekomponenten. Die Prinzipien lassen sich auf viele Industriezweige übertragen, aber gerade die Prozessindustrie wie Gießerei, Stahl-, Glas- und Papierproduktion mit ihrem hohen Energiebedarf bieten besonders große Hebelwirkungen. Ziel ist es, EAVE als Blaupause für die Planung und Steuerung nachhaltiger KI-Infrastrukturen zu etablieren.

www.dfki.de, iss.uni-saarland.de

Dr.-Ing. Sabine Janzen, Hannah Stein, Prof. Dr.-Ing. Wolfgang Maaß, Deutsches Forschungszentrum für Künstliche Intelligenz (DFKI), Universität des Saarlandes.

DLR Projektträger

Gefördert durch:

Bundesministerium
für Wirtschaft
und Energie

aufgrund eines Beschlusses
des Deutschen Bundestages

Dieser Beitrag ist Teil des Forschungsprojekts ESCADE (Förderkennzeichen: 01MN23004A, www.escade-project.de), gefördert vom Bundesministerium für Wirtschaft und Energie (BMWE) und unterstützt durch den DLR-Projektträger.

Literatur:

[1] Electricity 2024: Analysis and forecast to 2026.

[2] Hintemann, R.; Graß, M.; Hinterholzer, S.; Grothey, S. (2024): Rechenzentren in Deutschland: Aktuelle Marktentwicklungen – Stand 2024. Borderstep Institut für Innovation und Nachhaltigkeit, Berlin.

[3] Sabine Janzen; Hannah Stein; Katharina Trinley; Cicy Agnes; Vaibhav Jain; Karan Rajeshkar; Nirav Shenoy; Anika Rusch; Sujatro Ghosh; Wolfgang Maaß; ESCADE: Energy-efficient Artificial Intelligence for Cost-effective and Sustainable Data Centers; In RPEatCAiSE25: Research Projects Exhibition at the International Conference on Advanced Information Systems Engineering (CAiSE-2025), 6/2025.

[4] Fu, A., Hosseini, M. S., & Plataniotis, K. N. (2021). Reconsidering co2 emissions from computer vision. In Proceedings of the IEEE/CVF Conference on Computer Vision and Pattern Recognition (pp. 2311-2317).

[5] Sahoo, M., Sarkar, S., Das, A. C., Roy, G. G., & Sen, P. K. (2019). Role of scrap recycling for CO_2 *emission reduction in steel plant: a model based approach. Steel research international, 90(8), 1900034.*

[6] Wirtschaftsvereinigung Stahl (2023): Statistischer Bericht – Stahlschrott 2023. Stand: 05.09.2023, Berlin. Online verfügbar unter: https://www.stahl-online.de

[7] Broadbent, C. (2016): Steel's recyclability: demonstrating the benefits of recycling steel to achieve a circular economy. The International Journal of Life Cycle Assessment 21, 1658–1665.

[8] Horner, N., Azevedo, I. (2016): Power usage effectiveness in data centers: overloaded and underachieving. The Electricity Journal 29(4), 61–69.

Notizen

8 Qualitätssicherung

8.1 Normenübersicht Qualitätssicherung

Die nachfolgenden Tabellen geben eine Übersicht über den Stand der wichtigsten Normen, die auch für den Bereich Gießerei anwendbar sind. Die aktuellste Ausgabe sollte verwendet werden. Die Normen können Sie bei DIN Media (www.dinmedia.de) abrufen.

8.1.1 Qualitätsmanagementsysteme

Unter dem Begriff Qualitätsmanagementsystem (QM-System) ist jener Teil des übergeordneten Managementsystems zu verstehen, der die Organisationsstruktur, Planungstätigkeiten, Verantwortlichkeiten, Methoden, Verfahren, Prozesse und Ressourcen zur Entwicklung, Umsetzung, Erfüllung, Bewertung und Aufrechterhaltung der Qualität umfasst. Das wohl bekannteste Normenwerk zu diesem Thema ist die DIN EN ISO 9000 ff.

Internationale Normen

Inhalt	Derzeit gültige Ausgabe der Norm
Grundlagen	**DIN EN ISO 9000: 2015-11** Qualitätsmanagementsysteme – Grundlagen und Begriffe
Anforderungen	**DIN EN ISO 9001: 2015-11** Qualitätsmanagementsysteme – Anforderungen
Leitfaden	**DIN EN ISO 9004: 2018-08** Qualitätsmanagement - Qualität einer Organisation - Anleitung zum Erreichen nachhaltigen Erfolgs

Branchenspezifische Richtlinien und Spezifikationen

VDA Band 06, 01.01.2017, Verband der Automobilindustrie e.V. Grundlagen für Qualitätsaudits
IATF 16949: 2016-10 Anforderungen an Qualitätsmanagementsysteme für die Serien- und Ersatzteilproduktion in der Automobilindustrie

8.1.2 Abnahmeprüfzeugnisse

Inhalt	National (DIN)	Europäisch (EN)	International (ISO)
Abnahmeprüfzeugnis	**DIN EN 10204:** 2005-01 (Ersatz für DIN 50049)		**ISO 10474**: 2013-07 (nur Stahlguss)

8.1.3 Zerstörende Prüfverfahren für metallische Werkstoffe

Metallische Verfahren	National (DIN) / Europäisch (EN)	International (ISO)
Zugversuch (RT)	**DIN EN ISO 6892-1**: 2020-06	**ISO 6892-1**: 2019-01
Zugversuch (HT)	**DIN EN ISO 6892-2**: 2018-09	**ISO 6892-2**: 2018-03
Zugversuch (LT) Druckversuch	**DIN EN ISO 6892-3:** 2015-07 **DIN 50106**: 2023-02	**ISO 6892-3:** 2015-04
Brinellhärte	**DIN EN ISO 6506-1**: 2023-11	**ISO 6506-1:** 2014-10
Vickershärte	**DIN EN ISO 6507-1**: 2024-01	**ISO 6507-1:** 2023-10
Rockwellhärte	**DIN EN ISO 6508-1**: 2024-04	**ISO 6508-1:** 2023-12
Härte-Umrechnung	**DIN EN ISO 18265**: 2014-02	**ISO 18265:** 2013-10
Umrechnung Bruchdehnungswerte un-/niedriglegierte Stähle austenitische Stähle	**DIN EN ISO 2566-1:** 2022-10 **DIN EN ISO 2566-2:** 2022-10	**ISO 2566-1:** 2021-12 **ISO 2566-2:** 2021-12
Kerbschlagbiege- versuch (Charpy-V)	**DIN EN ISO 148**: 2017-05	**ISO 148**: 2016-10
Umlaufbiegeversuch	**DIN 50113**: 2018-12	**ISO 1143**: 2021-07
Zeitstandversuch Zug	**DIN EN ISO 204**: 2023-10	**ISO 204**: 2023-07
Relaxationsversuch Zug	**DIN EN 10319**: 2003-09	
Biegeversuch	**DIN EN ISO 7438:** 2021-03	**ISO 7438:** 2020-10

8.1.4 Zerstörungsfreie Prüfverfahren für metallische Werkstoffe

Prüfverfahren	National (DIN) / Europäisch (EN)	International (ISO)
Oberflächenzustand Vergleichsmuster	**DIN EN 1370 :** 2012-03, bestätigt 2023	
Eindringprüfung alle Gusswerkstoffe Feinguss	**DIN EN 1371-1:** 2012-02, bestätigt 2022 **DIN EN 1371-2:** 2015-04	**ISO 4987:** 2020-01
Magnetpulverprüfung Eisen- und Stahlguss	**DIN EN 1369:** 2013-01, bestätigt 2022	**ISO 4986:** 2020-02
Ultraschallprüfung Stahlguss Stahlguss f. bes. Anford. Eisenguss	**DIN EN 12680-1:** 2003-06, Überarbeitung 2022-24 **DIN EN 12680-2:** 2003-06, Überarbeitung 2022-24 **DIN EN 12680-3:** 2012-02, Überarbeitung 2022-24	**ISO 4992-1:** 2020-03 **ISO 4992-2:** 2020-03
Durchstrahlungsprüfung Filmtechnik Digitale Radiographie Vergleichsbilder GJL-GJS	**DIN EN 12681-1:** 2018-02, Überarbeitung 2023-24 **DIN EN 12681-2:** 2018-02, Überarbeitung 2023-24 **DIN SPEC 8204:** 2020-04	**ISO 4993:** 2024-03

8.2 Erfolgreiche Zusammenarbeit: Kippgießmaschine PLS+ im Praxiseinsatz

In Kokillengießereien müssen neben der Gussqualität auch die Ergonomie und Prozesssicherheit stimmen. Doch wie lassen sich diese essenziellen Aspekte im Betrieb vereinen? Mit der Kippgießmaschine PLS+ präsentieren die Heinrich Wagner Sinto Maschinenfabrik und Ohm & Häner nun eine praxisnahe Lösung.

FOTOS: HWS

Sichere, gesundheitsschonende und effiziente Arbeitsplätze werden gerade in der Produktion immer wichtiger.

Von Ludger Ohm und Stefan Ermert

Die Anforderungen an moderne Kokillengießereien im Aluminiumdruckbereich steigen kontinuierlich. Neben einer konstant hohen Gussqualität rücken zunehmend auch Themen wie Ergonomie am Arbeitsplatz, Flexibilität bei der Werkzeugaufnahme sowie die Reduktion von Nacharbeit durch gratfreie Bauteile in den Fokus. Gerade im Kontext eines zunehmend spürbaren Fachkräftemangels wird der ergonomische Aspekt zu einem entscheidenden Wettbewerbsfaktor. Unternehmen, die ihren Mitarbeitern sichere, gesundheitsschonende und effiziente Arbeitsplätze bieten können, sichern sich langfristig nicht nur Qualität, sondern auch die Loyalität qualifizierter Fachkräfte.

Insbesondere in der Einzel- und Kleinserienfertigung ist der Anspruch hoch, individuelle Kundenkokillen effizient, sicher und prozessstabil einsetzen zu können. Mit der neuen Kippgießmaschine vom Typ PLS+ hat die Heinrich Wagner Sinto Maschinenfabrik (HWS) in enger Zusammenarbeit mit der Aluminiumgießerei Ohm & Häner in Olpe eine praxisnahe Sonderlösung realisiert, die diese Anforderungen adressiert.

Technische Merkmale der PLS+

Ein zentrales Merkmal der neuen Kippgießmaschine PLS+ ist die überarbeitete Öffnungsmechanik (**Bild 1**) der Werkzeugaufnahmen: Das Oberteil kann bis zu 90° aufgeklappt, das Unterteil um zusätzlich 30° geneigt werden. Diese Konfiguration ermöglicht eine ergonomisch optimierte Zugänglichkeit für das Aufbringen von Schlichten, das Einlegen von Sandkernen und Eingießteilen sowie das Ausformen der abgekühlten Gussteile. Bei 90° kann nicht nur das Gussteil erstarren, sondern auch das Werkzeug bequem montiert oder gewartet werden. In dieser Stellung sorgt ein integriertes Sicherheitspodest mit aufklappbarem Zugang für Sicherheit.

Bild 1: Der Roboter identifiziert die Gusstraube per RFID, entnimmt sie vom Gehänge, taucht sie in ein Keramikbad und lässt überflüssiges Material in einem vorgegebenen Bewegungsprofil ablaufen.

In der -30°-Position steht dem Kokillengießer eine optimale Sicht- und Arbeitsposition zur Verfügung. Die Wärmestrahlung ist durch das Wegklappen einer Formhälfte deutlich geringer als bei konventionellen Gießanlagen. Eine ansteuerbare Podestverlängerung an der Schwenkbühne sorgt für sicheren Zugang direkt an die Kokille – ideal für das Nachschlichten oder Einlegen von Kernen, Eingießteilen und Filtern.

Die Maschine erlaubt in 0°-Position den Zugang mit Hallen- oder Schwenkkran. Das Gießmetall wird mit einem Gießmanipulator geschöpft und in die Kipplöffel an der Kokille eingefüllt. Eine langsame, kontrollierte Füllung ist dabei ebenso möglich wie das Nachführen aus der Tiefe, um voreilende Metallzungen zu vermeiden.

Die Kombination aus hydraulischer und mechanischer Zuhaltung sorgt für eine prozesssichere Schließbewegung der Kokille. Die Hydraulikkomponenten inklusive der neuen „Flüsterhydraulik“ mit Druckhaltefunktion während Füllung und Erstarrung unterstützen einen verbesserten Formschluss und minimieren Gratbildung.

Ein besonderes Merkmal ist der massive Querträger auf der Rückseite, der hohe Kräfte exakt im 90°-Winkel zur Formplatte aufnimmt. Dieser ist mit einer stabilen Kernzugplatte (650 x 400 mm, 400 mm Hub, bis zu 236 kN Zugkraft) ausgestattet (**Tabelle 1**).

Das Maschinenkonzept ist so gestaltet, dass die Bedienung ausschließlich vom Hallenboden (+/- 0 mm) aus möglich ist – ohne Bühnen oder Treppen. Das reduziert Wege, verbessert die Sicherheit und spart Platz. Das gesamte System beansprucht circa 5,00 × 4,00 m inklusive aller Technik- und Sicherheitseinrichtungen.

Tabelle 1: **Technische Daten der PS+**

		PLS+
Abmessungen[mm]	L	2600 (incl. ladle tilt mechanism)
	B	2800
	H	3300
Aufspannplatte[mm]	B x L	1000 x 1200 *)
Geöffnete Höhe[mm]		1000
Geschlossene Höhe[mm]		600
Kräfte [kN] *)	Öffnen/Schließen	172kN/118kN
	Auswerfer	172kN/118kN
Steuerung		Siemens
Neigungswinkel		-30 >> 90° (0-25°/Sec)

**) Sonderanfertigungen nach technischer Abklärung. Unterschiedliche Größen der Form und Maschine sind möglich*

Unterschied zur herkömmlichen Technologie

Ein wesentliches Unterscheidungsmerkmal zur klassischen Bauweise besteht in der Arbeitsweise der Bediener: Statt zwischen zwei Aufspannplatten agieren zu müssen, arbeiten die Gießer an einer offenen, ergonomisch optimierten Maschine. Der Zugang zu beiden Werkzeughälften ist ungehindert möglich, die Arbeitshöhen sind optimal angepasst. Dies verbessert nicht nur die Arbeitssicherheit, sondern reduziert die körperliche Belastung signifikant.

Die Bedienung erfolgt über ein Touchpanel mit strukturierter Benutzeroberfläche. Alle Maschinenfunktionen – vom Öffnen und Schließen über das Ansteuern der Auswerfer bis zur hydraulischen Verriegelung – sind über eine zentrale Steuerung anwählbar. Die Anlage ist zudem für die Integra-

Über die Unternehmen

Die Ohm & Häner Metallwerk GmbH & Co. KG wurde 1961 in Olpe gegründet und beschäftigt heute rund 650 Mitarbeiter an zwei Standorten in Olpe und Drolshagen. Der Schwerpunkt liegt auf Aluminium- und Kupferlegierungen im Sand- und Kokillenguss sowie mechanischen Bearbeitungen. Das Produktspektrum reicht von Prototypen bis zu Großserien, die unter anderem vom Maschinen- und Fahrzeugbau abgenommen werden. 2017 wurde Ohm & Häner für seine MikroSort-Sandaufbereitung mit dem Innovationspreis der Deutschen Gießerei-Industrie – Peter R. Sahm ausgezeichnet.

Die Heinrich Wagner Sinto Maschinenfabrik GmbH zählt zu den weltweit führenden Anbietern von Formanlagen für die Gießerei-Industrie – inklusive eigener Entwicklung, Fertigung und Montage sämtlicher Maschinenkomponenten. Das Unternehmen wurde 1937 gegründet und gehört seit 1983 zur japanischen Sintokogio-Gruppe. Am Standort Bad Laasphe sind heute über 300 Mitarbeiter beschäftigt.

tion in digitale Gießereinetzwerke vorbereitet.

Der exakte Formschluss führt zu deutlich gratfreieren Gussteilen, wodurch die Nacharbeit im Putzbereich reduziert wird. Gleichzeitig ergibt sich eine reproduzierbare Gussqualität, die insbesondere in der Serienfertigung von Vorteil ist. Durch die hohe Maßhaltigkeit der Formtrennung werden auch Bearbeitungsvorgänge in der mechanischen Fertigung erleichtert.

Praxisbeispiel: Ohm & Häner

Ohm & Häner fertigt mit der neuen PLS+ Aluminiumgussteile für die Bau-, Werkzeug- und Anlagentechnik. Zum Teilespektrum gehören unter anderem großflächige Gehäuse, Halterungen und flächige Gussteile mit komplexer Kerngeometrie. Die Anforderungen an Maßhaltigkeit und Werkstoffqualität sind hoch, insbesondere im Hinblick auf die mechanische Nachbearbeitung und den späteren Fügeprozess beim Kunden.

Im laufenden Betrieb zeigen sich die Vorteile der neuen Anlage: Die Mitarbeiter bewerten die Zugänglichkeit positiv, der Aufwand für das Schlichten und Entformen ist deutlich gesunken, und die Prozesssicherheit ist gestiegen. Auch die Instandhaltungsabteilung meldet geringere Stillstandzeiten und einfacheren Zugang zu den relevanten Komponenten.

Der Entscheidung für die Anlage ging eine intensive Entwicklungsphase voraus, in der die jahrzehntelange Erfahrung der Gießer in die Konstruktion einfloss. Von Anfang an war es Ziel der Zusammenarbeit, eine Maschinenplattform zu schaffen, die sowohl aktuelle Anforderungen erfüllt als auch zukünftige Entwicklungen im Blick behält – etwa die Integration automatisierter Abläufe oder die Umstellung auf alternative Kokillenmaterialien.

www.ohmundhaener.de, www.wagner-sinto.de

Dr. Ludger Ohm ist Geschäftsführer bei Ohm & Häner, Stefan Ermert bei HWS Product Manager in den Bereichen Aluminium-Kokillenguss und Sandregenerierung

8.3 Von Robotern bis Trockeneis: Aktuelle Trends in der Oberflächentechnik

Automatisierung, Nachhaltigkeit und das Ziel einer effizienteren Produktion prägten die Oberflächentechnik im Jahr 2025. Als Prozessexperte kennt Ferro Ecoblast die wichtigsten Entwicklungen in diesem Bereich - ein Gastautor aus dem Unternehmen fasst sie hier zusammen.

FOTOS: FERRO ECOBLAST

Das Kugelstrahlen ist einzigartig in seiner Fähigkeit, die mechanischen Eigenschaften von Metallkomponenten zu verbessern.

Von Aljaž Molek

Die Oberflächenbehandlung ist ein integraler Bestandteil der modernen Fertigung. Sie stellt sicher, dass Werkstoffe und Bauteile höchsten Ansprüchen an Haltbarkeit, Leistung und Ästhetik genügen. Ob es nun darum geht, Oberflächen für die Weiterverarbeitung vorzubereiten, Materialien für den Langzeiteinsatz zu stärken oder Sauberkeit zu gewährleisten - die Technologien zur Oberflächenbehandlung entwickeln sich ständig weiter, um den wachsenden Anforderungen von Branchen wie Luft- und Raumfahrt, Automobilbau, Energie und Schwermaschinenbau gerecht zu werden.

Automatisches Robotersandstrahlen

Sandstrahlen ist seit langem ein Eckpfeiler der Oberflächenbehandlung und wird für diverse Prozesse verwendet, vom Entfernen von Rost und Beschichtungen bis hin zur

Vorbereitung von Oberflächen zum Kleben oder Lackieren. Traditionell hängt dieses Verfahren stark von geschultem Personal ab, das sicherstellt, dass der richtige Druck, Winkel und die richtige Bewegung angewendet werden, um gleichmäßige Ergebnisse zu erzielen. Doch selbst die erfahrensten Mitarbeiter stehen vor der Herausforderung, die Gleichmäßigkeit bei großen Produktionsmengen aufrechtzuerhalten.

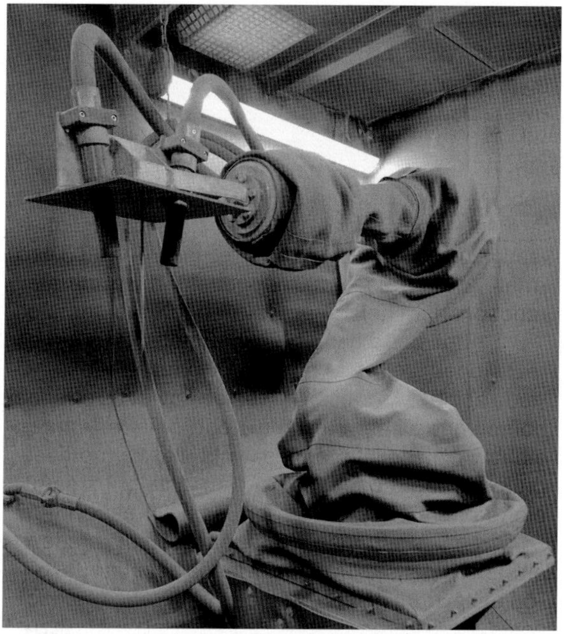

Bild 1: Das automatisierte Robotersandstrahlen kann die Sicherheit der Mitarbeiter erhöhen und gleichzeitig die Produktionsgeschwindigkeit optimieren.

Robotersandstrahlsysteme, die mit hoch entwickelten Sensoren und programmierbaren Einstellungen ausgestattet sind gewähren, dass jedes Bauteil identisch behandelt wird und so durch menschliche Fehler verursachte Abweichungen vermieden werden. Durch die Automatisierung dieses Prozesses wird auch die Exposition gegenüber gefährlichen Stoffen verringert, was die Sicherheit der Arbeiter erhöht und die Produktionsgeschwindigkeit optimiert.

In Branchen wie der Luft- und Raumfahrt, in denen Teile strengen Spezifikationen entsprechen müssen, wird das Robotersandstrahlen bereits eingesetzt, um einheitliche Oberflächenstrukturen und präzise Sauberkeitsstandards zu erreichen. In der Automobilindustrie verbessern Robotersysteme die Vorbereitung von Karosserieteilen und sorgen für perfekte Lackhaftung und Korrosionsbeständigkeit. Es ist zu erwarten, dass sich der Trend zur Automatisierung weiter beschleunigen wird. KI-gesteuerte Sandstrahlsysteme können die Parameter in Echtzeit an die Materialeigenschaften und Oberflächenbedingungen anpassen.

Laserreinigung als nicht-abrasive Oberflächenbehandlung

Für Industriezweige, die eine Oberflächenvorbereitung ohne Materialverlust benötigen, wird die Laserreinigung immer mehr zur bevorzugten Technologie. Im Gegensatz zu Sandstrahl- oder chemischen Reinigungsverfahren, die auf abrasiven oder lösungsmittelbasierten Prozessen beruhen, wird bei der Laserreinigung konzentrierte Lichtenergie eingesetzt, um Verunreinigungen, Rost und Beschichtungen auf mikroskopischer Ebene zu entfernen. Das Ergebnis ist eine perfekt gereinigte Oberfläche, ohne das darunter liegende Material zu beschädigen. Besonders wertvoll ist die Laserreinigung in Branchen,

FOTO: KLB LASERSCHWEISSTECHNIK GMBH & CO. KG

Bild 2: Bei der Laserreinigung wird konzentrierte Lichtenergie eingesetzt, um Verunreinigungen, Rost und Beschichtungen auf mikroskopischer Ebene zu entfernen.

in denen es auf maximale Präzision ankommt. Bei der Restaurierung historischer Artefakte beispielsweise können empfindliche Oberflächen gereinigt werden, ohne das Originalmaterial anzugreifen. In der Industrie ersetzt die Laserreinigung herkömmliche Entfettungs- und Entlackungsverfahren und bietet eine schnellere und umweltfreundlichere Alternative.

Da die Umweltvorschriften immer strenger werden, ist zu erwarten, dass immer mehr Industriezweige auf die abfallfreie Laserreinigung umsteigen werden. Herkömmliches Sandstrahlen erzeugt Staub und erfordert einen hohen Reinigungsaufwand, während bei chemischen Reinigungsverfahren Sondermüll entsteht, der speziell entsorgt werden muss. Die Laserreinigung hingegen hinterlässt keine Rückstände und ist damit eine der saubersten und nachhaltigsten Oberflächenbehandlungsmethoden, die es heute gibt. Mit den Fortschritten in der Faserlasertechnologie werden Laserreinigungssysteme immer effizienter und erschwinglicher. Es werden immer mehr tragbare und leistungsstarke Laserreinigungsgeräte entwickelt, die einen schnellen Einsatz in der Fertigung, Wartung und Reparatur ermöglichen.

Umweltfreundliche Verfahren

In der Industrie ist Nachhaltigkeit längst keine Option mehr. Da Unternehmen zunehmend unter Druck stehen, ihren ökologischen Fußabdruck zu verkleinern, entwickeln sich Oberflächenbehandlungstechnologien weiter, um Abfall, Energieverbrauch und Umweltverschmutzung zu minimieren. Herkömmliche Methoden wie chemische Entlackung und übermäßiges Strahlen werden zugunsten sauberer und nachhaltiger Alternativen aufgegeben. Einer der größten Fortschritte in der nachhaltigen Oberflächenbehandlung ist das Recycling von Strahlmitteln. Ferro Ecoblast ist unter anderem spezialisiert auf die Entwicklung von Systemen, die die Wiederverwendung von Strahlmitteln ermöglichen, um Abfall und Rohstoffkosten erheblich zu reduzieren. Anstatt verbrauchte Strahlmittel nach einmaligem Gebrauch zu entsorgen, werden sie durch moderne Recyclingtechnologien gereinigt und wieder aufbereitet, so dass sie für mehrere Strahlzyklen eingesetzt werden können.

Ein weiterer wichtiger Schritt in Richtung Nachhaltigkeit ist die Entwicklung von staubfreien Strahl- und Oberflächenbehandlungssystemen mit geschlossenem Kreislauf. Diese Technologien fangen die in der Luft schwebenden Partikel ein und filtern die Verunreinigungen heraus, was für eine sauberere Arbeitsumgebung sorgt und gleichzeitig die

Emissionen in die Atmosphäre reduziert. Strahlmittel auf Wasserbasis und biologisch abbaubare Strahlmittel sind ebenfalls auf dem Vormarsch. Diese Alternativen ersetzen synthetische Strahlmittel durch natürliche Materialien, die sich zersetzen, ohne der Umwelt zu schaden. Mit der Verschärfung der Nachhaltigkeitsvorschriften werden diese Lösungen für Unternehmen, die die Vorschriften einhalten und gleichzeitig eine leistungsfähige Oberflächenbehandlung beibehalten wollen, unverzichtbar.

Kugelstrahlen für eine längere Lebensdauer

Während sich viele Oberflächenbehandlungsverfahren auf die Reinigung oder Vorbereitung konzentrieren, ist das Kugelstrahlen einzigartig in seiner Fähigkeit, die mechanischen Eigenschaften von Metallkomponenten zu verbessern. Kugelstrahlen, das in der Luft- und Raumfahrt, der Automobilindustrie und im Schwermaschinenbau weit verbreitet ist, verfestigt Werkstoffe durch die Erzeugung positiver Druckspannungen an ihrer Oberfläche. Dadurch wird der Widerstand gegen Ermüdung, Rissbildung und Verschleiß erheblich verbessert.

Moderne Strahlanlagen werden immer ausgefeilter und verfügen über digitale Überwachung und adaptive Prozesssteuerung. Diese Fortschritte ermöglichen es den Herstellern, die Größe der Kugeln, die Geschwindigkeit und die Aufprallkraft fein abzustimmen, um optimale Oberflächeneigenschaften für bestimmte Anwendungen zu erzielen. In der Luftfahrtindustrie zum Beispiel müssen Triebwerksteile extremen mechanischen Belastungen standhalten. Kugelstrahlen stellt sicher, dass diese Teile ihre strukturelle Integrität über Tausende von Betriebsstunden behalten. In der Automobilindustrie werden Getriebe und Aufhängungskomponenten kugelgestrahlt, um ihre Haltbarkeit und Leistung zu verbessern.

Trockeneisstrahlen

Im Gegensatz zum herkömmlichen Strahlen mit Strahlmitteln werden beim Trockeneisstrahlen gefrorene CO□-Pellets verwendet, die bei Kontakt sublimieren und Verunreinigungen entfernen, ohne Sekundärabfälle zu hinterlassen. Diese Methode ist besonders wertvoll in sensiblen Umgebungen wie der Lebensmittelverarbeitung, der Herstellung medizinischer Geräte und der Wartung von Elektronik. Da beim Trockeneisstrahlen weder Feuchtigkeit noch Chemikalien zum Einsatz kommen, werden Korrosion und Verunreinigungen verhindert und kostspielige Reinigungsarbeiten überflüssig. Da Unternehmen nach sichereren, umweltverträglicheren Reinigungsmethoden suchen, wird erwartet, dass sich das Trockeneisstrahlen auf breiter Front durchsetzen wird. Innovationen bei der Pelletdichte und der Steuerung des Strahldrucks machen diese Technologie vielseitiger und ermöglichen maßgeschneiderte Reinigungslösungen für ein breiteres Spektrum von Anwendungen.

www.ferroecoblast.com

Aljaž Molek ist Sales Manager - Special Equipment bei Ferro Ecoblast. Das slowenische Unternehmen ist auf Lösungen und Anlagen für die Oberflächenbehandlung spezialisiert.

8.4 Gesundheit am Arbeitsplatz: Bessere Raumqualität für Produktionsmitarbeiter

Ein Forschungsteam am Fraunhofer-Institut für Bauphysik IBP will die Arbeitsumgebung für Mitarbeiter in der Produktion verbessern. Zu diesem Zweck haben die Wissenschaftler ein Analyse-Konzept entwickelt, das Messwerte zu Temperatur, Luftqualität, Beleuchtung und Lärm mit dem subjektiven Empfinden der Belegschaft kombiniert.

FOTO: industrieblick – stock.adobe.com

Die Umgebungen in einer Werkshalle sind sehr wechselhaft. Das Wohlbefinden der Produktionsmitarbeiter hat daher eine hohe Priorität.

Ein Arbeitsplatz mit angenehmem Raumklima, blendfreier Beleuchtung, ohne Lärm oder lästige Hintergrundgeräusche – das gehört zu den Voraussetzungen, damit sich Menschen in Unternehmen wohlfühlen. Untersuchungen zu Gesundheit, Leistung und Wohlbefinden am Arbeitsplatz haben sich in den letzten Jahren stark auf Büros konzentriert. Im Rahmen der Initiative Optima Pro nimmt das Fraunhofer-Institut für Bauphysik (IBP) an den Standorten Stuttgart und Valley bei München nun auch Arbeitsplätze in der Produktion in den Blick.

Optima Pro steht für „Optimized Performance in Temperature, Illumination, Movement, Acoustics and Air Quality @ Production Workplaces". Das Konzept verbindet erstmals Messwerte der Arbeitsumgebung mit Befragungen der Mitarbeiter zu ihrem subjektiven Wohlbefinden. Sie geben beispielsweise Auskunft zum Wärmeempfinden, ob sie Geräusche stören oder ob das Licht am Arbeitsplatz angenehm ist. Aus der Gesamtschau der objektiven und der subjektiven Daten entsteht ein umfassendes Bild. Industrieunternehmen können die Methodik nutzen, wenn sie neue Produktionsstätten bauen oder vorhandene Arbeitsumgebungen erneuern und möglichst leistungs- und gesundheitsförderlich gestalten wollen.

Komplexe Bedingungen in der Werkshalle

Die Bedingungen in der Produktion sind deutlich komplexer als die im Büroumfeld, weil hier belastende Faktoren wie Lärm, Zugluft, Rauch, Staub oder Dämpfe vermehrt auftreten. „Die Umgebungsbedingungen in einer Fabrikhalle sind sehr wechselhaft. Da werden Maschinen ein- oder ausgeschaltet, Tore öffnen sich für eine Lieferung und lassen kalte Luft rein oder Öfen fahren hoch, neben denen es sehr heiß werden kann“, weiß Sabine Giglmeier, Leiterin des Innovationsmanagements am Fraunhofer IBP.

Um die Gesundheit und das Wohlbefinden der Mitarbeitenden in dieser herausfordernden Umgebung langfristig zu schützen, reichen die vorhandenen Messkonzepte nicht aus. „Deshalb entwickeln wir einen Ansatz, der ein differenziertes Messinstrumentarium mit der individuellen Befragung der Menschen kombiniert“, so Dr. Maria Zieglauer, Chief Scientist und Projektleiterin am Fraunhofer IBP. Das ermögliche eine ganzheitliche Bewertung der Arbeitsumgebung.

Betriebsprüfer mit 30 Sensoren

Im Mittelpunkt der Untersuchungen steht auch das Messsystem „DressMan“, das vom Fraunhofer IBP ursprünglich für die Analyse des thermischen Komforts in Innenräumen, insbesondere in Fahrzeugkabinen, konzipiert wurde. Michael Visser, Senior Scientist und Experte für thermischen Komfort am Fraunhofer IBP, leitet die Entwicklung des Systems und koordiniert die technische Integration neuer Wahrnehmungspfade, von einer Forschungsmessmethode zu einem industriellen Messstandard. Visser zufolge besteht die Grundidee darin, sensorbasierte Messungen mit subjektiven Wahrnehmungsdaten zu verknüpfen. „Die technologische Weiterentwicklung sowie das bessere wissenschaftliche Verständnis ermöglichen die Entwicklung verbesserter Vorhersagemodelle für die Komfortsituation in Innenräumen, wie beispielsweise am Arbeitsplatz“, erklärt der Wissenschaftler.

Das System arbeitet mit circa 30 Sensoren, die in einem speziellen Anzug oder an einer Messpuppe platziert werden. Eine neue Version – der „DressMan360°“ wird nun zusätzlich mit Mikrofonen und Kameras ausgestattet. „So entsteht ein multimodales Messsystem, das alle relevanten Umgebungsdaten registriert. Ergänzt werden die Messdaten durch Befragungsdaten aus dem Nutzer-Feedbacksystem. Das ermöglicht die multimodale simultane Messung und Befragung in Echtzeit am Arbeitsplatz“, sagt Zaglauer. Auch Partikel- und Schadstoffmessungen in der Produktionsumgebung sind möglich und sollen mittelfristig das Gesamtsystem ergänzen.

Tools für betriebliches Gesundheitsmanagement

Die Fraunhofer-Technologie macht komplexe Wechselwirkungen zwischen dem Arbeitsumfeld und dem subjektiven Empfinden der Menschen erkennbar. Zaglauer: „Das ständige Rauschen von Haustechnikanlagen wie etwa einer Lüftungsanlage gilt als lästig. Stellt man jedoch die Anlagen ab, dann werden plötzlich andere Geräusche hörbar, die dann möglicherweise viel stärker stören als das gleichmäßige Rauschen der Lüftung." Ein anderes Beispiel: Die Umgebungstemperatur könne als wärmer empfunden werden, wenn bei der Beleuchtung eine wärmere Lichtfarbe eingestellt ist.

FOTO: FRAUNHOFER IBP

Bild 1: Das neue Messsystem DressMan360° soll umfassende Rückschlüsse auf den Komfort am Industriearbeitsplatz erlauben.

DressMan360° und Optima Pro werden damit für Unternehmen zu potenziellen Tools, um bestehende Arbeitsplätze zu evaluieren und auch um herausfordernde Umgebungen in der Produktion an den Erfordernissen des betrieblichen Gesundheitsmanagements auszurichten. Giglmeier sagt: „Eine hohe Raumqualität, egal ob in der Produktion oder im Büro, reduziert die Belastung der Mitarbeitenden, senkt letztlich auch die Zahl der Krankschreibungen. Das kann helfen, physisch anstrengende Jobs in der Industrie für Fachkräfte wieder attraktiver zu machen."

www.ibp.fraunhofer.de

9 Berufsausbildung und Weiterbildung

VDG-Akademie – Bildungspartner für die Gießereibranche

Die VDG-Akademie ist der führende, zertifizierte Anbieter von Weiterbildungsveranstaltungen für die Gießerei-Industrie und deckt den Qualifizierungsbedarf auf allen Ebenen innerhalb der Branche ab. Als Teil der BDG-Service GmbH bietet die VDG-Akademie ein jährlich aktualisiertes Weiterbildungsprogramm, das Workshops und Fachtagungen zu gießereitechnischen Themen und aus angrenzenden Bereichen des Management und der Arbeitsorganisation umfasst. Besonders zu erwähnen ist das berufsbegleitende VDG-Zusatzstudium Gießereitechnik, das mit namhaften Universitäten Deutschlands mit Fachbereichen der Giessereitechnik veranstaltet wird. Zusätzlich ermöglichen der IHK-geprüfte Lehrgang zum Industriemeister Gießereitechnik sowie die auf Unternehmensbedarfe zugeschnittenen Inhouse-Schulungen die fachspezifische Qualifikation der ersten Führungsebene und die Möglichkeit der Integration von Quereinsteigern.

Bei der VDG-Akademie erworbene Qualifikationen und zertifizierte Abschlüsse erfüllen höchste Qualitätsanforderungen und genießen deshalb nicht nur in der Gießereibranche hohes Ansehen. Die VDG-Akademie wurde erneut erfolgreich nach der Akkreditierungs- und Zulassungsverordnung Arbeitsförderung (AZAV) zertifiziert. Die Prüfung erfolgte durch die anerkannte Fachkundige Stelle CERTQUA, im Auftrag der Deutschen Wirtschaft.

Die VDG-Akademie ist stark vernetzt und fest in die fachlichen Strukturen des Bundesverbandes der Deutschen Giesserei-Industrie e.V. (BDG) eingebettet. Es besteht eine Vielzahl von erfolgreichen Kooperationen mit Universitäten, Berufsschulen, externen Weiterbildungsanbietern und Dienstleistern.

Die Veranstaltungen der VDG-Akademie finden in den eigenen Räumlichkeiten im Haus der Gießerei-Industrie in Düsseldorf, in externen Tagungsstätten oder als Inhouse-Schulungen statt.

9.1 VDG-Zusatzstudium Gießereitechnik

Das VDG-Zusatzstudium wendet sich mit einem modular aufgebauten Angebot an Interessenten, die in der Gießerei-Industrie tätig sind oder sein wollen und ein vertieftes Wissen über die gießereitechnischen Prozesse erwerben wollen. Mit dem vorliegenden Konzept wird das notwendige Wissen in berufsbegleitender Form parallel zur eigenen praktischen Tätigkeit vermittelt. Die für eine erfolgreiche Berufsausbildung benötigte Flexibilität und Anpassungsfähigkeit wird erreicht. So erhalten Führungskräfte eine höhere berufliche Kompetenz und Seiteneinsteiger solide Kenntnisse über gießereitechnische Problemstellungen. Die Veranstaltungen finden im Haus der Gießerei-Industrie sowie auch an namhaften Hochschulen und Universitäten in ganz Deutschland statt.

Das Zusatzstudium wird mit insgesamt zwei schriftlichen Prüfungen und einem Kolloquium abgeschlossen, das den Wissenstransfer feststellt und die erfolgreiche Teilnahme bestätigen soll.

9.2 Berufsausbildung in der Gießerei

9.2.1 Ausbildungsverordnung für Gießereimechaniker

Die Verordnung über die Berufsausbildung zum Gießereimechaniker/ zur Gießereimechanikerin vom 2. Juli 2015 wurde durch die Änderungsverordnung vom 9. Januar. 2017 ergänzt. Die Ausbildungsdauer beträgt 3,5 Jahre. Die Gießereimechaniker/-innen erlernen im ersten Ausbildungsjahr Inhalte aus der Metallgrundbildung. In Folge werden dann schwerpunktübergreifende Inhalte vermittelt.

Im letzten Ausbildungshalbjahr erfolgt die Spezialisierung in sechs Wahl-Schwerpunkte:

- Handformguss,
- Maschinenformguss,
- Druck- und Kokillenguss,
- Feinguss,
- Schmelzbetrieb oder
- Kernherstellung.

Die Abschlussprüfung besteht aus den beiden zeitlich auseinanderfallenden Teilen 1 und 2. Die Abschlussprüfung Teil 1 soll vor dem Ende des zweiten Ausbildungsjahres durchgeführt werden, Teil 2 am Ende der Berufsausbildung.

Die neue Ausbildungsordnung wurde am 9. Juli 2015 auf Seite 1134-1137 im Bundesgesetzblatt Teil I, Nr. 28 veröffentlicht und kann unter www.bgbl.de abgerufen werden.

9.2.2 Technischer Modellbauer/Technische Modellbauerin

Ausbildungsdauer: 3 1/2 Jahre

Die Ausbildung erfolgt im Betrieb und in der Berufsschule. Aktuell gültig ist die Ausbildungsverordnung vom 27. Mai 2009.

Arbeitsgebiet

Technische Modellbauer/Technische Modellbauerinnen arbeiten in Betrieben des Modell-, Formen-, Lehren- und Musterbaus sowie in Betrieben des Automobil- und Fahrzeugbaus.

9.2.3 Metall- und Glockengießer/-in

Die Ausbildung erfolgt in den Fachrichtungen
- Metallgusstechnik
- Zinngusstechnik
- Kunst- und Glockengusstechnik

Ausbildungsdauer: 3 Jahre

9.2.4 Industrielle Metallberufe

Es kann u. a. in diesen Metallberufen ausgebildet werden:
- Industriemechaniker/-in
- Anlagenmechaniker/-in
- Konstruktionsmechaniker/-in
- Werkzeugmechaniker/-in und
- Zerspanungsmechaniker/-in

Weitere Informationen finden Sie unter www.berufenet.de

9.3 Industriemeister, Fachrichtung Gießerei

Industriemeister spielen in modernen Gießereibetrieben eine Schlüsselrolle. Hat der Meister bisher seinen Mitarbeitern Arbeitsaufgaben zugewiesen und deren sachgemäße Ausführung überprüft, so übernimmt er heute in der Rolle des operativen Managers an der Schnittstelle von kaufmännischen und technischen Funktionsbereichen im zunehmenden Maße planende, steuernde und überwachende Aufgaben. Fragen der betrieblichen Organisation beschäftigen Industriemeister ebenso wie die Führung der Mitarbeiter.

Berufsbegleitende Lehrgänge

Die VDG-Akademie bietet einen Vorbereitungslehrgang auf die Industriemeisterprüfung IHK - Fachrichtung Gießereitechnik an, der als hybrider Unterricht flexibel, modern und besser an die Lebenssituation der Teilnehmenden angepasst wurde.

Im Rahmen der Ausbildung wird die Fachübergreifende Basisqualifikation (BQ) vollständig online durchgeführt. Die Unterrichtsblöcke zu Organisation, Führung und Personal der Handlungsspezifischen Qualifikation (HQ) werden ebenso online vermittelt. Dabei wird der Dialog mit den Dozierenden im virtuellen Klassenzimmer großgeschrieben.

Den fachspezifischen Bereich der Gießereitechnik unterrichtet die Akademie weiterhin im Haus der Gießerei-Industrie in Düsseldorf. Hier wird die praxisnahe und qualitativ hochwertige Ausbildung durch industrieerfahrene Dozierende in gewohnter Form sichergestellt. Bestandteil des technischen Bereichs der HQ, der weiterhin in Präsenzunterricht in Blockform, an der VDG-Akademie stattfindet, ist vor allem der kompetente Austausch mit gießereierfahrene Dozierenden.

Ihre Vorteile:

- Maximale Flexibilität: Durch den Online-Unterricht im Schichtmodell können Teilnehmende ihre Weiterbildung besser mit beruflichen und privaten Verpflichtungen vereinbaren.
- Ortsunabhängiges Lernen: Die digitale Durchführung ermöglicht die Teilnahme von überall – ohne lange Anfahrtswege und Reise- bzw. externe Unterbringungskosten.
- Effiziente Präsenzphasen: Der Präsenzunterricht im technischen Bereich stellt sicher, dass praktische Inhalte weiterhin mit hoher Qualität im unmittelbaren Dialog mit unseren erfahrenen Dozenten und Dozentinnen vermittelt werden.
- Starke Partnerschaft: Die Zusammenarbeit mit der SBH West GmbH bringt zusätzliche Expertise und Ressourcen in die Ausbildung ein.

Mit diesem hybriden Modell ermöglicht die VDG-Akademie Ihnen die Kombination der Vorteile von flexiblen Teilzeitmodellen im Online-Unterricht mit denen einer intensiven, praxisnahen Präsenzunterrichtsphase.

Prüfung

Die Industriemeisterprüfung wird vor der Industrie- und Handelskammer abgelegt und gliedert sich auf Grundlage der besonderen Rechtsvorschriften für die Fortbildungsprüfung zum Industriemeister/Geprüfte Industriemeisterin – Fachrichtung Gießerei in folgende drei Prüfungsteile: berufs- und arbeitspädagogische Qualifikationen, fachrichtungsübergreifende Basisqualifikationen und handlungsspezifische Qualifikationen. Erfolgreiche Absolventen erhalten den Meisterbrief von der IHK sowie ein Zertifikat der VDG-Akademie.

Weitere Informationen zu allen Bildungsangeboten sowie das aktuelle Weiterbildungsprogramm erhalten Sie gerne bei uns:

VDG-Akademie
Hansaallee 203,
40549 Düsseldorf
Telefon (0211) 6871-300
E-Mail: info@vdg-akademie.de oder Lisa.Feldmann@vdg-akademie.de
www.vdg-akademie.de.

9.4 Staatlich geprüfter Techniker, Fachrichtung Gießereitechnik

Arbeitsgebiete

Der/die Techniker/-in ist mittlere Führungskraft zwischen Meister und Diplomingenieur. In vielen kleinen und mittleren Betrieben nimmt er/sie allerdings aufgrund seiner/ihrer Berufserfahrung und technischen Qualifikation Führungsaufgaben bis hin zur Betriebsleitung wahr.

Die Absolventen kennen bereits den beruflichen Alltag und können daher kurzfristig in betriebliche Zusammenhänge einsteigen und zur Wertschöpfung des Unternehmens beitragen.

Ausbildung

Die Ausbildung zum/zur Gießereitechniker/in erfolgt in einer Fachschule und dauert 2 Jahre in Vollzeitform.

Auf die Ausbildungsdauer kann in einem Umfang von 1 Jahr angerechnet werden:
- Abschluss des gewerblich-technischen Berufskollegs
- Hochschulreife oder Fachhochschulreife
- Meisterprüfung und ein mittlerer Bildungsabschluss.

Aufnahmevoraussetzungen:
1. Hauptschulabschluss
2. abgeschlossene Berufsausbildung
3. Berufsabschlusszeugnis
4. 60 Monate Berufserfahrung inkl. der Berufsausbildung
5. Gute Englischkenntnisse entsprechend der 9. Klasse der Hauptschule

Adresse und Ansprechpartner:

Wilhelm-Maybach-Schule
Fachschule für Technik
Gnesener Straße 44
70374 Stuttgart

Für Rückfragen:

Frau Kalmbach
Tel.: (0711) 21689603
E-Mail: Gisela.Kalmbach@stuttgart.de

9.5 Ingenieurausbildung für Gießereien

Studienorte und Abschlüsse

Tabelle 9.5 zeigt die Studienorte und Abschlüsse.

Tabelle 9.5 Studienorte/Abschlüsse

Ort	Kontakt	Studiengang	Abschlüsse
Aachen	Rheinisch-Westfälische Technische Hochschule Aachen (RWTH), Gießerei-Institut, Intzestraße 5, 52056 Aachen, Telefon (0241) 80-95880 Ansprechpartner: Prof. Dr.-Ing. A. Bührig-Polaczek sekretariat@gi.rwth-aachen.de, www.gi.rwth-aachen.de	Nachhaltige Werkstofftechnik (Bis 2025: Werkstoffingenieurwesen)	Bachelor Master
		Materialwissenschaften	Bachelor Master
		Wirtschaftsingenieurwesen Fachrichtung Werkstoff- und Prozesstechnik	Bachelor Master
		Materials Engineering	Master
Aalen	Hochschule Aalen, Giesserei-Technologie Aalen Beethovenstraße 1, 73430 Aalen, Telefon (07361) 576-2252, Fax (07361) 576-2270 Ansprechpartner: Prof. Dr.-Ing. L. Kallien Lothar.Kallien@hs-aalen.de, www.gta.htw-aalen.de/gta	Maschinenbau/Produktion und Management	Bachelor
		Maschinenbau/Wirtschaft und Management	Bachelor
		Advanced Materials and Manufacturing	Master
Clausthal-Zellerfeld	Technische Universität Clausthal, Institut für Metallurgie, Robert-Koch-Straße 42, 38678 Clausthal-Zellerfeld, Telefon: (05323) 72-2070, Fax (05323) 72-3527, Ansprechpartnerin: Frau Prof. Dr.-Ing. B. Tonn babette.tonn@tu-clausthal.de, www.tu-clausthal.de	Materialwissenschaft und Werkstofftechnik mit Wahlschwerpunkt Metallurgie (u. a. Gießereitechnik)	Bachelor
		Materialwissenschaft und Werkstofftechnik mit Wahlschwerpunkt Gießereitechnik	Master

Tabelle 9.5 Studienorte/Abschlüsse (Fortsetzung)

Ort	Kontakt	Studiengang	Abschlüsse
Düsseldorf	Hochschule Düsseldorf, Fachbereich Maschinenbau und Verfahrenstechnik Lehr- und Forschungsgebiet Fertigungsverfahren und Werkstofftechnik (mit Gießereitechnik) Gebäude 5, Münsterstraße 156, 40476 Düsseldorf Ansprechpartner: Prof. Dr.-Ing. C. J. Heckmann, carl.heckmann@hs-duesseldorf.de www.hs-duesseldorf.de	Maschinenbau – Produktentwicklung; Maschinenbau – Produktionstechnik	Bachelor
Erlangen-Nürnberg	Friedrich-Alexander-Universität Erlangen-Nürnberg (FAU) Lehrstuhl für Gießereitechnik Dr.-Mack-Str. 81, 90762 Fürth Ansprechpartner: Prof. Dr.-Ing. Sebastian Müller, seb.mueller@fau.de, www.fau.de	Maschinenbau Intern. Prod. Engineering and Management	Bach., Mast. Master
		Mechatronik Wirtschaftsingenieurwesen Elektromobilität ACES	Bach., Mast. Bach., Mast. Bachelor
Freiberg/ Sachsen	Technische Universität Bergakademie Freiberg, Giesserei-Institut, Bernhard-von-Cotta-Straße 4, 09599 Freiberg, Ansprechpartner: Prof. Dr.-Ing. Michal Szucki Michal.Szucki@gi.tu-freiberg.de, www.tu-freiberg.de/fakult5/gi	Werkstoffwissenschaft und Werkstofftechnologie Studienrichtung: Gießereitechnik	Dipl.-Ing.
		Gießereitechnik Metallic Materials Technology	Bach., Mast. Master
Kassel	Universität Kassel Fachbereich Maschinenbau - FB15, Inst. f. Produktionst. u. Logistik – IPL, Fachg. Gießereitechnik Kurt-Wolters-Straße 3, 34125 Kassel Ansprechpartner: Prof. Dr.-Ing. Martin Fehlbier sekretariat-gtk@uni-kassel.de www.uni-kassel.de/maschinenbau/institute/	Maschinenbau	Bachelor Master
		Wirtschaftsingenieurwesen	Bachelor Master

Tabelle 9.5 Studienorte/Abschlüsse (Fortsetzung)

Ort	Kontakt	Studiengang	Abschlüsse
München	Technische Universität München TUM School of Engineering and Design Lehrstuhl für Umformtechnik und Gießereiwesen, Walther-Meißner-Straße, 85747 Garching, Ansprechpartner: Prof. Dr.-Ing. W. Volk info@utg.de, www.utg.mw.tum.de	Maschinenwesen	Bachelor Master

9.6 Ausbildungsstatistik

Ausbildungsverhältnisse und Abschlussprüfungen industrielle Gießereiberufe

Jahr	Gießereimechaniker				Technischer Modellbauer (DIHK)			
	Ausbildungs-verhältnisse		Abschluss prüfungen		Ausbildungs-verhältnisse		Abschluss-prüfungen	
	Gesamt	davon neue Verträge	geprüft	bestanden	Gesamt	davon neue Verträge	geprüft	bestanden
2009	2 197	505	500	454	105	105	–	–
2010	2 019	446	568	527	278	146	–	–
2011	1 915	601	624	592	479	188	1	1
2012	1 639	476	694	642	622	195	46	45
2013	1540	380	437	399	644	181	142	141
2014	1498	419	390	363	642	182	177	177
2015	1391	422	488	442	643	190	179	175
2016	1290	367	392	348	616	168	182	177
2017	1283	377	320	302	576	142	168	165
2018	1227	369	371	345	552	151	166	160
2019	1103	293	306	293	491	128	180	174
2020	966	197	293	285	394	75	153	152
2021	855	219	282	272	336	69	110	110
2022	744	230	290	272	264	51	130	125
2023	679	220	236	220	212	67	92	91
2024	678	207	149	134	199	66	63	62

Ausbildungsverhältnisse und Abschlussprüfungen handwerkliche Gießereiberufe

Jahr	Metall- und Glockengießer*) (ZDH)					Technischer Modellbauer (bis 2008 Modellbauer) (ZDH)				
	Ausbildungs-verhältnisse		Abschluss-prüfungen		Ausbildungs-stätten	Ausbildungs-verhältnisse		Abschluss-prüfungen		Ausbildungs-stätten
	Ge-samt	davon neue Verträge	ge-prüft	be-standen	Anzahl	Ge-samt	davon neue Verträge	ge-prüft	be-standen	Anzahl
2009	38	7	12	12	24	695	155	142	133	351
2010	33	14	12	12	21	630	141	167	159	376
2011	20	8	9	9	15	574	180	170	164	308
2012	25	14	4	4	17	558	185	145	141	234
2013	18	3	6	5	13	566	171	112	111	229
2014	11	4	8	7	9	566	161	133	129	231
2015	8	5	5	5	7	557	155	111	106	215
2016	14	8	1	1	11	544	174	189	184	205
2017	16	6	2	2	14	538	154	133	126	197
2018	16	6	4	4	13	536	150	126	120	199
2019	11	1	3	3	10	508	133	122	120	193
2020	9	3	3	3	8	423	83	120	115	175
2021	8	5	5	5	7	343	72	103	99	153
2022	13	7	1	1	10	268	60	111	103	13
2023	15	2	2	2	10	243	77	80	78	121
2024	12	2	3	3	7	225	63	57	55	110

*) Fachrichtungen: Zinngusstechnik/Kunst- und Glockengusstechnik/Metallgusstechnik (ab 1.8.06)

Industriemeisterprüfungen, Fachrichtung Gießerei

	VDG-Akademie Düsseldorf			WMS Stuttgart		
Jahr	durch-geführte Lehrgänge	geprüfte Teilnehmer	erfolgreiche Teilnehmer	durch-geführte Lehrgänge	geprüfte Teilnehmer	erfolgreiche Teilnehmer
2011	2	58	50	1	35	30
2012	2	50	39	1	19	16
2013	1	27	24	2	43	35
2014	2	48	19	1	30	26
2015	1	19	16	1	28	23
2016	1	22	16	1	28	22
2017	1	23	21	1	26	17
2018	1	24	24	1	28	15
2019	1	16	16	1	25	17
2020	1	15	7	1	29	21
2021	1	24	16	1	17	15
2022	1	16	11	1	14	11
2023	1	14	9	2	15	13
2024	1 Lg.	15 Teilnehmende		DIHK gesamt:	21 geprüft	16 bestanden

Gießereitechnikerprüfungen

Jahr	**2016**	**2017**	**2018**	**2019**	**2020**	**2021**	**2022**	**2023**	**2024**
Anzahl	24	0	0	0	0	0	0	5	0

Absolventen des Gießereiwesens an Technischen Hochschulen, Technischen Universitäten, Bergakademien, Gesamthochschulen, Fachhochschulen und Ingenieurschulen

Jahr	Technische Hochschule Aachen			Technische Universität Clausthal			Bergakademie Freiberg		
	Dr.-Ing.	Dipl.-Ing.	Master/ Bachelor	Dr.-Ing.	Dipl.-Ing.	Master/ Bachelor	Dr.-Ing.	Dipl.-Ing.	Master/ Bachelor
2011	2	2	3 / 2	1	2	1 / 3	2	28	12
2012	4	3	6 / 13	1	1	2 / 4	1	22	11
2013	4	4	8 / 13	1	0	2 / 3	1	27	2 / 3
2014	–	5	13 / 18	2	1	2 / 7	4	20	2 / 13
2015	5	2	27 / 19	2	–	3 / 2	6	23	4 / 6
2016	1	–	13 / 6	1	–	5 / 4	2	14	7 / 8
2017	2	-	11 / 13	1	-	5 / 3	2	4	1 / 6
2018	3	-	10 / 11	-	-	5 / 8	2	4	2 / 8
2019	2	-	19 / 8	1	-	5 / 4	3	8	5 / 2
2020	0	-	20 / 7	1	-	4 / 2	0	3	8 / 5
2021	5	-	20 / 9	1	-	5 / 2	0	23	9 / 2
2022	4	-	19 / 7	-	-	2 / 0	1	2	17 / 1
2023	6	-	10 / 13	1	-	1/ 0	0	2	22 / 2
2024	5	-	14 / 5	1	-	1/ 0	3	1	12 / 0

Absolventen des Gießereiwesens an Technischen Hochschulen, Technischen Universitäten, Bergakademien, Gesamthochschulen, Fachhochschulen und Ingenieurschulen, Fortsetzung

Jahr	Universität Kassel Lehrstuhl Gießereitechnik		Hochschule Aalen Fachbereich Gießereitechnik		Technische Universität München Lehrstuhl für Umformtechnik und Gießereiwesen (utg)	
	Dr.-Ing.	Master/ Bachelor	Dipl.-Ing. (FH)	Master/ Bachelor	Dr.-Ing.	Master/ Bachelor
2011	-	-	1	10	k.A.	k.A.
2012	-	-	7	12	k.A.	k.A.
2013	-	-	4	4 / 13	k.A.	k.A.
2014	0	2/8	3	5 / 12	k.A.	k.A.
2015	0	3/2	4	7 / 11	k.A.	k.A.
2016	1	2/5	5	9 / 9	k.A.	k.A.
2017	1	7/6	–	12	k.A.	k.A.
2018	0	7/11	–	8	k.A.	k.A.
2019	2	5/7	–	10	k.A.	k.A.
2020	0	3/7	-	8	k.A.	k.A.
2021	0	5/8	-	7	k.A.	k.A.
2022	2	4/9	Dr.-Ing. 1	3 / 6	1	3 / 1
2023	0	3/5	-	7	1	4 / 6
2024	2	2/2	-	7	4	10 / 8

9.7 Nachwuchsförderung: Technik-Kompetenz „von klein auf“

Das Unternehmen Fill Maschinenbau hat sich zur Aufgabe gemacht, die Aus- und Weiterbildung neu zu denken. Anhand kreativer Lernorte zeigen die Österreicher, wie praxisnahe, technologie-orientierte Bildung heute aussehen kann. Damit liefern sie wertvolle Impulse auch für die Gießerei-Industrie, die dringend qualifizierte Fachkräfte sucht.

FOTOS: FILL MASCHINENBAU

In der Next World Factory ermöglichen kreative Methoden ein erstes Auseinandersetzen mit den Inhalten und jeweils erforderlichen Kompetenzen der unterschiedlichen technischen Lehrberufe bei Fill.

Von Niklas Reiprich

Die Anforderungen an die betriebliche Ausbildung haben sich in den vergangenen Jahren deutlich gewandelt. Neue Technologien, Digitalisierung und sich verändernde Erwartungen junger Menschen an ihre berufliche Entwicklung erfordern neue Konzepte, die über die rein fachliche Qualifikation hinausgehen. Gleichzeitig hinterlässt der Fachkräftemangel immer tiefere Spuren in den technischen Berufen der Industrie. Wo früher ein kontinuierlicher Nachwuchs an gut ausgebildeten Fachleuten selbstverständlich war, klaffen heute zunehmend Lücken – verursacht durch den demografischen Wandel, veränderte Bildungswege und ein wachsendes Desinteresse an klassischen Lehrberufen. Unternehmen stehen dadurch unter zunehmendem Druck, ihre Rolle in der Berufsbildung neu zu definieren. Einige Betriebe begreifen diesen Wandel jedoch auch als Chance, ihre Ausbildung zeitgemäß zu gestalten und den Nachwuchs für Technik zu begeistern.

Da wäre zum Beispiel der Maschinenbauer Fill: Das Unternehmen hat ein Aus- und Weiterbildungskonzept entwickelt, das ein möglichst ganzheitliches Umfeld für den erfolgreichen Start in das industrielle Berufsleben schaffen soll. Im Rahmen des diesjährigen Aachener Gießerei-Kolloquiums haben die Österreicher ihren Ansatz einem breiten Fachpublikum vorgestellt – und damit wichtige Impulse geliefert, die auch die Diskussion um zukunftsfähige Ausbildungsmodelle in der Gießereibranche beleben kann.

Future Lab macht Technik erlebbar

Im Mittelpunkt steht für Fill die Frage, wie Kinder und Jugendliche durch Bildung für „die Welt von morgen“ am besten vorbereitet werden können. „Das ist die spannende Frage unserer Zeit. Mit diesem Thema beschäftigen wir uns schon lange und können mittlerweile auf zahlreiche Erfolge verweisen“, sagt CEO Andreas Fill. Eine Antwort liefert das Unternehmen mit der Next-World-Initiative, die unterschiedliche Stationen in der betriebseigenen Aus- und Weiterbildung umfasst. Im Future Lab, nennt Fill ein Beispiel, erlebe man tagtäglich, wie Kinder und Jugendliche ihr Talent und ihr Interesse an Technik entdecken.

Das Future Lab ist ein Labor, in dem Kinder, Jugendliche und Erwachsene auf spielerische Art und Weise die Welt der Digitalisierung und neuen Technologien für sich entdecken können. „Hier wecken wir die Begeisterung für Digitalisierung, Forschung, Innovation, Naturwissenschaften und Technik“, sagt Eva-Maria Rendl, Teamleitung Personalentwicklung. Mit acht Laboren – ausgestattet mit 3D-Drucker, Green-Screen, Robotern und Programmierplattformen – bietet das Future Lab eine kreative Umgebung, in der zukünftige Technologien erlebbar werden. In den vergangenen drei Jahren nahmen Fill zufolge mehr als 10 000 Besucher an unterschiedlichen Workshops teil, im Rahmen derer komplexe Aufgaben und Abläufe selbst erarbeiten werden können. Unter anderem können die Teilnehmer mit 3D-Druck, Laserschnitt und Prototyping ein erstes Verständnis für moderne Produktionsverfahren aufbauen. Darüber hinaus lernen sie die Grundlagen des Binärsystems kennen – und erhalten die Möglichkeit, sich mithilfe einer speziellen Software mit Programmiersprache vertraut zu machen.

Wie viel Potenzial in den jungen Talenten steckt, zeigte Fill zuletzt mit der dritten Auflage seines „Hackathons“. 40 Schüler aus unterschiedlichen Schulen stellten sich in interdisziplinären Teams der Herausforderung, in zweieinhalb Tagen eine mechatronische Aufgabe zu lösen. „Ausstattung eines hochinnovativen Industrieroboters mit einem konstruierten und 3D-gedruckten Greifer sowie die Programmierung des Roboters“, so lautete die Anforderung. Dabei arbeiteten die Teams mit modernen Industrierobotern der Firma Universal Robots, die eben auch eigenhändig zu programmieren waren.

Die Challenge soll praxisnah die Anforderungen an die Entwicklungsabteilung eines international agierenden Unternehmens simulieren. Großer Wert wird dabei auf das Teamwork gelegt: Nur gemeinsam konnte die schwierige Aufgabe gemeistert werden. Bei der Abschlusspräsentation setzte die Jury über ein erstelltes User Interface die Befehle an den Roboter ab, 3D-gedruckte Tetris-Bausteine richtig zu erkennen und zu platzieren.

Bild 1: Auch kleine Entdecker von drei bis zehn Jahren forschen bei Fill in zahlreichen Workshops an Aufgaben zu den Themen Technik und Digitalisierung.

Aus Parkplatz wird Bionic-Wiese

Weiter geht es dann außerhalb des Hallen: Derzeit renaturiert Fill in Gurten knapp 10 000 Quadratmeter bisher als Parkplatz genutzte Fläche und errichtet das „Bee-o Lab" – ein Outdoor-Labor, in dessen Mittelpunkt Naturwissenschaften mit Schwerpunkt „Bionic" stehen. Sechs Stationen, deren Verbindungswege aus der Vogelperspektive betrachtet einer Honigwabe gleichen, warten auf ihre Entdeckung. Ein interaktiver Lehrpfad soll allen Besuchern – ob technisch interessiert oder nicht – die Überleitung vom Vorbild Natur zur Technik veranschaulichen und sie faszinieren. „Der Mensch kann von der Natur sehr viel lernen und da spielt Bionic, das interdisziplinäre Forschungsfeld der Übertragung von Phänomenen aus der Natur auf die Technik, eine ganz entscheidende Rolle. Das wollen wir im neuen Labor auf teils spielerische Art und Weise vermitteln", so CEO Andreas Fill. Die Fertigstellung der Blumenwiese, inklusive der sechs wabenförmig angeordneten Stationen als zentrale Elemente, ist für das dritte Quartal dieses Jahres geplant.

New World Factory für Lehrlinge

Als Ergänzung zum Future Lab wurde Ende 2024 die Next World Factory am Standort Gurten eröffnet. Während die Zielgruppe des Future Lab vorwiegend Schüler sind, ist der Fokus der Next World Factory auf die Altersgruppe der Lehrlinge gerichtet. Neu entwickelte Methoden ermöglichen ein erstes Auseinandersetzen mit den Inhalten und den jeweils erforderlichen Kompetenzen der unterschiedlichen technischen Lehrberufe bei Fill. „Wir möchten Lehrlingen die Möglichkeit geben, über ihren eigenen Lehrberuf hinauszuschauen und verschiedene technische Bereiche kennenzulernen, damit sie bestmöglich auf ihre berufliche Zukunft vorbereitet sind“, sagt Andreas Fill.

Ein Highlight: Eine Woche lang entwickeln die Lehrlinge in Teams ein voll funktionsfähiges E-Auto – von der Planung über den Bau bis hin zur finalen Prüfung. Sie arbeiten dabei in modularen Stationen und lernen schrittweise die relevanten Technologien und Fertigungsprozesse kennen. Interne Trainer unterstützen die Challenge und bringen neben fachlicher Expertise auch pädagogische Erfahrung mit.

Die 180 Quadratmeter große Next World Factory besteht aus sechs Modulen: Energy Lab, Cycle Lab, Engineering Lab, CNC & E-Technology Lab, Welding Lab und Quality Lab. So kann ein Elektrotechnik-Lehrling beispielsweise Einblicke in das Schweißen und Fräsen eines Maschinenbautechnik-Lehrlings bekommen oder auch einmal mit dem Thema Hochsprachenprogrammierung in Berührung kommen.

In der nächsten Ausbaustufe sollen das Future Lab und die Next World Factory in einem eigenen Schulungszentrum, der Next World Academy, eine neue Heimat finden. Das Projekt ist ambitioniert: Bis 2028 soll damit laut Fill die „modernste Bildungseinrichtung für technische Berufe in ganz Österreich“ entstehen. In dem Zuge werde auch die Lehrwerkstätte weiter ausgebaut und für andere, an den Bildungskonzepten interessierten Unternehmen geöffnet.

fill.co.at

10 Forschungsförderung

10.1 Industrielle Gemeinschaftsforschung (IGF) für die Branche

Innovative IGF-Forschung für die Gießereibranche

Selbstverständnis und Tätigkeit der FVG Forschungsvereinigung Gießereitechnik e. V. basieren auf der Idee, praxisorientierte Forschung über die Grenzen des Wettbewerbs einzelner Unternehmen hinaus gemeinsam zu organisieren.

Die FVG ist gemeinnützig und war bis Dezember 2024 Mitglied der AiF Arbeitsgemeinschaft industrieller Forschungsvereinigungen. Seit dem 01.01.2024 arbeitet die FVG im Rahmen der Industriellen Gemeinschaftsforschung (IGF) mit dem DLR-Projektträger zusammen, der die Projektträgerschaft von der AiF übernommen hat. Durch direkte Mitgliedschaft sowie über den BDG Bundesverband der Deutschen Gießerei-Industrie gehören der FVG ca. 350 Unternehmen der deutschen Gießereiindustrie sowie der Zulieferindustrie an. Die Forschungsvereinigung kooperiert mit zahlreichen renommierten Forschungseinrichtungen an Hochschulen sowie Instituten anderer öffentlicher und privater Träger. Diese bilden die wissenschaftliche, personelle und strukturelle Basis für die Bearbeitung anwendungsorientierter Forschungsthemen der Gießereien. Die FVG ist gemeinnützig und eine der derzeit 85 Mitglieder der AiF Arbeitsgemeinschaft industrieller Forschungsvereinigungen. Die Förderung von Vorhaben der branchenweiten Industriellen Gemeinschaftsforschung hat zum Ziel, die strukturbedingten Nachteile kleiner und mittlerer Unternehmen (KMU) auf dem Gebiet von Forschung und Entwicklung (FuE) auszugleichen. Im Rahmen der IGF können KMU ihre gemeinsamen Probleme durch gemeinsame Forschungsaktivitäten lösen, die vor allem von Hochschulen und gemeinnützigen wirtschaftsnahen Forschungseinrichtungen durchgeführt werden. Aktive Beteiligung an Forschung und Entwicklung (FuE) lohnt sich!

Neben dem Bundesministerium für Wirtschaft und Energie (BMWE) bieten weiterhin das Bundesministerium für Bildung und Forschung (BMBF) sowie die Länderministerien und auch Stiftungen vielfältige Fördermöglichkeiten an. Hinzu kommen die Programme der Europäischen Union. Jede Beteiligung an FuE bringt einen Wissensvorsprung und ermöglicht eine frühzeitige Umsetzung in den eigenen Betrieb. Sollten Sie Hilfestellung bei der Umsetzung einer Forschungsidee benötigen oder haben Sie Interesse, an einem Verbundprojekt mitzuarbeiten, dann wenden Sie sich an:

FVG Forschungsvereinigung Gießereitechnik e. V.
Hansaallee 203, 40549 Düsseldorf
Telefon: 0211/6871-245
E-Mail: fvg@bdguss.de
www.fvguss.de

Der Vorstand der FVG

Vorsitz: **Dipl.-Ing. Gerd Röders**

stellvertretender Vorsitz: **Dr.-Ing. Stuart Wiesner**

Satzung der FVG

Die Satzung der FVG sowie weitere Informationen zur FVG, insbesondere der Leitlinien des Forschungsbeirats zur Beurteilung von Forschungsanträgen im Rahmen der industriellen Gemeinschaftsforschung, finden Sie unter www.fvguss.de.

Der Forschungsbeirat der FVG

Der Forschungsbeirat nimmt zu gießereitechnischen Forschungsanträgen, die dem Verein vorgelegt werden, gutachterlich Stellung und entscheidet über deren Weiterleitung an den Fördermittelgeber.

Mitglieder des Forschungsbeirats sind der Vorsitzende, sein Stellvertreter und die Fachausschussleitenden des Bundesverbandes der Deutschen Gießerei-Industrie (BDG).

Durch das BMWE geförderte IGF-Vorhaben

Informationen zu aktuellen und abgeschlossenen Forschungsprojekten finden Sie unter www.guss.de/forschung/igf.

Die vollständigen Abschlussberichte sind erhältlich bei der Forschungsvereinigung Gießereitechnik e. V., E-Mail: fvg@bdguss.de

10.2 Forschungseinrichtungen für Gießereitechnik in Deutschland

- Hochschule Aalen Technik und Wirtschaft – Gießerei Technologie Aalen – GTA
- Hochschule Düsseldorf – Fachbereich Maschinenbau und Verfahrenstechnik
- Hochschule Kempten Fakultät Maschinenbau – Fachgebiet Gießereitechnik
- Leibniz-Universität Hannover – Institut für Werkstoffkunde
- Friedrich-Alexander-Universität Erlangen-Nürnberg – Lehrstuhl für Gießereitechnik
- Rheinisch Westfälische Technische Hochschule (RWTH) Aachen – Gießerei-Institut
- Technische Universität Bergakademie Freiberg – Gießerei-Institut
- Technische Universität Braunschweig – Institut für Füge- und Schweißtechnik
- Technische Universität Clausthal – Institut für Metallurgie – Abt. Gießereitechnik
- Technische Universität München – Lehrstuhl für Umformtechnik und Gießereiwesen utg
- Universität Kassel – Institut für Produktionstechnik und Logistik/Fachgebiet Gießereitechnik
- Fraunhofer-Institut für Gießerei-, Composite- und Verarbeitungstechnik IGCV, Garching
- Fraunhofer-Institut für Fertigungstechnik und angewandte Materialforschung IFAM, Bremen und Dresden
- Fraunhofer-Institut für Betriebsfestigkeit und Systemzuverlässigkeit LBF, Darmstadt

10.3 Die Akademische Interessensgemeinschaft Gießereitechnik: Vielfalt bündeln und Wahrnehmung steigern

Die Akademische Interessensgemeinschaft Gießereitechnik (akaGuss) ist eine Arbeitsgemeinschaft von Professoren, die sich für das Gießereiwesen engagieren. Sie setzt sich für eine größere Bedeutung der Gießereitechnik in den Hochschulen sowie der universitären Forschung in der Branche ein.

Das Ziel ist es, durch die gemeinsame Initiative eine hohe Sichtbarkeit der Gießereitechnik im Maschinenbau, in der Produktionstechnik sowie in der Werkstofftechnik und Materialwissenschaft zu erreichen und darüber hinaus ein exzellentes Ausbildungs- und Technologieniveau auch branchenübergreifend zu stabilisieren.

Durch die Bündelung der Kompetenzen in der Lehre können an den unterschiedlichen Hochschulstandorten in Deutschland, Dänemark und Österreich effizient auf hohem Niveau Lehre auch fachübergreifend angeboten und dabei gleichzeitig die Kernkompetenzen stärker fokussiert werden.

Die akaGuss sucht dafür die effektive Kooperation mit der Industrie.

Es werden neue Kommunikationswege eröffnet sowie Kompetenzen und Austausch in der akademischen Ausbildung und Forschung gesteigert, zum Nutzen für Betriebe und Forschungsstellen sowie der Studierenden und Absolventen.

Die beteiligten Hochschulinstitute sowie weitere Informationen zu den Zielen sind über die Website der akaGuss.de zu erfahren.

Akademische Interessensgemeinschaft Gießereitechnik (akaGuss)

c/o TU München

Prof. Dr.-Ing. Wolfram Volk
Walther-Meißner-Str. 4
85748 Garching
Telefon +49 (0)89/289-13791
Telefax +49 (0)89/289-13738
E-Mail info@akaguss.de
www.akaguss.de

10.4 Projekt ReGAIN: Die Branche macht sich fit für die Zukunft

Das BMWE-Verbundprojekt ReGAIN gehört zu den ambitioniertesten Projekten in der Gießerei-Industrie. Es geht um nicht weniger als um eine digitale Plattform, auf deren Grundlage jedes Gießereiprodukt einen digitalen einheitlich definierten Produktpass erhält. Der BDG übernimmt innerhalb des Projekts den Wissenstransfer und Qualifizierung. Die digitale Lernplattform Gießerei 4.0 steht jetzt kurz vor dem Abschluss.

FOTO: CHRISTIAN THIEME

Auf dem vom BDG ausgerichteten Deutschen Gießereitag in Aachen hatte ReGAIN seinen eigenen Stand.

Von Sebastian Tewes

An ReGAIN sind 26 Unternehmen und Forschungseinrichtungen aus den Bereichen „Anwender und Zulieferer", Digitale Interoperatbilität und CATENA-X", „KI-Assistenz-Apps" und „Standardisierung und Transfer" beteiligt (**Bild 1**), die mit einem Gesamtvolumen von 11,68 Mio. Euro 17 Teilprojekte in den Prozessclustern Sand-, Kokillen- und Druckguss bearbeiten (**Bild 2**).

Ziel des Projekts ist der digitale, mit CATENA-X kompatible Produktpass für jedes Gießereiprodukt. Damit soll die Wettbewerbsfähigkeit der Gießerei-Industrie als klassischer Zuliefererindustrie und Schlüsselindustrie für den Automobil- und Maschinenbauindustrie gewährleistet werden. Die damit einher gehende Digitalisierung der komplexen Pro-

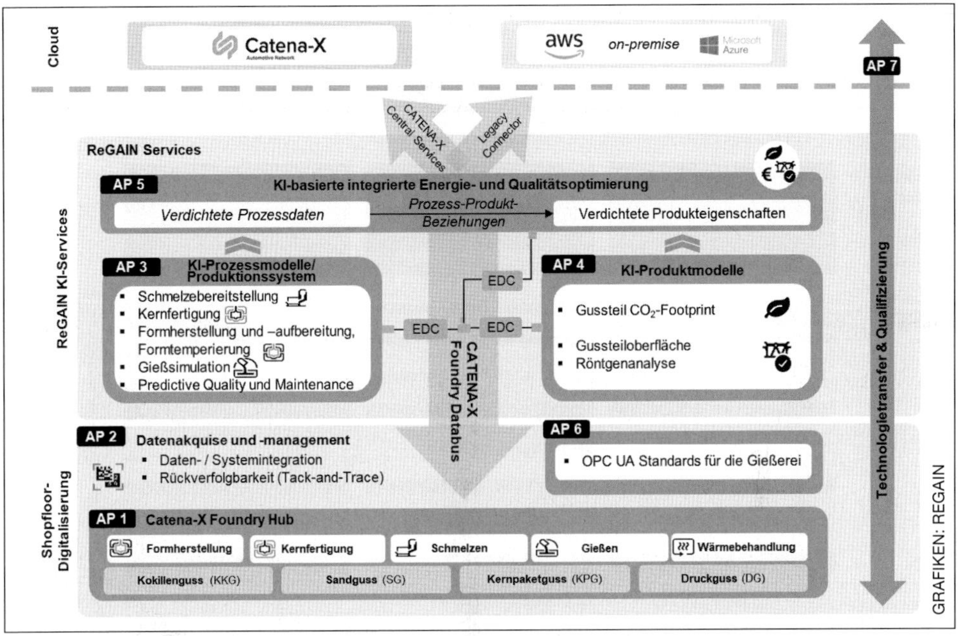

Bild 1: Themenschwerpunkte und Arbeitspakete von ReGAIN im Überblick.

zessketten in Gießereien ermöglicht darüber hinaus auch das Bewahren von Wissen, Effizienzsteigerung und Flexibilisierung. Ohne Digitalisierung wird ein Unternehmen in Zukunft nicht wettbewerbsfähig sein. Die lebhaften Rückfragen während der Paneldiskusstion Digitalisierung auf dem Deutschen Gießereitag in Aachen zeigten zweierlei: Die Gießereien sind sich dessen bewusst und sie wollen starten. Hier setzt Gießerei 4.0 an. Die interaktive Lernplattform versteht sich als ein niederschwelliges Instrument, das Hemmnisse abbaut und den Einstieg in die Digitalisierung beschleunigt. Sie baut auf dem BDG-Leitfaden Gießerei 4.0 auf und ermöglicht den Gießereien, den Grad ihrer Digitalisierung in einem Reifegradmodell zu positionieren und den Schritt weiter zu gehen – hin zu einer strategischen Planung ihrer Digitalisierung. Die Lernplattform steht jetzt kurz vor ihrer Fertigstellung. Sie ist gekennzeichnet durch kurze prägnante Bausteine – die sogenannten Lernnuggets und wird laufend ergänzt werden.

Die Lernnuggets

Die Lerninhalte, die auf einem modularen Reifegradmodell basieren, sind nun über eine eigens entwickelte Onlineplattform verfügbar und können demnächst von Gießereibetrieben unmittelbar genutzt werden. Damit wird der Schritt von der Konzeptphase in die praktische Anwendung vollzogen – ein zentraler Fortschritt für die digitale Transformation der Branche.

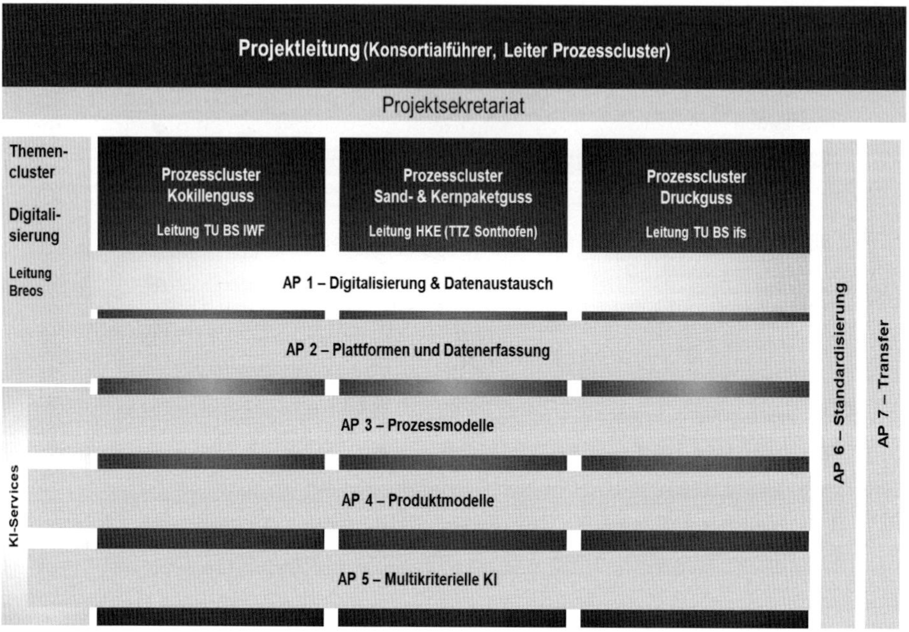

Bild 1: Themenschwerpunkte und Arbeitspakete von ReGAIN im Überblick.

Die Plattform ist so konzipiert, dass sie die gesamte Bandbreite des BDG-Kompasses „Gießerei 4.0" abbildet. Sie umfasst zehn Themenfelder – von Datenerfassung und -verarbeitung über Prozessentwicklung und Automatisierung bis hin zu Führungs- und Organisationsstrukturen. Für jedes Themenfeld stehen Lernnuggets in den Reifegradstufen 1 bis 5 bereit. Diese kompakten, handlungsorientierten Einheiten ermöglichen es Unternehmen, gezielt genau die Inhalte abzurufen, die ihrem aktuellen Digitalisierungsstand entsprechen.

Jedes Lernnugget vermittelt nicht nur technologisches Wissen, sondern ist mit praxisnahen Handlungsempfehlungen verknüpft. Ergänzende Steckbriefe geben Auskunft über Voraussetzungen, erwartete Mehrwerte und mögliche Risiken der jeweiligen Maßnahme. So erhalten Anwender ein strukturiertes Werkzeug, um konkrete Digitalisierungsprojekte im eigenen Betrieb zu planen und umzusetzen.

Die Webseite

Die Bereitstellung auf einer zentralen Website (www.regain-projekt.de) gewährleistet einen jederzeitigen, ortsunabhängigen Zugriff. Unternehmen können ihren eigenen Reifegrad bestimmen, geeignete Entwicklungspfade identifizieren und die relevanten Lernnuggets unmittelbar abrufen. Die digitale Umsetzung erlaubt zudem eine kontinuierliche

Erweiterung: Neue Inhalte, besonders für die innovativen ReGAiN-Stufen 6 und 7, werden im weiteren Verlauf des Projektes jederzeit ergänzt und integriert werden. Diese höheren Stufen zielen auf KI-gestützte Prozessregelungen, nachhaltige Ressourcennutzung und die systematische Verankerung lernender Organisationen in der Gießereipraxis.

Mit der nun live geschalteten Plattform ist die Basis geschaffen, um nicht nur Wissen zu vermitteln, sondern dieses auch in messbare Verbesserungen der Produktions- und Organisationsprozesse zu übersetzen. Die Lernnuggets werden damit zu einem strategischen Werkzeug, das Gießereien befähigt, Schritt für Schritt den Übergang zu einer vernetzten, resilienten und zukunftsfähigen Produktion zu gestalten.

www.guss.de

Dr. Sebastian Tewes ist Leiter Technik und Innovation sowie Geschäftsführer der Forschungsvereinigung Guss (FVG) beim BDG, Düsseldorf

11 Statistik für Gießereien und Abnehmerbranchen

Detaildaten zu einzelnen Werkstoffen können erfragt werden beim

BDG-Referat für Marktanalysen und Volkswirtschaft
Tillman van de Sand, Telefon: +49(0)211/6871-301
E-Mail: tillman.vandesand@bdguss.de

Quelle: BDG (wenn nicht anders angegeben)

11.1 Kennzahlen deutsche Gießerei-Industrie

11.1.1 Gießerei-Industrie gesamt

Auftragseingang

Jahr	in t	%-Veränd. zum Vorjahr
2016	5.348.534	0,6
2017	5.467.304	2,2
2018	5.342.198	-2,3
2019	4.464.715	-16,4
2020	3.742.019	-16,2
2021	4.376.877	17,0
2022	3.787.309	-12,8
2023	3.443.105	-9,7
2024	3.052.018	-11,4

Umsatz (fachl. Betriebsteile)

Jahr	in Mio EUR	%-Veränd. zum Vorjahr
2016	12.397	-2,6
2017	13.114	5,8
2018	13.578	3,9
2019	12.433	-8,8
2020	9.877	-20,6
2021	11.623	17,7
2022	13.822	18,9
2023	13.955	1,0
2024	12.222	-12,4

Quelle: Stat BA
(Abschneidegrenze Betr. mit >50 Pers.)

Produktion

Jahr	in t	%-Veränd. zum Vorjahr
2016	5.167.823	-3,3
2017	5.391.014	4,3
2018	5.432.930	0,8
2019	4.820.178	-11,3
2020	3.483.237	-27,7
2021	3.964.603	13,8
2022	3.930.272	-0,9
2023	3.914.989	-0,4
2024	3.409.114	-12,9
2024 darunter		%-Anteil
Fahrzeugbau	2.131.600	54,4
Maschinenbau	672.587	17,2
Sonstige	604.937	15,5

Auftragsbestand

Ende des Monats	in t	%-Veränd. zum Vorjahresmonat
Dez 2016	2.272.455	7,2
Dez 2017	2.084.123	-8,3
Dez 2018	1.951.434	-6,4
Dez 2019	1.669.284	-14,5
Dez 2020	1.487.298	-10,9
Dez 2021	1.650.356	11,0
Dez 2022	1.660.440	0,6
Dez 2023	1.434.535	-13,6
Dez 2024	1.239.748	-13,6

Inlandsabsatz

Jahr	in t	%-Veränd. zum Vorjahr
2016	3.493.901	-2,1
2017	3.612.044	3,4
2018	3.612.634	0,0
2019	3.141.712	-13,0
2020	2.320.614	-26,1
2021	2.603.944	12,2
2022	2.534.849	-2,7
2023	2.484.502	-2,0
2024	2.171.299	-12,6

Zahl der fachl. Betriebsteile

Jahr		%-Veränd. zum Vorjahr
2016	406	-1,2
2017	405	-0,2
2018	396	-2,2
2019	382	-3,5
2020	371	-2,9
2021	351	-5,4
2022	358	2,0
2023	348	-2,8
2024	337	-3,2

Quelle: Stat BA
(Abschneidegrenze Betr. mit >50 Pers.)
Stand Ende des Jahres

Export

Jahr	in t	%-Veränd. zum Vorjahr
2016	1.673.921	-5,5
2017	1.778.969	6,3
2018	1.820.296	2,3
2019	1.678.466	-7,8
2020	1.162.623	-30,7
2021	1.360.659	17,0
2022	1.395.423	2,6
2023	1.430.487	2,5
2024	1.237.815	-13,5

Zahl der Beschäftigten (fachl. Betriebsteile)

Jahr		%-Veränd. zum Vorjahr
2016	77.073	–2,3
2017	77.741	0,9
2018	78.829	1,4
2019	75.197	-4,6
2020	67.118	-10,7
2021	65.899	-1,8
2022	68.647	4,2
2023	67.372	-1,9
2024	64.504	-4,3

Quelle: Stat BA
(Abschneidegrenze Betr. mit >50 Pers.)
Stand Ende des Jahres

Zahl der fachl. Betriebsteile (BDG Erhebung)

Jahr		%-Veränd. zum Vorjahr
2016	583	-0,9
2017	577	-1,0
2018	569	-1,4
2019	562	-1,2
2020	552	-1,8
2021	543	-1,6
2022	539	-0,7
2023	526	-2,4
2024	514	-2,3

Investitionen Gießerei-Industrie insgesamt (Fe + NE)

Jahr	in Mio. Euro	%-Veränd. zum Vorjahr
2016	691	1,0
2017	665	-3,7
2018	643	-3,4
2019	574	-10,7
2020	406	-29,3
2021	439	8,1
2022	482	9,8
2023	k.A.	

Quelle: Stat. BA: Betriebe, Investitionserh. im verarb. Gewerbe, Ifo

11.1.2 Eisen- und Stahlguss

Auftragseingang

Jahr	in t	%-Veränd. zum Vorjahr
2016	4.036.545	-2,8
2017	4.186.637	3,7
2018	4.118.978	-1,6
2019	3.442.199	-16,4
2020	2.958.362	-14,1
2021	3.553.812	20,1
2022	2.987.782	-15,9
2023	2.626.053	-12,1
2024	2.299.490	-12,4

Produktion

Jahr	in t	%-Veränd. zum Vorjahr
2016	3.918.998	-4,9
2017	4.184.887	6,8
2018	4.256.230	1,7
2019	3.800.947	-10,7
2020	2.713.809	-28,6
2021	3.158.418	16,4
2022	3.119.946	-1,2
2023	3.077.470	-1,4
2024	2.608.000	-15,3
2024 darunter		%-Anteil
Fahrzeugbau	1.511.031	49,1
Maschinenbau	665.731	21,6
Sonstige	431.258	14,0

Umsatz (fachl. Betriebsteile)

Jahr	in Mio EUR	%-Veränd. zum Vorjahr
2016	6.632	-5,1
2017	7.147	7,8
2018	7.511	5,0
2019	6.875	-8,4
2020	5.448	-20,8
2021	6.433	18,1
2022	7.632	18,6
2023	7.799	2,2
2024	6.767	-13,2

Quelle: Stat BA
(Abschneidegrenze Betr. mit >50 Pers.)

Auftragsbestand

Ende des Monats	in t	%-Veränd. zum Vorjahresmonat
Dez 2016	1.858.333	4,7
Dez 2017	1.737.981	-6,5
Dez 2018	1.668.179	-4,0
Dez 2019	1.424.104	-14,6
Dez 2020	1.293.945	-9,1
Dez 2021	1.470.016	13,6
Dez 2022	1.479.908	0,7
Dez 2023	1.256.741	-15,1
Dez 2024	1.082.099	-13,9

Inlandsabsatz

Jahr	in t	%-Veränd. zum Vorjahr
2016	2.393.313	-4,2
2017	2.554.336	6,7
2018	2.586.437	1,3
2019	2.262.206	-12,5
2020	1.667.955	-26,3
2021	1.909.761	14,5
2022	1.830.468	-4,2
2023	1.750.440	-4,4
2024	1.466.757	-16,2

Export

Jahr	in t	%-Veränd. zum Vorjahr
2016	1.525.685	-5,9
2017	1.630.551	6,9
2018	1.669.793	2,4
2019	1.538.742	-7,8
2020	1.045.854	-32,0
2021	1.248.657	19,4
2022	1.289.478	3,3
2023	1.327.030	2,9
2024	1.141.243	-14,0

Zahl der fachl. Betriebsteile (BDG Erhebung)

Jahr		%-Veränd. zum Vorjahr
2016	243	-2,0
2017	240	-1,2
2018	239	-0,4
2019	232	-2,9
2020	225	-3,0
2021	220	-2,2
2022	218	-0,9
2023	211	-3,2
2024	208	-1,4

Zahl der Beschäftigten (fachl. Betriebsteile)

Jahr		%-Veränd. zum Vorjahr
2016	41.844	-4,8
2017	41.774	-0,2
2018	42.000	0,5
2019	39.675	-5,5
2020	35.385	-10,8
2021	34.657	-2,1
2022	34.985	0,9
2023	34.650	-1,0
2024	33.701	-2,7

Quelle: Stat BA
(Abschneidegrenze Betr. mit >50 Pers.)
Stand Ende des Jahres

Zahl der fachl. Betriebsteile

Jahr		%-Veränd. zum Vorjahr
2016	190	-2,6
2017	192	1,1
2018	190	-1,0
2019	182	-4,2
2020	179	-1,6
2021	172	-3,9
2022	167	-2,9
2023	163	-2,4
2024	164	0,6

Quelle: Stat BA
(Abschneidegrenze Betr. mit >50 Pers.)
Stand Ende des Jahres

Investitionen Gießerei-Industrie insgesamt (Fe)

Jahr	in Mio. Euro	%-Veränd. zum Vorjahr
2016	301	2,3
2017	259	-13,7
2018	235	-9,3
2019	200	-15,0
2020	143	-28,4
2021	142	-0,8
2022	184	29,6
2023	k.A.	

Quelle: Stat. BA
Betriebe, Investitionserh. im verarb. Gewerbe

11.1.3 NE-Metallguss

Auftragseingang

Jahr	in t	%-Veränd. zum Vorjahr
2016	1.311.989	12,4
2017	1.280.666	-2,4
2018	1.223.220	-4,5
2019	1.022.516	-16,4
2020	783.656	-23,4
2021	823.065	5,0
2022	827.224	0,5
2023	817.052	-1,2
2024	752.528	-7,9

Produktion

Jahr	in t	%-Veränd. zum Vorjahr
2016	1.248.824	2,3
2017	1.206.126	-3,4
2018	1.176.700	-2,4
2019	1.019.230	-13,4
2020	769.084	-24,5
2021	806.136	4,8
2022	810.326	0,5
2023	837.519	3,4
2024	801.114	-4,3
2024 darunter		%-Anteil
Fahrzeugbau	620.569	74,1
Maschinenbau	6.856	0,8
Sonstige	173.679	20,7

Umsatz (fachl. Betriebsteile)

Jahr	in Mio EUR	%-Veränd. zum Vorjahr
2016	5.765	0,4
2017	5.963	3,4
2018	6.128	2,8
2019	5.558	-9,3
2020	4.429	-20,3
2021	5.190	17,2
2022	6.190	19,3
2023	6.156	-0,5
2024	5.455	-11,4

Quelle: Stat BA
(Abschneidegrenze Betr. mit >50 Pers.)

Auftragsbestand

Ende des Monats	in t	%-Veränd. zum Vorjahresmonat
Dez 2016	414.122	19,9
Dez 2017	346.142	-16,4
Dez 2018	283.255	-18,2
Dez 2019	245.179	-13,4
Dez 2020	193.353	-21,1
Dez 2021	180.340	-6,7
Dez 2022	180.532	0,1
Dez 2023	177.794	-1,5
Dez 2024	157.649	-11,3

Inlandsabsatz

Jahr	in t	%-Veränd. zum Vorjahr
2016	1.100.588	2,8
2017	1.057.708	-3,9
2018	1.026.198	-3,0
2019	879.506	-14,3
2020	652.659	-25,8
2021	694.183	6,4
2022	704.380	1,5
2023	734.062	4,2
2024	704.542	-4,0

Export

Jahr	in t	%-Veränd. zum Vorjahr
2016	148.236	–1,4
2017	148.418	0,1
2018	150.503	1,4
2019	139.724	-7,2
2020	116.769	-16,4
2021	112.001	-4,1
2022	105.946	-5,4
2023	103.457	-2,3
2024	96.572	-6,7

Zahl der fachl. Betriebsteile (BDG Erhebung)

Jahr		%-Veränd. zum Vorjahr
2016	340	0,0
2017	337	-0,9
2018	330	-2,1
2019	330	0,0
2020	327	-0,9
2021	323	-1,2
2022	321	-0,6
2023	315	-1,9
2024	306	-2,9

Zahl der Beschäftigten (fachl. Betriebsteile)

Jahr		%-Veränd. zum Vorjahr
2016	35.229	1,0
2017	35.967	2,1
2018	36.829	2,4
2019	35.522	-3,5
2020	31.733	-10,7
2021	31.242	-1,5
2022	33.662	7,7
2023	32.722	-2,8
2024	30.803	-5,9

Quelle: Stat BA
(Abschneidegrenze Betr. mit >50 Pers.)
Stand Ende des Jahres

Zahl der fachl. Betriebsteile

Jahr		%-Veränd. zum Vorjahr
2016	216	0,0
2017	213	-1,4
2018	206	-3,3
2019	200	-2,9
2020	192	-4,0
2021	179	-6,8
2022	191	6,7
2023	185	-3,1
2024	173	-6,5

Quelle: Stat BA
(Abschneidegrenze Betr. mit >50 Pers.)
Stand Ende des Jahres

Investitionen Gießerei-Industrie insgesamt (Ne)

Jahr	in Mio. Euro	%-Veränd. zum Vorjahr
2016	390	0,0
2017	406	4,1
2018	408	0,4
2019	374	-8,3
2020	263	-29,7
2021	297	13,0
2022	298	0,3
2023	k.A.	

Quelle: Stat. BA
Betriebe, Investitionserh. im verarb. Gewerbe

12 Normung für die Gießerei-Industrie

12.1 Aufgaben und Chancen der Normung

Normung definiert den Stand der Technik. Technologisch ist Deutschland weiterhin an der Weltspitze. Viele Gießereitechnologien wurden hier erforscht und entwickelt. Die Ergebnisse schlagen sich in Werkstoffherstellung und Qualitätssicherung nieder und werden im Normenwerk festgehalten. Dieses wird laufend an technische Fortschritte in den Fertigungsverfahren angepasst.

Normung ist Interessenvertretung – Mehrwert für BDG-Mitgliedsfirmen

Der BDG vertritt die Interessen seiner Mitglieder in nationalen und internationalen Normengremien. Durch aktive Mitgestaltung sorgt er dafür, dass aufgrund langjähriger Erfahrung erstellte Standards nicht aufgeweicht werden.

Spiegelausschüsse In den technischen Arbeitsgremien des GINA werden die europäischen (EN) und internationalen (ISO) Normen überprüft (= „gespiegelt"). Die wichtigsten Gremien für die deutsche Gießerei-Industrie sind

- Normenausschuss Gießereiwesen (GINA = Gießerei-Normen-Ausschuss)
- Normenausschuss Eisen und Stahl (FES, für die Stahlguss-Normung, mit VDEh)
- Normenausschuss Nichteisenmetalle (FNNE)

Beobachtet werden die Aktivitäten in weiteren DIN-Normenausschüssen wie Schweißtechnik (NAS), Materialprüfung (NMP), Technische Grundlagen (NATG).

12.2 Finanzierung und Beteiligung

Der BDG fördert die Arbeit „seiner" Normengremien aus Mitgliedsbeiträgen. Dies nutzt der gesamten Branche. Mitarbeiten und damit mitgestalten dürfen jedoch nur die Mitgliedsfirmen des BDG – ein Angebot des BDG an seine Mitglieder!

12.3 Überarbeitung / Überprüfung bestehender Normen

Die laufenden Arbeiten bieten die Chance, bestehende Regelungen zu verbessern bzw. zu korrigieren.

Werkstoffnormen

Vielfach als zu niedrig kritisiert, sind die Werkstoffkennwerte in den Normen jedoch abgestimmt und stellen Daten dar, die prozesssicher von allen deutschen Gießereien erreichbar sind – unabhängig vom Fertigungsverfahren. Informativ werden häufig auch Anwendungseigenschaften angegeben – dies ist z. T. eine Besonderheit bei Guss.

Produktnormen

sind teilweise außerhalb des Fokus der genannten Normenausschüsse, werden aber vom BDG beobachtet, um ggf. die Anforderungen zu überprüfen.

12.4 Normenübersichten

Den tagesaktuellen Stand dieser Normen können Sie bei DIN Media (www.dinmedia.de) abrufen.

12.5 Aktualität der Normung

Normung geht zu langsam? – Nicht unbedingt. Bei Bedarf können Normenprojekte kurzfristig realisiert werden. Eine geeignete Vorstufe sind BDG-Richtlinien, aber es gibt auch schnelle Projekte wie DIN-SPEC. Bei Bedarf kann es auch schnell gehen!

12.6 Mitarbeit bei der Normung

Normung ist vielseitig. Sie wird nicht allein von Gießereien gemacht – in manchen Fällen sitzen Gussabnehmer mit am Tisch. Für diese anspruchsvolle Arbeit werden Experten aus den Unternehmen benötigt, die dabei auch ihr eigenes Unternehmen vertreten. Das macht Normenarbeit doppelt wertvoll! Der Arbeitsaufwand ist überschaubar; eine einfache Stellungnahme erübrigt manche Sitzung. Wann machen Sie mit?

12.7 Ihre Ansprechpartner bei der Normung

BDG-Technik, Eisen- und Stahlguss: Pascal Steinküller
Telefon: 0211-6871-342
E-Mail: pascal.steinkueller@bdguss.de

BDG-Technik, NE-Metallguss: Dr.-Ing. Ina Diederichs-Mittler
Telefon: 0211-6871-265
E-Mail: ina.diederichs-mittler@bdguss.de

DIN-GINA: Dipl.-Ing. Michaela Treige
Telefon: 030-2601-0
E-Mail: michaela.treige@din.de

13 Gießereiorganisationen in Deutschland

13.1 Bundesverband der Deutschen Gießerei-Industrie e. V. (BDG)

Hauptgeschäftsstelle:
Hansaallee 203, 40549 Düsseldorf
Telefon: (0211) 6871-0, Fax: (0211) 6871-333
E-Mail: info@bdguss.de
www.guss.de

Präsident:

Dipl.-Ing./Dipl.-Wirt.-Ing. Clemens Küpper

Vizepräsidenten:
Hans-Peter Grohmann
Reinhard Tweer
Lars Steinheider

Weitere Präsidiumsmitglieder:
Hartmut Fischer
Dr. Klaus Lellig
Dr. Christiane Heunisch-Grotz
Dr. Marc Mateika
Dirk Engels
Stefan Michel
sowie die kooptierte Geschäftsführung

Hauptgeschäftsführer

Dr. Martin Theuringer
Telefon: (0211) 6871-155, Fax: (0211) 6871-40 348
E-Mail: martin.theuringer@bdguss.de

Bezüglich des Auftrags und der Aufteilung des BDG in Fach- und Landesverbände, in technische Fachgruppen und Referate wird auf die Website des BDG, www.guss.de, verwiesen.

13.2 Verein Deutscher Giessereifachleute e. V. (VDG)

Hauptgeschäftsstelle:
Hansaallee 203, 40549 Düsseldorf
Telefon.: (0211) 6871-0, Fax: (0211) 6871-333
E-Mail: info@vdg.de
www.vdg.de

Präsident

Lars Steinheider

Vizepräsidenten
Dr.-Ing. Dr.-Ing. E. h. Erwin Flender
Dr. Klaus Lellig
Dirk Engels

Landesgruppenvorsitzende:

Jörg Dossmann (Landesgruppe Süd)
N.N. (Landesgruppe Mitteldeutschland)
Dr.-Ing. Andreas Huppertz (Landesgruppe NRW)
Dr.-Ing. Wolfgang Lenz (Landesgruppe Südwest)
Dr.-Ing. Carsten Kuhlgatz (Landesgruppe Niedersachsen-Nord)
Christian Tönges (Landesgruppe Hessen)
Dr.-Ing. Steffen Klan (Landesgruppe Bayern)

Vorsitzender des Forschungsbeirates der FVG
Dipl.-Ing. Gerd Röders

Vertreter der Wissenschaft

Prof. Dr.-Ing. Andreas Bührig-Polaczek
Prof. Dr.-Ing. Wolfram Volk

Vertreter der Wirtschaft
Dr.-Ing. Georg Wilhelm Dieckhues
Dirk Engels
Dr.-Ing. Katrin Müller
Michael Neubert
Hagen Stein
Dr.-Ing. Jens Wiesenmüller

VDG-Mitgliederstelle
Simone Bednareck
Telefon: (0211) 6871-332, Fax: (0211) 6871-40-332
E-Mail: simone.bednareck@bdguss.de

13.3 BDG-Service GmbH

Geschäftsführer: Ralf Stog

Haus der Gießerei-Industrie
BDG-Service GmbH
Hansaallee 203, 40549 Düsseldorf
Telefon: (0211) 6871-266
ralf.stog@bdg-service.de
www.bdg-service.de
www.vdg-akademie.de

Kompetenzzentrum der Gießerei-Industrie

Mit den Möglichkeiten der modern gestalteten Labore der BDG-Service GmbH, einer einhundertprozentigen Tochter des Bundesverbandes der Deutschen Gießerei-Industrie (BDG), wird der Gießereibranche ein hochwertiger Service angeboten. In Verbindung mit umfangreichen Beratungsleistungen übernimmt die BDG-Service GmbH im Haus der Gießerei-Industrie die Aufgaben eines technischen Kompetenzzentrums für Gießereien, Gießereizulieferer, Gussabnehmer und Entsorger. Die BDG-Service GmbH betreibt ein zertifiziertes Qualitätsmanagementsystem nach DIN EN ISO 9001:2015. Bereits seit dem Jahr 2009 wird die BDG-Service GmbH nach dem Normenwerk der DIN EN ISO/IEC 17025 überprüft. Zusätzlich sind die Labordienstleistungen durch die Deutsche Akkreditierungsstelle auf Basis der DIN EN ISO/IEC 17025:2018 akkreditiert.

In den BDG-Service eigenen Werkstätten können Gussteile aller Werkstoffarten bearbeiten werden. Dazu stehen moderne Bearbeitungszentren zur Verfügung. Durch die enge Zusammenarbeit aller Abteilungen im Haus der Gießerei-Industrie können die Mitarbeiter der Service GmbH ihren Wettbewerbsvorteil Schnelligkeit gegenüber anderen Wettbewerbern am Markt voll ausspielen.

Die Analyse von Qualitätsproblemen von Gussteilen und der Prozesse zu deren Herstellung ist ein Schwerpunkt der Aktivitäten der BDG-Service GmbH. Die Mitarbeiter lösen Ihre Probleme und Fragen direkt vor Ort in der Gießerei und leisten ingenieurtechnische Unterstützung bei der Optimierung Ihrer Prozesse zur Verbesserung von Gussteilqualität. Begleitende Analysen und Untersuchungen sind eine notwendige Voraussetzung für eine prozesssichere Fertigung. Die BDG-Service GmbH bietet hierfür alle relevanten Mess- und Untersuchungsverfahren als Dienstleistung im Einzel- oder Dauerauftrag an. Erfahrene Spezialisten betreuen die Messungen und beraten Sie bei der fachlichen Bewertung der Ergebnisse. Dazu zählen selbstverständlich auch Verbesserungsvorschläge und Abhilfemaßnahmen bei Herausforderungen im Gießereibetrieb vor Ort.

Beratung

Die Analyse von Qualitätsproblemen und die Optimierung der Prozesse zu deren Herstellung ist ein Schwerpunkt der Aktivitäten der BDG-Service GmbH. BDG-Service Mitarbeiter widmen sich Ihren Problemen und Fragen vor Ort und leisten ingenieurtechnische Unterstützung bei der Optimierung Ihrer Prozesse zur Verbesserung von Gussteilqualität und Prozesssicherheit.

VDG-Akademie

Die VDG-Akademie bietet Fortbildungsseminare für Ingenieure und Techniker, Qualfizierungslehrgänge für Produktionsmitarbeiter, maßgeschneidetere Inhouse-Schulungen zur beruflichen Weiterbildung der Mitarbeiter und Führungskräfte der Gießerei-Industrie sowie ihrer Zulieferer und Abnehmer. Darüber hinaus werden die Führungskräfte von morgen in den Langzeitmaßnahmen „Lehrgänge zur Vorbereitung auf die Industriemeisterprüfung, Fachrichtung Gießerei" und „Berufsbegleitendes VDG-Zusatzstudium Gießerei" für die sich ständig wandelnden Herausforderungen der Gießereiwelt vorbereitet.

Auf Grundlage der langjährigen gießereitechnologischen Erfahrungen schulen BDG-Service-Mitarbeiter in Zusammenarbeit mit der VDG-Akademie Gießereifachleute aller Bereiche und Ebenen durch individuell auf Ihre Bedürfnisse zugeschnittene Inhouse-Seminare, z. B. zu den Themen Werkstoffpalette, Schmelz- und Formverfahren, Fertigungsbedingungen, Umwelt- und Arbeitsschutz sowie Energiemanagement.

Wenn Sie sich für Weiterbildung für sich oder ihre Mitarbeiter interessieren, bitte wenden Sie sich an uns.

Chemische Labore und Formstofflabor

Die chemischen Labore der BDG-Service GmbH bieten alle relevanten Mess- und Untersuchungsverfahren für die Analyse von Metallen, Einsatzstoffen und Reststoffen, z. B. mit dem Röntgenfluoreszenzspektrometer oder mit der nasschemischen Analyse mittels optischer Emissionsspektroskopie (ICP-OES). Um Ursachen für formstoffbedingte Gussfehler zu ermitteln und daraus resultierend die Fertigungs- und Formstofftechnik zu optimieren, untersucht die BDG-Service GmbH Formgrundstoffe, Formstoffe, Regenerate, Zusatzstoffe und Hilfsstoffe nach BDG-Richtlinien und Deutschen Einheitsverfahren.

Metallografie

Für Werkstoff- und Bauteiluntersuchungen sind metallografische Prüfmethoden zur Qualitätseinschätzung und Schadensanalytik unentbehrlich. Die BDG-Service GmbH arbeitet mit den neuesten metallografischen Untersuchungsverfahren und passt sie spezifischen Aufgabenstellungen an. Für das Leistungsangebot der Metallografie stehen der Service GmbH eine auf dem neuesten Stand eingerichtete Probenvorbereitung und

Mikroskopie einschließlich digitaler Bildanalyse, -Verarbeitung und -archivierung zur Verfügung. Der Vorteil dabei ist, dass auf der Grundlage der metallografischen Untersuchungsergebnisse Herstellungsbedingungen und Bauteilverhalten beurteilt werden können. Gerne werden Untersuchungen mittels mobiler Metallografie auch direkt beim Kunden vor Ort durchgeführt. Alle Untersuchungen werden von BDG-Service-Experten dokumentiert und ausgewertet.

Rasterelektronenmikroskopie

Die Rasterelektronenmikroskopie bietet umfassende Möglichkeiten der Bildgebung sowie der chemischen Analytik an nahezu jedem Probekörper. Bei der Probengeometrie bestehen wenige Einschränken, so sind z. B. Untersuchungen von Proben bis 20 cm Länge ohne Präparation möglich. Neben metallischen Proben können auch andere Materialien (außer Flüssigkeiten) direkt im Rasterelektronenmikroskop untersucht werden. Auch bei der Untersuchung von Gussfehlern bietet das Rasterelektronenmikroskop, welches mittels EDX die chemische Identifikation von Einschlüssen jeglicher Art ermöglicht und damit den Gießereien langwierige Versuche beispielsweise zur Vermeidung von Schlackestellen erspart. Durch gekoppelte mikroanalytischen EDX-/WDX-Untersuchungen können an den Materialien direkt die chemischen Zusammensetzungen in Ortsauflösung bestimmt werden.

Mechanische Werkstoffprüfung

Im Bereich der Werkstoffprüfung verfügt die Service GmbH über alle gängigen Verfahren der statischen, dynamischen und zyklischen Charakterisierung der mechanisch-technologischen Eigenschaften der unterschiedlichsten Werkstoffe für Lasten bis 250 kN und einem Temperaturbereich von – 196 bis 1200 °C. Neben den Methoden der zerstörenden Werkstoffprüfung bietet die Service GmbH alle üblichen Werkstoffprüfungen an. Die Herstellung der Proben erfolgt dabei auf hochwertigen CNC-Maschinen, die es erlauben, auch bei größeren Probenmengen mit einer hohen Gleichmäßigkeit und in engen Toleranzen zu fertigen. Allen Werkstoffprüfungen liegen die jeweils gültigen Normen und Prüfvorschriften zugrunde (DIN, EN, ISO, ASTM, SEP usw.). Davon abweichende Prüfungen sind im Einzelfall festzulegen.

Umwelt-, Arbeitsschutz und Energiemanagement

Die Rahmenbedinungen für Umweltschutz und Energieeffizienz werden für Gießereien kontinuierlich durch Änderungen in der Gesetzgebung angepasst. Die BDG-Service GmbH entwickelt für Sie betrieblich integrierte Lösungen für die Vermeidung oder Verminderung von Expositionen, Emissionen und Immissionen. Ergänzt wird das Angebot durch Abfallanalysen, Unterstützung bei immissionsschutzrechtlichen Genehmigungsverfahren, gießereitechnische Bewertung hinsichtlich der „Besten Verfügbaren Gießereitechniken“ sowie bei der Einrichtung effizienter, kostengünstiger umwelttechnischer Anlagen. Auch kann ein externer Immissionsschutzbeauftragter oder die Fachkraft für Arbeitssicherheit gestellt werden.

Die Reduzierung des Energiebedarfs sowie der sparsame Einsatz von metallischen und mineralischen Rohstoffen ist für Gießereien von existenzieller Bedeutung. Um einen kontinuierlichen Verbesserungsprozess in den Gießereien aufrecht zu erhalten und von gesetzlichen Teilentlastungen zu profitieren, unterstützt die Service GmbH bei Aufbau und der Auditierung von Systemen zur Verbesserung der Energieeffizienz und Energiemanagementsystemen nach DIN EN ISO 50001. Gerne stellt die Service GmbH für Sie auch dauerhaft den externen Energie- und Umweltmanagementbeauftragten.

13.4 Deutscher Formermeister Bund e. V. Berufsverband gießereitechnischer Berufe

Deutscher Formermeisterbund
Ziegelhüttenweg 4
63743 Aschaffenburg
Telefon: +49 (0)6021 96660
1. Bundesvorsitzender: Dr. Heiko Glathe
E-Mail: ho_ge@gmx.de
www.dfb-info.de (derzeit wegen Neugestaltung inaktiv)

13.5 Bundesverband Modell- und Formenbau

Bundesverband Modell- und Formenbau e.V.
Kreuzstr. 108-110
44137 Dortmund
Telefon: +49 (0)231 912010 27,
E-Mail: bundesverband@modell-formenbau.eu
www.modell-formenbau.eu

14 Internationale Gießereiorganisationen

14.1 EFF – European Foundry Federation (ehemals: CAEF – The European Foundry Association)

Generalsekretariat:
Alameda Urquijo 44, ID, Abando
48008 Bilbao, Spanien
Telefon +48 798 963 300
E-Mail: info@eff-eu.org; https://eff-eu.org

Präsidentin 2024-2026: Chiara Danieli

Generalsekretärin: Ainhoa Ondarzabal

Mitgliedsländer:

Belgien
Bulgarien
Dänemark
Deutschland
Finnland
Frankreich
Italien
Kroatien
Litauen
Niederlande
Norwegen
Österreich
Polen
Portugal
Schweden
Schweiz
Slowenien
Spanien
Tschechische Republik
Türkei
Ungarn
Vereinigtes Königreich

Board

Committee of Managing Directors

Kommission für Umwelt, Gesundheit und Arbeitssicherheit

Kommission für Wirtschaft und Statistik

Gruppe NE-Metallguss

Gruppe Stahlguss

Sektion Automobilguss

Sektion Feinguss

Sektion Guss für Windkraftanlagen

Sektion Maschinenbau

Sektion Strangguss

Sektion Walzen

14.2 Europäischer Feingießerverband European Investment Casters' Federation (eicf)

Verwaltung: Holly Cottage; Gorcott Hill; Beoley, Redditch, Worcestershire, B98 9EW; Vereinigtes Königreich
Telefon (+44) 1564 743077
E-Mail: julieboyce@eicf.org; www.eicf.org
Sitz: La Maison des Associations Internationales (MAI), Rue Washington 40; 1050 Ixelles, Belgien

14.3 Engineers Europe (ehemals FEANI)

ENGINEERS EUROPE Central Secretariat AISBL,
c/o REGUS EU Commission
Schuman Square 6, 5th floor, 1040 Brüssel, Belgien
Telefon (+ 32) 2 234 78 78
E-Mail: secretariat.general@engineerseurope.com
www.engineerseurope.com

14.4 Nationale Gießereiorganisationen

Anschriften, E-Mail- und Internet-Adressen sind ständig einem Wechsel unterworfen. Über folgende Web-Adressen können ggf. aktualisierte Adressen und Links gefunden werden:

www.afsinc.org
www.thewfo.com

Ägypten:

CMRDI Central Metallurgical Research and Development Institute **)
www.cmrdi.sci.eg

Argentinien:

CIFRA
Alsina 1609 3er Piso
1088 Buenos Aires, Argentinien
Telefon (+54) 810 345 9060, int. 2152
E-Mail: fundidores@cifra.org.ar
www.fundidores.org.ar

Australien:

AFI Australian Foundry Institute **)
PO Box 910, Innisfail, QLD 4860, Australien
Telefon: (+61) 407 163 371
E-Mail: joe.vecchio@crevet.com.au
www.australianfoundryinstitute.com.au

Belgien:

AGORIA – Groupe „Fonderies“ *)
BluePoint Brussels, A. Reyerslaan 80, 1030 Brüssel, Belgien
Telefon (+32) 2 706 79 32
E-Mail: stijn.pauwels@agoria.be
www.agoria.be

---

*):Mitglied EFF (European Foundry Federation); **): Mitglied WFO (World Foundry Organization).

Bosnien-Herzegowina:

BiH - Foundrymen's Association **)
Travnicka 1, 72000 Zenica, Bosnien-Herzegowina
Telefon (+387) 72 287511, Fax (+387) 72 412112
E-Mail: pihura@yahoo.com

Brasilien:

ABIFA - Associação Brasileira de Fundição-
Avenida Paulista, 1274 - 20th floor, São Paulo, SP, Brasilien; Zip-Code: 01310-925
Telefon (+55) 113549 3344, Fax: (+55) 113549 3355
www.abifa.org.br

Bulgarien:

BBCMB - Bulgarian Foundry Union - The Bulgarian Branch Chamber
- Machine Building *)
18, Shipchenski prohod blvd., Galaxy Trade Center, office 303, 1113 Sofia, Bulgarien
Telefon (+358) 2 988 4044
E-Mail: office@bbcmb.org; www.bbcmb.org/#en-about-bbcmb.html

Chile:

ASIMET - Asociación de Industrias Metalúrgicas y Metalmecánicas A.G.
Av. Andrés Bello 2777 Of.; 401 Las Condes; Santiago de Chile, Chile
Telefon (+56) 2 24216501,
E-Mail: asimet@asimet.cl, www.asimet.cl

China (VR) und Taiwan:

China Foundry Association
14th Floor; China Academy Of Science & Technology Building
No.2 Shouti South Road; Haidian District 100044, Beijing, China V R
Telefon (+86) 10 68418899, Fax (+86) 10 68458356
Email: youyang@foundry.com.cn, www.foundry-china.com

Foundry Institution of Chinese Mechanical Engineering Society (FICMES) **)
17 South Yunfeng Street; Tiexi District, Shenyang, 110022, China V R
Telefon (+86) 24 25855720
E-Mail: society@foundrynations.com
www.foundrynations.com/en

Taiwan Foundry Society,
1001 Kao-nan Highway, Nan-Tze 811; Kaohsiung, Taiwan
Telefon (+886) 7 3534791 2
E-Mail: foundry@seed.net.tw
www.foundry.org.tw

*):Mitglied EFF (European Foundry Federation); **): Mitglied WFO (World Foundry Organization).

Dänemark:

Danmarks Støberitekniske Forening
c/o Vald Birn, Frojkvej 75, 7500 Holstebro, Dänemark
E-Mail. jod@birn.dk

Danske Støberiers Brancheforening (DSBF - The Association of Danish Foundries) *)
c/o Confederation of Danish Industry
H.C. Andersens Boulevard 18; 1553 Kopenhagen V, Dänemark
Telefon (+45) 3377 4841
E-Mail: DI-DSBF@di.dk
www.danskindustri.dk/medlemsforeninger/DSBF/english/

Deutschland:

Bundesverband der Deutschen Gießerei-Industrie e. V. (BDG) *)
Hansaallee 203; 40549 Düsseldorf
Telefon (0211) 6871-0, Fax (0211) 6871-333
E-Mail: info@bdguss.de
www.guss.de

Institut für Metallurgie der Technischen Universität Clausthal *)
Robert-Koch-Str. 42; 38678 Clausthal-Zellerfeld
Telefon: +49 5323 72-2267; Fax: +49 5323 72-3120
E-Mail: marina.kratzin@tu-clausthal.de
www.imet.tu-clausthal.de

Verein Deutscher Giessereifachleute e.V. (VDG)
Hansaallee 203, 40549 Düsseldorf,
Telefon (0211) 6871-0, Fax (0211) 6871-40-332
E-Mail: info@vdg.de
www.vdg.de

Finnland:

The Finnish Foundry Technical Association
Mustarousku 11; 02730 Espoo, Finnland
Telefon: (+358) 40 776 8470
E-Mail: tommi.sappinen@svy.info
www.svy.info

Association of Finnish Foundry Industry *) **)
Kalevantie 2, 33100 Tampere, Finnland
Telefon: (+358) 50 556288
E-Mail: juhani.orkas@techind.fi
www.techind.fi

---

*):Mitglied EFF (European Foundry Federation); **): Mitglied WFO (World Foundry Organization).

Frankreich:

Association Technique de Fonderie (ATF) **)
14, Avenue de l'Opéra; 75001 Paris, Frankreich
Telefon (+33) 06 02 58 01 09
E-Mail: atf-sg@atf-asso.com, www.atf.asso.fr

Federation Forge Fonderie *)
45 rue Louis Blanc; 92400 Courbevoie, Frankreich
Postanschrift: 45 rue Louis Blanc; CS 30080; 92038 La Défense Cedex, Frankreich
Telefon (+33) 1 4334-7630,
E-Mail: contact@forgefonderie.org
www.forgefonderie.org

Georgien:

Georgian Foundrymen and Material Scientists Society
77 Kostava str., Tbilisi 0175, Georgien,
Telefon (+995) 32 2364016
E-Mail: a.barbakadze@gtu.edu.ge
www.fms.org.ge (aktuell nicht aktiv)

Indien:

The Institute of Indian Foundrymen **)
IIF Center
335, Rajdanga Main Road; East Kolkata Township P.O; 700 107 Kolkata, Indien
Telefon (+98) 21 8882 7202 - 888249278
E-Mail: admin@indianfoundry.org
www.indianfoundry.org

Iran:

Iranian Foundrymen's Society
Taleghani St. North Bahar St. 174, 3rd floor
Tehran, Iran
Telefon: (+98) 21 8882 7202
E-Mail: irfs.edu@gmail.com
www.www.facebook.com/iranfoundry/

Italien:

Assofond – Federazione Nazionale delle Fonderie *), **)
Via Niccolò Copernico 54, 20090 Trezzano sul Naviglio (MI), Italien
Telefon (+39) 02 48400967
E-Mail: info@assofond.it
www.assofond.it

*):Mitglied EFF (European Foundry Federation); **): Mitglied WFO (World Foundry Organization).

Associazione Italiana di Metallurgia AIM
Via Filippo Turati 8; 2012 Mailand (MI); Italien
Telefon (+39) 02 76021132, Fax (+39) 02 76020551
E-Mail: aim@aimnet.it
www.aimnet.it

Japan:

Japan Die & Mold Industry Association
6F Kanagata Nenkin Bldg. 33-12, Yushima,
2-Chome, Bunkyo-ku, Tokyo 113 - 0034, Japan
Telefon (+81) 3-5816-5911
E-Mail: info@jdmia.or.jp
www.jdmia.or.jp

Japan Foundry Society, Inc.
Room 501, Kikai Shinko Kaikan, 3-5-8, Shiba-Koen, Minato-ku
Tokyo 105-0011, Japan
Telefon (+81) 3 34322991, Fax: (+81) 3 34337498
E-Mail: info@foundry.jp
https://foundry.jp

Japan Foundry Engineering Society **)
Toyokawa Building 8-12-13; Ginza Cho-ku; Tokyo 104-0061, Japan
Telefon (+81) 3 35412758
E-Mail:jfs@jfs.or.jp
www.jfs.or.jp

Kanada:

Canadian Foundry Association
270 Albert Street, Suite 402; Ottawa, ON K1P 5G8, Kanada
Telefon (+1) 613 7894894
E-Mail: : fiona@foundryassociation.ca
www.foundryassociation.ca

Korea:

Korean Foundry Society **)
11, Yeongdeungporo 27 street
Yeongdeungpo-gu, Seoul, 07266, Korea
Telefon (+82) 2 2069-2877,
E-Mail: kfs@kfs.or.kr
www.kfs.or.kr

---

*):Mitglied EFF (European Foundry Federation); **): Mitglied WFO (World Foundry Organization).

Kroatien:

Croatian Chamber of Economy, Industry Sector
Metal Industry Association - -affiliation of Foundries *)
Nova Cesta 7; 10000 Zagreb, Kroatien
Telefon: (+385) 14606-736
E-Mail: hgk@hgk.hr, www.hgk.hr

Croatian Foundry Association **)
Aleja narodnik heroia 3; 44000 Sisak, Kroatien
E-Mail: cro-foundry@simet.hr, https://crofoundry.simet.hr

Litauen:

Liejyklu Asociacija *)
R. Kalantos 49-310, 52303 Kaunas, Litauen
Telefon (+370) 37 264435
E-Mail: ketus@ketus.lt, www.ketus.lt

Luxemburg:

FEDIL
7, rue Alcide de Gasperi; Postfach 13 04; Kirchberg, 1013 Luxembourg, Luxemburg
Telefon (+352) 435366-1
E-Mail: fedil@fedil.lu
www.fedil.lu

Mexiko:

Camara Nacional de la Industria CANACINTRA
Av San Antonio 256; Ampliación Nápoles; Benito Juárez, 03849 CDMX, Mexiko
Telefon: 01 (55) 5482 3000
E-Mail: informes@canacintra.org.mx
www.canacintra.org.mx

Niederlande:

Metaal Nederland*)
Bornsestraat 365, 7601 PB Almelo, Niederlande
Telefon (+31) 88 400 8528
E-Mail: info@metaalnederland.com
www.metaalnederland.com

Koninklijke Metaalunie
Einsteinbaan; 3439 NJ Nieuwegein, Niederlande
P.O.Box 2600, 3430 GA Nieuwegein, Niederlande
Telefon (+31) 30 6053344
E-Mail: info@metaalunie.nl
www.metaalunie.nl

---

*):Mitglied EFF (European Foundry Federation); **): Mitglied WFO (World Foundry Organization).

Nederlandse Vereniging van Gieterij Technici (NVvGT)*)
Karel Doormanstraat 12, 5262 CJ Vught, Niederlande
Telefon (+31) 6 17 70 43 94
E-Mail: info@nvvgt.nl
www.nvvgt.nl

Norwegen:

Norges støperitekniske forening **)
Linnesbakken 11; 3426 Gullag, Norwegen
E-Mail: post@stoperi.no
www.stoperi.no

Norsk Industri *)
Næringslivets Hus, Middelthuns gate 27, 0306 Oslo, Norwegen
Telefon (+47) 97187797
E-Mail: torstein.taerum@norskindustri.no
www.norskindustri.no/bransjer/stoperi

Österreich:

Fachverband Metalltechnische Industrie *)
Wiedner Hauptstraße 63, 1045 Wien, Österreich
Telefon (+43) 5 90 900 3482
E-Mail: giesserei@wko.at, office@fmti.at
www.wko.at/oe/industrie/metalltechnische-industrie/start

Verein PROGUSS AUSTRIA
Wiedner Hauptstraße 63, PF 339; 1045 Wien, Österreich
Telefon (+43) 590 900 3463
E-Mail: office@proguss-austria.at
www.proguss-austria.at

Pakistan:

Pakistan Foundry Association **)
14 KM G.T, near Orange Line Station Dera Gujran, Lahore, Pakistan
Telefon (+92) 322-8487873
E-Mail: info@pfa.org.pk
www.pfa.org.pk

*):Mitglied EFF (European Foundry Federation); **): Mitglied WFO (World Foundry Organization).

Philippinen:

Department of Science and Technology
Advanced Science and Technology Institute
DOST-ASTI Bldg., UP Technology Park Complex
C.P. Garcia Avenue, Diliman, Quezon City, Philippines 1101
Telefon (+63) 2 8249 8500; 8426 9755
E-Mail: info@asti.dost.gov.ph
https://asti.dost.gov.ph/

Polen:

Odlewnicza Izba Gospodarcza (Handelskammer Gießerei) *)
ul. Dukatów 8; 31-431 Krakau, Polen
Telefon: (+48) 12 352 4245
E-Mail: biuro@oig.com.pl, www.oig.com.pl

Stowarzyszenie Techniczne Odlewników Polskich **)
(Verein Polnischer Gießereifachleute)
ul. Dukatów 8, 31-431 Krakau, Polen
Telefon/Fax (+48) 12 3523960
E-Mail: zg@stowarzyszenie-stop.pl, szkolenia@przeglad-odlewnictwa.pl
www.stowarzyszenie-stop.pl

Portugal:

Associação Portuguesa de Fundição *)
Rua Eng. Ezequiel de Campos, nº 525 - 1º; 4100-233 Porto, Portugal
Telefon (+351) 22 6090675
E-Mail: info@apf.com.pt
www.apf.com.pt

Republik Südafrika:

South African Institute of Foundrymen
P.O. Box 14863; Wadeville, 1422, Republik Südafrika
Besucheradresse: University of Johannesburg, Metal Casting Technology Station, John ORR Building, Crn. Siemert and Beit Street, Doornfontein, Johannesburg
Telefon (+27) 11 559 6455, Fax (+27) 11 559 6526
E-mail: mbiljon@uj.ac.za, saif@foundries.org.za
www.foundries.org.za

Rumänien:

Romanian Foundry Technical Association (ATTR) **)
Calea Bucuresti 20, Vidra 077185, Rumänien
Telefon (+40) 213321956
E-Mail: office@foundry-attr.ro, www.foundry-attr.ro

---

*):Mitglied EFF (European Foundry Federation); **): Mitglied WFO (World Foundry Organization).

Russland:

Russian Association of Foundrymen
Presnenski val 14, 123557 Moskau, Russland
Telefon: (+7 499) 253 5091
E-Mail: foundryral@mail.ru
www.ruscastings.ru

Schweden:

Svenska Gjuteriforeningen/Swedish Foundry Association *) **)
C/o United Spaces, Vallgatan 8, 553 16 Jönköping, Schweden
Telefon (+46) 70 696 6647
E-Mail: diana.bogic@gjuteriforeningen.se
www.gjuteriforeningen.se

Sveriges Gjuteritekniska Förening / Swedish Foundrymen Association
Kullgatan 17, 56146 Huskvarna, Schweden
Telefon (+46) 36 129950
E-Mail: sgf-ghs@telia.com
www.sgf-ghs.com

Schweiz:

Giesserei-Verband der Schweiz (GVS) *) **)
Hallenstraße 15; 8008 Zürich, Schweiz
Postfach 4063; 8024 Zürich, Schweiz

E-Mail: info@giesserei-verband.ch
www.giesserei-verband.ch

Serbien:

Serbian Foundrymen Society **)
Karnegjeva 4; 11120 Belgrad, Serbien
Telefon (+381) 11337 0502
E-Mail: srdjan@tmf.bg.ac.rs
www.sld-sfs.rs

Slowakische Republik:

The Association of Foundries and Forges of Slovakia **)
Pavla Mudroňa 45; 03601 Martin, Slowakische Republik
Telefon (+421) 905 742643
E-Mail: zzks@zzks.sk
www.zzks.sk

---

*):Mitglied EFF (European Foundry Federation); **): Mitglied WFO (World Foundry Organization).

Slowenien:

Chamber of Commerce and Industry of Slovenia
Metals and Nonmetals Association
Dimiceva 13; 1504 Ljubljana, Slowenien
Telefon: (+386) 1 5898 274, 000
E-Mail: zkm@gzs.si
www.gzs.si

Drustvo livarjev Slovenije, (Verein der Gießereifachleute Sloweniens)*) **)
Lepi pot 6, P.P. 424; 1001 Ljubljana, Slowenien
Telefon (+386) 12522488, Fax (+386) 14269934
E-Mail: drustvo.livarjev@siol.net
www.drustvo-livarjev.si

Spanien:

Federación Espanõla de Asociaciones de Fundidores (FEAF) *)
Alameda Urquijo, 33-1D; 48008 Bilbao (Bizcaia), Spanien
Telefon (+34) 944 700707
E-Mail:info@feaf.es
www.feaf.es

Instituto de Fundición TABIRA **)
Aliendalde Auzunea, 6, 48200 Durango, Bizkaia, Spanien
Telefon (+34) 94 6215470, Fax (+34) 94 6215471
E-Mail: info@iftabira.org
www.iftabira.org

Taiwan: siehe China (VR) und Taiwan

Thailand:

Thai Foundry Association
86/6, 1st Floor, Bureau of Supporting Building, Soi Trimitr,
Rana IV Road; Klong toei, Klong toei, Bangkok 10110, Thailand
Telefon (+66) 2 712 2391
E-Mail: manager@thaifoundry.com
www.thaifoundry.com

Tschechische Republik:

Česká slévárenská společnost **)
(Czech Foundrymen Society)
Divadelní 614, 602 00 Brno-střed, Tschechische Republik
Telefon: (+420) 5 42214481; (+420) 603 342 176
E-Mail: slevarenska@volny.cz
www.slevarenska.cz

*):Mitglied EFF (European Foundry Federation); **): Mitglied WFO (World Foundry Organization).

Svaz sléváren České republiky *)
(Association of Czech Foundries)
Technická 2896/2, 616 00 Brno, Tschechische Republik
Telefon (+420) 739 516 529
E-Mail: svaz@svazslevaren.cz
www.svazslevaren.cz

Türkei:

TUDOKSAD *), **),
Ortaklar Cad. Bahçeler Sok. 18 İş
Merkezi Kat:4 Mecidiyeköy Istanbul, Türkei
Telefon (+90) 212 2671398
E-Mail: info@tudoksad.org.tr
www.tudoksad.org.tr

Ukraine:

Foundry Association of Ukraine (ALU)
PO Box 56, 04078 Kiev, Ukraine
Telefon: (+38) 66 229-09-96
E-Mail: SOUZ@LITYO.COM.UA
www.lityo.com.ua

Technical Institute of Metals and Alloys
Akademika Vernads'koho Blvd, 34, 03142 Kyiv, Ukraine
Telefon: (+380) 44424-35-15
E-Mail: metal@ptima.kiew.ua

Ungarn:

Országos Magyar Bányászati és Kohászati Egyesület
(Verein Ungarischer Berg- und Hüttenleute, Gießereiabteilung)
1107 Budapest, Hizlaló tér 1, Ungarn
Telefon: (+36) 12017337
E-Mail: ombke@ombkenet.hu
www.ombkenet.hu

Magyar Öntészeti Szövetség (Association of Hungarian Foundries) *), **)
Öntöde utca 10, 1211 Budapest, Ungarn
Telefon (+36) 1 420-4812
E-Mail: foundry@foundry.hu
www.foundry.hu

*):Mitglied EFF (European Foundry Federation); **): Mitglied WFO (World Foundry Organization)..

Vereinigtes Königreich:

Cast Metals Federation *)
Offices C5 & C6, Barn 7, Dunston Business Village,
Stafford, ST18 9FJ, Vereinigtes Königreich
Telefon (+44) 121 8093500
E-Mail: admin@cmfed.co.uk
www.castmetalsfederation.com

The Institute of Cast Metals Engineers **)
Offices C5 & C6, Barn 7, Dunston Business Village,
Stafford, ST18 9FJ, Vereinigtes Königreich
Telefon (+44) 121 8093500
E-Mail: admin@cmfed.co.uk, www.castmetalsfederation.com

Vereinigte Staaten von Amerika:

American Foundry Society **)
1695 N. Penny Lane, Schaumburg, IL 60173, USA
Telefon (+1) 847 824-0181, (+1) 800 537-4237, Fax (+1) 847 824-7848
E-Mail: cusserv@afsinc.org, www.afsinc.org

Foundry Educational Foundation,
1695 N. Penny Lane, Schaumburg, IL 60173, USA
Telefon (+1) 847 490-9200
E-Mail: pam@fefinc.org, www.fefinc.org

Investment Casting Institute
1 Paragon Drive, Suite 110, Montvale, NJ 07645, USA
Telefon (+1) 201 573-9770
E-Mail: info@investmentcasting.org, www.investmentcasting.org

Non-Ferrous Founders‘ Society
6128 Beckley Dr. North #1034 Battle Creek, MI 49014, USA
Telefon (+1) 847 299-0950, www.nffs.org

North American Die Casting Association (NADCA)
3250 N. Arlington Heigths Rd-Ste 101, Arlington Heights, IL 60004, USA
Telefon (+1) 847 279 0001
E-Mail: nadca@diecasting.org
www.diecasting.org

Steel Founders‘ Society of America
780 McArdle Drive, Unit G, Crystal Lake, IL 60014-8155, USA
Telefon (+1) 815 455-8240
www.sfsa.org

*):Mitglied EFF (European Foundry Federation); **): Mitglied WFO (World Foundry Organization).

15 Weitere Organisationen

15.1 Technisch-wissenschaftliche Vereine

AIF – Allianz für Industrie und Forschung
Johannisstrasse 79, 50668 Köln
Telefon (0221) 37680-0, Fax (0221) 3768027
E-Mail: info@aif.de; www.aif.de

Bundesministerium für Umwelt, Klimaschutz, Naturschutz und nukleare Sicherheit

(BMUKN)
Stresemannstraße 128 - 130, 10117 Berlin
Telefon: (030) 18 305-0
E-Maill: poststelle@bmukn.bund.de; www.bundesumweltministerium.de

DECHEMA Gesellschaft für Chemische Technik und Biotechnologie e. V.
Theodor-Heuss-Allee 25, 60486 Frankfurt
Telefon (069) 7564-0
E-Mail: info@dechema.de; www.dechema.de

Deutsche Forschungsgemeinschaft e. V. (DFG)
Kennedyallee 40, 53175 Bonn
Telefon (0228) 885-1, Fax (0228) 885-2777
E-Mail: postmaster@dfg.de; www.dfg.de

Deutsche Gesellschaft für Materialkunde, e. V.
Kamillenweg 16-18, 53757 Sankt Augustin
Telefon (069) 75306-750
E-Mail: dgm@dgm.de; www.dgm.de

Deutsche Gesellschaft für Qualität e. V. (DGQ)
August-Schanz-Straße 21 A, 60433 Frankfurt am Main
Telefon (069) 95424-0, Fax (069) 95424-133
E-Mail: info@dgq.de; www.dgq.de

Deutsche Gesellschaft für Zerstörungsfreie Prüfung e. V. (DGZfP)
Max-Plank-Straße 6, 12489 Berlin
Telefon (030) 67807-0, Fax (030) 67807-109
E-Mail: mail@dgzfp.de, Internet: www.dgzfp.de

Deutsche Keramische Gesellschaft e. V. (DKG)
Bergerstraße 145a, 51145 Köln
Telefon (02203) 9989877-0, Fax (02203) 9898779
E-Mail: info@dkg.de; www.dkg.de

Deutscher Email Verband e. V. (DEV)
An dem Heerwege 10, 58093 Hagen

Telefon (02331) 788651
E-Mail: info@emailverband.de; www.emailverband.de

Deutscher Verband für Materialforschung und -prüfung e. V. (DVM)
Gutshaus Steglitz, Schloßstraße 48, 12165 Berlin
Telefon (030) 8113066, Fax (030) 8119359
E-Mail: dvm@dvm-berlin.de; www.dvm-berlin.de

DVS – Deutscher Verband für Schweißen und verwandte Verfahren e. V.
Aachener Straße 172, 40223 Düsseldorf, Postfach 10 19 65, 40010 Düsseldorf
Telefon (0211) 1591-0, Fax (0211) 1591-200
E-Mail: info@dvs-home.de; www.dvs-home.de

Deutscher Verband Technisch-Wissenschaftlicher Vereine
c/o VDI Verein Deutscher Ingenieure e. V.
VDI-Platz 1, 40468 Düsseldorf
Telefon (0211) 6214305
E-Mail: gf@dvt-net.de; www.dvt-net.de

DIN e. V.
Am DIN-Platz, Burggrafenstraße 6, 10787 Berlin
Tel.: (030) 2601-0
E-Mail: info@din.de; www.din.de

GDMB Gesellschaft der Metallurgen und Bergleute e. V.
Paul-Ernst-Straße 10, 38678 Clausthal-Zellerfeld
Telefon (05323) 93790, Fax (05323) 937937
E-Mail: gdmb@gdmb.de; www.gdmb.de

Institut für Arbeitsschutz der Deutschen Gesetzlichen Unfallversicherung (IFA),
Alte Heerstraße 111, 53757 Sankt Augustin,
Tel: (030) 13001-0
E-Mail: ifa@dguv.de; www.dguv.de/ifa

RAL Deutsches Institut für Gütesicherung und Kennzeichnung e. V.
Fränkische Straße 7, 53229 Bonn
Telefon (0228) 68895-0
E-Mail: kontakt@ral.de; www.ral.de

RKW Rationalisierungs- und Innovationszentrum der Deutschen Wirtschaft e. V.
Kompetenzzentrum, Düsseldorfer Straße 40 A, 65760 Eschborn
Telefon (06196) 495-0, Fax (06196) 495-4801
E-Mail: kommunikation@rkw.de; www.rkw.de

REFA Fachverband e. V.
Wittichstraße 2, 64295 Darmstadt
Telefon (06151) 8801-0, Fax (06151) 8801-27
E-Mail: refa@refa.de; www.refa-verband.de

Stahlinstitut VDEh
Sohnstraße 65, 40237 Düsseldorf
Telefon (0211) 6707-0
E-Mail: info@vdeh.de; www.vdeh.de

Leibniz-Institut für Werkstofforientierte Technologien - IWT
Badgasteiner Str. 3, 28359 Bremen
Telefon: (0421) 218 - 51400
E-Mail: iwt@iwt-bremen.de; www.iwt-bremen.de

VDI Verein Deutscher Ingenieure e. V.
VDI-Platz 1, 40468 Düsseldorf
Telefon (0211) 6214-0
E-Mail: vdi@vdi.de; www.vdi.de

15.2 Wirtschaftsverbände und Interessengemeinschaften

Bundesverband der Deutschen Industrie e. V.
Hausanschrift: Breite Straße 29, 10178 Berlin, Postanschrift: 11053 Berlin
Telefon (030) 2028-0
E-Mail: info@bdi.eu; www.bdi.eu

DIHK Berlin,
Deutscher Industrie- und Handelskammertag (DIHK) e. V.
Breite Straße 29, 10178 Berlin
Telefon (030) 20308-0, Fax (030) 20308-1000
E-Mail: info@dihk.de; www.dihk.de

Deutsches Kupferinstitut Berufsverband e.V.
Emanuel-Leutze-Str. 11, 40547 Düsseldorf
Telefon: (0211) 239469-0
E-Mail: technik@kupfer.de; www.kupferinstitut.de

Fachverband Armaturen im VDMA e. V.
Lyoner Straße 18, 60528 Frankfurt,
Telefon: (069) 66 03-12 41
E-Mail: laura.dorfer@vdma.org; www.vdma.org/armaturen

Fachverband Giessereimaschinen im VDMA
Lyoner Straße 18, 60528 Frankfurt
Telefon: (069) 66 03-14 14
E-Mail: ingrid.kirchner@vdma.org; www.vdma.org/metallurgy

Aluminium Deutschland e. V.
Fritz-Vomfelde-Straße 30, 40547 Düsseldorf
Telefon (0211) 47960
E-Mail: information@alu-d.de; www.aluminiumdeutschland.de

VDMA Verband Deutscher Maschinen- und Anlagenbau e. V.
Lyoner Straße 18, 60528 Frankfurt
Telefon (069) 66030, Fax (069) 6603-1511,
E-Mail: info@vdma.org; www.vdma.org

Verband der Chemischen Industrie e. V.
Mainzer Landstraße 55, 60329 Frankfurt
Telefon (069) 2556-0, Fax (069) 2556-1471
E-Mail: vci@vci.de; www.vci.de

Verband der Deutschen Feuerfest-Industrie e. V.
Rheinstraße 58, 56203 Höhr-Grenzhausen
Telefon (02624) 9433-100, Fax (02624) 9433-155
E-Mail: info@vdffi.de; www.feuerfest-online.com

WirtschaftsVereinigung Metalle e. V.
Wallstr. 58 / 59, 10179 Berlin
Telefon: (030) 72 62 07 100
E-Mail: info@wvmetalle.de, Internet: www.wvmetalle.de
- Europabüro: Rue Marie de Bourgogne 58, 1000 Brüssel, Belgien
Telefon: (+32) 2 502 19 88
E-Mail: info@wvmetalle.de; www.wvmetalle.de

Wirtschaftsvereinigung Stahl
Französische Straße 8, 10117 Berlin
Telefon: (30) 23 25 546-0
E-Mail: info@wvstahl.de; www.wvstahl.de

Zentralverband Elektrotechnik- und Elektronikindustrie (ZVEI) e. V.
Amelia-Mary-Earhart-Str. 12, 60549 Frankfurt am Main
Telefon (069) 6302-0
E-Mail: zvei@zvei.org; www.zvei.org

Zentralverband Oberflächentechnik e. V. (ZVO)
Giesenheide 15, 40724 Hilden
Telefon (02103) 255610, Fax (02103) 255625
E-Mail: mail@zvo.org; www.zvo.org

Kallenberger Ingenieur-GmbH
in Zusammenarbeit mit der Instaplan Ingenieure GmbH
Forststr. 57, 40721 Hilden
Telefon: (02103) 58 12 90
E-Mail: info@instaplan-ing.de; www.instaplan-ingenieure.de

15.3 Gewerbliche Berufsgenossenschaften

Deutsche Gesetzliche Unfallversicherung (DGUV)
Glinkastraße 40, 10117 Berlin
Telefon: (030) 13001-0, Fax: (030) 13001-9876
E-Mail: info@dguv.de; www.dguv.de

Adressen der einzelnen Berufsgenossenschaften finden Sie unter:
www.dguv.de/de/bg-uk-lv/bgen/index.jsp

15.4 Arbeitgeber-Vereinigungen

Bundesvereinigung der Deutschen Arbeitgeberverbände e. V.
Breite Straße 29, 10178 Berlin
Telefon (030) 2033-0, Fax (030) 2033-2105
E-Mail: info@arbeitgeber.de; www.arbeitgeber.de

15.5 Technische Überwachungsvereine

TÜV Verband e.V.
Friedrichstraße 136, 10117 Berlin
Telefon (030) 760095-400, Fax (030) 760095-401
E-Mail: berlin@tuev-verband.de; www.tuev-verband.de

15.6 Patentämter und Patentgericht

Deutsches Patent- und Markenamt
Zweibrückenstraße 12, 80331 München, Postanschrift: 80297 München
Telefon (089) 2195-1000, Fax (089) 2195-2221
E-Mail: info@dpma.de; www.dpma.de

Bundespatentgericht
Cincinnatistraße 64, 81549 München, Postfach 900253, 81502 München
Telefon (089) 69937-0, Telefax (089) 69937-5100
E-Mail: bundespatentgericht@bpatg.bund.de; www.bpatg.de

Der VDG – Verein Deutscher Giessereifachleute e. V.

Hauptgeschäftsstelle

Haus der Gießerei-Industrie

Verein Deutscher Giessereifachleute e. V.,
Hansaallee 203, 40549 Düsseldorf

Telefon: +49 (0)211/6871-0
E-Mail: info@vdg.de
www.vdg.de

Präsident: Lars Steinheider

Vizepräsidenten: Dr.-Ing. Dr.-Ing. E. h. Erwin Flender
Dr. Klaus Lellig,
Dirk Engels

Hauptgeschäftsführung: Dr.-Ing. Dr.-Ing. E. h. Erwin Flender
Telefon: +49 (0)211/6871-292
E-Mail: erwin.flender@bdguss.de

Der VDG – eine starke Gemeinschaft

Der Verein Deutscher Giessereifachleute ist die Organisation für alle in der Gießereibranche tätigen Fachleute. Er ist das persönliche und fachliche Netzwerk und arbeitet mit dem Anspruch „Zukunft gestalten“ ausschließlich im Interesse seiner Mitglieder. Primäre Ziele sind die gezielte Entwicklung und Verbreitung des technisch-wissenschaftlichen Fortschritts in der Gießereitechnik, die Förderung und Hilfestellung für den fachlichen Nachwuchs und die persönliche Zukunft der Mitglieder.

Der VDG greift zukunftsrelevante Themen im Dialog mit seinen Mitgliedern aktiv auf, organisiert kontinuierlich eine Vielzahl von technisch-wissenschaftlichen Fachveranstaltungen und agiert so als hochwertige Plattform für Wissensvermittlung und -transfer. Die international führende Stellung der deutschen Gießerei-Industrie sichert umfassende Schulungen und Seminare, insbesondere auch für Themen der Gießereipraxis. Gemeinsam und füreinander erweitern und festigen VDG-Mitglieder ihre Wissensbasis und garantieren so ein leistungsfähiges und belastbares persönliches Netzwerk vom Meister bis zum Geschäftsführer.

Zukunftswerkstatt

Die Veranstaltung „Führungskräfte treffen Studenten“ unterstützt über Impulsvorträge von Unternehmern und Führungskräften mit moderierter Diskussion das Kennenlernen der Gießereibranche. Hier können Netzwerke gebildet und Erfahrungen ausgetauscht sowie die Motivation für eine berufliche Karriere gestärkt werden. Die Veranstaltung bietet eine Plattform des aktiven Austauschs für Studenten und junge Gießereifachleute und unterstützt so nicht zuletzt auch die Nachwuchssicherung.

Young Professionals

Die Mitglieder des Young Professionals Programs (YPP) versteht sich als ein Netzwerk junger, verantwortungsbewusster, nachhaltig agierender Führungskräfte, das sich in Eigenregie und -verantwortung stetik erweitern möchte. Das Team setzt sich insbesondere für einen Erfahrungsaustausch zwischen Deutschland, USA und Japan ein. Dabei sollen vorrangig außerwettbewerbliche, nachhaltige Themen von internationaler Bedeutung, wie z.B. Nachwuchs, Aus- und Weiterbildung, Umwelt und Ressourcenschonung vorangebracht werden. Es finden jährliche Treffen statt, die jeweils von einem der drei Länder (Deutschland, USA und Japan) ausgerichtet werden. Ziel dieses Programmes ist es, in enger Zusammenarbeit mit den Gießerkollegen vielversprechende junge Potenziale der Branche an Top-Führungspositionen heranzuführen und durch die internationale Zusammenarbeit den Austausch dieser drei wichtigen Gießereinationen zu stärken.

Entwicklungsdialog und VDG-Studienfonds

In jährlichen Treffen und einem darüber hinaus kontinuierlichen Entwicklungsdialog zwischen dem VDG / BDG und den Professoren, die Gießereitechnik an den Universitäten sowie Hochschulen lehren, erfolgt ein intensiver Austausch über Aktivitäten, Erfordernisse und Ideen. Dadurch werden die Zusammenarbeit und das Miteinander in Projekten und an gemeinsamen Zielen gefördert. Vom Verband werden dabei die den Gießereien und der gussabnehmenden Industrie wichtigen Themenfelder für Forschungs- und Entwicklungsaktivitäten dargestellt. Für Studienförderung, studentische Exkursionen, Lehrveranstaltungen und Auslandspraktika stellt der VDG jährlich einen nennenswerten Geldbetrag zur Verfügung.

VDG-Fachausschuss

Im VDG-Fachausschuss „Geschichte“ wird die Geschichte der Gießereitechnik aufgearbeitet und dokumentiert. Traditionen, langfristige Verfahrensentwicklungen und Besonderheiten, auch kuriose, sollen nicht in Vergessenheit geraten. Hinzu kommen gemeinsame Reisen und Ausflüge in die Gießereiwelt. .

Persönlicher Kontakt und Erfahrungsaustausch (VDG-Landesgruppen)

Den wertvollsten und nachhaltigsten Ausdruck findet die Gemeinschaftsarbeit des VDG im persönlichen Gedanken- und Erfahrungsaustausch. Jeder aktive Fachmann braucht und sucht solche Kontakte und das persönliche Gespräch. Gerade in der täglichen Arbeit ist dies sehr wertvoll. Ständig lernen wir Ingenieure selbst fachlich dazu und daher sind Kenntnisse und Erfahrungen anderer nicht immer leicht verfügbar und auch nicht „wartungsfrei“. Deshalb bietet der VDG seinen Mitgliedern zahlreiche Plattformen und Foren für den permanenten Austausch mit Kollegen. Die VDG-Landesgruppen-Veranstaltungen schaffen dazu eine besondere Atmosphäre. Die Kollegen im Ruhestand sind dabei ebenso herzlich willkommen wie die jungen, angehenden Fachkräfte.

VDG-Mitglieder treffen sich auf Tagungen und Kongressen mit Kollegen aus der gussteilentwickelnden sowie -verarbeitenden Industrie und tauschen sich über Zukunftsthemen wie Additive Fertigung oder Digitale Transformation aus. Ein „Come together“ für die gesamte Gießereibranche ist dabei der jährlich stattfindende Gießereitag mit seinem stets breiten Spektrum an wissenschaftlichen, technischen und betriebswirtschaftlichen Themen.

Publikationen

Um Arbeitsergebnisse und technisch-wissenschaftliche Neuheiten schnell zugänglich zu machen, verfügt die Branche über zahlreiche Publikationen wie z.B. die GIESSEREI, das international führende, deutschsprachige technisch-wissenschaftliche Fachmagazin, das englischsprachige „Casting Plant and Technology“ (CPT), VDGaktuell, das die persönlichen Mitglieder des VDG über neue Arbeitsergebnisse aus Forschung und Betrieb, Veranstaltungen der Branche und berufsspezifische Entwicklungen informiert sowie das GIESSEREI-JAHRBUCH, das wichtige Tabellenwerke, Fachartikel, das Mitgliederverzeichnis des VDG und ein Bezugsquellenverzeichnis enthält. Alle Publikationen werden zu einem reduzierten Preis den persönlichen Mitgliedern des VDG zur Verfügung gestellt.

VDG-Mitgliederstelle

Ansprechpartnerin: Simone Bednareck
Telefon: +49 (0)211/6871-332,
Fax: +49 (0)211/6871-40-332
E-Mail: simone.bednareck@bdguss.de

Die Satzung des VDG finden Sie unter www.vdg.de/mitgliedschaft/.

Dort finden Sie auch einen Aufnahmeantrag für Ihre persönliche Mitgliedschaft.

Notizen

Vorsitz und Geschäftsführung des Vereins Deutscher Giessereifachleute seit der Gründung

Ehrenpräsident

Vorsitzende und Präsidenten

1909–1927	Hermann Dahl, Dr.-Ing. E.h., Berlin, † 13.1.1941
1927–1933	Carl Humperdinck, Dr.-Ing. E.h. Dr.jur.h.c., Wetzlar, † 8.2.1933
1933–1945	Wilhelm Bannenberg, Dipl.-Ing., Velbert, † 9.8.1953
1947–1955	Jacob Heinrich Küster, Köln, † 20.3.1957
1955–1959	J. Günther Schwietzke, Professor Dr.-Ing. habil., Kierspe, † 10.5.1991
1959–1965	Rudolf Spolders, Professor Dr.-Ing., Hattingen, † 25.2.1974
1965–1968	Hellmut Friederichs, Dr.-Ing., Remscheid, † 7.4.2001
1968–1971	Kurt Bandow, Dr.-Ing., Rottach-Egern, † 4.6.1987
1971–1974	Heribert A. Krall, Dipl.-Ing., Würzburg, † 11.4.2007
1974–1980	Wolfgang Schaefers, Dr.-Ing., Meschede, † 07.12.2021
1980–1983	Willi Finger, Schaffhausen/Schweiz, † 28.4.2008
1983–1993	Eberhard Möllmann, Dipl.-Ing., Wetzlar, † 29.6.2012
1993–2002	Wilhelm Kuhlgatz, Dipl.-Ing., Hannover,
2002–2011	Hans-Dieter Honsel, Dipl.-Ing. Dipl.-Wirt.-Ing., Meschede, † 16.11.2025
2011-2012	Stefan Mettler, Dipl.-Ing., Krefeld
2012–2014	Lars Steinheider, Dipl.-Ing., Breidenbach
2014-2024	Jens Wiesenmüller, Dr.-Ing., Lienen
2024	Lars Steinheider, Dipl.-Ing., Aßlar

Geschäftsführung

1909–1945	Fritz Bock, Hütteningenieur, † 11.10.1963
1947–1953	Erich Hugo, Dr.-Ing., † 14.7.1953
1954–1974	Philipp Schneider, Professor Dr.-Ing., † 23.4.1986
1975–1993	Gerhard Engels, Professor Dr.-Ing., † 14.4.2024
1993–2002	Niels Ketscher, Dr.-Ing., † 17.9.2020
2002–2011	Gotthard Wolf, Dr.-Ing.
2012	Erwin Flender, Dr.-Ing. Dr.-Ing. E.h.

Ehrungen und Auszeichnungen

Adolf-Ledebur-Denkmünze
Gestiftet 1934

Statuten

Zum dauernden Gedächtnis an den Altmeister der deutschen Gießereitechnik und an seine großen Verdienste um die technische Entwicklung des Gießereiwesens hat der Verein Deutscher Giessereifachleute im Jahre 1934, also im fünfundzwanzigsten Jahre seines Bestehens, die Stiftung der

Adolf-Ledebur-Denkmünze

beschlossen. Die Denkmünze, in Bronzeguss künstlerisch ausgeführt, soll auf einer Seite das Bildnis Adolf Ledeburs mit den Jahreszahlen 1909 bis 1934 und auf der anderen Seite die Widmung:

„Dem verdienstvollen Förderer der deutschen Gießereitechnik"

tragen. Die Denkmünze soll, von einer Urkunde begleitet, in der Regel jährlich auf der Mitgliederversammlung des Vereins Deutscher Giessereifachleute an solche Personen verliehen werden, die sich um die Gießereitechnik im allgemeinen oder um den Verein Deutscher Giessereifachleute im Besonderen hervorragende Verdienste erworben haben.

Die Verleihung erfolgt durch Beschluss und im Namen des Vorstandes des Vereins Deutscher Giessereifachleute. Vorschläge für die Auszeichnung können über den Vorstand an die Hauptgeschäftsführung gemacht werden. Im Mitgliederverzeichnis sollen unter „Ehrungen und Auszeichnungen" die Namen der Inhaber der Adolf-Ledebur-Denkmünze und das Verleihungsjahr als erste laufend geführt werden.

Inhaber der Adolf-Ledebur-Denkmünze

Verleihungsjahr

1934	Karl Emmel, Gießereidirektor i.R., Hemer, † 15.4.1951
	Karl Sipp, Dr.-Ing. E.h., Gießereidirektor, Mannheim, † 10.1.1951
	Wilhelm Lauer, Gießereidirektor i.R., Brebach, † 2.6.1938
1935	Bernhard Osann, Dr.-Ing. E.h., em. Professor der Bergakademie Clausthal, Geh. Bergrat, Hannover, † 4.4.1940
1955	Fritz Bock, Hütteningenieur, Berlin, † 11.10.1963
1956	Jacob Heinrich Küster, Gießereidirektor i.R., Köln, † 20.3.1957
1959	Hans Jungbluth, Professor Dr.-Ing. habil., Karlsruhe, † 17.4.1966
1965	Karl Roesch, Professor Dr.-Ing., Remscheid, † 3.4.1988
1968	Rudolf Spolders, Professor Dr.-Ing., Hiddesen, † 25.2.1974
1969	J. Günther Schwietzke, Professor Dr.-Ing. habil., Kierspe, † 10.5.1991
1973	Otto Paes, Direktor, Brühl, † 17.4.1997
1975	Philipp Schneider, Professor Dr.-Ing., Düsseldorf, † 23.4.1986
1977	Hellmut Friederichs, Dr.-Ing., Remscheid, † 7.4.2001
1978	Karl Löhberg, Professor Dr. phil., Berlin, † 21.4.1988
1979	Heinrich Eyckeler, Dr.-Ing., Viersen-Dülken, † 28.6.1979
1983	Reinhard Opitz, Dr.-Ing. E.h., Schwerte, † 17.8.2011
	Eberhard Schürmann, Professor Dr.-Ing., Clausthal,† 13.12.1998
1984	Willi Finger, Schaffhausen/Schweiz, † 28.4.2008
1986	Wolfgang Schaefers, Dr.-Ing., Meschede, † 07.12.2021
1989	Gerhard Engels, Professor Dr.-Ing. Dr.-Ing. E.h., Meerbusch, † 14.4.2024
1990	Eckhart Röders, Dipl.-Ing., Soltau, † 14.3.2011
1991	Eberhard Möllmann, Dipl.-Ing., Wetzlar, † 29.6.2012
1992	Anton Alt, Schaffhausen/Schweiz, † 21.4.1994
1993	Dietmar Boenisch, Professor Dr.-Ing., Aachen, † 1.5.2012
1996	Karl Eugen Höner, Professor Dr.-Ing., Berlin, † 15.12.2017
1997	Karl-Heinz Caspers, Dr.-Ing., Schwaig, † 12.1.2025
1999	Peter R. Sahm, Prof. Dr.-Ing. Dr.-Ing. E. h., Aachen, † 19.12.2013
2002	Niels Ketscher, Dr. Ing., Markkleeberg, † 17.9.2020
2004	Winfried Hespers, Bielefeld, † 10.11.2008
2005	Wilhelm Kuhlgatz, Dipl.-Ing., Hannover
2011	Hans-Dieter Honsel, Dipl.-Ing. Dipl.-Wirt.-Ing., Meschede, † 16.11.2025
2016	Carsten Kuhlgatz, Dr.-Ing., Hannover
2023	Erwin Flender, Dr.-Ing. Dr.-Ing. E. h., Aachen

Ehrenmitglieder

Ernennungsjahr	
1919	Emil Heyn, Dr.-Ing. E.h. Geh. Reg.-Rat, Berlin, † 1.3.1922
	Bernhard Osann, Dr.-Ing. E.h., Geh. Bergrat, Professor, Clausthal, † 4.4.1940
1949	Fritz Bock, Hütteningenieur, Berlin-Charlottenburg, † 11.10.1963
	Carl Geiger, Dr.-Ing. Professor i.R., Eßlingen, † 2.3.1958
	Heinrich Hugo, Gießereidirektor i.R., Schwerte, † 19.3.1957
1950	Wilhelm Bannenberg, Dr.-Ing., Direktor, Velbert, † 9.8.1953
1951	Karl Emmel, Gießereidirektor i.R., Hemer, † 15.4.1954
1954	Theodor Geilenkirchen, Dr.-Ing., Düsseldorf, † 28.9.1954
1956	Max Vuilleumier, Direktor, Zürich, † 1.3.1971
	V. C. Faulkner, London, † 24.5.1975
1957	Mario Olivo, Mailand, † Sept. 1976
	Aloys Heuvers, Gießereidirektor i.R., Bochum, † 1.6.1967
1959	Otto Beckmann, Obering. i.R., Berlin, † 29.1.1961
	Ernst Neuhoff, Direktor i.R., Düsseldorf, † 4.4.1979
	Paul Schmidt, Direktor i.R., Mönchengladbach, † 9.11.1974
1960	Hermann Schenck, Professor Dr.-Ing. Dr. h.c. Dr.-Ing. E.h., Aachen, † 28.10.1991
1968	Walter Hövelmann, Schwerte, † 8.9.1975
	Alexander Wiedenhoff, Hüttendirektor i.R. Senator, Mülheim, † 24.11.1989
1969	H. J. Meerkamp van Embden, Dipl.-Ing., Waalre/Niederlande, † 21.10.1984
1970	Willy Oelsen, Professor Dr. phil., Düsseldorf, † 25.7.1970
1972	Michael Mountjoy Hallett, C.B.E., Lichfield, Staffs./England, † 28.6.1987
	J. Günther Schwietzke, Professor Dr.-Ing. habil., Kierspe, † 10.5.1991
1980	Franz Sigut, Dr.-Ing. Dipl.-Kfm., Wien/Österreich, † 5.4.2007
1984	Josef Czikel, Professor Dr.-Ing. habil., Leoben/Österreich, † 26.2.1992
1986	Maurice Grandpierre, Paris/Frankreich, † 5.9.1991
1988	Lars Villner, Dipl.-Ing., Jönköping/Schweden, † Februar 2002
1989	Hans Drescher, Dr. phil. h.c., Hamburg-Harburg, † 11.2.2019
	Jürg Gerster, Dr. jur., Zürich/Schweiz
1990	Karl Stölzel, Professor Dr.-Ing., Freiberg, † 5.4.1997
1993	Eberhard Möllmann, Dipl.-Ing., Wetzlar, † 29.6.2012

1994	Soli H. Commissariat, Bombay/Indien, † 15.8.2009
1999	Gerhard Engels, Professor Dr.-Ing. Dr.-Ing. E.h., Meerbusch, † 14.4.2024
2002	Wilhelm Kuhlgatz, Dipl.-Ing., Hannover
2008	Winfried Hespers, Bielefeld, † 10.11.2008
2012	Hans-Dieter Honsel, Dipl.-Ing. Dipl.-Wirt.-Ing., Meschede, † 16.11.2025
2017	Werner Tilch, Professor Dr.-Ing. habil, Freiberg
2025	Andreas Bührig-Polaczek, Professor Dr.-Ing., Aachen

Bernhard-Osann-Medaille
Gestiftet 1962

Statuten

Aus Anlass des 100. Geburtstages seines Ehrenmitgliedes Geh. Bergrat Professor Dr.-Ing. E.h. Bernhard Osann am 27. August 1962 beschließt der Verein Deutscher Giessereifachleute auf seiner 53. Mitgliederversammlung die Stiftung der

Bernhard-Osann-Medaille.

Damit soll die Erinnerung an den um die praxisnahe Lehre der Gießereikunde und Ausbildung von Gießerei-Ingenieuren an der Bergakademie Clausthal sowie um die Ziele des Vereins Deutscher Giessereifachleute hochverdienten Fachmann, Hochschullehrer und Forscher erhalten werden.

Die als Eisenkunstguss hergestellte Medaille wird, begleitet von einer Urkunde, in der Regel jährlich in der Mitgliederversammlung des Vereins Deutscher Giessereifachleute an solche Mitglieder verliehen, die sich um die Arbeit des Vereins, namentlich in den Landesgruppen und den Fachausschüssen, besonders verdient gemacht haben. Die Verleihung geschieht durch Beschluss und im Namen des Vorstandes des Vereins Deutscher Giessereifachleute. Vorschläge für die Auszeichnung können von den Fachausschussvorsitzenden, den VDG-Landesgruppenvorsitzenden und dem Vorstand an die Hauptgeschäftsführung gemacht werden. Die Namen der Inhaber und das Jahr der Verleihung sollen im Mitgliederverzeichnis hinter den Namen der Ehrenmitglieder laufend aufgeführt werden.

Inhaber der Bernhard-Osann-Medaille

Verleihungsjahr	
1963	Johannes Breitenfeldt, Dipl.-Ing., Mölln, † 16.11.1976
	Heinz Gries, Dr.-Ing., Wetzlar, † 20.4.1975
	Paul Schiegries, Hilden, † 25.11.1964
1964	Ernst Debus, Dipl.-Ing., Niefern-Öschelbronn, † 28.10.1995
	Erich Schmitt, Dipl.-Ing., Kaiserslautern, † 25.11.1977
1965	Gustav Lieby, Obering., Fellbach, † 16.10.1977
	Friedrich Nielsen, Ziv.-Ing., Mühlacker, † 4.5.1980
1966	Franz Roll, Professor Dr. phil., Angermund, † 7.3.1991
	Karl Stockamp, Dr.-Ing., Wetzlar, † 2.9.1972
1968	Robert Wlodawer, Ing. (grad.), Winterthur/Schweiz, † 17.6.1981
1969	Eduard Bertram, Dipl.-Ing., Neckarsulm, † 27.1.1987
	Gustav Lauterjung, Fabrikant, Solingen, † 9.1.1979
1970	Ernst Günter Nickel, Dr.-Ing., Hagen/Berlin, † 14.9.2003
1971	Heiko Pacyna, Professor Dr. mont., Leoben/Österreich, † 15.11.2011
1972	Alois Dahlmann, Dr.-Ing., Düsseldorf, † 21.1.1983
	Diethard Schock, Dipl.-Ing. Dr. mont., Buchenberg, † 2.5.2014
1973	Anton Alt, Schaffhausen/Schweiz, † 21.4.1994
1975	Erhard Weisner, Dipl.-Ing., Sigmaringen, † 24.12.2001
1977	Waldemar Gesell, Professor Dr.-Ing. i.R., Kissing, † 18.6.1999
1978	Heinz Berndt, Dr.-Ing., Wetzlar, † 4.11.2009
1980	Wolfgang Büchen, Dipl.-Ing., Mettmann, † 01.01.2018
1983	Reinhard Döpp, Professor Dr.-Ing., Clausthal-Zellerfeld
	Karl Kessler, Direktor i.R., Stockach, † 19.8.1988
1984	Karl Wagner, Dipl.-Ing. Dr. mont., Rettenberg, † 19.02.2018
1986	Peter Karabasch, Dipl.-Ing., Heidelberg, † 26.3.2011
	Manfred Kinne, Dipl.-Ing., Wetzlar
1988	Karl-Heinz Caspers, Dr.-Ing., Schwaig, † 12.1.2025
	Willibald Venus, Dipl.-Ing., Gronsdorf, † 28.3.2002
1989	Winfried Hespers, Bielefeld, † 10.11.2008
	Heinrich Stein, Dipl.-Ing., Bielefeld, † 9.7.2007
	Wolfgang Tappen, Dipl.-Ing., Neckarsulm
1990	Richard Staufenbiel, Ing. (grad.), Saarbrücken, † 03.04.2018
1991	Eckart Flemming, Professor Dr. sc. techn., Freiberg, † 23.3.2005
1992	Wilhelm Kuhlgatz, Dipl.-Ing., Hannover
	Herbert Thurner, Ing. (grad.), Markt Schwaben, † 28.5.2003

1993 Kurt Detering, Dipl.-Ing., Korb, † 28.6.2024
1994 Albrecht Engels, Dr.-Ing., Remscheid, † 22.9.2023
Rudolf Weiss, Professor Dr. rer. nat., Frechen, † 26.1.2012
1995 Friedrich Hort, Obering., Winnenden, † 9.2.2009
Helmut H. Jürgens, Dipl.-Ing., Gröbenzell, † 2.12.1999
1996 Erwin Hauschild, Dipl.-Ing., Ingolstadt, † 28.05.2021
Franz Neumann, Professor Dr.-Ing., Unna, † 15.11.2014
Diether B. Wolters, Dr.-Ing., Mülheim
1997 Anton Vogt, Dipl.-Ing., Hanau
1998 Joachim Wilhelms, Dipl.-Ing., Hannover
2000 Peter Fischer, Dr.-Ing., Leipzig
Wilhelm Ries, Dipl.-Ing., Bochum
2001 Hans-Dieter Landwehr, Dipl.-Ing., Mettmann
Edmund Wilms, Dipl.-Ing., Heiligenhaus
2002 Joachim von Hirsch, Dr.-Ing., Schwerte
Burkhard Lange, Dr.-Ing., Kitzingen, † 27.3.2015
Fritz-Otto Thielmann, Düsseldorf
2003 Rolf Rietzscher, Dipl.-Ing., Mettmann
Reinhard Woltmann, Dipl.-Ing., Gröbenzell
2004 Ernst du Maire, Dipl.-Ing., Mölln, † 11.8.2022
2005 Wilhelm Kallen, Dipl.-Ing., Mönchengladbach
2006 Rolf Mollenkott, Dr.-Ing., Waiblingen
2007 Hans-Helmut Jeschke, Dipl.-Ing., Schlangen
2008 Werner Tilch, Prof. Dr.-Ing. habil., Feiberg
2010 Erich Nechtelberger, Dipl.-Ing., Wien, † 30.9.2020
Bernd Voigtländer, Dipl.-Ing., Dresden
2011 Bruno Mayer, Dipl.-Ing., Bochum
2012 Till Casper, Dipl.-Ing., Remchingen
2014 Ansgar Pithan, Dipl.-Ing., Meschede
Rolf Weber, Dr.-Ing., Aachen
2015 Matthias Moelle, Dipl.-Ing., Mainz
2019 Franz-Josef Feikus, Prof.-Dr.-Ing., Bonn
Andreas Nissen, Dipl.-Ing, Frankenberg
2021 Andreas Huppertz, Dr.-Ing., Gütersloh
Ernst-Rudolf Kallien, Dipl.-Ing., Schriesheim
2023 Matthias Heinrich, Dipl.-Ing., Leipzig
2025 Jens Wiesenmüller, Dr.-Ing., Lienen

Eugen-Piwowarsky-Preis
Gestiftet 1955

Statuten (Fassung 2019)

1. Name des Preises

Zur Ehren des Pioniers der wissenschaftlichen Erforschung des Gießereiwesens,

Herrn Professor Dr.-Ing. habil. Eugen Piwowarsky
(geb. am 10.11.1891, gest. am 17.10.1953),

und zu seinem Andenken kann jährlich auf der Mitgliederversammlung des VDG ein Preis für eine im Rahmen eines Wettbewerbs nachgewiesene hervorragende Leistung auf dem Gebiete der Gießereitechnik und -wissenschaft verliehen werden, der den Namen

Eugen-Piwowarsky-Preis

trägt. Er wurde erstmalig zur 47. Mitgliederversammlung im Jahre 1956 vergeben.

2. Wettbewerbsbedingungen

Der Preis wird für die beste Arbeit vergeben, die im Laufe des vorhergehenden Jahres von einem VDG-Mitglied, das das 40. Lebensjahr noch nicht vollendet hat, in den Zeitschriften GIESSEREI oder GIESSEREI SPECIAL veröffentlicht worden ist.

3. Höhe des Preises und Verwendung

Der Preis besteht aus einer Urkunde, einer Plakette und einem Geldbetrag. Der Geldbetrag soll zur persönlichen Weiterbildung verwendet werden. Der Betrag wird jedes Jahr vom Vorstand des VDG neu festgelegt.

4. Auswahl der Arbeit

Die Auswahl der Arbeit wird vom Forschungsbeirat der Forschungsvereinigung Gießereitechnik e.V. (FVG) vorgenommen. Falls erforderlich, können noch weitere Sachverständige hinzugezogen werden. Die Auswahl der Veröffentlichungen muss sowohl nach ihrem wissenschaftlichen als auch technisch-praktischen Wert geschehen. Das Bewertungssystem wird dem Forschungsbeirat überlassen.

5. Entscheidung über die Verleihung der Preise

Der Vorstand des VDG entscheidet über den Vorschlag des Forschungsbeirates, ob ein Preis zuerkannt wird und an wen. Bei gleichwertigen Leistungen kann der Preis auf zwei Bewerber verteilt werden. Sind keine prämierungswürdigen Veröffentlichungen vorhanden, kann die Verleihung des Preises ausgesetzt werden. Die Entscheidung des Vorstands des VDG ist endgültig und unanfechtbar.

Inhaber des Eugen-Piwowarsky-Preises

Verleihungsjahr

1956 Dieter Pohl, Professor Dr. rer. nat., Aalen
Hans Zeuner, Dr.-Ing., Remscheid, † 22.2.2009

1957 Dietmar Boenisch, Professor Dr.-Ing., Aachen, † 1.5.2012
Jürgen Motz, Professor Dr.-Ing., Ratingen, † 24.2.2010
Heiko Pacyna, Professor Dr. mont., Leoben/Österreich, † 15.11.2011

1958 Rudolf Kümmerle, Dr.-Ing., Stuttgart, † 1.5.1989
Margarete Varney, Dipl.-Ing., Hamburg

1959 Franz Neumann, Professor Dr.-Ing., Unna, † 15.11.2014

1960 Alois Dahlmann, Dr.-Ing., Düsseldorf, † 21.1.1983

1961 Siegfried Engler, Professor Dr.-Ing., Aachen, † 9.8.2020
Walter Koppe, Dr.-Ing., München

1962 Alfred Kolorz, Dr.-Ing., Mettmann, † 24.6.2015

1963 Reinhard Döpp, Professor Dr.-Ing., Clausthal-Zellerfeld
Benno Lux, o. Professor Dr.-Ing., Wien/Österreich, † 4.3.2013

1964 Karl-Ernst Granitzki, Dr.-Ing., Königswinter, † 10.10..2012

1965 Fritz Krützner, Dipl.-Ing. Dr. mont., Hattingen, † 6.2.2000
Lothar Kucharcik, Dipl.-Ing., Mettmann, † 21.8.2024

1966 Hans Friedrich Smets, Ing., Meerbusch, † 8.6.2022
Wolfram Weis, Dr.-Ing., Monheim, † 1.12.2018

1967 Peter Merz, Ing., Wiesendangen/Schweiz

1971 Hans-Josef Lücking, Ing. (grad.), Remchingen

1972 Wolf Dieter Schneider, Dr.-Ing., Roetgen, 15.3.2025

1973 Helmut Mücke, Dr.-Ing., Sörup

1974 Manfred Dette, Professor Dr.-Ing., Duisburg

1975 Rainer Ellerbrok, Dr.-Ing., Aachen

1976 Herbert Löblich, Dr.-Ing., Hilden, † 27.5.2017

1978 Alexander Fischer, Dr.-Ing., Brühl

1979 Ludger Kalvelage, Dr.-Ing., Trebur

1981 Ingo Klaus Geissler, Dr.-Ing., Nürnberg

1982 Hans-Joachim Voss, Dr.-Ing., Hamburg-Harburg

1983	Sebastian Rossmann, Dipl.-Ing.(FH), Elgg/Schweiz
1984	Paul-Werner Nogossek, Dr.-Ing., Berlin
1986	Wolfgang Kallmeyer, Dr.-Ing., Gaimersheim
1987	Rainer Engel, Dr.-Ing., Wendlingen
1988	Erwin Flender, Dr.-Ing., Stolberg
1990	Wolfgang Lenz, Dr.-Ing., Saarbrücken-Brebach
	Anne Satir-Kolorz, Dr. sc. techn., Zürich/Schweiz
1991	Ludger Ohm, Dr.-Ing., Olpe
1996	Katrin Müller, Dr.-Ing., Attendorn
1997	Babette Tonn, Prof. Dr.-Ing., Clausthal
1998	Alexander Schrey, Dr.-Ing., Brüggen
2000	Kerstin Olivia Brecht, Dipl.-Ing., Werningerode
2002	Ingo Wagner, Dr.-Ing., Essen
2006	Regina Lenz, Dr.-Ing., Düsseldorf
2012	Frank Iden, Dr.-Ing., Düsseldorf
2018	Sebastian Fischer, Dr.-Ing., Kempen

Langjährige Mitgliedschaft im VDG

Der Verein Deutscher Giessereifachleute verleiht seinen Mitgliedern verschiedene Auszeichnungen für langjährige Mitgliedschaft.

Die **Silberne Ehrennadel** wird für 25jährige Vereinszugehörigkeit verliehen und von den Vorsitzenden der Landesgruppen vergeben.

Die **Goldene Ehrennadel** wird für 40jährige Vereinszugehörigkeit verliehen. Diese Auszeichnung wird auf der jährlichen Mitgliederversammlung vom Präsidenten des VDG übergeben.

Bild der Hermann-Dahl-Plakette

Für 50jährige Mitgliedschaft wird die **Hermann-Dahl-Plakette** verliehen. Dr.-Ing. e. h. Hermann Dahl war der Gründungsvorsitzende des VDG. Er führte den Verein von 1909 bis 1927.

Die **Goldene Ehrennadel mit Brillant** wird für 60jährige Vereinszugehörigkeit verliehen. Diese Auszeichnung wird auf der jährlichen Mitgliederversammlung vom Präsidenten des VDG übergeben.

Verzeichnis der persönlichen VDG-Mitglieder
(Stand 18. Oktober 2025)

aus Datenschutzgründen werden hier nur dienstliche Kontaktdaten aufgeführt

Abel, Andrea, James Durrans GmbH, Am Niederheiderhof 3, 47877 Willich, +49 2154 584-0

Acker, Richard, Dr.-Ing., ArcelorMittal Eisenhüttenstadt GmbH, Werkstraße 1, 15890 Eisenhüttenstadt, +49 3364 37-6396

Agath, Kurt, Faces S.p.A. Fonderia Acciai Speciali, Via delle Industrie 23, 30020 Marcon (VE), Italien, kurt.agath@facesspa.it

Aguilar, Julio, Dr.-Ing., ADVANCED TURBINE AIRFOILS RESEARCH CENTEPFX / SAFRAN TECH, 171 Boulevard de Valmy, 92700 Colombes, Frankreich, +33 (0)147 6076-15, julio-alejandro.aguilar-ortiz@safrangroup.com

Ahlborn, Klaus, Duisburg

Ahlborn, Wolfgang, Duisburg

Ahmed, Mostafa, Magdeburg

Aitsuradse, Malkhaz, Dr.-Ing., Fraunhofer Institut THM, Am St.-Niclas-Schacht 13, 09599 Freiberg

Allmang, Michael, Wedelheine

Altenhoven, Heinz-Peter, hofmann CERAMIC GmbH, Mühlweg 14, 35767 Breitscheid-Erdbach, +49 2777 9145-36, heinz-peter.altenhoven@ifgl-hofmann.de

Amend, Christoph, DÜKER Technolgie GmbH Werk Laufach, Hauptstraße 39-41, 63846 Laufach, +49 6093 87-267, cha@dueker.de

Ammer, Rebecca, procast, Bälshult 202, 31492 Längaryd, Schweden, +46 706 936699, rebecca@procastab.se

Andorff, Eberhard, Rendsburg

Anger, Heinz, Queidersbach

Angermann, Uwe, Angermann GmbH, Anton-Zickmantel-Straße 41, 04249 Leipzig

Angermeier, Andreas, Carl Zeiss GOM Metrology GmbH, Schmitzstrasse 2, 38122 Braunschweig, +49 531 39029-560, Andreas.Angermeier@zeiss.com

Anke, Mike, FONDIUM Mettmann GmbH, Flurstraße 15-17, 40822 Mettmann, +49 2104 984-279, mike.anke@fondium.eu

Anschlag, Sven, FONDIUM Mettmann GmbH, Flurstraße 15-17, 40822 Mettmann, sven.anschlag@fondium.eu

Ansorg, Michel, Eisengießerei Hans Dhonau, Schonachbach 7, 78098 Triberg im Schwarzwald, +49 7722 9624-15, michel.ansorg@dhonau.de

Apitzsch, Florian, GF Casting Solutions Leipzig GmbH, Georg-Fischer-Straße 2, 04249 Leipzig, +49 341 4823-235, florian.apitzsch@georgfischer.com

Apitzsch, Mike, Pleissner Guss GmbH, Duderstädter Straße 17, 37412 Herzberg am Harz, +49 5521 83-214, mike.apitzsch@gmh-gruppe.de

Arndt, Björn, BOHAI Trimet Automotive Holding GmbH, Erhardtstraße 18, 99610 Sömmerda

Arnold, Tobias, BMW Group, Meisenstraße 29, 84030 Ergolding, tobias.ta.arnold@bmw.de

Arnold, Marc-Oliver, Georgsmarienhütte GmbH, Neue Hüttenstraße 1, 49124 Georgsmarienhütte, +49 5401 39-4130, marc-oliver.arnold@gmh-gruppe.de

Arnold, Eddy, ZOLLERN GmbH & Co. KG, Hitzkofer Straße 1, 72517 Sigmaringendorf-Laucherthal, Eddy.Arnold@zollern.com

Arnold, Malte, Oerlinghausen

Artz, Thomas, Düsseldorf

Ata, Mustafa, Continental Teves AG & Co. oHG, Guerickestraße 7, 60488 Frankfurt am Main, +49 69 76035906, mustafa.ata@continental-corporation.com

Atik, Mehmet Kamil, Atik Metal San. Ve Tic. A.S., 10037 Sok. Nr: 6, 35620 Cigli-Izmir, Türkei, +90 232 3283510, mehmetatik@atikmetal.com.tr

Aue, Henning, Soest

Aurich, Benjamin, Dr.-Ing., Sachsen Guss GmbH, Obere Hauptstraße 228-230, 09228 Chemnitz OT Wittgensdorf, +49 3722 64-2395, benjamin.aurich@sachsenguss.de

Aust, Kirsten, Meschede

Axmann, Wolfgang, Dr.-Ing., Sankt Augustin

Bachmann, Thomas, GF Casting Solutions Leipzig GmbH, Georg-Fischer-Straße 2, 04249 Leipzig, +49 341 4823-366, thomas.bachmann2@georgfischer.com

Badzun, Karl Friedrich, Hennef

Baechler, Frank, IVB-Industrievertretungen, Altheimer Weg 17, 72189 Vöhringen, +49 7454 407181, info@ivb-baechler.de

Baesgen, Alexander, Dr.-Ing., Oskar Frech GmbH + Co. KG, Schorndorfer Straße 32, 73614 Schorndorf, +49 7181 702-750, baesgen.alexander@frech.com

Bagyetistiren, Yasin, TU Bergakademie Freiberg Giesserei-Institut, Bernhard-von-Cotta-Straße 4, 09596 Freiberg/Sachsen

Bähr, Rüdiger, Prof. Dr., Otto-von-Guericke Universität Magdeburg Institut für Fertigungstechnik und Qualitätssicherung, Universitätsplatz 2, 39106 Magdeburg, +49 391 67-58315, ruediger.baehr@ovgu.de

Baier, Andreas, FOSECO Foundry Division, Vesuvius GmbH, Gelsenkirchener Straße 10, 46325 Borken, +49 2861 83-294, andreas.baier@vesuvius.com

Bald, Totnan, Dr.-Ing., Bosch Rexroth AG Werk LoP 3, Zum Eisengießer 1, 97816 Lohr am Main, +49 9352 180, Totnan.Bald@boschrexroth.de

Bangel, Karlheinz, Braunfels

Bansemer, Klaus, Giesen

Bardenheuer, Peter W., Dr.-Ing., Düsseldorf

Barnstorff, Gunter, Fritz Winter Eisengießerei GmbH & Co. KG, Albert-Schweitzer-Straße 15, 35260 Stadtallendorf, +49(0)6428 / 78-0, gunter.barnstorff@fritzwinter.de

Barrmeyer, Konstantin, Dr. rer. pol., Schlingmeier Quarzsand GmbH & Co. KG, Ackerstraße 8, 38179 Schwülper, +49 5303 950-131, k.barrmeyer@schlingmeierquarzsand.de

Bartel, Michael, Reis Robotics GmbH & Co. KG, Walter-Reis-Straße 1, 63785 Obernburg, +49 6022 503-146, Michael.Bartel@reisrobotics.com

Bartels, Christine, Dr.-Ing., REKONA GmbH & Co. KG Werkstoffuntersuchung, Schadensfallanalyse, Beratung, Möwenweg 13, 33415 Verl, +49 5246 805430, c.bartels@rekona.net

Barth, Andreas, Dr.-Ing., Steinenbronn

Bärtschi, Hans-U., Thun, Schweiz

Basibüyük, Gökhan, Nassau

Bast, Dominik, TU Bergakademie Freiberg Giesserei-Institut, Bernhard-von-Cotta-Straße 4, 09596 Freiberg/Sachsen, +49(3731)39-0, bast.dominik@googlemail.com

Bast, Jürgen, Prof. Dr.-Ing. habil., Freiberg

Bastian, Alfred, Bad Endbach-Günterod

Bauch, Gerhard, Saarbrücken

Bauch, Helmar, Chemnitz

Bauer, Reiner, Dr.-Ing. Dipl.-Wirt.-Ing., Hoesch Metallurgie GmbH, Birkesdorfer Straße 5, 52353 Düren, +49 2421 809-0

Bauer, Gunter, Machern

Baukat-Kmieciak, Sven, FONDIUM Mettmann GmbH, Flurstraße 15-17, 40822 Mettmann, +49 2104 984-430, sven.baukat-kmieciak@fondium.eu

Baulig, Dominik, SCHMEES cast Langenfeld GmbH, Rudolf-Diesel-Weg 6-8, 40764, Langenfeld, +49 2173 8505-42, dominik.baulig@schmees.com

Baumann, Benedict, TU Bergakademie Freiberg Giesserei-Institut, Bernhard-von-Cotta-Straße 4, 09596 Freiberg/Sachsen, +49 3731 39-2536, benedict.baumann@gi.tu-freiberg.de

Baumann, Ulrich, Maulbronn

Baumhof, Frank, Dörrenberg Edelstahl GmbH, Hammerweg 7, 51766 Engelskirchen, +49 2263 79-1

Baunach, Johannes, Vesuvius GmbH, Gelsenkirchener Straße 10, 46325 Borken, +49 9373 200-1355, johannes.baunach@vesuvius.com

Bautz, Heiner, Unna

Bechinka, Uwe, Landesverband der Baden-Württembergischen Industrie e.V., Türlenstraße 2, 70191 Stuttgart, +49 711 998870-12, bechinka@lvi.de

Beck, Andreas, Herborner Pumpentechnik GmbH & Co. KG, Littau 3-5, 35745 Herborn, +49 2772 933-241, abeck@herborner-pumpen.de

Beck, Oliver, Metallwaren, Ferdinandstraße 12, 48147 Münster

Beck, Dieter, Amstetten

Becker, Holger, BDG-Service GmbH, Hansaallee 203, 40549 Düsseldorf, +49 211 6871-271, holger.becker@bdg-service.de

Becker, Alexander, Eisenwerk Hasenclever & Sohn GmbH DIHAG Foundry Group, Auhammer 1, 35088 Battenberg, +49 6452 801186, a.becker@dihag-hasenclever.com

Becker, Marcel, Hochschule Aalen Technik und Wirtschaft Aalen University of Applied Sciences, Beethovenstraße 1, 73430 Aalen, +49 7361 576-2497, marcel.becker@hs-aalen.de

Becker, Petra, Dr., Matplus GmbH, Hofaue 55, 42103 Wuppertal, petra.becker@matplus.eu

Becker, Reiner, STILL GmbH, Berzeliusstraße 10, 22113 Hamburg, info@arbeitssicherheit-becker.de

Becker, Reiner, Rabenau

Beckmann, Johannes, Benninger Guss AG Maschinenfabrik u. Giesserei, Fabrikstraße, 9240 Uzwil, Schweiz, +41 71 955-8847, johannes.beckmann@benningerguss.ch

Beckmann, Kai, MAGMA Gießereitechnologie GmbH, Kackertstraße 16-18, 52072 Aachen, +49 241 88901-714, K.Beckmann@magmasoft.de

Beckmann, Jürgen, Hofgeismar

Beele, Günther, Kerpen

Beer, Alicia Franziska, M.Sc., Fraunhofer - Institut IGCV, Lichtenbergstraße 15, 85748 Garching

Beer, Stephan, Dr.-Ing., Dr.-Ing. h.c. F. Porsche AG, Porschestraße 911, 71287 Weissach, +49 711 911-81531, stephan.beer2@porsche.de

Beganovic, Thomas, Dr., Volkswagen Group Components, Gifhorner Straße 180, 38112 Braunschweig, +49(531)298-86118, thomas.beganovic@volkswagen.de

Behm, Ingolf, Dr.-Ing., Otto-von-Guericke Universität Magdeburg Institut für Fertigungstechnik und Qualitätssicherung, Universitätsplatz 2, 39106 Magdeburg, +49 391 67-51312, Ingolf.Behm@ovgu.de

Beier, Simon-Rene, SM Sächsisches Metallwerk Freiberg GmbH, Zuger Straße 13, 09599 Freiberg, s.beier@sm-freiberg.de

Beilfuß, Corinna, FONDIUM Mettmann GmbH, Flurstraße 15-17, 40822 Mettmann, +49(2104)984-317, corinna.beilfuss@fondium.eu

Benz, Norbert, Mönchengladbach

Bepperling, Hagen, Wetter

Berens, Markus, Eisenwerk Brühl GmbH, Kölnstraße 262-266, 50321 Brühl, +49 2232 75-395, markus.berens@eb-bruehl.de

Berg, Jan Phillip, Caterpillar Castings Kiel GmbH, Falckensteiner Straße 2, 24159 Kiel, +49 431 3995-2548, berg_janphillip@cat.com

Berger, Rainer, Berger Consult e.K., Neuer Weg 32, 71111 Waldenbuch, rainer.berger@bergerconsult.de

Berger, Florian, Berger Industrieberatung, Magniolienweg 13, 42651 Solingen, berger.industrieberatung@gmail.com

Berger, Eduard, Kirchhain

Berndt, Kerstin, Vesuvius GmbH, Gelsenkirchener Straße 10, 46325 Borken, +49 2861 83-321, kerstin.berndt@vesuvius.com

Berthold, Ralf, Procast Guss GmbH, Brockhäger Straße 217, 33330 Gütersloh, +49(0)5241 / 938-242, r.berthold@procast-guss.de

Best, Klaus Jürgen, Dr. Dipl.-Ing., Bad Homburg

Bestehorn, Uwe, Nortorf

Betz, Gerhard, Dr.-Ing., Dycobond GmbH, Saarner Straße 433, 45478 Mülheim, +49 208 589-435, info@dycobond.de

Beuershausen, Bernd, Volkswagen AG HUH Gießerei, Mecklenheidestraße 74, 30419 Hannover, +49(511)798-8560, bernd.beuershausen@volkswagen.de

Beul, Christian, ABA BEUL GmbH, Dieselstraße 11, 57439 Attendorn, +49 2722 699-141, cbeul@ababeul.de

Beyer, Stefan, Freital

Biehl, Sebastian, thermobiehl Apparatebau, Brüggenstraße 7, 45968 Gladbeck, +49(2043)32494, thermobiehl@t-online.de

Bier, Steffen, Homberg (Ohm)

Bilgery, Mark, Albert HandtmannMetallgußwerk GmbH & Co. KG, Arthur-Handtmann-Straße 25-31, 88400 Biberach, +49 7351 342-6196, mark.bilgery@handtmann.de

Bingel, Horst, Meerbusch

Bischof, Franz-Josef, ISG Ingenieurbüro, Im Krümpel 32, 31073 Delligsen, +49(5187)957446

Bischof, Stefanie, Vulcast Germany GmbH, Graf-von-Manderscheid-Str. 1, 54584 Jünkerath, +49 6597 12-222, stefanie.bischof@vulcast.de

Bischof, Emil, Schneeberg

Bischoff, Uwe, Dr.-Ing., Leipzig

Bissels, Joshua, Deggendorf

Bittermann, Klaus, Berlin

Bittmann, Ronny, FUG GmbH, Alte Ziegelei 11 a, 51588 Nümbrecht, +49 2293 816396-8, office@fug-gmbh.com

Bittniok, Rudi, Vesuvius GmbH, Gelsenkirchener Straße 10, 46325 Borken, rudi.bittniok@vesuvius.com

Blank, Werner, BLANK Holding GmbH, Industriestraße 18, 88499 Riedlingen, +49 7371 923-733, werner.h.blank@gmx.de

Blankenagel, Dieter, Bochum

Bleicher, Christoph, Dr.-Ing., Fraunhofer Institut für Betriebsfestigkeit und Systemzuverlässigkeit LBF, Bartningstraße 47, 64289 Darmstadt, 06151-705-8359, christoph.bleicher@lbf.fraunhofer.de

Blumenauer, Lukas, GF Casting Solutions Leipzig GmbH, Georg-Fischer-Straße 2, 04249 Leipzig, +49 341 4823368, lukas.blumenauer@georgfischer.com

Bock, Thomas A., Ingenieur-Büro Bock GmbH, Görlitzer Ring 13 A, 23879 Mölln, +49 4542 9957966, thomas.bock@officebock.de

Bodenbender, Markus, WESO-Aurorahütte GmbH, Aurorahütte 1, 35075 Gladenbach, +49 6462 921-0, Weso@Weso.de

Bodenburg, Mathias, MAGMA Gießereitechnologie GmbH, Kackertstraße 16-18, 52072 Aachen, +49 241 88901-702, M.Bodenburg@magmasoft.de

Böhm, Kilian, AIT Austrian Institute of Technology LKRRanshofen GmbH, Lamprechtshausenerstraße 61, 5282 Ranshofen, Österreich, +43 50550 6919, kilian.boehm@ait.ac.at

Böhm, Peter, Ferroatlantica Deutschland GmbHc/o Regus, 5. Etage, Grugaplatz 2-4, 45131 Essen, +49(201)8789579-17, Peter.Boehm@ferroatlantica.de

Böhmfeld, Florian, Gießereigesellschaft mbH Böhmfeld & Co., Brenker Straße 3, 59590 Geseke, +49 2942 9786-480, f.boehmfeld@boehmfeld.de

Böhner, Wolfgang, Erkrath

Böhnke, Sandra, CALDERYS Metalcasting Germany GmbH, Schmielenfeldstraße 78, 45772 Marl, +49 2365 804-292, sandra.boehnke@calderys.com

Böhnlein, Christian, Dr.-Ing., Robert Bosch Automotive Steering GmbH, Richard-Bullinger-Straße 77, 73527 Schwäbisch Gmünd, christian.boehnlein@bosch.com

Boldau, Hans-Ulrich, Silbitz Guss GmbH, Dr.-Maruschky-Straße 2, 07613 Silbitz, +49 36693 80-224, hans-ulrich.boldau@silbitz-group.com

Bomeier, Michael, Renningen

Boos, Roderich, Wetzlar

Borbe, Peter Chr., Dr.-Ing., Garbsen

Börke, Bernhard, Weingarten

Borrmann, Ralf, Moers

Bosse, Manuel, BDG-Service GmbH, Hansaallee 203, 40549 Düsseldorf, +49 211 6871-341, manuel.bosse@bdg-service.de

Bothen, Lukas, Chemnitz

Böttcher, Martin, Bosch Rexroth AGDC-MA/NE 4 Casting, Partensteiner Straße 23, 97816 Lohr am Main, +49(0)9352 / 18 47 79, martin.boettcher4@boschrexroth.de

Böttger, Klaus, Hainburg

Brähler, Heiko, Bühler AG, Gupfenstraße 5, 9240 Uzwil, Schweiz, 0041-719552074

Brand, Renate, Varel

Brandenberger, Urs, Düsseldorf

Brandt, Reiner, Stelzenberg

Braune, Carl-Ernst, Wetzlar

Brehm, Frank, Daimler Truck AGWerk Mannheim, Hanns-Martin-Schleyer-Straße 21-57, 68305 Mannheim, +49 621 393-2109, frank.brehm@daimlertruck.com

Breidbach, Götz, Büdingen

Breithaupt, Matthias, Badische Stahlwerke GmbH, Graudenzer Straße 45, 77694 Kehl, +49(7851)83-0, info@bsw-kehl.de

Brenke, Jan, IMI Hydronic Engineering Deutschland GmbH, Völlinghauser Weg, 59597 Erwitte, jan.brenke@imi-hydronic.com

Breuer, Jacqueline Marcella, Technik + Sprachen Stech GbR, Bergstraße 26, 31789 Hameln, +49 5151 / 409131, jacqueline.breuer@technikundsprachen-stech.de

Brinschwitz, Frank, Metallguss Brinschwitz GmbH, Lochfeldstraße 19, 76437 Rastatt, +49 7222 52081, info@guss-mgb.de

Brinschwitz, Ralf, Metallguss Brinschwitz GmbH, Lochfeldstraße 19, 76437 Rastatt, +49(7222)52081

Britt, Hanspeter, Winterthur, Schweiz

Bromkamp, Andreas, Bromkamp GmbH, Weusterstraße 19, 46240 Bottrop, +49(2041)7715-0, andreas.bromkamp@bromkamp.de

Brotzki, Jörg, ASK Chemicals GmbH, Reisholzstraße 16-18, 40721 Hilden, +49 211 71103-19, joerg.brotzki@ask-chemicals.com

Bruch, Karl-Hermann, Dr.-Ing., BBB Beratungs- und Beteiligungs-GmbH, Heinrich-Sträter Str. 3a, 44229 Dortmund, +49 231 13875-444

Brunsch, René, Dr., apromace data systems GmbH, Am Bahnhof 7, 09599 Freiberg, +49 (0)3731 / 21 85 69-1, rene.brunsch@apromace.de

Buch, Friedrich-Wilhelm, Wetzlar

Büch, Manfred, Aschaffenburg

Buchheit, Niklas, Tholey

Buchholz, Stephan, Buchholz & Cie. Giesserei GmbH, Pirmasenser Straße 106-108, 66482 Zweibrücken, +49 6332 4799-21, sb@buchholz-guss.de

Buchholz, Frank, M. Busch GmbH & Co. KG, Ruhrstraße 1, 59909 Bestwig, +49 2904 988-420, buchholz@mbusch.de

Buchholz, Heinz, Moers

Buchholz, Jürgen, Dr.-Ing., Magdeburg

Buchholz, Walter, Zweibrücken

Bücking, Hannah, FONDIUM Mettmann GmbH, Flurstraße 15-17, 40822 Mettmann, hannah.buecking@fondium.eu

Bührig-Polaczek, Andreas, Prof. Dr.-Ing., RWTH Aachen, Giesserei-Institut, Intzestraße 5, 52072 Aachen, +49 241 80-95880, office.buehrig-polaczek@gi.rwth-aachen.de

Bunte, Martin, Chemex GmbH Foundry Solutions Vertriebsbüro Düsseldorf, Wiesenstraße 23, 40549 Düsseldorf, mbunte@chemex.de

Burda, Hanna, Dr., Bad Füssing

Burger, Helmut, Prof. Dr.-Ing., Biedenkopf

Bürger, Jutta, Dr.-Ing., Neukirchen/Erzgebirge

Burkart, Peter, Wendelstein

Busack, Kay, Teutloff Bildungszentrum Wernigerode, Weinbergstraße 17, 38855 Wernigerode, +49 3943 937-143, busack@teutloff-wernigerode.de

Busch, Matthias, ASK Chemicals GmbH, Reisholzstraße 16-18, 40721 Hilden, matthias.busch@ask-chemicals.com

Bußkamp, Stefan, K+B Kerne GmbH & Co. KG, Brügger Esch 1, 46414 Rhede, +49 2872 948688-56, s.busskamp@k-b-kerne.de

Butz, Franz Friedrich, Hüttenes-Albertus Chemische Werke GmbH, Hansastraße 1, 30419 Hannover, franz.butz@ha-group.com

Bystrich, Olaf, Koblenz

Carnaghi, Werner, Gießerei Carnaghi, Josef-Eberle-Straße 6, 89346 Bibertal-Bühl, +49 8226 685

Caspari, Norbert, Caspari GmbH Technologie-Giessereiservice, Reiterweg 40, 68163 Mannheim, +49 621 403757

Casper, Felix, Karl Casper GmbH + Co. KG, Tullastraße 14-22, 75196 Remchingen, +49 7232 3669-22, felix.casper@casper-guss.de

Casper, Till, Karl Casper GmbH + Co. KG, Tullastraße 14-22, 75196 Remchingen, +49 7232 3669-20, till.casper@casper-guss.de

Castro Castro, Pablo Ignacio, Straubing

Celik, Erdal, ASK Chemicals GmbH, Reisholzstraße 16-18, 40721 Hilden, +49 211 71103-0, erdal.celik@ask-chemicals.com

Chakrabarti, Robin, Allied Mineral Products Europe, Peter-Röser-Straße 17, 50827 Köln, robin.chakrabarti@alliedmin.com

Chawla, Teja Singh, Kitzingen

Chomiak-Janus, Melanie, CHOMIAK-JANUS Führungsakademie, Alte Kalkumer Straße 37, 40489 Düsseldorf, info@chomiak-janus.de

Christiansen, Jens U., Kiel

Claeßen, Peer, Eisengiesserei Baumgarte GmbH, Duisburger Straße 35, 33647 Bielefeld, +49 521 4044-132, p.claessen@eisengiesserei-baumgarte.de

Claus, Steffen, SPEFORM Metall-Chemie GmbH, Pörtnerskamp 4-6, 46286 Dorsten, +49(0)2369 / 8054, info@speform.de

Common, Manfred, Ötisheim

Cramer, Bernd, Mettmann

Creydt, Martin, Dr.sc.techn. Dipl.-Ing., Brunnen, Schweiz

Cüppers, Julius, RWTH Aachen Giesserei-Institut, Intzestraße 5, 52072 Aachen

Custovic, Edin, Dr.-Ing., DATA FORM DESIGN Dr.-Ing. Edin Custovic, Residenzstr. 114, 13409 Berlin, dr.custovic@dfd-software.de

Czajka, Manfred, FONDIUM Mettmann GmbH, Flurstraße 15-17, 40822 Mettmann, +49(2104)984-395, manfred.czajka@fondium.eu

Cziegler, Andreas Kurt, Dr., Montanuniversität Leoben, Franz-Josef-Straße 18, 8700 Leoben, Österreich, +43 3892 402-3303, anton.cziegler@unileoben.ac.at

Czirski, Egon, Czirski Industries, Mörikeweg 6, 4565 Recklinghausen, +49(2361)9383745

Dahlmann, Martin, Hüttenes-Albertus Chemische Werke GmbH, Wiesenstraße 23, 40549 Düsseldorf, +49 211 5087-370, martin.dahlmann@ha-group.com

Dahmen, Christof, Dr.-Ing., Otto Junker GmbH Geschäftsbereich Edelstahlgiesserei, Jägerhausstraße 22, 52152 Simmerath, +49 2473 601-236, christof.dahmen@otto-junker.com

Dalewski, Günter, Pulheim

Damm, Tobias, Franken Guss GmbH & Co. KG, An der Jungfernmühle 1, 97318 Kitzingen, +49 9321 932-0, tobias.damm@frankenguss.de

Dankwort, Volker, Oberhausen

de Buhr, Arno, FWH Stahlguss GmbH, Friedrich-Ebert-Straße 125, 45473 Mülheim an der Ruhr, +49 208 451-7283, Buhr@fwh.de

De Jesus Mendes, Fausto, FWH Stahlguss GmbH, Friedrich-Ebert-Straße 125, 45473 Mülheim/Ruhr, +49 208 451-7103, mendes@fwh.de

de Vries, Klaas Jan, Hüttenes-Albertus Benelux, Bredastraat 29, 3290 Diest, Belgien, +32-13-333224

Decher, Andreas, Dr.rer.nat., Andreas Decher Minerals. Services, Zum Holtmicker Berge 5, 57482 Wenden, +49 2762 987535, a.decher@minerals.services

Deibel, Frank, Trakya Dokum San.Tic. A.S., Buyukdere Cad. Soyak Binasi 38-2, 34387 Mecidiyekoy - ISTANBUL, Türkei, +49 6357 989-3347, fdeibel@trakyadokum.com.tr

Deike, Rüdiger, Prof. Dr.-Ing., Universität Duisburg Essen Fakultät für Ingenieurwissenschaften, Lotharstr. 1, 47057 Duisburg, +49 203 379-3455, ruediger.deike@uni-due.de

Deinat, Horst, Hundhausen Casting GmbH A Member of Beinbauer Group, Ostendamm 23, 58239 Schwerte, +49 2304 105-220, Horst.Deinat@beinbauer-group.de

Deisenroth, Wolfgang, Speckenheuer GmbH, Karolingerstraße 36, 52070 Aachen, +49 241 93678321, deisenroth@waermeleitrohre.de

Dell, Gotthard, Walldürn

Demmig, Bernhard, Fürth

Derstroff, Franz Josef, Oestrich-Winkel

Dette, Manfred, Prof. Dr.-Ing., Düsseldorf

Deubelbeiss, René, Fritz Fischer GmbH Metallgusswerk, Kisslingweg 55, 75417 Mühlacker, +49 7041 81518, rene.deubelbeiss@fischer-guss.de

Dhonau, Hans, Eisengießerei Dhonau GmbH & Co. KG, Schonachbach 7, 78098 Triberg im Schwarzwald, +49 7722 9624-0, hans.dhonau@dhonau.de

Dhonau, Björn, ThyssenKrupp Steel AG, Kaiser-Wilhelm-Straße 100, 47166 Duisburg, +49 1525 8015237, bjoern.dhonau@thyssenkrupp.com

Dichtl, Hansjörg, Dr. mont., Salzburg, Österreich

Dickel, Kuno, Walchum

Dickhaus, Carl Hans, Dr.-Ing., AUDI AG, Ettinger Straße, 85045 Ingolstadt, +49 841 89-31852, carl.dickhaus@audi.de

Dieckhues, Harald, Grunewald GmbH & Co. KG Werk II, Am Busskolk 35, 46395 Bocholt, +49 2871 2507-213, h.dieckhues@grunewald.de

Dieckhues, Georg Wilhelm, Dr.-Ing., Ohm & Häner Metallwerk GmbH & Co. KG, Im Grüntal 1, 57462 Olpe, +49 2761 921-310, g.dieckhues@ohmundhaener.de

Diederichs-Mittler, Ina Christina, Bundesverband der Deutschen Gießerei-Industrie bdg, Hansaallee 203, 40549 Düsseldorf, ina.diederichs-mittler@bdguss.de

Dietrich, Fabian, TU Bergakademie Freiberg Giesserei-Institut, Bernhard-von-Cotta-Straße 4, 09596 Freiberg/Sachsen, +49(3731)39-0, fabian.dietrich@gi.tu-freiberg.de

Dietz, Georg, MAHLE International GmbH, Pragstraße 26-46, 70376 Stuttgart, +49 711 501-12754, georg.dietz@mahle.com

Dietz, Andreas, Neukirchen/Erzgebirge

Dietz, Georg, Mainz

Distler, Sven, Vesuvius GmbH, Gelsenkirchener Straße 10, 46325 Borken, +49(2861)83-250, sven.distler@Foseco.com

Dobmeier, Fabian, München

Dommaschk, Claudia, Dr.-Ing., TU Bergakademie Freiberg Giesserei-Institut, Bernhard-von-Cotta-Straße 4, 09596 Freiberg/Sachsen, +49 3731 39-2446, Claudia.Dommaschk@gi.tu-freiberg.de

Dongfang, Yunan, Bad Wildbad im Schwarzwald

Döpp, Reinhard, Prof. Dr.-Ing., Ennepetal

Dori, Sebastian, WABCO Fahrzeugbremsen GmbH, Am Lindener Hafen 21, 30453 Hannover, +49 511 9221262, helmut.dettmer@wabco-auto.com

Dörnenburg, Frank, Dr.-Ing., Federal-Mogul Nürnberg GmbHA TENNECO Group Company, Nopitschstraße 67, 90441 Nürnberg, +49 911 4233-398, frank.doernenburg@tenneco.com

Dörr, Daniel, Dr.-Ing., Nemak Dillingen GmbH, Marie-Curie-Straße, 66763 Dillingen/Saar, daniel.doerr@nemak.com

dos Santos, Roberto, Dr.-Ing., Zollern & Comandita, Rua Jorge Ferreirinha, 1095, 4470-909 Maia, Portugal

Doßmann, Jörg Wilhelm, Dossmann GmbH Eisengiesserei und Maschinenfabrik, Amorbacherstraße 43, 74731 Walldürn-Rippberg, +49 6286 18-40, joerg.dossmann@dossmann.de

Dötsch, Erwin, Dr.-Ing., Dortmund

Dreher, Felix, DGS Druckguss Systeme AG, Industriestraße 10, 9015 St. Gallen, Schweiz

Droste, Werner, Dr.-Ing., SPEIRA GmbH, Aluminiumstr. 1, 41515 Grevenbroich, +49 228 552-02

Duit, Bert, VDL Castings Heerlen, De Koumen 2, 6433 KD Hoensbroek, Niederlande, b.duit@vdlcastingsheerlen.nl

Dul, Pawel-Jan, Borbet Thüringen GmbH, Am Fliegerhorst 17, 99947 Bad Langensalza, +49(3603)89465657, p.dul@borbet-thueringen.de

Dul, Jenö, Dr.-Ing., Miskolc, Ungarn

Dürmeier, Thorsten, Dürmeier GmbH Anlagenbau & Verfahrenstec, Herrenwiesen 8, 71665 Vaihingen an der Enz, +49 7042 / 82250, info@duermeier.de

Dürr, Stefan, Richard Anton KG, Würmstraße 55, 82166 Gräfelfing, +49 89 898144-17, stefan.duerr@richard-anton.de

Durrans, Nicholas, James Durrans GmbH, Am Niederheiderhof 3, 47877 Willich, +49 2154 9584-0, ng.durrans@durrans.de

Duwe, Stephanie, Dr.-Ing., Pleissner Guss GmbH, Duderstädter Straße 17, 37412 Herzberg am Harz, +49 5521 83-247, Stephanie.Duwe@gmh-gruppe.de

Dzusov, Marat, MAGMA Gießereitechnologie GmbH, Kackertstraße 16-18, 52072 Aachen, +49 241 88901-9601, m.dzusov@magmasoft.de

Eberlein, Jürgen, Waren

Ebert, Reinhard, Dr.-Ing., Neunkirchen

Echterhof, Thomas, Dr.-Ing., RWTH Aachen University Institut für Industrieofenbau + Wärmetechnik, Kopernikusstraße 10, 52074 Aachen, +49 241 80-25958, echterhof@iob.rwth-aachen.de

Eckert, Thomas, Todtnau

Eggimann, Franziska, Eisenbibliothek Stiftungder Georg Fischer AG, Klostergut Paradies, 8252 Schlatt TG, Schweiz, +41 52 63127-43, franziska.eggimann@georgfischer.com

Egner-Walter, Achim, Dr.-Ing., Martinrea Honsel Germany GmbH, Fritz-Honsel-Straße 30, 59872 Meschede, +49 291 291-130, achim.egner-walter@martinrea-honsel.com

Ehlbeck, Holger, Schülp

Ehle, Thomas, Freiberg

Eickworth, Niklas, Casculate GmbH, Europaallee 10, 67657 Kaiserslautern, niklas.eickworth@daimlertruck.com

Eigenfeld, Klaus, Prof. Dr.-Ing., Konstanz

Eilhard, Maximilian, James Durrans GmbH, Am Niederheiderhof 3, 47877 Willich

Einenkel, Eric, Howmet Aerospace Tital GmbH, Kapellenstraße 44, 59909 Bestwig, +49 2904 981-284, Eric.Einenkel@howmet.com

Einmayr, Christian, F.W. Hempel Legierungsmetall GmbH & Co. KG, Erlenstraße 71, 46149 Oberhausen, +49 208 62922-609, c.einmayr@legierungsmetall.de

Eisenmann, Hansjörg, Wagner AG Metalldruckguss, Urnäscherstraße 22, 9104 Waldstatt/AR, Schweiz, +41 71 354-8119, hansjoerg.eisenmann@wagner-solution.com

Elbracht, Bernd, Satrup

Elflein, Georg, Bayerische Motoren Werke AG BMW Group Werk Landshut, Ohmstraße 2, 84030 Landshut, +49 871 702-2902

Ellerbrok, Rainer, Dr.-Ing., Aachen

El-Robrini, Lamine, Freiberg

Elspaß, Christian, Geldern

Emich, Werner, Wesel

Endemann, Andreas, Weldstone Components GmbH, Am Rübgarten 2, 57299 Burbach, +49 8031 941399-0, endemann@weldstone-europe.com

Engel, Rainer, Dr.-Ing., Saarlouis

Engelbrecht, Maren, Bobingen

Engels, Dirk, Isselguss GmbH Giessereierzeugnisse, Minervastraße 1, 46419 Isselburg, +49 2874 39-203, engels@ihi.de

Engels, Günter, Remscheid

Englert, Matthias, Biebelried

Erdmann, Ulf, MAGMA Gießereitechnologie GmbH, Kackertstraße 16-18, 52072 Aachen, +49(0)241 / 889 01 96 75, u.erdmann@magmasoft.de

Erger, Hannes, Vesuvius GmbH, Gelsenkirchener Straße 10, 46325 Borken, +49 2861 83-0, hannes.erger@vesuvius.com

Erhard, Patricia, Fraunhofer - Institut für Gießerei-, Composite- und Verarbeitungstechnik IGCV, Lichtenbergstraße 15, 85748 Garching, +49 89 350946125, patricia.erhard@igcv.fraunhofer.de

Ermert, Stefan, Fesco Gießereimaschinen GmbH, Ziegeleiweg 1, 57339 Erndtebrück, stefan.ermert@fesco-gmbh.de

Ernst, Wolfgang, Frechen

Erz, Hans Peter, Dr.-Ing., Erz & Partner ApS Management Consulting, Ribevej 13, 6780 Skaerbaek, Dänemark, hperz@erzconsult.dk

Eschen, Julian, Burckhardt Compression AG, Franz-Burckhardt-Strasse 5, 8404 Winterthur, Schweiz, +41 522 615-176, julian.eschen@burckhardtcompression.com

Escher, Jürgen, O. Escher Werksvertretungen GmbH, Bahnhofstraße 24, 42549 Velbert, o.escher-gmbh@t-online.de

Escherle, Erwin, Leingarten

Eschrich, Sandra, Dr., Bindur GmbH, Weißenfelser Straße 67, 04229 Leipzig, +49 341 8709669-0, info@bindur.de

Esser, Hans-Erwin, Ratingen

Ettinger, Cornelis Johannes van, Maassluis, Niederlande

Everwin, Peter, Bad Rappenau

Ewens, Helmut, Mettmann

Eymann, Jürgen, Dr.-Ing., SLR Giesserei St. Leon-Rot GmbH, Am Bahnhof 16, 68789 St Leon-Rot, +49 6227 527-128, j.eymann@slr.de

Fahrig, Michael, Prof., FH Bielefeld University of Applied Scienes, Interaktion 1, 33619 Bielefeld, +49 521 106-7368, michael.fahrig@fh-bielefeld.de

Falak, Marko, CLARIANT PRODUKTE (DEUTSCHLAND) GMBH, Ostenriederstraße 15, 85368 Moosburg, +49 8761 82-126, marko.falak@clariant.com

Fallier, Bernhard, EUMES-Metall GmbHVertriebs- und Service GmbH, Kantstraße 22-24, 44867 Bochum, +49 234 5477-00, info@eumesmetall.de

Faul, Ralf, Neenstetten

Faulhammer, Albert, Berlin

Fehlbier, Martin, Prof. Dr.-Ing., Universität Kassel Fachbereich 15 - Maschinenbau, Kurt-Wolters-Straße 3, 34125 Kassel, +49 561 804-7595, fehlbier@uni-kassel.de

Fehlbier, Joachim, Köln

Fehr, Ernst, Rorschach, Schweiz

Feikus, Friederike, Hydro Aluminium Deutschland GmbH, Ettore-Bugatti-Straße 6-14, 51149 Köln, friederike.feikus@hydro.com

Feikus, Franz Josef, Prof. Dr., Bonn

Feldmeyer, Werner, Andwill/SG, Schweiz

Feustel, Hans Ulrich, fusoris engineering GmbH & Co.KG, An der Märchenwiese 72, 04277 Leipzig, +49(341)4591761, u-feustel@t-online.de

Fichtelberger, Bernd, Bock 1 GmbH & Co. KG, An der Heide 17, 92353 Postbauer-Heng, +49 (0)9180 / 18 93 51, bernd.fichtelberger@bockonline.de

Fielitz, Ralf, Gütersloh

Fink, Bernd, NEOMELT Feuerfesttechnik GmbH & Co. KG, Friedrich-Ebert-Straße 116, 34119 Kassel, +49 561 70188800, bernd.fink@neomelt.com

Finkelmeier, Ralf, Hüttenes-Albertus Chemische Werke GmbH, Wiesenstraße 23, 40549 Düsseldorf, +49 211 5087-0, ralf.finkelmeier@t-online.de

Firoozbakht, Mahan, RWTH Aachen Giesserei-Institut, Intzestraße 5, 52072 Aachen, +49 241 80-98155, m.firoozbakht@gi.rwth-aachen.de

Fischer, Bernd, Aluminium-Fischer GmbH, Industriestraße 22-24, 75417 Mühlacker, +49 7041 5094, bernd.fischer@aluminium-fischer.de

Fischer, Philipp, Aluminium-Fischer GmbH, Industriestraße 22-24, 75417 Mühlacker, +49 7041 5094, philipp.fischer@aluminium-fischer.de

Fischer, Stefan, ASK Chemicals Feeding Systems GmbH, Hauptstraße 200, 56170 Bendorf, +49(0)2622 / 924 03-0, stefan.fischer@ask-chemicals.com

Fischer, Sebastian, Dr., Isselguss GmbH Giessereierzeugnisse, Minervastraße 1, 46419 Isselburg, +49 2874 39-240, sfischer@ihi.de

Fischer, Markus, Volkswagen AG HUH Gießerei, Mecklenheidestraße 74, 30419 Hannover, +49 511 798-4823, markus.fischer1@volkswagen.de

Fischer, Peter, Dr.-Ing., Leipzig

Fischmann, Jörg, Winsen

Fitscher, Dieter, Ed. Fitscher GmbH & Co. KG Metallgießerei, Paul-Reusch Straße 68-78, 46045 Oberhausen, +49 208 82370-0, info@fitscherguss.de

Flender, Erwin, Dr.-Ing., MAGMA Gießereitechnologie GmbH, Kackertstraße 16-18, 52072 Aachen, +49 241 88901-429, e.flender@magmasoft.de

Flierl, Dominik, Ensdorf

Flüshöh, Marc, AGN Aluminium GmbH Nachrodt, Hagener Straße 145-149, 58769 Nachrodt, +49 2352 9385-0, marc.flueshoeh@agn-met.de

Fourberg, Christian, Hüttenes-Albertus Chemische Werke GmbH, Wiesenstraße 23, 40549 Düsseldorf, +49 211 5087-440, Christian.Fourberg@ha-group.com

Frank, Andrej, RWTH Aachen Giesserei-Institut, Intzestraße 5, 52072 Aachen, +49 241 80-96791, sekretariat@gi.rwth-aachen.de

Franke, Michael, Dr.-Ing., Franke-Giessereitechnik, Barlachstraße 7, 01219 Dresden, m.franke@franke-giessereitechnik.de

Franke, Jan, Metallguss Sulingen GmbH, Schwafördener Weg 50, 27232 Sulingen, +49 4271 807-25, franke@metallguss-sulingen.de

Franken, Dieter, Volkswagen AG Werk Wolfsburg, Berliner Ring 2, 38440 Wolfsburg, +49 5361 9-35617, dieter.franken@volkswagen.de

Frauhammer, Christian, CALDERYS Metalcasting Germany GmbH, Schmielenfeldstraße 78, 45772 Marl, Christian.Frauhammer@calderys.com

Frech, Karl, Lippstadt

Freyer, Jörg, Zentrallabor GmbH Leipzig Institut für Werkstoffprüfungen, Paul-Langheinrich-Straße 14 A, 04178 Leipzig, +49 341 4469112, joerg.freyer@zll-werkstoffpruefung.de

Friedl, Gotthard, Neustadt

Friedrich, Knut, Günter Friedrich GmbH Metallgießerei und Dreherei, Holzgrundweg 6, 34396 Liebenau-Lamerden, +49 5676 1071, kf@friedrich-metallgiesserei.de

Friedrichs, Axel, Bad Emstal

Frings, Rolf, Metalltechnik Schmidt GmbH & Co. KG, Schulstraße 41, 70794 Filderstadt, +49 711 779907-75, r.frings@ferrosad.com

Fritsch, Thomas, Foundry-Planet Ltd., Sebastianstraße 4, 87629 Füssen, +49 8362 93085-40, info@foundry-planet.com

Fritz, Benjamin, Luitpoldhütte GmbH, Sulzbacher Straße 121, 92224 Amberg, +49 9621 640-565, benjamin.fritz@luitpoldhuette.de

Fröhlich, Tobias, Feinguß Lobenstein GmbH, Poststraße 31, 07356 Bad Lobenstein, +49 36651 84-267, t.froehlich-fwl@schubert-salzer.com

Fröhlich, Ekkehard, Dippoldiswalde

Fros, Adam Peter, Kassel

Fuchs, Wolfgang, Mercedes-Benz Group AG Werk Untertürkheim, Emil-Kessler-Straße 4, 70546 Stuttgart, +49(711)17-64233, ralph.koppenhoefer@mercedes-benz.com

Fuchs, Stefan, Silbitz Guss GmbH, Dr.-Maruschky-Straße 2, 07613 Silbitz, +49 36693 80630, s@silbitz-group.com

Funk, Daniel, Georg Funk Eisengießerei GmbH & Co. KG, Turnstraße 39, 73430 Aalen, Funk.D@funk-guss.de

Funk, Bernd, Koncast GmbH / Böllinger Group, Weckbacher Straße 5, 63937 Weilbach, +49 9373 20391-304, b.funk@boellinger-group.de

Funke, Ralf, Emsdetten

Funken, Florian, Grevenbroich

Fuss, Bernd, Plauen

Gabert, David-Fernando, Ilvesheim

Gabriel, Jürgen, Soest

Gädke, Aike, Lintorfer Eisengießerei GmbH, Rehhecke 83-87, 40885 Ratingen, 4, +49 5522858644, Aike.Gaedke@lintorfereg.de

Gädke, Alexander, Dresden

Gajsek, Thomas, Sundern

Galenski, Hartmut, Ingenieurbüro Laupp GmbH, Uhlandstraße 8/2, 71706 Markgröningen, +49 7145 9210230, hartmut.galenski@laupp-gmbh.de

Gaßner, Ferdinand, Procast Guss GmbH Nortorfer Gusswerk, Gießereiweg 17, 24589 Nortorf, +49 4392 912-949, f.gassner@procast-guss.de

Gawert, Christian, Wellen

Gebert, Christian, Otto Fuchs Dülken GmbH & Co. KG, Heiligenstraße 70, 41751 Viersen, +49 2162 956-856, gebert.ch@otto-fuchs.com

Geier, Georg, Dr., Siempelkamp Giesserei GmbH, Siempelkampstraße 45, 47803 Krefeld, +49 2151 894-270, georg.geier@siempelkamp.com

Gellweiler, Wilhelm, Eisenberg

Gelmedin, Domnin, Dr.-Ing., Saarbrücken

Genau, Claus, August Rüggeberg PFERD-Werkzeuge, Hauptstraße 13, 51709 Marienheide

Genne, Laura, Harz Guss Zorge GmbH, Walkenrieder Strasse 32, 37445 Walkenried, +49 5586 802-180, laura.genne@gmh-gruppe.de

Gensberger, Ronald, Alois Pöttinger Ges.mbH, Industriegelände, 4710 Grieskirchen, Österreich, ronald.gensberger@poettinger.at

Genthe, Simon, Freiberg

Genzler, Christoph, Vesuvius GmbH, Gelsenkirchener Straße 10, 46325 Borken, +49 2861 83-0, christoph.genzler@vesuvius.com

Gerber, Wolfgang, Lohr

Gerhards, André, ASK Chemicals GmbH, Reisholzstraße 16-18, 40721 Hilden, +49 211 71103-0, Andre.Gerhards@ask-chemicals.com

Gerhards, Eduard, Seesen

Gerke-Cantow, Ralf, Dr.-Ing., Visiometa GmbH, Zur Parmke 14, 57392 Schmallenberg, +49 2972 96198-91, ralf.gerke-cantow@visiometa.com

Gerlach, Martin, Rüdiger Tebbe e.K. Armaturen-Handelsvertretung, Mühlenstraße 13, 49632 Essen, m.gerlach@tebbe-armaturen.de

Gerlach, Ralf-Joachim, Krefeld

Gerster, Johannes, Burgrieden

Gerster, Jürg, Dr. jur., Küsnacht, Schweiz

Gierth, Sebastian, Dr., Volkswagen AG, Brieffach 011/1499, 38440 Wolfsburg, +49 5361 9-1263-91, sebastian.gierth@volkswagen.de

Giesenberg, Ralf, Valeo Klimasysteme GmbH, Benzstraße 33, 38446 Wolfsburg, ralf.giesenberg@valeo.com

Gläsle, Heiko, Hüttenes-Albertus Chemische Werke GmbH, Wiesenstraße 23, 40549 Düsseldorf, heiko.glaesle@ha-group.com

Gleißner, Frank, Schönheider Guss GmbH, Alte Auerbacher Straße 26, 08304 Schönheide, +49 37755 512-11, frank.gleissner@schoenheider-guss.de

Glietsch, Bernd, B.Eng., FOSECO Foundry Division, Vesuvius GmbH, Gelsenkirchener Straße 10, 46325 Borken, bernd.glietsch@vesuvius.com

Glück, Jakob, Universität Kassel Fachbereich 15 - Maschinenbau, Kurt-Wolters-Straße 3, 34125, Kassel, +49(0)561 / 804-7594, j.glueck@uni-kassel.de

Göbel, Peter, implantcast GmbH, Lüneburger Schanze 26, 21614, Buxtehude, +49 4161 744-370, p.goebel@implantcast.de

Gobrecht, Jürgen, Prof. Dr.-Ing., Schweinfurt

Gödde, Andreas, ETS Engineered Trade Solutions GmbH, Aktienstrasse 45, 56626 Andernach, +49 2632 498-970, goedde@ets-engineered-trade-solutions.com

Gogolin, Julius, Technische Universität ClausthalInstitut für Metallurgie, Robert-Koch-Straße 42, 38678 Clausthal - Zellerfeld, +49 5323 722058, Julius.Alexander.Gogolin@tu-clausthal.de

Gola, Martin, AUDI AG, Postfach 1144, 74148, Neckarsulm, +49(7132)31-0

Goldbach, Sebastian, Universität Duisburg Essen, Fakultät für Ingenieurwissenschaften, Lotharstraße 1, 47057 Duisburg, +49(203)379-3456

Göllnitz, Axel, Sachsen Guss GmbH, Obere Hauptstraße 228-230, 09228 Chemnitz OT Wittgensdorf, +49 3722 64-3300, axel.goellnitz@sachsenguss.de

Golob, Manfred, Werther

Göris, Johannes, CDL Präzisionstechnik GmbH & Co. KG, Landgrafenstraße 45, 41069 Mönchengladbach

Görner, Uwe, Bötzingen

Göttert, Frank, Dr.-Ing., Olbersdorfer Guss GmbH, An der Stadtgrenze 4, 02785 Olbersdorf, +49 3583 5762-11, frank.goettert@olbersdorfer-guss.de

Götz, Roland, Albstadt

Gower, David, NEWFORM David S. Gower e.K., Berliner Allee 65, 64295 Darmstadt, +49 6151 3975-210, davidg@newform.de

Graf, Hanspeter, Dr., Dr. Graf AGUmweltschutz und Wärmetechnik, Privatstr. 10, 4563 Gerlafingen/Schweiz, +41 32674 4511, graf.hanspeter@swissonline.ch

Graf, Reiner, Graf Experience Cast Metal Technology, Haibacherstraße 63, 63768 Hösbach, +49 (0)6021 / 698 09, reinergraf@online.de

Gräfer, Moritz, Karl Schmidt Fabrik für Gießereibedarf GmbH & Co., Zum Feldberg 51, 61389 Schmitten, +49(5604)809-0, moritz.graefer@aug-gundlach.de

Grämer, Gert-Volker, Ingenieurbüro für Gießereitechnik, Kornblumenweg 13, 39326 Glindenberg, gert.graemer@giessereitechnik.de

Grammlich, Werner, Eschlikon TG, Schweiz

Graßl, Georg, Chemex GmbH Vertriebsbüro Düsseldorf, Wiesenstraße 23, 40549 Düsseldorf, ggrassl@chemex.de

Grebe, Katrin, Krämer + Grebe Modellbau GmbH & Co. KG, Ludwig-Grebe-Straße 5, 35216 Biedenkopf, +49 6461 8008-0, k.grebe@kraemer-grebe.de

Greiser, Friedrich, vR production (DUKTUS), Sophienstraße 52-54, 35576 Wetzlar, +49 6441 492220, friedrich.greiser@vrproduction.world

Greven, Eric, ASK Chemicals GmbH, Reisholzstraße 16-18, 40721 Hilden, +49 151 46710809, eric.greven@ask-chemicals.com

Gries, Werner, Leverkusen

Gröger, Lars, Rohstoffverwertung Gröger GmbH & Co. KG, Siemensstraße 1-3, 89312 Günzburg, +49 8221 3606-10, info@groeger-gruppe.de

Grohmann, Wolfgang, Johann Grohmann GmbH & Co. KG, Heidelbergstraße 54, 72406 Bisingen, +49 7476 9413-12, WGrohmann@grohmann-aluworks.de

Grolman, Jul, Falkensee

Großmann, Erwin, Mine Feuerfest GmbH & Co. KG, Im Flürchen 10, 56412 Oberelbert, +49 2608 9597-8016, grossmann@mine-feuerfest.de

Grossmann, Jürgen, Aichtal

Gruber, Mathias, Reken

Grün, Kurt Georg, Friedrichsdorf

Grund, Hartmut, GGM Grund Guss Marketing + Projektmanagement, Schmadstraße 16, 79664 Wehr

Gründling, Jens, Eisengiesserei Baumgarte GmbH, Duisburger Straße 35, 33647 Bielefeld, +49 521 4044-102, j.gruendling@eisengiesserei-baumgarte.de

Grünewald, Norbert, Ingenieurbüro & Giessereitechnik Dipl.-Ing. N. Grünewald, Dostalstraße 20, 33647 Bielefeld, +49 521 52271-61, norbert-gruenewald@t-online.de

Grupp, Ulrich, Heinersreuth

Güll, Andreas, M. Busch GmbH & Co. KG, Ruhrstraße 1, 59909 Bestwig, +49 2904 988-157, guell@mbusch.de

Gülle, Thomas, Heidelberg Manufacturing Deutschland GmbH, Industriegebiet Egelsee, 73338 Amstetten, +49 7331 31-3500, thomas.guelle@heidelberg.com

Günay, Yaylali, Karakoy, Istanbul, Türkei

Gündisch, Christian, Hamminkeln

Gündisch, Horst, Lüdenscheid

Gunkel, Harry, Renningen

Gunkel, Johanna, Kassel

Günther, Guido, IMR Innovative Metal Recycling GmbH, Hentrichstraße 68, 47809 Krefeld, +49 2151 / 5241-442, g.guenther@imrecycling.de

Gunzenhauser, Johann Rudolf, Liestal, Schweiz

Haas, Michael, Dr.-Ing., HAAS Metallguss GmbH, Industriestraße 19, 73347 Mühlhausen im Täle, +49 7335 920924-0, mhaas@haas-metallguss.de; buero@haas-metallguss.de

Haas, Johann, Ulm

Hachenberg, Klaus, Mettmann

Hachfeld, Walter, Moers

Hafner, Jonas, MFG Metall- und Ferrolegierungsges. mbH Hafner, Blondin & Tidou, Rudolf-Diesel-Straße 9, 40670 Meerbusch, +49(211)23398-0, jonas.hafner@mfg-germany.de

Hafner, Thomas, MFG Metall- und Ferrolegierungsges. mbH Hafner, Blondin & Tidou, Rudolf-Diesel-Straße 9, 40670 Meerbusch, +49(211)23398-0, thomas.hafner@mfg-germany.de

Hafner, Heinz, Dormagen

Hagebölling, Hans-J., Dr., Meschede

Hahn, Jens, Ernst Strassacker GmbH & Co. KG Kunstgiesserei, Staufenecker Straße 19, 73079 Süßen, +49 7162 16-419, jens.hahn@strassacker.de

Hahn, Gerd, Volkswagen AG Werk Kassel, Dr. Rudolf-Leiding-Platz 1, 34219 Baunatal, gerd.hahn@volkswagen.de

Hahn, Ortwin, Prof. Dr.-Ing., Paderborn

Hahn, Thomas, Karlstadt

Hähndel, Dirk, Leipzig

Hain, Winfried, Karlstadt

Hall, Franz, KBO Kleine-Brockhoff u. Oelschläger GmbH, Am Schölsbach 19, 46244 Bottrop-Kirchhellen, +49(2045)9619-0, franz.hall@kbo-gmbh.de

Hall, Felix, Technische Universität ClausthalInstitut für Metallurgie, Robert-Koch-Straße 42, 38678 Clausthal - Zellerfeld

Hamm, Axel, Ebersbach

Hammes, Ulrich, Metallgiesserei Schüle GmbH, Einsteinstraße 3, 74372 Sersheim, +49 7042 831425, u.hammes@schuele-guss.de

Hankowetz, Ludwig, Regensburg

Hansen, Robert, Hansen Systech UG (haftungsbeschränkt) Ing.-büro für Gießereitechnik, Konstruktion, Himmelspann 17, 54534 Großlittgen, +49 6575 621-9044, rhansen@gussconsult.de

Hansen, Ferdinand, Dr.-Ing., Hannover

Harborth, Andreas, Project Engineering GmbH, In den Meckeswiesen 3, 69226 Nußloch, Andreas.Harborth@projectengineering.de

Hardt, Rainer, Nürnberg

Hart, Sebastian, Knorr-Bremse AG, Moosacher Straße 80, 80809 München, +49 89 3547-1742, sebastian.hart@knorr-bremse.com

Härtel, Rüdiger, Bad Harzburg

Hartig, Holger, AB-GUSStech GmbH (vormals Linde Hydraulics GmbH & Co. KG), Schweinheimer Str. 34, 63743 Aschaffenburg, +49 6021 150-150, holger.hartig@ab-gusstech.com

Hartig, Thorsten, Bayerische Motoren Werke AG BMW Group Werk Landshut, Ohmstraße 2, 84030 Landshut, +49 871 702-2215

Hartmann, Denis, FONDIUM Mettmann GmbH, Flurstraße 15-17, 40822 Mettmann, +49(2104)984-546, denis.hartmann@fondium.eu

Hartmann, Dierk, Prof. Dr., Hochschule Kempten Fakultät Maschinenbau - Gießereitechnik, Bahnhofstraße 61, 87435 Kempten, +49 831 2523-195, dierk.hartmann@hs-kempten.de

Hartmann, Götz Christoph, Dr.-Ing., MAGMA Gießereitechnologie GmbH, Kackertstraße 16-18, 52072 Aachen, +49 241 88901-405, G.Hartmann@magmasoft.de

Hartmann, Markus, Bocholt

Hartmann, Wulf-Werner, Leipzig

Hartung, Florian, Benneckenstein

Hasse, Jürgen, Procast Guss GmbH, Brockhäger Straße 217, 33330 Gütersloh, +49(5241)938-221, j.hasse@procast-guss.de

Hasse, Hans-Herbert, Procast Guss GmbH Nortorfer Gusswerk, Gießereiweg 17, 24589 Nortorf, +49 4392 / 9129-31, h.hasse@procast-guss.de

Haurand, Hartwig, DIHAG Holding GmbHIntegrated Foundry Group, Grenzstr. 1, 01640 Coswig, Haurand@dihag.com

Hausberger, Manfred, Dr.mont. Dipl.-Ing., ZF Gusstechnologie GmbH, Nopitschstraße 71, 90441 Nürnberg

Hebestadt, Marvin, ZOLLERN Aluminium-Feinguss SoestGmbH & Co. KG, Overweg 15, 59494 Soest, +49 2921 7896-243, marvin.hebestadt@zollern.com

Heck, Philipp, Herborner Pumpentechnik GmbH & Co. KG, Littau 3-5, 35745 Herborn

Hecker, Andreas, Ingenieurbüro HECKER PROCESS SUPPORT, Brückenstraße 3, 67308 Zellertal, +49 6355 9535-828, andreas.hecker@hecker-ps.com

Heckmann, Carl Justus, Prof. Dr., Hochschule Düsseldorf, Münsterstraße 156, 40476 Düsseldorf, +49 211 4351-3416, carl.heckmann@hs-duesseldorf.de

Heger, Hans-Jakob, HegerGuss GmbH, Donnersbergstraße 48, 67677 Enkenbach-Alsenborn, +49 6303 803-111, hans-jakob.heger@heger-gruppe.de

Heikaus, Thomas, EKW GmbH, Bahnhofstraße 16, 67304 Eisenberg, +49(6351)409-0

Heikaus, Stephan, Lübeck

Heilemann, Johannes, Stuttgart

Hein, Seniha Pelin, KNDS Deutschland Tracks GmbH, Vieringhausen 118, 42857 Remscheid, +49 2191 9457-152, Pelin.sahinler@knds.de

Hein, David, RWTH Aachen Giesserei-Institut, Intzestraße 5, 52072 Aachen, +49 241 80-95880, sekretariat@gi.rwth-aachen.de

Heinke, Thorsten, Allied Mineral Products Europe, Peter-Rösler-Straße 17, 50827 Köln, Thorsten.Heinke@alliedeurope.com

Heinol, Detlef, Löwenberger Land

Heinrich, Anke, ACTech GmbH, Halsbrücker Straße 51, 09599 Freiberg/Sa., +49 3731 169-227, prototype@actech.de

Heinrich, Matthias, GF Casting Solutions Leipzig GmbH, Georg-Fischer-Straße 2, 04249 Leipzig, +49 341 4823-200, matthias.heinrich@georgfischer.com

Heinrich, Knut, Süßen

Heinrich, Sascha, Eisenberg

Heinrietz, André, Prof. Dr., Hochschule Albstadt-Sigmaringen Fakultät Engineering, Jakobstraße 1, 72458 Albstadt, +49 7571 732-9154, heinrietz@hs-albsig.de

Helber, Joachim H., Dr., B-B-H Beratungsbüro für industriellenUmweltschutz Dr. Helber, Togostraße 2, 47249 Duisburg, +49 203 706350, joachim.helber@b-b-h.eu

Helbig, Carsten, TURAL GmbH, Hüttenstr. 4, 65201 Wiesbaden, +49 611 213-88, c.helbig@tural-gmbh.de

Held, Thorsten, Vesuvius GmbH, Gelsenkirchener Straße 10, 46325 Borken, +49 281 83-0, thorsten.held@vesuvius.com

Heldt, Gerhard, Uslar

Heller, Thomas, Bayerische Motoren Werke AG BMW Group Werk Landshut, Ohmstraße 2, 84030 Landshut, +49 871 702-2275, thomas.heller@bmw.de

Hellerling, Horst, Hückeswagen

Helling, Volker, Dr.-Ing., Hilzingen

Hengstler, Kurt, Ostfildern

Henke, Christian, Wilhelm-Maybach-Schule Gewerbliche Schule, Gnesener Straße 44, 70374 Stuttgart, +49 711 / 216 915 94, Wilhelm-Maybach-Schule@stuttgart.de

Henke, Peter, Siegen

Henkel, Markus, Dr.-Ing., PTM Foundry Consulting Dr.-Ing. Markus Henkel, Matthias-Claudius-Straße 12, 78234 Engen, +49 7733 3639032, markus.henkel@ptm-c.de

Henkel, Andreas, Kaiserslautern

Henkel, Ulrike, Engen

Henne, Tobias, Wolfensberger AG, Bäretswilerstraße 45, 8494 Bauma, Schweiz, +41 52 396-1246, tobias.henne@wolfensberger.ch

Henning, Uwe, Magna PT B.V. & Co. KG Plant Bad Windsheim, Burgbernheimer Straße 5, 91438 Bad Windsheim, +49 9841 407-6589, uwe.henning@magna.com

Hennings, Andreas, Dr.-Ing., Nemak Europe GmbH, THE SQUAIRE 17, Am Flughafen, 60549 Frankfurt, andreas.hennings@nemak.com

Henrichs, Leonhard, Dr.-Ing., Rheinfelden

Hentrich, Thomas, Steinbach

Hentsch, Robert, GF Casting Solutions Leipzig GmbH, Georg-Fischer-Straße 2, 04249 Leipzig, +49 341 4823-239, robert.hentsch@georgfischer.com

Henze, Detlef, Eickhoff Gießerei GmbH, Am Eickhoffpark 1, 44789 Bochum, +49 172 5497438, d.henze@eickhoff-bochum.de

Heppes, Frank, Combicore GmbH, Am Hühnerbusch 10, 67688 Rodenbach, heppes@combicore.eu

Herbst, Horst, 6116 Weer, Österreich

Herfurth, Thomas, Dr.-Ing., Chemnitz

Hering, Marcus, Siegen

Hermann, Christian, Bühler AG, Gupfenstraße 5, 9240 Uzwil, Schweiz, +41 71 955-1545, christian.hermann@buhlergroup.com

Herrmann, Bastian, Pforzheim

Herzog, Ralf, Dr.-Ing., Volkswagen AG Werk Kassel, Dr. Rudolf-Leiding-Platz 1, 34219 Baunatal, +49(561)490-2174, ralf2.herzog@volkswagen.de

Hettel-Schlumberger, Werner, Baden - Baden

Hetzel, Paul, R. Nussbaum AG Metallgiesserei und Armaturenfabrik, Martin-Disteli-Straße 26, 4600 Olten, Schweiz, Paul.Hetzel@nussbaum.ch

Heumann, Steffen, Witzenhausen

Heunisch-Grotz, Christiane, Dr., Gießerei Heunisch GmbH, Westheimer Str. 6, 91438 Bad Windsheim, +49 9841 408-246, dr.chr.heunisch@heunisch.eu

Heunisch-Grotz, Martin, TU Bergakademie Freiberg Giesserei-Institut, Bernhard-von-Cotta-Straße 4, 09596 Freiberg/Sachsen, +49 3731 39-0, simone.wickleder@gi.tu-freiberg.de

Heusler, Leonhard, Hydro Aluminium Deutschland GmbH, Georg-von-Boeselager-Str. 21, 53117 Bonn, +49 228 552-2217, leonhard.heusler@hydro.com

Hewelt, Uwe, Wutal Aluminium Guss GmbH, Im Sulzfeld 1, 79780 Stühlingen, +49 7744 9399-232, uwe.hewelt@wutal.com

Heyer, Ronny, Groitzsch

Heyn, Klaus-Peter, GTP Schäfer Gießtechnische Produkte GmbH, Benzstraße 15, 41515 Grevenbroich, +49 2181 23394-67, info@gtp-schaefer.de

Heyng, Heiko, Menden

Hidde, Marc, VULKAN INOX GmbH, Gottwaldstraße 21, 45525 Hattingen, marc.hidde@vulkan-inox.de

Hilberg, Wolfgang, Nidda

Hilbinger, Michael, Dr.-Ing., Neue Materialien Fürth GmbH, Dr.-Mack-Straße 81, 90762 Fürth, +49 911 76672-34, michael.hilbinger@nmfgmbh.de

Hildebrandt, Mike, Langenhagen

Hilgemann, Gernot, Bielefeld

Hilgendorff, Gerd, Schwäbisch Gmünd

Hilgenfeldt, Uwe, ASK Chemicals GmbH, Reisholzstraße 16-18, 40721 Hilden, +49 211 71103-0, uwe.hilgenfeldt@ask-chemicals.com

Hiller, Mathias, Hüttenes-Albertus Chemische Werke GmbH, Wiesenstraße 23/64, 40549 Düsseldorf, +49 211 5087-0, mhiller@ha-group.com

Hiller, Michael, RHM Rohstoff-Handelsgesellschaft mbH, Rheinstraße 141, 45478 Mülheim an der Ruhr, +49 208 99924-25, m.hiller@rhm-rohstoffe.de

Hiller, Wolfgang, Dr. rer. nat., TurnView Consulting GmbH, Rötelssiepen 11, 58809 Neuenrade, wolfgang.hiller@turnview-consulting.de

Hochreuter, Wolfgang, Hochreuter & Baum GmbH Maschinenfabrik, Würzburger Landstraße 32, 91522 Ansbach, +49 981 85015

Hoehn, Thomas, Weldstone Components GmbH, Am Rübgarten 2, 57299 Burbach, +49 8031 941399-02, hoehn@weldstone-europe.com

Hoffmann, Manfred, Dr.-Ing., Albert Hoffmann GmbH, Bergrather Straße 66-70, 52249 Eschweiler, +49 2403-798-203, dr.mh@albert-hoffmann.de

Hoffmann, Jutta, Benteler Automobiltechnik GmbH, An der Talle 27-31, 33102 Paderborn, +49 5254 81305018, jutta.hoffmann@benteler.com

Hoffmann, Norbert, Dr.-Ing., Technische Universität Braunschweig Institut für Füge- Schweißtechnik LBF, Langer Kamp 8, 38106 Braunschweig, +49 531 391-95526, norbert.hoffmann@tu-braunschweig.de

Hoffmann, Holger, VS GmbH & Co. KG, Parallelstraße 17, 42719 Solingen, +49 212 384-49, holger.hoffmann@vsguss.de

Hoffmann, Hartmut, Prof. Dr.-Ing., München

Hoffmann, Horst, Gächlingen, Schweiz

Hofmann, Werner, Gienanth GmbH DIHAG Foundry Group DIHAG, Ramsener Straße 1, 67304 Eisenberg, +49 6351 408-183, werner.hofmann@dihag-gienanth.com

Hofmann, Michael, GSL GussStahl Lienen GmbH & Co. KG, Industriestraße 10, 49536 Lienen, +49 5483 7454-19, m.hofmann@gsl-lienen.de

Hofmann, Eckart, Dr.-Ing., Ratingen

Höhn, Frank Jürgen, Heinrich Wagner Sinto Maschinenfabrik GmbH, Bahnhofstraße 101, 57334 Bad Laasphe

Holland, Dirk, Dr.-Ing., Calderys Deutschland GmbH, In der Sohl 122, 56564 Neuwied, 02631-8604-0, Dirk.Holland@calderys.com

Holme, Hermann, Wetzlar

Hölscher, Andrea, Daimler Truck AG Werk Mannheim, Hanns-Martin-Schleyer-Straße 21-57, 68305 Mannheim, +49 621 393-4667, andrea.hoelscher@daimlertruck.com

Kot, Hartmut, Dr.rer.nat., ACHEM-Angewandte Chemie GmbH, Am Steenöver 22, 27777 Ganderkesee, +49 4221 65997-0, info@achem.de

Holtz, Oswald, Industrial Lean Engineering System Holtz, Friedrich-Silcher-Weg 4, 35279 Neustadt

Holzinger, Klaus, Holzinger Gießereivertretung, Dattensoller Straße 7, 97776 Eußenheim-Hundsbach, +49 9350 1414, klaus.holzinger@t-online.de

Hoof, Frank Erhard, Albert Hoffmann GmbH, Bergrather Straße 66-70, 52249 Eschweiler, +49 2403 798-250, F.Hoof@albert-hoffmann.de

Hopfer, Peter, Pewag engineering, Mariazellerstraße 143, 8605 Kapfenberg, Österreich, pho@pewag.com

Horn, Guido, Scholz Rohstoffe GmbH & Co. KG, Lessingstraße 10, 47198 Duisburg, +49 2066 9936-0, horn@sr-scholz.com

Horn, Michael, Technische Hochschule Mittelhessen, Wilhelm-Leuschner-Straße 13, 61169 Friedberg

Hornung, Klaus, Dr.-Ing., Stein am Rhein, Schweiz

Horstkamp, Bernd, InterGuss Giessereiprodukte GmbH, Fallmeisterweg 5, 91438 Bad Windsheim, +49 9841 650375

Hort, Norbert, Dr.-Ing., Helmholtz-Zentrum Geesthacht Zentrum für Material- und Küstenforschung, Max-Planck-Straße 1, 21502 Geesthacht, +49 4152 87-1905, norbert.hort@hzg.de

Höttgen, Volker, Burscheid

Hövekenmeier, Christoph, Hövekenmeier GmbH Ingenieurbüro für Giessereiplanung, Schimmelstraße 118, 59174 Kamen, +49 2307 282-182, info@giesserei-ing.de

Hoyer, Julika, Technische Universität München Lehrstuhl für Umformtechnik und Giesserei, Walther-Meißner-Straße, 85748 Garching, +49 89 28913988, julika.hoyer@utg.de

Hubenthal, Hans-Jürgen, Wiesenbronn

Hübler, Jürgen, Dr.-Ing., Freiberg

Hügel, Frank, ANDRITZ Metals Germany GmbH, Eduard-Küsters-Straße 1, 47805 Krefeld, +49 2372 547-91, Frank.Huegel@andritz.com

Hüllen, Markus, Düsseldorf

Hulvershorn, Claus, Isselburg

Hummel, Thomas, Mengen

Hummitzsch, Rudolf, Dr. oec., Leipzig

Hundro, Steffen, Keulahütte GmbH, Geschwister-Scholl-Straße 15, 02957 Krauschwitz, +49 35771 54-330, steffen.hundro@keula.world

Hunold, Oliver, Dr.-Ing., Bergisch-Gladbach

Huppertz, Andreas, Dr.-Ing., Gebrüder Tigges GmbH & Co. KG Eisengießerei und Maschinenfabrik, Oelder Straße 6, 59302 Oelde, +49 2520 9355-18, a.huppertz@tigges.com

Huschenhöfer, Wolfgang, Aßlar

Hüttner, Matthias, KSB SE & Co. KGaA, Johann-Klein-Straße 9, 67227 Frankenthal, +49 9241 712035, matthias.huettner@ksb.com

Iburg, Frank, Hildesheim Einum

Iden, Frank, Dr., Hüttenes-Albertus Chemische Werke GmbH, Wiesenstraße 23, 40549 Düsseldorf, +49 211 5087-313, frank.iden@ha-group.com

Iden, Kurt, Düsseldorf

Ignaszak, Ralf, Sande Stahlguss GmbH, Gießereistraße 32, 26452 Sande, +49 4422 898-130, rignaszak@sande-stahlguss.de

Irmscher, Peter, Burgstädt

Ittermann, Christian, Fritz Winter Eisengießerei GmbH & Co. KG, Albert-Schweitzer-Straße 15, 35260 Stadtallendorf, +49 6428 / 78-359

Ivanov, Marian, Dr.-Ing., Gemco Engineers B.V., Science Park Eindhoven 5053, 5692 EB Son, Niederlande, +31 40 2643-607, marian.ivanov@gemco.nl

Ivanov, Stefan, Dr.-Ing., Praha 7 - Holesovice, Tschechien

Jacke, Hartmut, Dr.-Ing., Schwerte

Jäger, Rolf, Pfeffenhausen

Jagow, Axel

Jahn, Jürgen, Dr.-Ing., Chemnitz

Jahnke, Christian, Berlin

Janissek, Norbert, Göppingen

Jansen, Thorsten, Friedrich Köster GmbH & Co. KG Maschinenfabrik und Gießerei, Friedrichswerk 1-7, 25746 Heide, +49 481 797-153, t.jansen@koester-heide.de

Jansen, Georg, Eschweiler

Janssen, Malte, Purmetall GmbH & Co. KG, Niebuhrstraße 57, 46049 Oberhausen

Jaruszewski, Felix, PINTER GUSS GMBH, Brunnwiesenstraße 2, 94469 Deggendorf, felix.jaruszewski@pinterguss.de

Jäschke, Thomas, Meuselwitz Guss Eisengiesserei GmbH DIHAG Foundry Group, Industriepark Nord, 04610 Meuselwitz, +49 3448 82-125, thomas.jaeschke@meuselwitz-guss.de

Jay, Otto, Herrenberg

Jendryssek, Udo, GRIPS Industrial IT Solutions GmbH, Huttropstraße 60 / Ruhrturm, 45138 Essen, +49 201/800 545 10, udo.jendryssek@grips-solutions.com

Jenrich, Klaus, Hüttenes-Albertus Chemische Werke GmbH, Wiesenstraße 23, 40549 Düsseldorf, klaus.jenrich@ha-group.com

Jentsch, Andreas, James Durrans GmbH, Am Niederheiderhof 3, 47877 Willich, +49 2154 9584-0

Jentsch, Andreas, Markgröningen

Jeschke, Hans-Helmut, Schlangen

Joachim, Claus, Hüttenes-Albertus Chemische Werke GmbH, Wiesenstraße 23, 40549 Düsseldorf, +49 211 5087-0, cjoachim@ha-group.com

John, Ulrike, Dr.-Ing., Meinersen-Ahnsen

Jonthala, Joshua Samuel Issac, Friedrichshafen

Joop, David, Dr.-Ing., Robert Bosch GmbH, 70442 Stuttgart, +49 711 811-19803, david.joop@de.bosch.com

Josko, Peter, Euskirchen

Jung, Ralf Paul, Dr., DR. JUNG CONSULTING GmbH, Turmstraße 29, 78234 Engen, +49 7733 / 50 38 81, ralf.jung@drjung.eu

Jung, Ronald, Plauen

Jüngst, Daniel, Fritz Winter Eisengießerei GmbH & Co. KG, Albert-Schweitzer-Straße 15, 35260 Stadtallendorf, +49 6428 78-6980, Daniel.Juengst@fritzwinter.de

Juretzko, Frank, Mühlhausen

Just, Michael, GF Casting Solutions AG, Amsler-Laffon-Strasse 9, 8201 Schaffhausen, Schweiz, +41 52 631-2647, michael.just@georgfischer.com

Kadelka, Heinz, Uedem

Kafke, Hans Werner, Wolfsburg

Kahn, Joachim, Ingenieurbüro Joachim Kahn, Mühlbachstraße 2, 35630 Ehringshausen, +49 6443 9487, joachimkahn@o2online.de

Kahn, Dietrich, Dr., Sehnde

Kainer, Karl Ulrich, Prof. Dr., Bad Essen

Kairies, Heinrich Richard, Karl Weiss Technologies, Motzener Straße 14a, 12277 Berlin

Kaiser, Hannes, Alfdorf

Kaliner, Werner, Chemnitz

Kalkreuter, Dennis, CLAAS Industrietechnik GmbH, Halberstädter Straße 15-19, 33106 Paderborn, dennis.kalkreuter@claas.com

Kallien, Lothar, Rhodt u.R.

Kallien, Ernst-Rudolf, Stachelhaus KG Giesserei-Rohstoffe, Griethweg 25, 69198 Schriesheim, +49 6203 61782, StachelhausKG@t-online.de

Kalvelage, Ludger, Dr.-Ing., Trebur

Kalveram, Simon, Haßloch

Kammerloher, Simon, Lehrstuhl für Umformtechnik und Giessereiwesen utg - TU München, Walther-Meißner-Straße 4, 85748 Garching, +49 89 28914658, simon.kammerloher@utg.de

Kamp, Jens-Peter, Elkem GmbH, Oststraße 16, 46483 Wesel, +49 7645 916478, jens-peter.kamp@elkem.no

Kämpf, Georg, Hildesheim

Kämpfe, Holger, Dr.-Ing. h.c. F. Porsche AG, Porschestraße 911, 71287 Weissach, +49 711 911-82075, holger.kaempfe@porsche.de

Kapoor, Vyas C., Mannheim

Kappelle, Karl-Heinz, Rositz

Karasek, Dieter, Behringer GmbH Maschinenfabrik und Eisengießerei, Industriestraße 23, 74912 Kirchardt, +49 7266 207-100, dieter.karasek@behringer.net

Karwelies, Axel, Wetzlar

Kasper, Robert, BGH Edelstahl Lugau GmbH, Gleisstraße 12, 09385 Lugau/Erzgebirge, +49 37295 / 29 124, robert.kasper@bgh.de

Kawlath, Bertram, Schubert & Salzer GmbH, Bunsenstraße 38, 85053 Ingolstadt, +49 841 9653-0, b.kawlath@schubert-salzer.com

Kayikci, Ramazan, Dr., implantcast GmbH, Lüneburger Schanze 26, 21614 Buxtehude, +49 4161 744-459, r.kayikci@implantcast.de

Keidies, Achim, Dr.-Ing., Bundesverband der DeutschenGießerei-Industrie BDG, Hansaallee 203, 40549 Düsseldorf, Achim.Keidies@bdguss.de

Kelling, Ralf, ENERCON GmbH, Borsigstraße 22, 26607 Aurich, +49 4941 9794-140, ralf.kelling@enercon.de

Kelter, Jens, ZF Friedrichshafen AG - Global Commodity Castings Supplier Management-Development, Löwentaler Straße 20, 88046 Friedrichshafen, +49 7541 77960-472, jens.kelter@zf.com

Kemmler, Helmut, Nürnberg

Kempmann, Harald, Foundry Consulting GmbH, Rehfußhang 5, 45219 Essen, +49 2054 8712-17, harald.kempmann@t-online.de

Kerber, Kai, Dr.-Ing., Oskar Frech GmbH + Co. KG, Schorndorfer Straße 32, 73614 Schorndorf, +49 7181 702-439, kerber.kai@frech.com

Kerbl, Adolf, Fachverband Metalltechnische Industrie Berufsgruppe Gießereiindustrie, Wiedner Hauptstr. 63, 1045 Wien, Österreich, +43 5 90900-3463, giesserei@wko.at

Kerschl, Dominik, Deggendorf

Keßl, Gunter, GPS SIC Keßl GmbH u. Co. KG, Bärnwinkel 10 a, 92724 Trabitz

Keßl, Stephanie, Trabitz

Keßler, Andreas, Dr.-Ing., TU Bergakademie Freiberg Giesserei-Institut, Bernhard-von-Cotta-Straße 4, 09596 Freiberg/Sachsen, +49 3731 39-2855, andreas.kessler@gi.tu-freiberg.de

Kessler, Frank, Ertingen

Keßler, Helmut, Wesseling

Kettl, Ulrich, Siegburg

Keweritsch, Heinz, Hooksiel

Kiefer, Andreas, BorgWarner Turbo Systems Engineering GmbH, Marnheimer Straße 85-87, 67292 Kirchheimbolanden, +49 6352 403-2207, akiefer@borgwarner.com

Kiessling, Max, Remseck am Neckar

Kikkert, Joop, AB Thorn, Niederlande

Kilchhofer, Martin, Giesserei Thun Kilchhofer AG, Mittlere Straße 56, 3600 Thun, Schweiz, +41 33 222-2465, m.kilchhofer@giesserei-thun.ch

Kimm, Frank, MFG Processing GmbH, Bataverstraße 19 a, 47809 Krefeld, +49 2151 7812-450, frank.kimm@mfg-processing.com

Kimpel, Helmut, Ehringshausen

Kinne, Manfred, Wetzlar

Kirch, Paul-Wilhelm, Kirch engineering and products GmbH, Balinger Straße 129, 78628 Rottweil, +49 741 174124-0, paul.kirch@kirch-engineering.com

Kirst, Joachim, Leipzig

Klages, Thomas, Quernheim

Klan, Steffen, Dr.-Ing., Fraunhofer - Institut für Gießerei-, Composite- und Verarbeitungstechnik IGCV, Lichtenbergstraße 15, 85748 Garching, +49 89 350946104, Steffen.klan@igcv.fraunhofer.de

Klaßen, Hans Erich, Viersen

Klein, Günter, Dr.rer.nat. Dipl.-Ing., BGHMKompetenzzentrum Metallurgie, Graf Recke Str. 69, 40239 Düsseldorf, +49 2324 681950, guenter.klein@bghm.de

Klein, Friedrich, Prof. Dr., Aalen

Kleinau, Manfred, Berlin

Kleine, Andreas, Dr.-Ing., TRIMET Aluminium SE, Aluminiumallee 1, 45356 Essen, +49 39484 50-636, andreas.kleine@trimet.de

Kleinkröger, Wolfgang, Krefeld

Klemmer, Thomas, Walter Hundhausen GmbH, Ostendamm 23, 58239 Schwerte, +49 2304 105-472, thomas.klemmer@walter-hundhausen.com

Klett, Karl-Gerhard, Dinslaken

Kliemke, Manfred, MKI International GmbH, Webereiweg 7, 83071 Stephanskirchen

Klimm, Andre, Laempe Mössner Sinto GmbH, Hintern Hecken 3, 39179 Barleben, Andre.Klimm@laempe.com

Klinge, Andreas, FONDIUM Mettmann GmbH, Flurstraße 15-17, 40822 Mettmann, +49 2104 984-405, andreas.klinge@fondium.eu

Klock, Joachim, Viega GmbH & Co. KG, Viega Platz 1, 57439 Attendorn, +49 2722 61-3192, Joachim.Klock@viega.de

Kloos, Frank, FONDIUM Singen GmbH, Julius-Bührer-Straße 12, 78224 Singen, +49 7731 886660, frank.klooss@fondium.eu

Klopp, Heiner, Bodolz

Klos, Ralf, Aluminium Rheinfelden Alloys GmbH, Bukheinstraße 2, 79618 Rheinfelden, +49(0)7623 / 93-407, rklos@rheinfelden-alloys.eu

Kloß, Detlef, Ascona, CH

Klug, Thomas, Dr.-Ing., SCHÄFER Metallurgie GmbH, Bonner Straße 20, 53773 Hennef, +49 2242 91339-16, t.klug@schaefer-metallurgie.de

Kluge, Kati, Flender GmbH, Otto-Schmerbach-Straße 19, 09117 Chemnitz

Klußmann, Heinz-Gilbert, Hüttenes-Albertus Chemische Werke GmbH, Wiesenstraße 23, 40549 Düsseldorf, +49(211)5087-204, gilbert.klussmann@ha-group.com

Kmetsch, Jürgen, Rülzheim

Kmieciak, Kai, Gelsenkirchen

Knab, Herbert, Marktheidenfeld

Knieps, Jürgen, Voit Automotive GmbH, Saarbrücker Straße 2, 66386 St. Ingbert, +49 6894 909-0, juergen.knieps@voit.de

Knigge, Christian, Clariant Produkte (Deutschland) GmbHGeschäftsbereich Functional Minerals, Arabellastraße 4a, 81925 München, +49 8761 / 82-114, christian.knigge@clariant.com

Knipfelberg, Manfred, Prof. Dipl.-Ing., Wolfenbüttel

Knippscheer, Florian, Mülheim

Knippscheer, Nils, Uffenheim

Knobloch, Ulf, ASK Chemicals GmbH, Reisholzstraße 16-18, 40721 Hilden, +49 211 71103-0, ulf.knobloch@ask-chemicals.com

Knobloch, Günther, Dresden

Knödler, Kurt, Nürnberg

Knops, Christine, Bad Laasphe

Knothe, Wolfgang, Dr.-Ing., Franken Guss GmbH & Co. KG, An der Jungfernmühle 1, 97318 Kitzingen, +49 9321 932-219, wolfgang.knothe@frankenguss.de

Knötig, Armin, Friedrichshütte GmbH, Friedrichshüttenstraße 11-13, 35321 Laubach, +49 6405 826-248, a.knoetig@friedrichshuette.com

Knüppel, Alfons, Martinrea Honsel Germany GmbH, Fritz-Honsel-Straße 30, 59872 Meschede, +49 291 291-302

Kobold, Christoph, Freiberg

Koch, Christian, ASK Chemicals GmbH, Reisholzstraße 16-18, 40721 Hilden, +49 211 71103-48, christian.koch@ask-chemicals.com

Koch, Michael, Ferroatlantica Deutschland GmbHc/o Regus, 5. Etage, Grugaplatz 2-4, 45131 Essen, +49 201 8789579-0, info@ferroatlantica.de

Koch, Frank, KION GroupLinde Material Handling GmbH, Breitendieler Straße 20, 63937 Weilbach, +49 9373 208-4050, frank.koch@kiongroup.com

Koch, Tammo, Nemak Europe GmbH, THE SQUAIRE 17, Am Flughafen, 60549 Frankfurt, tammo.koch@nemak.com

Koch, Karl, S&B Industrial Minerals GmbH, Duisburger Straße 69-73, 46049 Oberhausen, +49 208 85005-77, k.koch@ikominerals.com

Koch, Hubert, Dr.-Ing., Dorsten

Koch, Peter, Berlin

Koch, Uwe, Bremen

Kohler, Helmut, Borken

Köhler, Matthias, Gießerei Elsterberg GmbH, Greizer Straße 14-16, 07985 Elsterberg, +49 36621 839 21, m.koehler@giesserei-elsterberg.de

Köhler, Christian, Horn & Co. Industrial Services GmbH, Herrenfeldstraße 12, 57076 Siegen, DE, christian.Koehler@horn-co.de

Köhler, Karl-Heinz, Elsterberg

Kohlmann, Peter, Limbach

Kolasa, Jennifer, TU Bergakademie Freiberg Giesserei-Institut, Bernhard-von-Cotta-Straße 4, 09596 Freiberg/Sachsen, Jennifer.Kolasa@gi.tu-freiberg.de

Kolberg, Ferdinand, Weisenheim am Berg

Koldorf, Sebastian, MAGMA Gießereitechnologie GmbH, Kackertstraße 16-18, 52072 Aachen, +49 241 88901-9618, s.koldorf@magmasoft.de

Kollmannsperger, Ludwig, Ratingen

Köllner, Meinolf, VS GmbH & Co. KG, Parallelstraße 17, 42719 Solingen, +49 212 384-55, meinolf.koellner@vsguss.de

Komkowskl, Carsten, Caterpillar Castings Kiel GmbH, Falckensteiner Straße 2, 24159 Kiel, +49 431 3995-3509, komkowski_carsten@cat.com

Komp, Uwe, Schwerte

König, Gerd H., König GmbH, Radbodstraße 2-4, 59067 Hamm, +49 2381 428-60

König, Tobias, Pierburg GmbH, Alfred-Pierburg-Straße 1, 41456 Neuss, tobias.koenig@de.rheinmetall.com

Köper, Ralf, Teutoguss GmbH, Friedrich-Wilhelm-Straße 39, 48477 Hörstel-Gravenhorst, +49 5459 9304-73, r.koeper@teutoguss.de

Kopf, Eberhard, CLARIANT PRODUKTE (DEUTSCHLAND) GMBH BU FUNCTIONAL MINERALS, Ostenriederstraße 15, 85368 Moosburg, eberhard.kopf@clariant.com

Koppenhöfer, Ralph, MDC Power GmbH Ein Unternehmen der Mercedes-Benz AG, Rudolf-Caracciola-Straße 1, 99625 Kölleda/Germany, ralph.koppenhoefer@mdc-power.com

Kordt, Christian, Friedr. Lohmann GmbH Edelstahlgießerei, Brauckstraße 37, 58454 Witten, +49 2302 8906-32, kordt@lohmann-stahl.de

Koreneef, Andreas, Nemak Wernigerode GmbH, Gießerweg 10, 38855 Wernigerode, +49 3943 652-0, andreas.koreneef@Nemak.com

Korol, Yevheniy, Pierburg GmbH Werk Nettetal, Am Bengerhof 1, 41334 Nettetal, +49 2153 124-282

Körtge-Sudmann, Sven, Diekholzen

Kose, Kristof, FONDIUM Singen GmbH, Julius-Bührer-Straße 12, 78224 Singen, +49 7731 886-671, kristof.kose@fondium.eu

Koziol, Peter, Werl

Krafft, Frank, Prof. Dr.-Ing., Hochschule München Fakultät 03 Maschinenbau/Fahrzeugtechnik, Dachauerstraße 98 B, 80323 München, frank.krafft@fhm.edu

Krafthöfer, Constantino, MAGMA Gießereitechnologie GmbH, Kackertstraße 16-18, 52072 Aachen, +49 241 88901-9676, c.krafthoefer@magmasoft.de

Krampe, Jan, Ohm & Häner Metallwerk GmbH & Co. KG, Im Grüntal 1, 57462 Olpe, +49 2761 921-473, j.krampe@ohmundhaener.de

Krause, Eva, FONDIUM Mettmann GmbH, Flurstraße 15-17, 40822 Mettmann, +49 2104 984-561, eva.krause@fondium.eu

Krause, Karsten, Krause & Co. KG, Reppichauer Straße 6A, 06386 Aken/Elbe OT Kleinzerbst, +49 34909 86-204, KRAUSE_Co.KG@t-online.de

Krause, Werner, Krause Gußprodukte, Im Industriegebiet 4, 56472 Hof, +49 2661 64526

Krause, Holger, Chemnitz

Krause, Michael, Wolfsburg

Kraußе, Frank, Peine

Kreft, Ronald, RGU GmbH, Karl-Harr-Straße 1, 44263 Dortmund, +49 231 41997-0, rk@rgu.de

Kreipe, Thomas, Günzburg

Kremer, Michael, ABB Automation GmbH, Grüner Weg 6, 61169 Friedberg/Hessen, +49 6031 85-295, michael.kremer@de.abb.com

Kremer, Thomas, Otto Junker GmbH Geschäftsbereich Gießereianlagen, Jägerhausstraße 22, 52152 Simmerath, +49 2473 601-0

Kremtz, Reinhart, Meißen

Kreßler, Rene, GF Casting Solutions Leipzig GmbH, Georg-Fischer-Straße 2, 04249 Leipzig, +49 341 4823-321, rene.kressler@georgfischer.com

Kretz, Richard, Braunau am Inn, Österreich

Krieg, Titus Olav, Deutsche Aganat S.L., Plaza de los Sitios, 2 – 1° D, 50001 Zaragoza, Spanien, +34 976 205422, tkrieg@aganat.com

Krieger, Kurt, Ludwigshafen

Krodel-Teuchert, Lutz, SMS group GmbH, Wiesenstraße 30, 57271 Hilchenbach, +49 2733 29-1035, lutz.krodel-teuchert@sms-group.com

Krug, Peter, Dr.-Ing., Technische Hochschule Köln Institut für Fahrzeugtechnik IFK, Betzdorfer Straße 2, 50679 Köln, +49 221 8275-2305, peter.krug@th-koeln.de

Krüger, Thomas, Bundesverband der DeutschenGießerei-Industrie BDG, Hansaallee 203, 40549 Düsseldorf, +49 211 6871-148, thomas.krueger@bdguss.de

Krüger, Marcus, Heidenreich & Harbeck GmbH, Grambeker Weg 25-29, 23879 Mölln, +49 4542 824-0, m.krueger@hh-moelln.de

Krüger, Jürgen, Bad Laasphe

Krumm, Steven, Bindur GmbH, Weißenfelser Straße 67, 04229 Leipzig, +49 341 870966930, steven.krumm@bindur.de

Kühlbrey, Klaus-Joachim, Höhenkirchen-Siegertsbrunn

Kuhlgatz, Carsten, Dr.-Ing., Albertuswerke GmbH, Stahlstraße 6, 30916 Isernhagen, +49 511 730-911, ckuhlgatz1@albertuswerke.de

Kuhlgatz, Wilhelm, Albertuswerke GmbH, Stahlstraße 6, 30916 Isernhagen, +49 511 730911, info@albertuswerke.de

Kuhr, Matthias, CITIC Dicastal (EU) Investment HoldingGmbH & Co KG, Cheruskerring 38, 31137 Hildesheim, +49 5121 505-211, Matthias.Kuhr@KSMCastings.com

Kujat, Bernd, Dr.-Ing., AUDI AG, Ettinger Straße, 85045 Ingolstadt, +49 84189 710 916, Bernd.Kujat@audi.de

Künkel, Adolf, Breidenbach

Kunze, Johannes, Olbersdorf

Küper, Jörn, Dr.rer.nat., Hüttenes-Albertus Chemische Werke GmbH, Hansastraße 1, 30419 Hannover, +49 511 9797-110, jkueper@huettenes-albertus.com

Küpper, Clemens, Eisengiesserei Baumgarte GmbH, Duisburger Straße 35, 33647 Bielefeld, +49 521 4044-113, c.kuepper@eisengiesserei-baumgarte.de

Kurde, Dieter, Sankt Augustin

Kurtz, Walter, Hasloch am Main

Kurutas, Oktay, Gemco Engineers B.V., Science Park Eindhoven 503, 5692 EB Eindhoven, Niederlande, +31 40 2643-639, oktay.kurutas@gemco.nl

Küster, Manfred, Alfeld

Kutsch, Thorsten, Friedr. Lohmann GmbH Edelstahlgießerei, Brauckstraße 37, 58454 Witten, +49 2302 8906-13, kutsch@lohmann-stahl.de

Kutz, Adalbert, Heidelberg Manufacturing Deutschland GmbH, Industriegebiet Egelsee, 73338 Amstetten

Kutzner, Michael, M. Kutzner Industrial Engineering, Holunderweg 10, 51107 Köln

Kynast, Peter, Soest

Lagemann, Jörg, Prof., Fachhochschule Nordwestschweiz Hochschule für Technik, Bahnhofstraße 6, 5210 Windisch, Schweiz, +41 56 202-7219, joerg.lagemann@fhnw.ch

Laibach, Thomas, Erich Laibach GmbH & Co. KG, Friedrich-Kirchhoff-Straße 6 - 11, 58640 Iserlohn, +49 2371 / 97 95 36, info@erichlaibch.de

Landesberger, Martin, Dr.-Ing., Technische Hochschule Ingolstadt, Esplanade 10, 85049 Ingolstadt, +49 841 9348-7913, martin.landesberger@thi.de

Landwehr, Hans-Dieter, Mettmann

Lang, Martin, Gerhard Lang Recycling GmbH, Wilhelm-Lang-Straße 1-3, 76571 Gaggenau, +49 7225 9669-0, office@lang-recycling.de

Lang, Matthias, Lehrstuhl für Umformtechnik und Gießereiwesen utg - TU München, Walther-Meißner-Straße 4, 85748 Garching

Lange, Thomas, Jura-Guss GmbHLeichtmetallgießerei, Industriestraße 5, 92339 Beilngries, +49 8461 6416-184, thomas.lange@jura-guss.de

Langenbach, Christoph, Volkswagen AG Werk Kassel, Dr. Rudolf-Leiding-Platz 1, 34219 Baunatal, +49 561 490-0

Langenhan, Klaus, Hamburg

Langner, Lutz Gerhard, Mahle GmbH Werk Rottweil, Primtalstraße 2, 78628 Rottweil, +49 741 255-15257, lutz.langner@mahle.com

Langner, Dietmar, Dr., Iserlohn

Langthaler, Christoff, LCI - Engineering Christoff Langthaler Engineering GmbH, Garnisongasse 7/26, 1090 Wien, Österreich, +43 1 317-1700, headoffice@lci-group.com

Lappat, Ingo, Meuselwitz Guss Eisengiesserei GmbH, Industriepark Nord, 04610 Meuselwitz, +49 3448 82-148, ingo.lappat@meuselwitz-guss.de

Larsen, Per, Dr., DISA Industries A/S, Hojager 8, 2630 Taastrup, Dänemark, +45 25 37686, per.larsen@noricangroup.com

Laskowski, Nils, Dr., Fritz Winter Eisengießerei GmbH & Co. KG, Albert-Schweitzer-Straße 15, 35260 Stadtallendorf, +49 6428 78-352, Nils.Laskowski@fritzwinter.de

Laßmann, Stephan, Dr.-Ing., Vacuumschmelze GmbH & Co. KG, Grüner Weg 37, 63450 Hanau, +49 6181 38-2383, stephan.lassmann@vacuumschmelze.com

Lau, Holger, Dresden

Lauter, Martin, Chemex Foundry Solutions GmbH, Maschstraße 16, 31073 Delligsen, +49 5787 9401-30, mlauter@chemex.de

Lauterbach, Arno, HDO Druckguß- und Oberflächentechnik GmbH, Halberstädter Straße 7-13, 33106 Paderborn, +49 5251 704-33520, arno.lauterbach@hdo-gmbh.com

Lechner, Philipp, Lehrstuhl für Umformtechnik und Giessereiwesen utg - TU München, Walther-Meißner-Straße 4, 85748 Garching, +49 89 289-13984, philipp.lechner@utg.de

Ledwoin, Erich, Burkhardtsdorf

Lehmann, Sandra, Chemex GmbH Foundry Solutions Vertriebsbüro Düsseldorf, Wiesenstraße 23, 40549 Düsseldorf, slehmann@chemex.de

Leideck, Frank, FONDIUM Singen GmbH, Julius-Bührer-Straße 12, 78224 Singen, +49 7731 886-473, frank.leideck@fondium.eu

Leidner, Marc, Kistler Instrumente GmbH, Umberto-Nobile-Straße 14, 71063 Sindelfingen, +49 7031 3090-164, marc.leidner@kistler.com

Leineweber, Laura, MAGMA Gießereitechnologie GmbH, Kackertstraße 16-18, 52072 Aachen, +49 241 88901-93, l.leineweber@magmasoft.de

Leipner, Bernd, Giessereiplanung Bernd Leipner, Uhlandstraße 10, 78239 Rielasingen - Worblingen, bernd.leipner@freenet.de

Leis, Walter, Hochschule Aalen Technik und Wirtschaft Aalen University of Applied Sciences, Beethovenstraße 1, 73430 Aalen, +49 7361 576-2276, walter.leis@htw-aalen.de

Leja, Alfred, Leverkusen-Hitdorf

Lellig, Klaus, Dr., Nemak Europe GmbH, THE SQUAIRE 17, Am Flughafen, 60549 Frankfurt, +49 69 695376-4020, klaus.Lellig@nemak.com

Lenninghaus, Helmut, Brechmann-GussJosef Brechmann GmbH & Co. KG, Hauptstraße 37-39, 33758 Schloß Holte-Stukenbrock, +49 5207 8904-775, h.lenninghaus@brechmann-guss.de

Lentzen, Raimund F., Dr.-Ing., Bonn

Lenz, Anne, Nemak Dillingen GmbH, Marie-Curie-Straße, 66763 Dillingen/Saar

Lenz, Jonathan, Biedenkopf

Lenz, Wolfgang, Dr.-Ing., Kleinblittersdorf

Leo, Götz-Stefan, FONDIUM Mettmann GmbH, Flurstraße 15-17, 40822 Mettmann, +49 2104 984-212, goetz-stefan.leo@fondium.eu

Leonhardt, Frank, NRU GmbH, Südstraße 3, 09221 Neukirchen, +49 371 28155-25, Frank.Leonhardt@nru-gmbh.de

Leoni, Natale, Qualimet AG, Ringstraße 11, 9500 Wil, Schweiz, +41 52 337-1066, natale.leoni@qualimet.ch

Letz, Peter, Dr.-Ing., Staufen

Lick, Ronald, Rheine

Liebeck, Ralf, Idar-Oberstein ST Weierbach

Liebhäuser, Dieter, Rotenburg an der Fulda

Liebke, Marcel, Ottendorf-Okrilla

Liepe, Martin, Laempe Mössner Sinto GmbH, Hintern Hecken 3, 39179 Barleben, martin.liepe@laempe.com

Lietsch, Udo, Wöllstadt

Limmer, Sabina, Steinach

Lindemann, Dirk, Leipzig

Lindemann, Kurt-Jasper, Vaihingen

Lindemann-Berk, Robert, Quarzwerke GmbH, Kaskadenweg 40, 50226 Frechen, +49 2234 101-112, lindemann@quarzwerke.com

Lindhauer, Johannes, ENVIROnet, Bismarckstraße 142, 47057 Duisburg, +49 203 30615-99, lindhauer@enviro-net.de

Lindner, Helmut, Düsseldorf

Löchte, Klaus, Neuenkirchen

Loges, Hans-Joachim, IOG Industrie-Ofenbau GmbH, Haus Rhade, 58566 Kierspe, +49 211 633044, achim.loges@iog.de

Lohff, Thomas, Bosch Rexroth AG Werk LoP 3, Zum Eisengießer 1, 97816 Lohr am Main, +49 9352 18-2915, thomas.lohff@boschrexroth.de

Loitzenbauer, Heinz, Golling an der Salzach, Österreich

Loos, Peter, Bochum

Lorch, Dieter, Ingenieurbüro Lorch, Kirchheimer Straße 72, 73230 Kirchheim unter Teck, +49 7021 52418

Lorenz, Florian, Wilh. Stolle GmbH Werk Beuel, Broichstraße 78-90, 53227 Bonn, +49 228 95033-527, f.lorenz@stolle.net

Lorenz, Volker, Dr.-Ing., Köln

Lotte, Ernst-Hermann, Bromkamp GmbH, Weusterstraße 19, 46240 Bottrop, +49 2041 7715-127, ernst-hermann.lotte@bromkamp.de

Lück, Benjamin, Universität Duisburg Essen Fakultät für Ingenieurwissenschaften, +49 203 379-3456

Lücking, Hans-Josef, Karl Casper GmbH + Co. KG, Tullastraße 14-22, 75196 Remchingen, +49 7232 3669-35, info@casper-guss.de

Lücking, Malte, Karl Casper GmbH + Co. KG, Tullastraße 14-22, 75196 Remchingen, +49 7232 3669-35, malte.lueking@casper-guss.de

Ludescher, Franz, Hüttenes-Albertus Chemische Werke GmbH, Wiesenstraße 23, 40549 Düsseldorf, +49 211 5087-0, franz.ludescher@ha-group.com

Ludwig, Christoph, Ludwig Feuerfest, Hauptstraße 76, 56206 Hilgert, info@ludwig-feuerfest.de

Lueben, Mathias, Dr., Elkem GmbH, Oststraße 16, 46483 Wesel, mathias.lueben@elkem.com

Lühr, Hartmut, Saarbrücken

Lukat, Berthold, Dr.-Ing., Köln

Luscher, Thomas, Mammut-Wetro Schmelztiegelwerk GmbH, Wetro, Siedlung Nr. 15, 02699 Puschwitz, +49 35933 3938-0, info@mammut-wetro.de

Lustig, Manfred, Bielefeld

Lüttmann, Eike, Vesuvius GmbH, Gelsenkirchener Straße 10, 46325 Borken, +49 2861 83-0, eike.luettmann@vesuvius.com

Lutz, Nicolas, NL TEM GMBH, Raiffeisenstraße 10, 85301 Schweitenkirchen, nicolas.lutz@nl-tem.de

Maag, Michael, Henschke GmbH Internationale Industrievertretungen, Halevistraße 29, 90768 Fürth, +49 911 / 97 27 98-94, maag@henschkegmbh.de

Mack, Marcus, Stuttgart

Mackowiak, Mario, Krauschwitz

Maier, Jan, B+K Feuerfest-Technik GmbH, Telingskamp 11 a, 46395 Bocholt, +49 2871 186872, info@buk-feuerfest-technik.de

Maier, Alfred M., Netphen

Maier, Martin, Gestungshausen

Malaschkin, Andrej, Dr.-Ing., GF Casting Solutions Leipzig GmbH, Georg-Fischer-Straße 2, 04249 Leipzig, +49 341 4823-346, andrej.malaschkin@georgfischer.com

Malpohl, Klaus, Solingen

Mangold, Jürgen, Rodeneck, Italien

Mangos, Christos, Hochschule Aalen Technik und Wirtschaft Aalen University of Applied Sciences, Beethovenstraße 1, 73430 Aalen, +49 7361 576-606, christos.mangos@hs-aalen.de

Manschke, Matthias, Blankenburg

Mansfeld, Christof, Duisburg

Mares, Miloslav, Hydac spol..s.r.o, Kanadská 794, 39111 Planá nad Luznici, Tschechien, +42 (0)381-201711

Markert, Christof, Lollar Breyden GmbH, Justus-Kilian-Straße 1, 35457 Lollar, +49 6441 418-3414, christof.markert@buderus.de

Martens, Lars, Dr.-Ing., ASK Chemicals Metallurgy GmbH, Fabrikstraße 6, 84579 Unterneukirchen, +49 8634 61-7409, Lars.Martens@ask-chemicals.com

Martin, Philipp, Breckerfeld

Marx, Sebastian, Gienanth Chemnitz Guss GmbHch. Trompetter Guss Chemnitz GmbH, Schönherrstraße 8, 09113 Chemnitz, +49 371 4949-528, marx@tg-chemnitz.com

Mattern, Kay, Johann Grohmann GmbH & Co. KG, Heidelbergstraße 54, 72406 Bisingen, 49 7476 9413-9627, mattern@grohmann-guss.de

Matthey, Gerald, Erlau

Matthies, Jörn, Matthies Druckguss GmbH & Co. KG, Bredstedter Straße 29 - 31, 24768 Rendsburg, +49 4331 712-53, joern@matthies-fockbek.de

Matthies, Marco, Matthies Druckguss GmbH & Co. KG, Bredstedter Straße 29 - 31, 24768 Rendsburg, +49 4331 71253, mm@druckgiesser.com

Mäuser, Florian, Hochschule Aalen Technik und Wirtschaft Aalen University of Applied Sciences, Beethovenstraße 1, 73430 Aalen, +49 7361 576-0, florian.maeuser@hs-aalen.de

May, Marco, FONDIUM Mettmann GmbH, Flurstraße 15-17, 40822 Mettmann, +49 2104 984-367, marco.may@fondium.eu

May, Jürgen, Lottstetten

Mayer, Bruno, Stahlwerke Bochum GmbH, Castroper Straße 228, 44791 Bochum, +49 234 508-51662, mayer@stahlwerke-bochum.com

Mayer, Christoph, Kaisten, Schweiz

Mayer, Gottfried, Schönheide

Mayer, Stephan O., Stahlwerke Bochum GmbH, Castroper Straße 228, 44791 Bochum, +49 234 508-51663, smayer@stahlwerke-bochum.com

Meder, Benedikt, Klaus Kuhn Edelstahlgießerei GmbH, Otto-Hahn-Str. 12-14, 42477 Radevormwald, +49 2195 671-292, b.meder@kuhn-edelstahl.com

Mehnert, Harald, Meuselwitz

Meibert, Thilo, Volkswagen AG HUH Gießerei, Mecklenheidestraße 74, 30419 Hannover, +49 511 798-3655, Thilo.Meibert1@volkswagen.de

Meidel, Friedbert, Georg Röth Eisengießerei GmbH & Co. KG, Bahnhofstraße 6, 74821 Mosbach, +49 6261 6449-11

Meier, Leopold, München

Meinberg, Jörg, Lauf

Mekus, Eckhard, Hüttenes-Albertus Chemische Werke GmbH, Hansastraße 1, 30419 Hannover, +49 511 9797-0

Mellert, Bernhard, Wilhelm-Maybach-Schule Gewerbliche Schule, Gnesener Straße 44, 70374 Stuttgart, +49 711 216896-11, bernhard.mellert@wms-s.de

Menk, Werner, Dr., Schaffhausen, Schweiz

Mentzel, Christoph, Xebios Diagnostics GmbH, Telleringstraße 49, 40597 Düsseldorf, +49 211 788807-00, info@xebios.de

Merkl, Peter, Limburg

Merz, Joachim, Friedr. Ischebeck GmbH, Loher Straße 31-79, 58256 Ennepetal, +49 2333 8305-968, merz@ischebeck.de

Merz, Yvonne, Lollar Breyden GmbH, Justus-Kilian-Straße 1, 35457 Lollar, +49 6411 418-3783, yvonne.merz@buderus.de

Mettler, Stefan, Ingenieurbüro Mettler, Lookdyk 78, 47839 Krefeld, +49 2151 5244040, ibm-mettler@outlook.de

Metz, Jochen, Daimler Truck AGWerk Mannheim, Hanns-Martin-Schleyer-Straße 21-57, 68305 Mannheim, +49 176 30920071, jochen.metz@daimlertruck.com

Metzger, Rudolf, Weinstadt

Meutzner, Stefan, Freiberg

Meyer, Sönke, Stockmeier Chemie GmbH & Co. KG, Am Stadtholz 37, 33609 Bielefeld, Dänemark, +49 4192 8192436, S.Meyer@stockmeier.de

Michel, Detlev, Michel Consulting International GmbH, Dürerstraße 4, 46399 Bocholt, +49 2871 33523, dmichel@m-c-i.de

Michels, Wilhelm, Prof. Dr.-Ing., Hochschule Osnabrück Fakultät Ingenieurwissenschaften, Albrechtstraße 30, 49076 Osnabrück, +49 541 969-0, W.Michels@fh-osnabrueck.de

Michels, Hagen, Karl Casper GmbH + Co. KG, Tullastraße 14-22, 75196 Remchingen, +49 7232 3669-29, hagen.michels@casper-guss.de

Michels, Georg, Bülach, Schweiz

Middel, Thomas, Babcock Giesserei GmbH, Duisburger Straße 375, 46049 Oberhausen, +49 208 833-3402, t.middel@babcock-giesserei.de

Middelmann, Olaf, KSM Castings Group GmbH, Cheruskerring 38, 31137 Hildesheim, +49 5121 505-1053, Olaf.Middelmann@KSMCastings.com

Miederhoff, Mirco, Neuenrade

Miklin, Anton, Dr.-Ing., ENERCON GmbH, Borsigstraße 22, 26607 Aurich, anton.miklin@enercon.de

Mikoleizik, Peter, Eisenwerk Brühl GmbH, Kölnstraße 262-266, 50321 Brühl, peter.mikoleizik@eb-bruehl.de

Minkner, Ulrich, Dr.-Ing., Shandong Guochuang Precision Machinery Co., Ltd, No. 599, Sunuwu Fifth Road, 251700 Huimin Shandong Province, China, +86 188 6308-7868, ulrichminkner@lmzg.com.cn

Minnich, Daniel, Projektingenieure mbH Dr. E. Jung und Partner, Stifterweg 3, 82057 Icking, +49 8178 / 92 50 - 54, dminnich@projektingenieure.de

Mittler, Tim, Bayerische Motoren Werke AG BMW Group Werk Landshut, Ohmstraße 2, 84030 Landshut

Mnich, Franz, Dr.-Ing., Wernigerode

Möbus, Rudolf, Hamburg

Möding, Herbert, Dr.-Ing., Bad Friedrichshall

Mohaupt, Amelie, Breckerfeld

Mohr, Karl, Karl Mohr Guss-Consult, Beethovenstraße 66, 75438 Knittlingen, +49 7043 955-994, k.mohr@guss-consult.de

Mohr, Michael, Hildesheim

Molitor, Max, Kirchardt

Moll, Andreas, Gebr. Rieger GmbH & Co. KG, Kochertalstraße 32, 73431 Aalen, +49 21 298-4861, andreas.moll@rr-rieger.de

Mollenkott, Rolf, Dr.-Ing., Waiblingen

Möller, Klaus, Volkswagen AG Werk Kassel, Dr. Rudolf-Leiding-Platz 1, 34219 Baunatal, +49 561 490-4105, klaus.moeller@volkswagen.de

Molter, Uwe, AlMo-Guss, Ehlenbrucher Straße 98, 32791 Lage, +49 5232 6904432, info@almo-guss.de

Moschner, Matthias, Olsberg

Moths, Udo, USD Formteiltechnik GmbH, Am Rottland 14, 58540 Meinerzhagen, +49 2354 9092-49, udo.moths@usdform.de

Mrugalla, Florian, TU Bergakademie Freiberg Giesserei-Institut, Bernhard-von-Cotta-Straße 4, 09596 Freiberg/Sachsen, Florian.Mrugalla@student.tu-freiberg.de

Muhr, Robert, Tiefenbach

Müller, Hauke, Eickhoff Gießerei GmbH, Am Eickhoffpark 1, 44789 Bochum, +49 234 975-2766, h.mueller@eickhoff-bochum.de

Müller, Eric, Ljunghall Group, Müglitztalstraße 43, 01809 Dohna, eric.muller@ljunghall.com

Müller, Gerrit, M. Busch GmbH & Co. KG, Ruhrstraße 1, 59909 Bestwig, +49 2904 988-258, muellerg@mbusch.de

Müller, Norman, Silbitz Guss GmbH, Dr.-Maruschky-Straße 2, 07613 Silbitz, +49 36693 80230, norman.mueller@silbitz-group.com

Müller, Katrin, Dr.-Ing., Viega GmbH & Co. KG, Viega Platz 1, 57439 Attendorn, +49 2722 61-1958, katrin.mueller@viega.de

Müller, Gerhard, Dr., Schwaikheim

Müller, Jörg, Steinhausen

Müller, Jörg, Dr.-Ing., Radolfzell am Bodensee

Müller, Jörn, Eschenburg

Müller, Knut, Zwickau

Münkel, Stefan, WILO SEWerk Hof, Heimgartenstraße 1-3, 95030 Hof, +49 9281 974-432, stefan.muenkel@wilo.com

Münkel, Jürgen, Neudorf, Schweiz

Münkel, Rudolf, Walldürn

Münker, Bernhard, Mercedes-Benz Group AG Werk Untertürkheim, Emil-Kessler-Straße 4, 70546 Stuttgart, +49 711 17-60402, bernhard.muenker@mercedes-benz.com

Münninghoff, Heinz, Aumund Fördertechnik GmbH, Saalhoffer Straße 17, 47495 Rheinberg, +49 2843 72-391, muenninghoff@aumund.de

Murgel, Orlando Drummond, Belo Horizonto, Brasilien

Muschna, Constanze, Dr.-Ing., Muschna Consulting, Gartenstraße 21, 57334 Bad Laasphe, info@muschna-consulting.de

Muschna, Matthias, Dr.-Ing., Muschna Giesserei Maschinen GmbH, Gartenstraße 21, 57334 Bad Laasphe, +49 2752 905-9793, matthias.muschna@mgm-foundry.de

Nagelschmitz, Bernd, Universität Duisburg Essen Fakultät für Ingenieurwissenschaften, Lotharstraße 1, 47057 Duisburg, +49 203 379-3254, dekanat@iw.uni-due.de

Nagler, Marco, MAN Energy Solutions SE, Stadtbachstraße 1, 86153 Augsburg, +49 172 2784637, marco.nagler@man-es.com

Naumann, Friedrich, Volkswagen AG Werk Kassel, Dr. Rudolf-Leiding-Platz 1, 34219 Baunatal, +49 561 490-4651, friedrich.naumann@volkswagen.de

Nebel, Heidemarie, Chemnitz

Nelissen, Heinz, Düsseldorf

Neubert, Volkmar, Prof. Dr.-Ing., Institut für Materialprüfung u. Werkstofftechnik Dr. Neubert GmbH, Freiberger Straße 1, 38678 Clausthal-Zellerfeld, +49 5323 98980

Neubert, Michael, MGC Metallgießerei Chemnitz GmbH, Curiestraße 16, 09117 Chemnitz, +49 371 852054, mc.neubert@aluguss.org

Neubert, Wolfgang, Chemnitz

Neuhof, Andreas, Neuhof Giesserei- und Fördertechnik GmbH, Hommeswlese 66, 57258 Freudenberg, +49 2734 / 434 81-0, a.neuhof@neuhof-gmbH.de

Nickel, Andreas, Dr.-Ing., FONDIUM Mettmann GmbH, Flurstraße 15-17, 40822 Mettmann, +49 2104 984-350, andreas.nickel@fondium.eu

Nickel, Werner, Amberg

Nicolai, Hans-Peter, Schwäbisch Gmünd

Niederau, Hermann-J., Engelskirchen

Niedzwetzki, Thomas, Eickhoff Gießerei GmbH, Am Eickhoffpark 1, 44789 Bochum, +49 234 975-2421, t.niedzwetzki@eickhoff-bochum.de

Niemann, Ronny, Tuttlingen

Niepel, Bernd, Bad Lobenstein

Nilges, Herbert M., Siempelkamp Giesserei GmbH, Siempelkampstraße 45, 47803 Krefeld, +49 2151 984-250, Herbert.Nilges@siempelkamp.com

Nissen, Andreas, Frankenberg

Nissen, Axel, Dr., Münster

Nitsch, Uwe, Dr.-Ing., TU Bergakademie Freiberg Giesserei-Institut, Bernhard-von-Cotta-Straße 4, 09596 Freiberg/Sachsen, +49 3731 39-2444, uwe.nitsch@gi.tu-freiberg.de

Noack, Tino, Großenhain

Nolte, Nane, Fraunhofer Institut für Fertigungstechnik und Angewandte Materialforschung IFAM, Wiener Straße 12, 28359 Bremen, +49 421 2246-7034, nane.nolte@ifam.fraunhofer.de

Nottaris, Francois, Rüegsauschachen, Schweiz

Nowak, Konrad, Krauschwitz

Nussbaum, Peter Andrew, BBS Kraftfahrzeugtechnik AG, Welschdorf 220, 77761 Schiltach, +49 7836 52-3847, nussbaum.peter@bbs.com

Nützel, Andreas, Schwabach

Nybergh, Carl-Johan, Oy Lux Ab, Lars Sonckin kaari 16, 02600 Espoo, Finnland, cj.nybergh@lux.fi

Oberem, Martin, Walter Kunze & Sohn Inh. Dipl.-Ing. Martin Oberem, Pfalzstraße 14, 42781 Haan, +49 2129 34750-12, info@kunze-sohn.de

Ochoa de Zabalegui, Edurne, Dr.-Ing., EDERTEK S. Coop., P.I. GARAIA, Isasi kalea 6-Apto. 19, 20500 Arrasate, Spanien, +34-943-038867-4923, e.otxoa@edertek.es

Oechsle, Michael, Dr.-Ing., J.M. Voith SE & Co. KG, Alexanderstraße 2, 89522 Heidenheim

Oehlerking, Thomas, Wunstorf

Ogale, Hemant, Schwaigern

Ohm, Ludger, Dr.-Ing., Ohm & Häner Metallwerk GmbH & Co. KG, Im Grüntal 1, 57462 Olpe, +49 2761 921-436, L.ohm@ohmundhaener.de

Ohm, Paul, Ohm & Häner Metallwerk GmbH & Co. KG, Im Grüntal 1, 57462 Olpe, +49 2761 921-415, p.ohm@ohmundhaener.de

Ohm, Jens, Vesuvius GmbH, Gelsenkirchener Straße 10, 46325 Borken, jens.ohm@vesuvius.com

Olbort, Achim, Bisingen

Oosterhof, Klaus, Hüttenes-Albertus Chemische Werke GmbH, Wiesenstraße 23, 40549 Düsseldorf, +49 211 5087-252, klaus.oosterhof@ha-group.com

Orkas, Juhani, Prof. Dr.-Ing., Associat. of Finnish Foundry Industries, Kalevantie 2, 33100 Tampere, Finnland, +358 50 5562288, juhani.orkas@techind.fi

Orlikowski, Philipp, Dr.-Ing., Philipp Engineering, Kaiserstraße 213, 53113 Bonn

Orthen, Gerhard, BOHAI TRIMET Automotive Holding GmbH, Aluminiumallee 1, 06493 Harzgerode, +49 39484 50-602, gerhard.orthen@bohai-trimet.com

Ortlauf, Franz-Josef, GF Casting Solutions Leipzig GmbH, Georg-Fischer-Straße 2, 04249 Leipzig, +49 341 4823-247, franz-josef.ortlauf@georgfischer.com

Ortloff, Hartmut, Dr., RGU GmbH, Karl-Harr-Straße 1, 44263 Dortmund, +49 231 41997-0, or@rgu.de

Ostermann, Albert, Schmitz GmbH, Südring 86, 42579 Heiligenhaus, +49 2056 595-120

Ostrowski, Horst, Foundry Know-How GmbH, Am Kreuzberg 19, 97892 Kreuzwertheim, horst.ostrowski@foundryknowhow.com

Ott, Christian, Lohr

Özdemir, Umut, Serdivan/Sakarya, Türkei

Özer, Ihsan, Dr.-Ing., Daimler AG Mercedes-Benz Werk Sindelfingen, 71059 Sindelfingen

Padovan, Sascha, Oberuzwil, Schweiz

Pampus-Meder, Matthias, Eisenwerk Brühl GmbH, Kölnstraße 262-266, 50321 Brühl, +49 2232 75-443, Matthias.Pampus-Meder@eb-bruehl.de

Pape, Jürgen, Fritz Winter Eisengießerei GmbH & Co. KG, Albert-Schweitzer-Straße 15, 35260 Stadtallendorf, +49 6428 / 78-0

Parzinger, Doris, SKW Stahl-Metallurgie GmbH, Rathausplatz 11, 84579 Unterneukirchen, +49 8634 62720-62, parzinger@skw-steel.com

Paschke, Jochen, Rüschlikon, Schweiz

Paselk, Andreas, Neuss

Paulsen, Matthias, Jürgens Gießerei GmbH & Co. KG, Lönsstraße 15, 48282 Emsdetten, +49 2572 876-761, matthias.paulsen@juergens.net

Paunovic, Stefan, Marburg

Pavlak, Lubos, Dr.-Ing., MAGMA Gießereitechnologie GmbH, Kackertstraße 11, 52072 Aachen, +49 241 88901-97, l.pavlak@magmasoft.de

Peichl, Tomas, Promet Czech s.r.o., 28. rijna 3138/41, 70200 Ostrava, Tschechien, +420 595 153 380, peichl@prometczech.cz

Peifer, Michael, Allweiler GmbH, Allweiler Straße 1, 78315 Radolfzell, +49 7732 86-500, m.peifer@allweiler.de

Pelz, Thomas, Neuhirschstein

Pentz, Gerhard, TU Bergakademie Freiberg Giesserei-Institut, Bernhard-von-Cotta-Straße 4, 09596 Freiberg/Sachsen

Peppinghaus, Dirk, Hüttenes-Albertus Chemische Werke GmbH, Wiesenstraße 23/64, 40549 Düsseldorf, +49 211 5087-0, dirk.peppinghaus@ha-group.com

Pernklau, Ernst, Dr.phil. Ing., Dortmund

Petzoldt, Olaf, Nemak Wernigerode GmbH, Gießerweg 10, 38855 Wernigerode, +49(3943)652-313

Petzschmann, Ulrich, Hüttenes-Albertus Chemische Werke GmbH, Wiesenstraße 23, 40549 Düsseldorf, +49 211 5087-450, Ulrich.Petzschmann@ha-group.com

Peukert, Klaus, Dr.-Ing., Freiberg

Peuten, Rolf, Stadler Stahlguss AG, Johann-Renfer-Straße 51-55, 2504 Biel, Schweiz, +41 32 3444518, rolf.peuten@stadlerrail.com

Pfäffle, Wolfgang, Mercedes-Benz Group AG Werk Untertürkheim, Emil-Kessler-Straße 4, 70546 Stuttgart, wolfgang.pfaeffle@mercedes-benz.com

Pfeiffenberger, Harro, Filderstadt

Pfeiffer, Markus, Projektingenieure mbH Dr. E. Jung und Partner, Stifterweg 3, 82057 Icking, +49 8178 925041, mpfeiffer@projektingenieure.de

Pfisterer, Wilfried, Prof. Dr.-Ing., Remscheid

Philipp, Stephan, GF Casting Solutions AG, Amsler-Laffon-Strasse 9, 8201 Schaffhausen, Schweiz, 0041-52-631-2104, stephan.philipp@georgfischer.com

Pichel, Mirko, ABB Turbo Systems AGIATU-V21, Bruggerstraße 71 A, 5400 Baden, Aargau, Schweiz, +41 58 588-5603, mirko.pichel@ch.abb.com

Picht, Gunnar, Fritzlar

Picht, Richard, Bingen

Piehler, Florian, DGH Sand Casting ProductionGmbH & Co. KG, Colsmanstraße 25, 88045 Friedrichshafen, +49 7541 7002-255, florian.piehler@dghgroup.de

Piel, Wolfgang, FONDIUM Singen GmbH, Julius-Bührer-Straße 12, 78224 Singen, +49 7731 886-576, wolfgang.piel@fondium.eu

Pietsch, Daniel, MFG Metall- und Ferrolegierungsges. mbH Hafner, Blondin & Tidou, Rudolf-Diesel-Straße 9, 40670 Meerbusch

Pintore, Manuel, Dr.-Ing., Fraunhofer - Institut für Gießerei-, Composite- und Verarbeitungstechnik IGCV, Lichtenbergstraße 15, 85748 Garching, +49 89 350946-126, manuel.pintore@igcv.fraunhofer.de

Piotrowski, Andreas, Dr.-Ing., gb Implantat-Technologie GmbH, Harkortstraße 65, 45145 Essen, +49 201 82168-13, a.piotrowski@gbit-gmbh.de

Pithan, Ansgar, Bonn

Pizarro, Ildefonso, Lollar Breyden GmbH, Justus-Kilian-Straße 1, 35457 Lollar, +49 6441 418-3792, ildefonso.pizarro@guss.buderus.de

Plasmeier, Lutz, Halver

Plohs, Klaus, Flensburg

Podobed, Oleg, Dr.-Ing., CALDERYS Metalcasting Germany GmbH, Schmielenfeldstraße 78, 45772 Marl, +49(2365)804-262, oleg.podobed@calderys.com

Poetschulat, Andreas, GF Casting Solutions Werdohl GmbH, Schlesingerstraße 1, 58791 Werdohl, +49 2392 501-146

Poetzsch, Michael, Georg Röth Eisengießerei GmbH & Co. KG, Bahnhofstraße 6, 74821 Mosbach, +49 6261 6449-16, poetzsch@roeth-guss.de

Pohl, Jürgen, AionaCast Consulting GmbH, Römerstraße 17, 71665 Vaihingen an der Enz, juergen.pohl@aionacast.com

Pohl, Peter, Rehburg-Loccum

Pohlmann, Udo, Dr., Hüttenes-Albertus Chemische Werke GmbH, Wiesenstraße 23, 40549 Düsseldorf, +49 211 5087-419, Udo.Pohlmann@ha-group.com

Polzin, Hartmut, Dr.-Ing., PEAK Deutschland GmbH, Dresdner Straße 58, 01683 Nossen, +49 35242 6565-95, gp.polzin@icloud.com

Pönsgen, Dieter, FURTENBACH GMBH, Neunkirchner Straße 88, 2700 Wiener Neustadt, Österreich, +43 262264200, d.poensgen@furtenbach.com

Popper, Tilo, Hydro Aluminium Deutschland GmbH, Edisonstraße 3, 41542 Dormagen, tilo.popper@hydro.com

Pöschl, Markus, Schmolz + Bickenbach Guss GmbH Werk Krefeld, Hülser Straße 810, 47803 Krefeld, +49 2151 / 764-1354, m.poeschl@sbguss.de

Posorski, Thomas, vonRoll casting sa, Rondez 17, 2800 Delémont, Schweiz, +41 32 421-7865, thomas.posorski@vonroll-casting.ch

Poßberg, Marko, Mercedes-Benz Group AG Werk Untertürkheim, Emil-Kessler-Straße 4, 70546 Stuttgart, +49 711 / 6 06 01, marko.possberg@mercedes-benz.com

Pott, Peter, Langenhagen

Prachowsky, Reimund, Georgsmarienhütte

Prager, Rico, Sachsen Guss GmbH, Obere Hauptstraße 228-230, 09228 Chemnitz OT Wittgensdorf, +49 3722 642-414, rico.prager@sachsenguss.de

Prazeniak, Bernhard, HERP Industrieanlagen GmbH, Bahnhofstraße 10, 57258 Freudenberg, +49 2734 20018-19

Preller, Olaf, Angermann GmbH, Anton-Zickmantel-Straße 41, 04249 Leipzig, +49 341 4247062, o.preller@wigea.de

Prinz, Bruno, Prof. Dr.-Ing., Oberursel

Prölß, Volker, Fronreute

Puy, Hans-Peter, Steffenberg

Pyzynski, Frank, ASK Chemicals Metallurgy GmbH, Fabrikstraße 6, 84579 Unterneukirchen, +49 8634 / 61-74 43, frank.pyzynski@ask-chemicals.com

Raab, Armin, Feinguß Lobenstein GmbH, Poststraße 31, 07356 Bad Lobenstein, +49 36651 842-55, a.raab@schubert-salzer.com

Rabanus, Kurt, Saarbrücken

Rademacher, Hans-W., Hagen

Rademacher, Timm, Balve

Radjef, Youcef, Dr.-Ing., Friedrichshafen

Radtke, Martin, Friedrich-Albert-Lange-Berufskolleg, Carstanjenstraße 10, 47057 Duisburg, +49 203 283-2582, martin@radtke-OB.de

Radtke, Matthias, Leipzig

Rähmer, Paul, Albert Hoffmann GmbH, Bergrather Straße 66-70, 52249 Eschweiler

Ramthun, Josef, Franken Guss GmbH & Co. KG, An der Jungfernmühle 1, 97318 Kitzingen, +49 9321 932-101, josef.ramthun@frankenguss.de

Ramthun, Maximilian Josef, Franken Guss GmbH & Co. KG, An der Jungfernmühle 1, 97318 Kitzingen

Raschke, Peter M., Ransbach-Baumbach

Rath, Jürgen, Haldensleben

Ratkovic, Stojan, Dr.-Ing., Daimler Truck AGWerk Mannheim, Hanns-Martin-Schleyer-Straße 21-57, 68305 Mannheim, +49 621 393-4211, stojan.ratkovic@daimlertruck.com

Reberger, Erwin, München

Rebmann, Christian, Gußwerke Saarbrücken GmbH, Kirchstraße 16, 66130 Saarbrücken, +49 681 8705-0

Reck, Christian, Universität Duisburg Essen Fakultät für Ingenieurwissenschaften, Lotharstraße 1, 47057 Duisburg

Reckers, Manfred, Hermann Reckers GmbH & Co. KG, Dille 9, 48432 Rheine-Mesum, +49 5975 928-023, m.reckers@reckers.eu

Reckers, Alexander, Rheine

Recknagel, Ulrich, Schrobenhausen

Reeder, Christian, Breidenbach

Refstie, Per Magne, Kristiansand, Norwegen

Regeniter, Max, Oventrop GmbH & Co. KG, Paul-Oventrop-Straße 1, 59939 Olsberg, +49 2962 82-321, m.regeniter@oventrop.de

Rehse, Henning, Wermelskirchen

Reichardt, Markus, SAVEWAY GmbH & Co. KG, Wümbacher Landstr. 8, 98693 Ilmenau, +49 3677 806038, m.reichardt@saveway-germany.de

Reichenbächer, Holger, Dr.-Ing., Feinguß Lobenstein GmbH, Poststraße 31, 07356 Bad Lobenstein, +49 3 66 51 / 84-213, h.reichenbaecher@schubert-salzer.com

Reichner, Henriette, TU Bergakademie Freiberg Giesserei-Institut, Bernhard-von-Cotta-Straße 4, 09596 Freiberg/Sachsen

Reihle, Matthias, Prof. Dr.-Ing., Lehrstuhl für Umformtechnik und Giessereiwesen utg - TU München, Walther-Meißner-Straße 4, 85748 Garching, +49 89 289-13786, Giessereiwesen@utg.de

Reindl, David, Luitpoldhütte GmbH, Sulzbacher Straße 121, 92224 Amberg, +49 9621 640-504, david.reindl@luitpoldhuette.de

Reinecke, Wolfgang, Leipzig

Reisener, Petra, Dr.-Ing., Altdorf

Reissmueller, Bernd, Parana Brasil, Brasilien

Reith, Dominic, Arnstein

Renker, Dirk, Dr.-Ing., TU Bergakademie Freiberg Giesserei-Institut, Bernhard-von-Cotta-Straße 4, 09596 Freiberg/Sachsen, +49 3731 39-2443, dirk.renker@gi.tu-freiberg.de

Reuschel, Andreas, Luk GmbH & Co. KG, Industriestraße 3, 77815 Bühl, +49 7223 941-2886, andreas.reuschel@schaeffler.com

Reuter, Christian, Bosch Rexroth AG Werk LoP 3, Zum Eisengießer 1, 97816 Lohr am Main, +49 9352 18 2375, christian.reuter4@boschrexroth.de

Reuter, Max, Lohr

Reuther, Ronny, Gienanth Chemnitz Guss GmbHeh. Trompetter Guss Chemnitz GmbH, Schönherrstraße 8, 09113 Chemnitz, +49 371 4949-502, reuther@tg-chemnitz.com

Reuther, Thorsten, Wetzlar

Reyes-Cabre, Angel A., Dr.-Ing., Klaus Union Industries Priv. Ltd., Senthampalayam Road, 641107 Coimbatore Tamil Nadu, Indien, +91 422 710-2500, a.reyes@ku-ind.com

Richter, Volker, Chemnitz

Ricken, Hartmut, Dr.-Ing., DIEHL Metall MessingWerk Röthenbach, Heinrich-Diehl-Straße 9, 90552 Röthenbach, +49 911 5704-520, Hartmut.Ricken@diehl.com

Riebandt, Andreas, Volkswagen Poznan sp.z.o.o.Werk Antoninek, ul. Warszawska 349, 61-060 Poznan, Polen, +48 61 831-2309, andreas.riebandt@vw-poznan.pl

Riebel, Michael, Regierungspräsidium Giessen Abteilung IV - Umwelt, Marburger Straße 91, 35396 Gießen

Rieck, Torsten, Dr.-Ing., FONDIUM Mettmann GmbH, Flurstraße 15-17, 40822 Mettmann, +49 2104 984-288, torsten.rieck@fondium.eu

Riedelbauch, Hans Christian, Dr., Bad Kreuznach

Riehn, Matthias, ACTech GmbH, Halsbrücker Straße 51, 09599 Freiberg/Sa., +49 3731 169-0, project@actech.de

Riess, Dieter, Saarbrücken

Riethmüller, Ulrich, Cloppenburg

Rietpietsch, Bernd, GTR international GmbH, Gebrüder-Hayn-Straße 15, 21337 Lüneburg, +49 4131 799580, info@gtr-international.de

Rietzscher, Rolf, Mettmann

Rist, Tobias, MAN Energy Solutions SE, Stadtbachstraße 1, 86153 Augsburg, +49 821 322-1180, tobias.rist@man-es.com

Ritter, Horst, Moosach

Robatzek, Michael, Lindemann Germany GmbH, Grafenberger Allee 337a, 40237 Düsseldorf, +49 211 2105-325, michael.robatzek@mogroup.com

Rochlitz, Christoph, Fürstenwalde/Spree

Rockmann, Hartmut, MAGMA Gießereitechnologie GmbH, Kackertstraße 16-18, 52072 Aachen, +49 241 88901-22, H.Rockmann@magmasoft.de

Röders, Gerd, G.A. Röders GmbH & Co. KG, Unter den Linden 6-8, 29614 Soltau, +49 5191 809-19, gerd.roeders@roeders.com

Rodrigues da Costa, Ronaldo, ASK Chemicals GmbH, Reisholzstraße 16-18, 40721 Hilden

Rödter, Hans, Heidenheim

Roggenland, Bernhard, Procast Guss GmbH, Brockhäger Straße 217, 33330 Gütersloh, +49 5241 / 938-249, b.roggenland@procast-guss.de

Rohland, Bernd, Bonn

Röhlen, Andreas, Daimler Truck AGWerk Mannheim, Hanns-Martin-Schleyer-Straße 21-57, 68305 Mannheim, +49 621 393-3960, andreas.roehlen@daimlertruck.com

Rohn, Walter, Waldbröl

Röhrig, Klaus, Dr.-Ing., Erkrath

Roll, Andreas, Langenargen

Roller, Rolf, Herbrechtingen

Rommerskirchen, Markus, Dr.-Ing., Rommerskirchen GmbH, Richard-Wagner-Straße 20, 47799 Krefeld, +49 2151 159440, markus@rommerskirchen-gmbh.de

Röpke, Wolf-Dieter, Dr.-Ing., Düsseldorf

Rösch, Raimund, Dr.-Ing., Volkswagen AG Werk Kassel, Dr. Rudolf-Leiding-Platz 1, 34219 Baunatal, +49 561 490-0

Rossi, Adrian, Steuler - KCH GmbH, Berggarten 1, 56427 Siershahn, +49 2623 600-234, adrian.rossi@steuler-kch.de

Roth, Dieter, Prien am Chiemsee

Röth, Georg, Dr.-Ing., Meschede

Rothermel, Jonas, Hermann Reckers GmbH & Co. KG Eisengießerei, Dille 9, 48432 Rheine-Mesum, +49 5975 9280-38, j.rothermel@reckers.eu

Rotmann, Udo, Marburg

Rötschke, Udo, Pierburg GmbH, Scheringstraße 2, 13355 Berlin, +49 30 / 4605 - 52 82, udo.roetschke@de.kspg.com

Rückert, Hans, Überherrn

Rudolf, Georg, EnCO-TecIng.büro für gießereitechnische Beratung, Hohenlindenweg 27, 63927 Bürgstadt, g.rudolf@enco-tec.de

Rudolph, Axel, Bad Driburg

Rudolph, Matthias, Königslutter am Elm

Rügamer, Anton, Neumünster

Rupp, Stefan, robmaxx GmbH, Am Sandborn 10, 63500 Seligenstadt, +49 6182 89739-0, s.rupp@robmaxx-group.com

Sacharuk, Ljudmila, Dr.-Ing., Albert HandtmannMetallgußwerk GmbH & Co. KG, Arthur-Handtmann-Straße 25-31, 88400 Biberach, +49 7351 342-127, ljudmila.sacharuk@handtmann.de

Sachs, Wolfgang, Ulm

Saewert, Hans-Christoph, Volkswagen AG HUH Gießerei, Mecklenheidestraße 74, 30419 Hannover, +49 511 798-3303

Sagert, Detlev, Schenklengsfeld

Salvisberg, Roland, HMP-Gussimpex GmbH, Tannbachstraße 2, 6264 Pfaffnau, Schweiz, +41 62 74700-43, salvisberg@hmp-gussimpex.ch

Sander, Friedrich, Worms

Sandt, Marvin, Hochschule Kempten Fakultät Maschinenbau - Gießereitechnik, Bahnhofstraße 61, 87435 Kempten

Sasse, Steffen, Breyden GmbHeh. Buderus, Buderusstraße 26, 35236 Breidenbach, +49 6465 62-283, steffen.sasse@guss.buderus.de

Sattel, Hans, CONTIFONTE S.A., 4, Impasse des Fabriques, 67706 Saverne Cedex, Frankreich, +33 3880 181-05

Schabrucker, Markus, Hüttenes-Albertus Chemische Werke GmbH, Wiesenstraße 23, 40549 Düsseldorf, +49 211 5087-266, Markus.Schabrucker@ha-group.com

Schächinger, Daniela, Gerhard Lang Recycling GmbH, Wilhelm-Lang-Straße 1-3, 76571 Gaggenau, +49 7225 9669-148, d.schaechinger@lang-recycling.de

Schacht, Sven, Otto Piening Schiffspropeller & Wellenanlagen GmbH, Am Altendeich 83, 25348 Blomesche Wildnis, +49 4124 9168-0

Schaerer, Mirko, Ravoire, Schweiz

Schäfer, Jörg, GTP Schäfer Gießtechnische Produkte GmbH, Benzstraße 15, 41515 Grevenbroich, +49 2181 23394-25, joerg.schaefer@gtp-schaefer.de

Schäfer, Thomas, GTP Schäfer Gießtechnische Produkte GmbH, Benzstraße 15, 41515 Grevenbroich, +49 2181 23394-0

Schäfer, Holger, Hahnbach

Schäfer, Jürgen, Sinsheim

Schäfer, Peter, VACUCAST Feinguß GmbH & Co., Kopenhagener Straße 65, 13407 Berlin, p.schaefer@VACUCAST.de

Schäfers, Andreas, Konvekta AG, Am Nordbahnhof 5 · 34613 Schwalmstadt

Schaper, Mirko, Prof. Dr.-Ing., Salzkotten

Schär, Andreas, Volkswagen AG Werk Kassel, Dr. Rudolf-Leiding-Platz 1, 34219 Baunatal, +49 561 490-59142, andreas.schaer@volkswagen.de

Scharf, Stefan, Dr.-Ing., Otto-von-Guericke Universität Magdeburg Institut für Fertigungstechnik und Qualitätssicherung, Universitätsplatz 2, 39106 Magdeburg, +49 391 67-12355, stefan.scharf@ovgu.de

Scheel, Joachim, Ferchau GmbH, Zeppelinstraße 136, 14471 Potsdam

Scheib, Jörg, EKW GmbH, Bahnhofstraße 16, 67304 Eisenberg, +49 6351 4090, joerg.scheib@ekw-refractories.com

Scheid, Ralf, Speira Recycling Services Germany GmbH, Aluminiumstraße 3, 41515 Grevenbroich, +49 2181 1645-155, ralf.scheid@speira.com

Scheidling, Mario, Georg Herrmann Metallgießerei GmbH, Muldenhütten 22, 09599 Freiberg, +49 3731 3969-0, mail@ghm-aluguss.de

Scheil, Jan, Dr.-Ing., Nemak Europe GmbH, THE SQUAIRE 17, Am Flughafen, 60549 Frankfurt, +49 69 537-64123, jan.scheil@nemak.com

Scheinert, Harald, Dr.-Ing., Rackwitz

Scheler, Manfred, Oberhausen

Schellhammer, Helmut, Landratsamt - Gewerbeaufsicht, Bahnhofstraße 100, 78532 Tuttlingen, +49 7461 / 926 57 13

Schepers, Ernst, KS Ruurlo, Niederlande

Schetter, Hans, Grünsfeld

Schiche, André, MAN Energy Solutions SE, Stadtbachstraße 1, 86153 Augsburg, andre.schiche@man-es.com

Schiebold, Lutz, Markranstädt

Schild, Frank, Luitpoldhütte GmbH, Sulzbacher Str. 121, 92224 Amberg, +49 9621 640-591, frank.schild@luitpoldhuette.de

Schille, Reinhard, Dr.-Ing., Zwenkau

Schilling, Andreas, Universität Kassel Fachbereich 15 - Maschinenbau, Kurt-Wolters-Straße 3, 34125 Kassel, a.schilling@uni-kassel.de

Schindelbacher, Gerhard, Österreichisches Gießerei-Institut Verein für praktische Gießereiforschung, Parkstraße 21, 8700 Leoben, Österreich, 0043 3842 43101-20, gerhard.schindelbacher@ogi.at

Schlagl, Gerald, Nack

Schliefer, Thomas, vR production (DUKTUS), Sophienstraße 52-54, 35576 Wetzlar, +49 6441 492342, Thomas.Schliefer@vrproduction.world

Schlingloff, Hans, Dr.-Ing., Brühl

Schmees, Clemens, SCHMEES cast Langenfeld GmbH, Rudolf-Diesel-Weg 6-8, 40764 Langenfeld, +49 2173 8505-30, clemens.schmees@schmees.com

Schmid, Lukas, Albert HandtmannMetallgußwerk GmbH & Co. KG, Arthur-Handtmann-Straße 25-31, 88400 Biberach, +49 7351 3426750, lukas.schmid@handtmann.de

Schmid, Ingeborg, Zürich, Schweiz

Schmid-Fetzer, Rainer, Prof. Dr.-Ing., Technische Universität ClausthalInstitut für Metallurgie, Robert-Koch-Straße 42, 38678 Clausthal - Zellerfeld, +49 5323 72-2150, schmid-fetzer@tu-clausthal.de

Schmidt, Felix, Hüttenes-Albertus Minerals GmbH Ein Unternehmen der HA-Gruppe, Speditionsinsel 36, 47119 Duisburg, +49 203 57 03 99 80, fschmidt@huettenes-albertus.com

Schmidt, Daniel, MAGMA Gießereitechnologie GmbH, Kackertstraße 16-18, 52072 Aachen, d.schmidt@magmasoft.de

Schmidt, Frank, Dr.-Ing., Martinrea Honsel Germany GmbH, Fritz-Honsel-Straße 30, 59872 Meschede, +49 291 291-2909, frank.schmidt@martinrea.com

Schmidt, Uwe, Procast Guss GmbH Nortorfer Gusswerk, Gießereiweg 17, 24589 Nortorf, +49 4392 / 9129-28, uwe.schmidt@proca.st

Schmidt, Martin, Vesuvius GmbH, Gelsenkirchener Straße 10, 46325 Borken, +49 286183-402, Martin.Schmidt@Foseco.com

Schmidt, Christoph, Lüneburg

Schmidt, Dirk, Chemnitz

Schmidt, Gerald, Stockstadt am Rhein

Schmidt, Hannes, Dresden

Schmidt, Marcus, Bocholt

Schmidt, Sven, Gimbsheim

Schmidt, Wilfried, Ingolstadt

Schmidtgen, Ulf, Fürth

Schmitt, Joachim, Leichlingen

Schmitt, Jürgen, Nürnberg

Schmitz-Cohnen, Klaus, Dr.-Ing., Knight Wendling GmbH, Arnheimer Straße 118, 40489 Düsseldorf, +49 211 77006-65, kschmitzcohnen@knightwendling.de

Schmücker, Helmut, Bochum

Schnatz, Peter, Wuppertal

Schneider, Marc C., Dr., MAGMA Gießereitechnologie GmbH, Kackertstraße 16-18, 52072 Aachen, +49 241 88901-47, m.schneider@magmasoft.de

Schneider, Hugo, SCS Beratungsges. mbH, Kanzleistraße 6, 95444 Bayreuth, +49 921 788979-20, info@scs-beratung.com

Schneider, Ulrich, CIREX GmbH, Overweg 15, 59494 Soest, +49 2921 7896-260, u.schneider@cirexfoundry.com

Schneider, Klaus, Erlangen

Schnelle, Jochen, Drache Umwelttechnik GmbH, Werner-von-Siemens-Straße 24-26, 65582 Diez, +49 6432 607-35, jochen.schnelle@drache-gmbh.de

Scholz, Georg, ZOLLERN GmbH & Co. KG, Hitzkofer Straße 1, 72517 Sigmaringendorf-Laucherthal, +49 7571 70-650, georg.scholz@zollern.com

Scholz, Willi, Ratingen

Schöne, Felix, Münster

Schönfeld, Falk, Dr.-Ing., MAN Truck & Bus SEPMPG Gießerei, Vogelweiherstraße 33, 90441 Nürnberg, +49 911 420-2473, falk.schoenfeld@man.eu

Schönhardt, Claus, Mosbach

Schoof, Martin, FORGU Formenbau- und MetallgußGesellschaft mbH, Rudolf-Diesel-Straße 3, 58730 Fröndenberg, +49 2373 398888, FORGU@t-online.de

Schöps, Hartmut, Bodelwitz

Schoß, Johannes, TU Bergakademie Freiberg Giesserei-Institut, Bernhard-von-Cotta-Straße 4, 09596 Freiberg/Sachsen

Schott, Stephen, M. Busch GmbH & Co. KG, Ruhrstraße 1, 59909 Bestwig, +49 2904 988-183, Schott@mbusch.de

Schottek, Clemens, Düsseldorf

Schrader, Norbert, Willich

Schramm, Eric, Pockau-Lengefeld

Schreiber, Sven, KMA Umweltechnik GmbH, Eduard-Rhein-Straße 2, 53639 Königswinter, +49 2244 9248-48, s.schreiber@kma-filter.de

Schreiber, Martin H., Solingen

Schreiner, Jens, Dr.-Ing., Hamburg

Schrey, Alexander, Dr.-Ing., Vesuvius GmbH, Gelsenkirchener Straße 10, 46325 Borken, +49 2861 83-0, Alexander.Schrey@vesuvius.com

Schreyer, Raffael, Clariant Produkte (Deutschland) Gmbh Bu Functional Minerals, Ostenriederstraße 15, 85368 Moosburg, raffael.schreyer@clariant.com

Schrod, Matthias, Dr.-Ing., ASK Chemicals GmbH, Reisholzstraße 16-18, 40721 Hilden, +49 211 71103-37, matthias.schrod@ask-chemicals.com

Schroth, Achim, Dunningen

Schrumpf, Martin, Dr.-Ing., Walzengießerei & Hartgußwerk Quedlinburg GmbH, Klopstockweg 33, 06484 Quedlinburg, +49 3946 774-149, dr.m.schrumpf@walzenqlb.de

Schuba, Stephan, KNDS Deutschland Tracks GmbH, Vieringhausen 118, 42857 Remscheid, +49 2191 9457-123, stephan.schuba@knds.de

Schubert, Rolf, Eisenwerk Hasenclever & Sohn GmbH DIHAG Foundry Group, Auhammer 1, 35088 Battenberg, +49 6452 801146

Schuh, Wolfgang, Neuss

Schüle, Alexander, Metallgiesserei Schüle GmbH, Einsteinstraße 3, 74372 Sersheim, +49 7042 8314-15, A.Schuele@Schuele-guss.de

Schuller, Frank, Lollar Breyden GmbH, Justus-Kilian-Straße 1, 35457 Lollar, +49 6441 418-3410

Schulz, Linda, Procast Guss GmbH, Brockhäger Straße 217, 33330 Gütersloh, l.schulz@procast-guss.de

Schulze, Hans-Siegfried, Elze

Schumacher, Max, Bundesverband der DeutschenGießerei-Industrie BDG, Hansaallee 203, 40549 Düsseldorf, +49 211 6871-215, max.schumacher@bdguss.de

Schumacher, Peter, Prof. Dr.-Ing., Montanuniversität Leoben, Franz-Josef-Straße 18, 8700 Leoben, Österreich, +43 3842 402-3300, peter.schumacher@unileoben.ac.at

Schürhoff, Joachim, Dr., Heiligenhaus

Schüssler, Johannes, RWTH Aachen Giesserei-Institut, Intzestraße 5, 52072 Aachen, +49 241 80-98152, j.schuessler@gi.rwth-aachen.de

Schwan, Hermann, Vulcast Germany GmbH, Graf-von-Manderscheid-Str. 1, 54584 Jünkerath, +49 6597 12-133, hermann.schwan@vulcast.de

Schwanbeck, Manfred Henk, Hjältevad, Schweeden

Schwarz, Daniel, Hochschule Aalen Technik und Wirtschaft Aalen University of Applied Sciences, Beethovenstraße 1, 73430 Aalen, +49 7361 576-0

Schwarz, René, Mercedes-Benz Group AG Werk Untertürkheim, Emil-Kessler-Straße 4, 70546 Stuttgart, +49 711 17-66154, rene.r.schwarz@mercedes-benz.com

Schwarz, Jürgen, Winterbach

Schwarze, Oliver, BMW Motorrad, 80788 München, oliver.schwarze@bmw.de

Schwarzer, Christian F.J., Hennef

Schwenke, Niklas, Universität Kassel Fachbereich 15 - Maschinenbau, Kurt-Wolters-Straße 3, 34125 Kassel, +49 561 804-7086, n.schwenke@uni-kassel.de

Schwenkel, Stephan, Dr.-Ing., Heiligenhaus

Schwerter, Dirk, Ingenieurbüro Schwerter, Lise-Meitner-Straße 1 - 13, 42119 Wuppertal, +49 202 / 31713115, info@ib-schwerter.de

Schwesinger, Oliver, TRANSVALOR S.A.E-Golf Park, 950 avenue Roumanille, 06904 Sophia Antipolis cedex, Frankreich, +33 4 92924214, oliver.schwesinger@transvalor.com

Schwickal, Harald, Dr.-Ing., Bayerische Motoren Werke AG BMW Group Werk Landshut, Ohmstraße 2, 84030 Landshut, Harald.Schwickal@bmw.de

Scichilone, Raimondo, Behringer GmbHMaschinenfabrik und Eisengießerei, Industriestraße 23, 74912 Kirchardt, +49 7266 207-125, raimondo.scichilone@behringer.net

Seeger, Klaus, Dr.rer.nat., Hüttenes-Albertus Chemische Werke GmbH, Wiesenstraße 23, 40549 Düsseldorf, +49 211 5087-0, nschrader@ha-group.com

Seidemann, Roland, Leipzig

Seidl, Klaus, ZF Passau GmbH, Donaustraße 25, 94034 Passau, +49 851 494-5259, klaus.seidl@zf.com

Seiler, Christoph, RWTH Aachen Giesserei-Institut, Intzestraße 5, 52072 Aachen, +49 241 80-95880, sekretariat@gi.rwth-aachen.de

Semmelmann, Karl, KSE Casting Solutions Karl Semmelmann, Eckerzell 6, 93167 Falkenstein, karl.semmelmann@kse-casting-solutions.de

Sendfeld, Norbert, Dr.-Ing., Gerolsbach

Serghini Anbari, Amine, Hüttenes-Albertus Chemische Werke GmbH, Wiesenstraße 23, 40549 Düsseldorf, +49 211 5087-273, amine.serghini@ha-Group.com

Seutens, Frank, Heraeus Electro-Nite International nv, Centrum Zuid 1105, 3530 Houthalen, Belgien

Severing, Ulrich, Kirchheim am Ries

Siebrecht, Robert, Calderys Deutschland GmbH, In der Sohl 122, 56564 Neuwied, robert.siebrecht@calderys.com

Siedler, Richard, Keßler & Co. GmbH Giessereierzeugnisse, Gerhard-Ellrodt-Straße 24, 04249 Leipzig, +49 341 41529-13, siedler@giesserei-kessler-leipzig.de

Siegel, Hans, Bocholt

Sieger, Michael, Wolfensberger AG, Bäretswilerstraße 45, 8494 Bauma, Schweiz, +41 52 396-1111, michael.sieger@wolfensberger.ch

Sill, Hans-Joachim, Garbsen

Simon, Hans, Simon Ingenieur GmbH, Westliche Karl-Friedrich-Straße 272, 75172 Pforzheim, +49 7231 97217-0, hans.simon@simon-ingenieure.de

Skerdi, Udo, ASK Chemicals Feeding Systems GmbH, Hauptstraße 200, 56170 Bendorf, +49 2622 / 924 03-77, udo.skerdi@ask-chemicals.com

Sobbe-Schubert, Ludger, SCHÄFER Metallurgie GmbH, Bonner Straße 20, 53773 Hennef, +49 2242 91339-0

Sohr, Wilfried, Weinheim

Sommer, Jan, Hörlitz

Soraruf, Klaus A., Dr.-Ing., Düsseldorf

Spalthoff, Karl-Ernst, Meppen

Spang, Lothar, Knight Wendling GmbH, Arnheimer Straße 118, 40489 Düsseldorf, +49 211 77006-0, lspang@knightwendling.de

Spangenberg, Jens, BTS Abwicklungsgesellschaft mbH i.L.eh. Baettr Stade GmbH, Johann-Rathje-Köser-Straße 7, 21683 Stade, +49 2 4146 9299-303, jespa@baettr.com

Speh, Joachim, Walter Hundhausen GmbH, Ostendamm 23, 58239 Schwerte, +49 2304 105-351, joachim.speh@walter-hundhausen.com

Spiess, Olivier, Bosch Rexroth AG Werk LoP 3, Zum Eisengießer 1, 97816 Lohr am Main, +49 9352 18-6722, olivier.spiess@boschrexroth.de

Spitz, Wilfried, I.A.S. Induktions-Anlagen+Service GmbH & Co.KG, Am Großen Teich 16 + 27, 58640 Iserlohn, +49 2371 4346-85, w.spitz@as-induction.com

Spohr, Hansjörg, Siegbert Spohr GmbHGießereibedarf + Förderbandrollen, Am Korreshof 1-3, 40822 Mettmann, +49 2104 70374, hansjoerg.spohr@spohr-gmbh.de

Spravil, Adrian, Neunkirchen

Sprenger, Frank, Hüttenes-Albertus Chemische Werke GmbH, Wiesenstraße 23, 40549 Düsseldorf, +49 211 5087-227, frank.sprenger@ha-group.com

Spriestersbach, Jochen, Dr.-Ing., Duisburg

Springmann, Hans P., Kirchheim unter Teck

Stark, Andreia, Dr.-Ing., Redwood City, CA 94062, Vereinigte Staaten von Amerika

Stark, Ulrich, Ueckermünde

Starke, Paul, Gienanth Chemnitz Guss GmbHeh. Trompetter Guss Chemnitz GmbH, Schönherrstraße 8, 09113 Chemnitz, +49 371 4949-553, starke@tg-chemnitz.com

Stauß, Roswitha, Metallgießerei Stauß GmbH & Co. KG, Hauptstraße 2, 35075 Gladenbach, +49 6462 91037, rstauss@metallgiessereistauss.de

Steil, Peter, Biberach

Steimle, Armin, Aichtal

Stein, Torsten, Gienanth GmbH DIHAG Foundry Group DIHAG, Ramsener Straße 1, 67304 Eisenberg, torsten.stein@dihag-gienanth.com

Stein, Hagen, Leichtmetallgießerei Bad Langensalza GmbH, Gothaer Landstraße 12 A, 99947 Bad Langensalza, +49 3603 83896-13, h.stein@die-komplettgiesserei.de

Stein, Norbert, Leichtmetallgießerei Bad Langensalza GmbH, Gothaer Landstraße 12 A, 99947 Bad Langensalza, +49 3603 83896-12, n.stein@die-komplettgiesserei.de

Steinbach, Jürgen, Robert Bosch GmbH, Robert-Bosch-Straße 2, 71701 Schwieberdingen, 0711 811 357 89, juergen.steinbach2@de.bosch.com

Steinberg, Marc, Knight Wendling GmbH, Arnheimer Straße 118, 40489 Düsseldorf, msteinberg@knightwendling.de

Steinemann, Nina, Daimler AGMercedes-Benz Werk Untertürkheim, Emil-Kessler-Straße 4, 70546 Stuttgart, +49 711 17-0, nina.steinemann@mercedes-benz.com

Steinforth, Simone, Bezirksregierung Düsseldorf, Cecilienallee 2, 40474 Düsseldorf, +49 211 475-9529

Steinforth, Andrea, Nativa GmbH, Leostraße 62 a, 40545 Düsseldorf, +49 211 2391749, asteinforth@nativa-gmbh.com

Steinforth, Achim, Düsseldorf

Steinhäuser, Thomas, Prof. Dr.-Ing., Goch

Steinheider, Lars, FWH Stahlguss GmbH, Friedrich-Ebert-Straße 125, 45473 Mülheim an der Ruhr, +49 208 451-7302, steinheider@fwh.de

Steinkemper, Udo, Olsberg

Steinküller, Pascal, Bundeserband der Deutschen Gießerei-Industrie bdg, Hansaallee 203, 40549 Düsseldorf, pascal.steinkueller@bdguss.de

Steinrücken, Ulrich, Olsberg

Steller, Ingo, VDEh-Betriebsforschungsinstitut GmbH, Sohnstraße 69, 40237 Düsseldorf, +49 1515 3062728, ingo.steller@vdeh.de

Stender-Robertz, Jens, SMULDERS, Hoge Mauw 200, 2370 Arendonk, Belgien, +32 473 360870, jens.stender-robertz@smulders.com

Stephan, David, Proservicetech GmbH, Besser Straße 24, 34225 Baunatal, +49 176 48078117, d.stephan@proservicetech.it

Sterk, Alexander, Allweiler GmbH, Allweiler Straße 1, 78315 Radolfzell

Sternau, Horst, Rheinfelden

Stets, Wolfram, Willich

Stieler, Hagen, Nemak Europe GmbH, Gießerweg 10, 38855 Wernigerode, +49 3943 652-1116, hagen.stieler@nemak.com

Stika, Peter, Dr.-Ing., Nemak Linz GmbH, Zeppelinstraße 24, 4030 Linz, Österreich, +43 732 300103-5365, Peter.Stika@nemak.com

Stinzing, Klaus, pour-tech AB, Industrivägen 39, 43361 Sävedalen, Schweden, klaus.stinzing@pour-tech.com

Stölting, Ralf, Sande Stahlguss GmbH, Gießereistraße 32, 26452 Sande, rstoelting@sande-stahlguss.de

Stottmeister, Gerd, Wetter

Stracke, Franz-Josef, RWTH Aachen Giesserei-Institut, Intzestraße 5, 52072 Aachen, franz-josef.stracke@rwth-aachen.de

Stratmann, Christoph, M. Busch GmbH & Co. KG, Ruhrstraße 1, 59909 Bestwig, stratmann@mbusch.de

Strauß, Simon, HTS MWT GmbH, Max-von-Eyth-Straße 7, 86899 Landsberg, simon.strauss@htsgroup.com

Strehler, Hans-Heinrich, Strehler Leichtmetall GmbH Hans-H. Strehler GmbH, Hermelinweg 7, 71046 Sindelfingen, +49 7031 70882-0, info@strehler.com

Ströhle, Tilmann, Schmiedeberger Gießerei GmbH DIHAG Foundry Group, Altenberger Straße 59 A, 01744 Dippoldiswalde

Strumps, Ekkehard, Reutlingen

Stummhöfer-Jähnichen, Uwe, RHI Refractories, Kronacher Straße 6, 07333 Unterwellenborn, uwe.stummhoefer-jaehnichen@rhimagnesita.com

Stump, Friedrich H., Wernau

Sturm, Jörg Christian, Dr.-Ing., Aachen

Stutz, Ferdinand, Stutz Improvement AG, Landstraße 43 A, 8450 Andelfingen, Schweiz, +41 52 3352919, f.stutz@stutz-improvement.ch

Stuzmann, Walter, Meerbusch

Subasic, Emir, RWTH Aachen Giesserei-Institut, Intzestraße 5, 52072 Aachen, +49 241 80-95893, e.subasic@gi.rwth-aachen.de

Surek, Steffen, Sinn

Surma, Bernhard, Maulbronn

Sürmeli, Emre, Mönchengladbach

Szonn, Dirk, Leopold Kostal GmbH & Co. KG, An der Bellmerei 10, 58513 Lüdenscheid, +49 2351 16 2821, d.szonn@kostal.com

Tayshete, Purvang, Freiberg

Telle, Gerhard, Öhningen

Templin, Jörg, Albert HandtmannMetallgußwerk GmbH & Co. KG, Arthur-Handtmann-Straße 25-31, 88400 Biberach, +49 7351 342-6347, joerg.templin@handtmann.de

Templin, Michael, Fill Gesellschaft mbH, Fillstraße 1, 4942 Gurten, Österreich, michael.templin@fill.co.at

Tenbrink, Hans-Bernd, Goch

Tenelsen, Julien Franz, Irle Rolls GmbH, Hüttenweg 5, 57250 Netphen, +49 2737 504-0, information@irlerolls.com

Teschke, Gunnar, Malsfeld

Tesic, Zoran, TCT TESIC GmbH, Kalthofer Feld 19, 58640 Iserlohn, +49 2371 7726-0, ztesic@tct-tesic.com

Tesic, Darko, Iserlohn

Tewes, Sebastian, Dr.-Ing., Bundesverband der DeutschenGießerei-Industrie BDG, Hansaallee 203, 40549 Düsseldorf, +49 211 6871-339, sebastian.tewes@bdguss.de

Theis, Lothar, Schunk Bahn-. und Industrietechnik GmbH, Hauptstraße 97, 35435 Wettenberg, +49 641 803-535, lothar.theis@schunk-group.com

Thelen-Büttner, Andreas Heinz, Heidelberg Manufacturing Deutschland GmbH, Industriegebiet Egelsee, 73338 Amstetten, +49 7331 31-0

Thiele, Johannes, Albert Hoffmann GmbH, Bergrather Straße 66-70, 52249 Eschweiler, +49 2403 798-310, j.thiele@albert-hoffmann.de

Thiele, Joachim, Ludwigshafen

Thielemann, Thomas, Dresden

Thienel, Mark, Technofond Gießereihilfsmittel GmbH, Am Pfaffensee 17, 67376 Harthausen, +49 6344 96978-0, mark.thienel@technofond.de

Thieser, Günter, EKW GmbH, Bahnhofstraße 16, 67304 Eisenberg, +49 6351 409-123, guenter.thieser@ekw-refractories.com

Thiessen, Malte, Siemens Energy Global GmbH & Co. KG, Mellinghofer Str. 55, 45473 Mülheim an der Ruhr, malte.thiessen@siemens-energy.com

Thom, Arne, Moers

Thranow, Thomas, Eisengießerei Dinklage GmbH, In der Bahler Heide 5, 49413 Dinklage, +49 4443 9787-20, thomas.thranow@edinklage.de

Thurnherr, Bernhard, Bülach, Schweiz

Tiebermann, Martin, Meuselwitz Guss Eisengiesserei GmbH DIHAG Foundry Group, Industriepark Nord, 04610 Meuselwitz, +49 3448 82829, martin.tiebermann@meuselwitz-guss.de

Tilch, Werner, Prof. Dr.-Ing., Freiberg

Tillmann, Stefan, Bamberg

Tillmanns, Klaus, Heiligenhaus

Titrek, Erdinc, Heidelberg Manufacturing Deutschland GmbH, Industriegebiet Egelsee, 73338 Amstetten, +49 7331 31-3720, erdinc.titrek@heidelberg.com

Töberich, Felix, Metallgiesserei Breuckmann GmbH & Co. KG, Dieselstraße 28, 42579 Heiligenhaus, +49 2056 5801-28, felix.toeberich@breuckmann.de

Tölke, Peter, Velbert

Tönges, Christian, Burgwald

Tonn, Babette, Prof. Dr., Technische Universität Clausthallnstitut für Metallurgie, Robert-Koch-Straße 42, 38678 Clausthal - Zellerfeld, +49 5323 72-2070, babette.tonn@tu-clausthal.de

Topcu, Emine, Kaiserslautern

Trippelsdorf, Frank, Calderys Deutschland GmbH, In der Sohl 122, 56564 Neuwied, +49 2631 8604-294

Tröber, Philipp, Prof. Dr.-Ing., Schweitenkrichen

Tröger, Marcel, Stützengrün

Troglio, Cesare, Duisburg

Trompetter, Markus, FONDIUM Mettmann GmbH, Flurstraße 15-17, 40822 Mettmann, Markus.Trompetter@fondium.eu

Troschel, Wolfgang, Wetzlar

Trottno, Klaus, Erbach-Erlenbach

Trzmiel, Heinz, Viernheim

Tüfekci, Cemil, Volkswagen AG Werk Kassel, Dr. Rudolf-Leiding-Platz 1, 34219 Baunatal, +49 561 490-0

Tunzini, Sabine, GF Casting Solutions AG, Amsler-Laffon-Strasse 9, 8201 Schaffhausen, Schweiz, +41 79 311-2494, sabine.tunzini@georgfischer.com

Tweer, Reinhard, Reinhard Tweer GmbH, Krackser Straße 191, 33689 Bielefeld, +49 5205 7501-23, reinhard.tweer@tweer.de

Uetz, Günter, Konstanz

Uhlemann, Frank, GFU Gießereitechnik, Ilmenauer Weg 9, 04205 Leipzig, +49 341 4123114, UHLGUSS@aol.com

Uhr, Thomas, BRP Rotax GmbH & Co. KG, Rotaxstraße 1, 4623 Gunskirchen, Österreich, +43 7246 601-0, thomas.uhr@brp.com

Umenhoffer, Erik, Zwickau

Ungrun, Peter, Emsdetten

Uppendahl, Markus, Weeze

Ursavas, Uemit, Ford-Werke GmbH, Henry-Ford-Straße 1, 50735 Köln, +49 221 90-0, uursavas@ford.com

Usai, Samuel, Wipperfürth

Utzig, Helmut, Spiesen-Elversberg

Uyma, Falko, Dr.-Ing., Schmiedeberger Gießerei GmbH DIHAG Foundry Group, Altenberger Straße 59 A, 01744 Dippoldiswalde, +49 35052 21-334, uyma@schmie-guss.de

van de Sand, Michael, Imagic Bildverarbeitung AG, Europastraße 27, 8152 Glattbrugg, Schweiz, +41-448094060, michael.vandesand@imagic.ch

van Gemert, Bas, Gemco Engineers B.V., Science Park Eindhoven 5053, 5692, EB Son, Niederlande, +31 40 26 43-685, Bas.van.gemert@gemco.nl

van Hüllen, Peter, Georgsmarienhütte Holding GmbH, Neue Hüttenstraße 1, 49124 Georgsmarienhütte, +49 5401 39-4050

Vennemann, Josef, Rhede

Vermoehlen, Helmut, Hofheim

Versmold, Ralf, Godfrey & Wing GmbH, Ludgeristraße 32, 48734 Reken, +49 2864 9599000, Ralf.Versmold@godfreyWing.de

Vierbaum, Mark, Klaus Kuhn Edelstahlgießerei GmbH, Otto-Hahn-Str. 12-14, 42477 Radevormwald, +49 2195 671-26, m.vierbaum@kuhn-edelstahl.com

Vitz, Philipp, VITZ - METALLGUSSPaul u. Helmut Vitz GmbH & Co. KG, Industriestraße 29, 42551 Velbert, +49(0)2051 / 22061, philipp.vitz@vitz-metallguss.de

Vogel, Vera, Dr.-Ing., MAHLE Behr GmbH & Co. KG, Mauserstraße 3, 70469 Stuttgart, +49 711 501-47021, vera.vogel@mahle.com

Vogel, Wolfgang, Dr., SCHÄFER Metallurgie GmbH, Bonner Straße 20, 53773 Hennef, +49(2242)91339-19, vogel@schaefer-metallurgie.de

Vogel, Thomas, Dinslaken

Vogel, Walter, St. Helena Island SC, Vereinigte Staaten von Amerika

Voigt, Ulrich, ASK Chemicals Feeding Systems GmbH, Hauptstraße 200, 56170 Bendorf, +49 2622 / 924 03 - 0, ulrich.voigt@ask-chemicals.com

Voigtländer, Bernd, Großerkmannsdorf

Volk, Wolfram, Professor Dr.-Ing., Lehrstuhl für Umformtechnik und Giessereiwesen utg - TU München, Walther-Meißner-Straße 4, 85748 Garching, +49 89 289-1 37 91, wolfram.volk@utg.de

Volkmer, Christoph, Nettetal

Vollrath, Klaus, Aarwangen, Schweiz

von Arb, Patrick, Craftsman Fronberg Guss GmbH, Maximilianstraße 13, 92421 Schwandorf, +49 9431 729-390, patrick.vonarb@fronberg-guss.de

von Bartenwerffer, Bolko, Dipl.-Ing. Univ., Franken Guss GmbH & Co. KG, An der Jungfernmühle 1, 97318 Kitzingen, +49 9321 932141, bolko.vonbartenwerffer@frankenguss.de

von der Au, Jürgen, Metallgießerei von der Au GmbH, Am Leveloh 24, 45549 Sprockhövel, +49 2324 73998

von Pokrzywnicki, Peter, Dr.-Ing., Magdeburg

von Schweinichen, Jaxa, Dr.-Ing., Netphen

von Waldow, Alexander, DIHAG Hasenclever GmbH, Auhammer 1, 35088 Battenberg, +49 6452 801213, a.von.waldow@dihag-hasenclever.com

Voss, Sarah, Leichlingen

Wachholz, Nils, Eickhoff Gießerei GmbH, Am Eickhoffpark 1, 44789 Bochum, +49 234 975-2653, n.wachholz@eickhoff-bochum.de

Wächtler, Mirko, Vesuvius GmbH, Gelsenkirchener Straße 10, 46325 Borken, +49 2861 83-0, mirko.waechtler@vesuvius.com

Wachtmeister, Eberhard, Köln

Wagler, Hans, TU Bergakademie Freiberg Giesserei-Institut, Bernhard-von-Cotta-Straße 4, 09596 Freiberg/Sachsen, +49 3731 39-2853, hans.wagler@gi.tu-freiberg.de

Wagner, Thomas, Doncasters Precision Castings-Bochum Gmb, Bessemerstraße 80, 44793 Bochum, +49 234 622337, twagner@doncasters.com

Wagner, Klaus, Dr., GFE - Ges. für Fertigungstechnik und Entwicklung Schmalkalden e.V., Näherstiller Straße 10, 98574 Schmalkalden, +49 3683 6900-720, k.wagner@gfe-net.de

Wagner, Ingo, MAGMA Gießereitechnologie GmbH, Kackertstraße 16-18, 52072 Aachen, +49 241 88901-63, i.wagner@magmasoft.de

Wagner, Kai, Volkswagen AG HUH Gießerei, Mecklenheidestraße 74, 30419 Hannover, +49 511 798-3303+3304

Wagner, Gernot, Dr.-Ing., Leipzig

Wahl, Torsten, Peine

Wallrapp, Thorsten, Kitzingen

Walprecht, Gerhard, Albbruck-Buch

Walter, Frank, Craftsman Fronberg Guss GmbH, Maximilianstraße 13, 92421 Schwandorf, frank.walter@fronberg-guss.de

Wang, Tao, Dr.-Ing., WM Technologies (Shanghai) Ltd., No. 388 Minshen Road, 201612 Shanghai, P.R. China, China, tao.wang@wm-sh.com

Waninger, Dirk, Kassel

Wappelhorst, Michael, Dr.-Ing., Volkswagen Aktiengesellschaft, Brieffach 4373, 34225 Baunatal, +49 561 490-59222, michael.wappelhorst@volkswagen.de

Wasem, Hansueli, Uster, Schweiz

Wasmuth, Uwe, Prof. Dr.-Ing., Fachhochschule Karlsruhe Hochschule für Technik, Moltkestraße 30, 76133 Karlsruhe, +49 721 925-1902, uwe.wasmuth@h-ka.de

Weber, Frank, FONDIUM Mettmann GmbH, Flurstraße 15-17, 40822 Mettmann, +49 2104 984-318, frank.weber@fondium.eu

Weber, Mike, Gienanth GmbH, Ramsener Straße 1, 67304 Eisenberg, +49 6351 408-187

Weber, Mathieu, MAGMA Gießereitechnologie GmbH, Kackertstraße 16-18, 52072 Aachen, +49 241 88901-404, M.Weber@magmasoft.de

Weber, Christoph, Mercedes-Benz AG Werk Untertürkheim, Emil-Kessler-Straße 4, 70546 Stuttgart, +49 711 1752332, christoph.c.weber@mercedes-benz.com

Weber, Bernd, Dr.-Ing., Bayreuth

Wegener, Ralph, TUPY (EUROPE) GMBH, Am Hochacker 2, 85630 Grasbrunn, +49 89 9454-8449, rwegener@tupy-europe.de

Wehner, André, Kamenz

Weidler, Thomas, Hochschule Aalen Technik und Wirtschaft Aalen University of Applied Sciences, Beethovenstraße 1, 73430 Aalen, +49 7361 576-2267, thomas.weidler@hs-aalen.de

Weidler, Andreas M., Aalen

Weidt, Moritz, MAGMA Gießereitechnologie GmbH, Kackertstraße 16-18, 52072 Aachen, +49 151 54381075, m.weidt@magmasoft.de

Weigelt, Robert, Luitpoldhütte GmbH, Sulzbacher Straße 121, 92224 Amberg, +49 9621 640-610, robert.weigelt@luitpoldhuette.de

Weihnacht, Roger, gb Implantat-Technologie GmbH, Harkortstraße 65, 45145 Essen, +49 201 82168-14, r.weihnacht@gbit-gmbh.de

Weis, Michael, Bharat Forge CDP GmbH, Mittelstraße 64, 58256 Ennepetal, +49 2333 7960, m.weis@bharatforge-gh.com

Weiß, Konrad, Dr.-Ing., RWP GmbHGes. beratender Ingenieure, Bundesstraße 77, 52159 Roetgen, +49(2471)1230-10, k.weiss@rwp-simtec.de

Weiß, Philipp, Dr.-Ing., Schmidt + Clemens GmbH + Co. KG Edelstahlwerk Kaiserau, Kaiserau 2, 51789 Lindlar, +49 2266 92-0, p.weiss@schmidt-clemens.de

Weiß, Reinhard, Dr.-Ing., Silbitz Group Torgelow GmbH, Borkenstraße 15 a, 17358 Torgelow, +49 3976 439-377, reinhard.weiss@silbitz-group.com

Weissenberger, Roland, Klettgau

Weisser, Helmut, Weichering

Weith, Martin, Hüttenes-Albertus Chemische Werke GmbH, Wiesenstraße 23, 40549 Düsseldorf, martin.weith@ha-group.com

Welsch, Karl-Heinz, Roßtal

Wendinger, Bernd, Sterr & Eder Industrieservice GmbH, Waldkirchener Straße 12, 84030 Landshut, b.wendinger@sterr-eder.de

Wendt, Florian, Dr.-Ing., Freiberg

Wendt, Hannes, Wolfsburg

Wenk, Lothar, Krefeld

Wenzel, Jens, Siempelkamp Giesserei GmbH, Siempelkampstraße 45, 47803 Krefeld, +49 2151 894-394, jens.wenzel@siempelkamp.com

Wenzel, Elisabeth, Dr.-Ing., Bretten

Werner, Urs, Schaffhausen, Schweiz

Werner, Walter, Deidesheim

Wesemeyer, Hagen, Edemissen-Alvesse

Westhoff, Elmar, Dr.-Ing., Otto Junker CM GmbH Casting & Machining, Jägerhausstraße 22, 52152 Simmerath, +49 2473 601-400, elmar.westhoff@otto-junker-cm.com

Westphal, Lothar, Nordhausen

Wetter, Christoph, Walzengießerei Coswig GmbH DIHAG Foundry Group, Grenzstraße 1, 01640 Coswig, christophwetter@walze-coswig.de

Wettschereck, Maximilian, Grünstadt

Wicklein, Oliver, Vesuvius GmbH, Gelsenkirchener Straße 10, 46325 Borken, Oliver.Wicklein@vesuvius.com

Wiegand, Frank, Volkswagen AG Werk Kassel, Dr. Rudolf-Leiding-Platz 1, 34219 Baunatal, +49 561 490-0

Wiemann, Michael, INDIA EUROPE AL, Roggenkamp 14c, 44797 Bochum, +49 234 793238, mhw@india-europe-al.eu

Wien, Jürgen, Barsinghausen

Wiesenmüller, Jens, Dr.-Ing., GSL GussStahl Lienen GmbH & Co. KG, Industriestraße 10, 49536 Lienen, +49 5483 745-426, j.wiesenmueller@gsl-lienen.de

Wilch, Andreas, CIREX GmbH, Overweg 15, 59494 Soest, a.wilch@cirexfoundry.com

Wilhelm, Christian, Dr.-Ing., Foundry Consulting and Solutions, Johann-Sebastian-Bach-Straße 1, 69256 Mauer, fcs-wilhelm@t-online.de

Wilhelm, Franz, Alsting, Frankreich

Wilhelmi, Rolf, Buchholz & Cie. Giesserei GmbH, Pirmasenser Straße 106-108, 66482 Zweibrücken, +49 6332 4799-26, rw@buchholz-guss.de

Wilhelms, Frank, Knowhow Wilhelms GmbH, Finkenweg 14, 15711 Königs Wusterhausen, +49 3375 5856250, info@k-wilhelms.de

Wilhelms, Joachim, Hannover

Willer, Heinrich, Königstein/Taunus

Wilms, Carsten, Hargreaves raw materials services GmbH, Böningerstraße 29, 47051 Duisburg, +49 203 417924-34, wilms@hargreavesservices.de

Winkler, Stefan, FEINGUSS BLANK GmbH, Industriestraße 18, 88499 Riedlingen, +49 7371 182-385, stefan.winkler@TexmoBlank.com

Winkler, Uwe, Gallin-Kuppentin OT Penzlin

Winsberg, Jörg, FONDIUM Singen GmbH, Julius-Bührer-Straße 12, 78224 Singen, +49 7731 886-462, joerg.winsberg@fondium.eu

Winter, Eckhard, Eisengiesserei Baumgarte GmbH, Duisburger Straße 35, 33647 Bielefeld, +49 521 4044123, e.winter@eisengiesserei-baumgarte.de

Winter, Daniel, Rödelsee

Wirth, Wolfgang, Krapohl-Wirth Foundry Consulting GmbH, Im Pfeiferle 6, 86477 Adelsried, +49 821 48659-64, wolfgang.wirth@kwcg.de

Wirtz, Lydia, Lintorfer Eisengießerei GmbH DIHAG Foundry Group, Rehhecke 83-87, 40885 Ratingen, +49 2102 3806-36, lydia.wirtz@lintorfereg.de

Wismer, Ulfert, Bartz-Werke GmbH, Franz-Meguin-Straße 14-16, 66763 Dillingen/Saar, +49 6831 7008-16, ulfert.wismer@bartz-werke.de

Wisor, Thorsten, Bosch Rexroth AG Werk LoP 3, Zum Eisengießer 1, 97816 Lohr am Main, +49 9352 18-2275, thorsten.wisor@boschrexroth.de

Witt, Carl Eduard, Attendorn

Wittekopf, Dieter, Prof. Dr.-Ing., Leipzig

Wittwer, Ulrich, vonRoll casting ag, Rüeggisingerstraße 2, 6020 Emmenbrücke, Schweiz, +41 41 2693170, ulrich.wittwer@vonroll-casting.world

Wohlfeil, Klaus-Dieter, Siempelkamp Giesserei GmbH, Siempelkampstraße 45, 47803 Krefeld, +49 2151 894-277, klaus.wohlfeil@Siempelkamp.com

Wolf, Harry, FOSECO Foundry Division, Vesuvius GmbH, Gelsenkirchener Straße 10, 46325 Borken, harry.wolf@vesuvius.com

Wolf, Rüdiger, Martinrea Honsel Germany GmbH, Fritz-Honsel-Straße 30, 59872 Meschede, +49 291 291-0

Wolf, Gotthard, Prof., TU Bergakademie Freiberg Giesserei-Institut, Bernhard-von-Cotta-Straße 4, 09596 Freiberg/Sachsen, +49 3731 39-2441, gotthard.wolf@gi.tu-freiberg.de

Wölfel, Jan, FUGRA S.A. de C.V., Lerma, Estade de Mexico, C.P. 52000, Mexico, Mexico

Wolff, Joachim, IMERYS Murg GmbH, Ferroweg 1, 79725 Laufenburg, +49 7763 / 933-483, joachim.wolff@imerys.com

Wolff, Horst, Dr.-Ing., Langenfeld

Woltmann, Reinhard, Gröbenzell

Wommer, Axel, Braunfels

Wondra, Frank, Herp Gießereitechnik GmbH, Alte Poststraße 1, 57258 Freudenberg, +492 734 20018, frank.wondra@herp-gmbh.de

Wörner, Markus, Bosch Rexroth AG Werk LoP 3, Zum Eisengießer 1, 97816 Lohr am Main, +49 9352 18-4159, markus.woerner@boschrexroth.de

Wössner, Andre, Giesserei Hegi AG, Emmentalstraße 12, 3414 Oberburg, Schweiz, +41 34 4200-575, andre.woessner@hegi.ch

Wößner, Hans, Fellbach

Wöstmann, Franz-Josef, Fraunhofer Institut für Fertigungstechnik und Angewandte Materialforschung IFAM, Wiener Straße 12, 28359 Bremen, +49 421 2246-225, franz-josef.woestmann@ifam.fraunhofer.de

Wüller, Eike, Dr., Flender AG, Alfred-Flender-Straße 77, 46395 Bocholt, +49 2871 92-2516, eike.wueller@flender.com

Wünsch, Gerhard, MINKON GmbH, Heinrich-Hertz-Straße 30-32, 40699 Erkrath, +49 211 209908-11, gwuensch@minkon.de

Würker, Lars Christian, Dr.-Ing., Remscheid

Würth, Serge, Massard S.à.r.l.Fonderie et Atlier de Construction, 88, rue de Noertrange, 3670 Kayl, Luxemburg, +352-567201

Wüstefeld, Gerhard, Bad Windsheim

Wüstenhagen, Andreas, Dr.-Ing., Hüttenes-Albertus Chemische Werke GmbH, Hansastraße 1, 30419 Hannover, andreas.wuestenhagen@ha-group.com

Wuth, Moritz, Joyson Safety Systems Aschaffenburg GmbH, Bahnweg 1, 63743 Aschaffenburg, +49 6021 65-1839, moritz.wuth@eu.joysonsafety.com

Yedek, Umut, RHI Magnesita GmbH, Hofplein 19, 3032 AC Rotterdam, Niederlande, +49 2630 89416, umut.yedek@rhimagnesita.com

Zach, Andreas, Dr.-Ing., Daimler Truck AG Werk Mannheim, Hanns-Martin-Schleyer-Straße 21-57, 68305 Mannheim, +49 621 393-7144, andreas.zach@daimlertruck.com

Zaiss, Gerhard, Zaiss Ingenieurbüro für Druckgießtechnik, Wilhelm-Speiser-Weg 17, 73033 Göppingen, +49 7161 70221

Zang, Ralf, EKW GmbH, Bahnhofstraße 16, 67304 Eisenberg, +49 6351 409-0, ralf.zang@ekw-refractories.com

Zaunick, Thomas, Siemens Traction Gears GmbH, Thierbacher Straße 24, 09322 Penig, +49 37381 61447, thomas.zaunick@siemens.com

Zerbst, Ronny, Vesuvius GmbH, Gelsenkirchener Straße 10, 46325 Borken, +49 7671 9923856, ronny.zerbst@vesuvius.com

Zettl, Michael, SHB Stahl- und Hartgusswerk Bösdorf GmbH DIHAG Foundry Group, Werkstraße 7, 04249 Leipzig, +49 341 4279-266, zettl@shb-guss.de

Zeumer, Norbert, Meschede

Zhang, Mengmeng, Freiberg

Ziehm, Timm, Quaker Houghton Sales B.V., Giselherstraße 57, 44319 Dortmund, timm.ziehm@quakerhoughton.com

Ziehm, Jan, RWTH Aachen Giesserei-Institut, Intzestraße 5, 52072 Aachen, +49(241)80-95880, sekretariat@gi.rwth-aachen.de

Ziehm, Manfred-Dieter, Heidmühlen

Zielke, Kevin, SLR Giesserei St. Leon-Rot GmbH, Am Bahnhof 16, 68789 St Leon-Rot, +49 6227 527-105, k.zielke@slr.de

Ziemlich, Katrin, ABB AGDivision Robotics, Grüner Weg 6, 61169 Friedberg/Hessen, katrin.ziemlich@de.abb.com

Zimmer, Thomas, Kunstgiesserei Zimmer Bild- und Feingiesserei, Lotharstraße 31, 29320 Hermannsburg, +49 5052 3032

Zimmermann, Klaus, Düsseldorf

Zimmermann, Michael, Pottendorf-Landegg, Österreich

Zimmermann-Grummt, Fred, apromace data systems GmbH, Am Bahnhof 7, 09599 Freiberg, +49 3731 218569-0, fred.zimmermann@apromace.de

Zirl, Hans-Joachim, Zirl Guss GmbH, Triester Straße 367, 8055 Graz, Österreich, +43 316 291539-0, hans.zirl@zirlguss.at

Zöller, Heinz, Goslar

Zouplna, Christian Rainer, SLR Giesserei St. Leon-Rot GmbH, Am Bahnhof 16, 68789 St Leon-Rot, +49 6227 527-165, c.zouplna@slr.de

Zumbusch, Lars, Chemex GmbH Foundry Solutions Vertriebsbüro Düsseldorf, Wiesenstraße 23, 40549 Düsseldorf

Zumbusch, Stephanie, Procast Guss GmbH, Brockhäger Straße 217, 33330 Gütersloh, +49 (0)151 / 613 166 29, s.zumbusch@procast-guss.de

Zwickl, Otto, Hammelburg

GIESSEREI Jahrbuch 2026 – Fakten, Trends und Orientierung für die Branche

Mit der aktuellen Ausgabe des **GIESSEREI Jahrbuchs 2026** präsentieren BDG und VDG erneut ein verlässliches Nachschlagewerk, das die wichtigsten Entwicklungen der Gießereibranche und ihrer Zulieferer präzise, verständlich und sorgfältig recherchiert zusammenführt. In einer Zeit, in der technologische Dynamik, Marktveränderungen und neue regulatorische Anforderungen die Branche prägen, bietet dieses Jahrbuch Orientierung, Hintergrundwissen und konkrete Unterstützung für Ihre tägliche Arbeit.

Sie finden darin **fundierte technische Fachbeiträge**, aktuelle Kennzahlen, ausgewählte Forschungsergebnisse sowie praxisnahe Einblicke in Ausbildung, Organisationen und Netzwerke der nationalen und internationalen Gießereiwelt. Das **umfangreiche Verzeichnis der persönlichen VDG-Mitglieder** erleichtert Ihnen zudem die direkte Kontaktaufnahme innerhalb der Fachgemeinschaft.

Ein besonderes Gewicht erhält in dieser Ausgabe das **Produkt- und Dienstleistungsverzeichnis**, das die gesamte Wertschöpfungskette der Gießereiindustrie abbildet. Es wurde vollständig überarbeitet und mit den gelisteten Unternehmen abgestimmt, sodass Sie sich auf **aktuelle, verlässliche und klar strukturierte Informationen** verlassen können – gedruckt wie auch online unter

www.verzeichnis-jahrbuch.giesserei.eu (Stand: November 2025).

Allen in diesem Jahrbuch aktiven Unternehmen gilt unser besonderer Dank für Ihre Unterstützung.

Ihr

Markus Winterhalter
Anzeigenleiter

DVS Media GmbH
T +49 211 1591-142
markus.winterhalter@dvs-media.info

Produkt- und Dienstleistungsverzeichnis

Alphabetisches Firmenverzeichnis

AAGM Aalener Gießereimaschinen GmbH
Gewerbehof 28, 73441 Bopfingen
T: +49 7362 956037-0 F: -10
info@aagm.de, www.aagm.de

Aerzener Maschinenfabrik GmbH
P.O. Box 11 63, 31849 Aerzen
T: +49 515481-0 F: +49 515481-9191

ARISTON Formstaub-Werke GmbH & Co.KG
Worringstraße 255, 45289 Essen
T: +49 201 57761, F: +49 201 570648
www.ariston-essen.de

Behringer GmbH
Maschinenfabrik und Eisengießerei
Industriestr. 23, 74912 Kirchardt
T: +49 7266 207-0 | info@behringer.net
www.behringer.net

Chemex Foundry Solutions GmbH
Maschstraße 16, 31073 Delligsen
T: +49 5187 94010, www.chemex.de

Dörentrup Feuerfestprodukte GmbH & Co.KG
www.doerentrup-feuerfest.de

---

ebalta Kunststoff GmbH
Erlbacher Straße 100
91541 Rothenburg/Tauber
T: +49 9861 7007-0 F: -77
info@ebalta.com, www.ebalta.com

Maschinenfabrik Gustav Eirich
GmbH & Co KG, Walldürner Straße 50,
74736 Hardheim, www.eirich.de

Eisengiesserei Baumgarte GmbH
Duisburger Str. 35, 33647 Bielefeld
T: +49 521 4044-0 F: +49 521 401848
info@eisengiesserei-baumgarte.de
www.eisengiesserei-baumgarte.de

FAT Förder- u. Anlagentechnik GmbH
Industriestraße 12
57572 Niederfischbach
www.f-a-t.de

GEMCO
CAST METAL TECHNOLOGY

GEMCO Engineers b.v.
Science Park Eindhoven 5053
NL-5692 EB Son
T: +31 40 2643607
eng@gemco.nl, www.gemco.nl

M. GLESER GmbH Feuerfestbau
Stummstraße 1, 66763 Dillingen
T: +49 6831 9878-0 F: -11
info@gleser.de, www.gleser.de
P.O. Box 13 06, 66746 Dillingen

GPS SIC Keßl GmbH u. Co. KG
Bärnwinkel 10a, 92724 Trabitz
P.O. Box 12 06, 92687 Pressath
T: +49 9644 9200-0 F: -77
www.kessl.com

GTP SCHÄFER
THE RISER COMPANY

GTP Schäfer GmbH, 41515 Grevenbroich
T: +49 2181 23394-0 F: -23394-55
info@gtp-schaefer.de
www.gtp-schaefer.de

---

haspa 50 JAHRE

haspa GmbH
Biegsame Wellen und Spannzangen
Sägmühlstraße 39, 74930 Ittlingen
T: +49 7266/9148-0
F: +49 7266/9148-30
info@haspa-gmbh.de
www.haspa-gmbh.de

HEINRICH WAGNER SINTO
Maschinenfabrik GmbH
Bahnhofstr. 101, 57334 Bad Laasphe
T: +49 2752 907-0
info@wagner-sinto.de
www.wagner-sinto.de

HELLING GmbH
T: +49 41 22 922-0, F: -201
info@helling.de, www.helling.de

HELLING GmbH
T: +49 41 22 922-0, F: -201
info@helling.de, www.helling.de
- für alle NDT-Verfahren

Andromat

Henschel Industrietechnik GmbH
Postfach 10 16 66
Henschelplatz 1, 34127 Kassel
T: +49 561 801-6800, F: -5775
www.andromat.de

Gerhard P. Hirsch
Elektronische Ersatzteile und Reparaturen für Frech Steuerungen Statamat, SBC, ESC, Datacontrol, Dataprocess,Druckgießmaschinen; Temperaturregler Ausgleichsleitung
Neuenhaus 14, 423449 Wuppertal
T: +49 202 472-223 F: +49 202 472-292
www.g-tronic.com

GIESSEREIBEDARF
HOHNEN & CO
MODELLBAUBEDARF

Hohnen & Co. KG, 33604 Bielefeld
info@hohnen.de, www.hohnen.de

Maschinenbau

IBB Maschinenbau GmbH
Talweg 8, 75433 Maulbronn
T: +49 7043 2096 F: -8805
www.ibb-baumann.de

IDRA

IDRA Pressen GmbH
Eisenbahnstraße 6
73630 Remshalden
T: +49 163 6364 801
F: +49 7151 7008-20
sales.germany@idragroup.com
www.idragroup.com

IOG GmbH, www.IOG.de
Im Rottfeld 10, 40239 Düsseldorf
T: +49 211 633044 F: +49 211 633048

Gebr. Kemper GmbH + Co. KG
Harkortstraße 5, 57462 Olpe
T: +49 2761/891-0
info@kemper-group.com
www.kemper-group.com

GEMCO
CAST METAL TECHNOLOGY

KNIGHT WENDLING GmbH
Arnheimer Str. 118, 40489 Düsseldorf
T: +49 211 77006-0 F: -77
info@knightwendling.de
www.knightwendling.de

Kohlisch GmbH & Co. KG
An der Knorr-Bremse 9
58300 Wetter-Volmarstein
T: +49 2335 681833
F: +49 2335 681088
info@kohlisch.de
www.kohlisch.de

KS Gleitlager GmbH, Werk Papenburg
Bronze-Stranggießerei
Friesenstraße 2, 26871 Papenburg
T: +49 4961 986-150
sales-cc@de.rheinmetall.com
www.rheinmetall.com

tenova
LOI THERMPROCESS

LOI Thermprocess GmbH
Schifferstraße 80, 47059 Duisburg
T: +49 203 80398-900
F: +49 203 80398-901
Service-loi@tenova.com, www.loi.tenova.com

MAGMA Gießereitechnologie GmbH
Kackertstraße 16-18
52072 Aachen
T: +49 241/88901-0 F: -60
info@magmasoft.de
www.magmasoft.de

Maschinenfabrik Liezen und Gießerei
Ges.m.b.H. - www.mfl.at
Werkstraße 5, A-8940 Liezen
T: +43 3612 270-0, office@mfl.at

MINKON
German Technology

MINKON GmbH
Heinrich-Hertz-Straße 30-32
40699 Erkrath
T: +49 211/209908-0 F: -90
www.minkon.de
info@minkon.de

---

mössner

August Mössner GmbH + Co. KG
Hohenstaufenstraße 3, 73568 Eschach
T: +49 7175/998060 F: -35
post@moessner-kg.de
www.moessner-kg.de

MIKROPUL
Nederman

Nederman MikroPul GmbH
Industriestraße 9, 77948 Friesenheim
T: +49 7821/966-0, F: -245
www.nedermanmikropul.com
info.emea@nedermanmikropul.com

Polytec

POLYTEC GmbH
www.velocimeter.de, 76333 Waldbronn

RESAU & Co. KG Chemische Produkte
Gutenbergstraße 11, 73779 Deizisau
T: +49 7153/8303-0 F: /8303-10
http://www.resau.de

Richard Anton KG

Richard Anton KG
Würmstraße 55, 82166 Gräfelfing
T: +49 89/898144-0
www.richard-anton.de

Rösler Oberflächentechnik GmbH
T: +49 9533 924-0 www.rosler.com

Saveway®

Saveway GmbH & Co. KG
Wümbacher Landstraße 8, 98693 Ilmenau
T: +49 3677 8060-0 F: +49 3677 8060-99
www.saveway-germany.de

SCHURG GmbH, 34537 Bad Wildungen
T: +49 5621-7003-0 F: +49 5621-7003-33
info@schurg.de | www.schurg.de

SPECTRO Analytical Instruments GmbH
Boschstraße 10, 47533 Kleve
T: +49 2821 892-2100
www.spectro.com

STEIN
INJECTION TECHNOLOGY GmbH

STEIN INJECTION TECHNOLOGY GmbH
Hagener Str. 20-24, 58285 Gevelsberg
T: +49 2332/75742-0 F: /75742-40
stein@sit-gmbh.net, www.sit-gmbh.net

Ernst Strassacker GmbH & Co. KG
Kunstgiesserei
Postfach 1360, 73075 Süßen
mail@strassacker.de
http://www.strassacker.de
- Wachsausschmelzverfahren,
  Sandgussverfahren

STROBEL QUARZSAND GmbH
Freihungsand, 92271 Freihung
T: +49 9646/9201-0 F: +49 9646/9201-701
info@strobel-quarzsand.de
www.strobel-quarzsand.de

RUDOLF UHLEN GmbH
Am Höfgen 13, 42781 Haan
T: +49 2129 1444 F: +49 2129 59980
info@aschua-uhlen.de
www.aschua-uhlen.de

A. Fengler H. Uhlmann
Maschinen u. Waagenbau GmbH
Hasseröder Straße 6,
38855 Wernigerode
Mail: fenglergmbh@aol.com
T: +49 3943 632201 F: +49 3943 905685

Eugen Weil Industrie-Service
Ohmstraße 1, 35315 Homberg/Ohm
T: +49 6633/826 F: -/5773
www.ewis.eu

Eugen Weil Industrie-Service
Ohmstraße 1, 35315 Homberg/Ohm
T: +49 6633/826 F: -/5773
www.ewis.eu
Handschuhe für die Kernmacherei

WMS ENGINEERING

WMS-engineering
Werkzeuge-Maschinen-Systeme GmbH
Jahnstraße 1, 79771 Klettgau-Grießen
T: +49 7742 85757-0 F: -199
www.wms-engineering.de

Alphabetisches Stichwortverzeichnis

Produkt- und Dienstleistungs-verzeichnis

Das GIESSEREI Jahrbuch – der verlässliche Branchenbegleiter – auch online unter:

www.verzeichnis-jahrbuch.giesserei.eu

01 Gießereianlagen und -einrichtungen

10 Gießereianlagen, Projektierung und Bau

GEMCO Engineers b.v.
Science Park Eindhoven 5053
NL-5692 EB Son
T: +31 40 2643607
eng@gemco.nl, www.gemco.nl

20 Gießereianlagen und -einrichtungen, allgemein

Maschinenfabrik Gustav Eirich
GmbH & Co KG, Walldürner Straße 50,
74736 Hardheim, www.eirich.de

GEMCO Engineers b.v.
Science Park Eindhoven 5053
NL-5692 EB Son
T: +31 40 2643607
eng@gemco.nl, www.gemco.nl

30 Gießereianlagen, voll- und teilautomatische

GEMCO Engineers b.v.
Science Park Eindhoven 5053
NL-5692 EB Son
T: +31 40 2643607
eng@gemco.nl, www.gemco.nl

HEINRICH WAGNER SINTO
Maschinenfabrik GmbH
Bahnhofstr. 101, 57334 Bad Laasphe
T: +49 2752 907-0
info@wagner-sinto.de
www.wagner-sinto.de

45 Second-Hand Gießereianlagen und -einrichtungen

Henschel Industrietechnik GmbH
Postfach 10 16 66
Henschelplatz 1, 34127 Kassel
T: +49 561 801-6800, F: -5775
www.andromat.de

02 Schmelzanlagen und -einrichtungen für Eisen-, Stahl- und Temperguss

02.02 Kupolofenzubehörteile und Hilfseinrichtungen

190 Einblasanlagen für Filterstäube in Kupolöfen

STEIN INJECTION TECHNOLOGY GmbH
Hagener Str. 20-24, 58285 Gevelsberg
T: +49 2332/75742-0 F: /75742-40
stein@sit-gmbh.net, www.sit-gmbh.net

210 Einblasanlagen für Kohlenstoff

STEIN INJECTION TECHNOLOGY GmbH
Hagener Str. 20-24, 58285 Gevelsberg
T: +49 2332/75742-0 F: /75742-40
stein@sit-gmbh.net, www.sit-gmbh.net

211 Einblasanlagen für metallurgische Prozesse

STEIN INJECTION TECHNOLOGY GmbH
Hagener Str. 20-24, 58285 Gevelsberg
T: +49 2332/75742-0 F: /75742-40
stein@sit-gmbh.net, www.sit-gmbh.net

220 Entstaubung, Kupolöfen

Nederman MikroPul GmbH
Industriestraße 9, 77948 Friesenheim
T: +49 7821/966-0, F: -245
www.nedermanmikropul.com
info.emea@nedermanmikropul.com

240 Gebläse, Kupolöfen

Aerzener Maschinenfabrik GmbH
P.O. Box 11 63, 31849 Aerzen
T: +49 515481-0 F: +49 515481-9191

03 Schmelzanlagen und -einrichtungen für NE-Metalle

03.02 Schmelz- und Warmhalteöfen, elektrisch beheizt

630 Aluminium-Schmelzöfen

LOI Thermprocess GmbH
Schifferstraße 80, 47059 Duisburg
T: +49 203 80398-900
F: +49 203 80398-901
Service-loi@tenova.com, www.loi.tenova.com

700 Umschmelzöfen

LOI Thermprocess GmbH
Schifferstraße 80, 47059 Duisburg
T: +49 203 80398-900
F: +49 203 80398-901
Service-loi@tenova.com, www.loi.tenova.com

03.03 Zubehörteile und Hilfseinrichtungen

785 Fertigtiegel

Dörentrup Feuerfestprodukte GmbH & Co.KG
www.doerentrup-feuerfest.de

04 Feuerfesttechnik

04.01 Anlagen, Einrichtungen und Werkzeuge zur Zustellung von Schmelz- und Gießeinrichtungen

923 Einschmelzzylinder

A. Fengler H. Uhlmann
Maschinen u. Waagenbau GmbH
Hasseröder Straße 6,
38855 Wernigerode
Mail: fenglergmbh@aol.com
T: +49 3943 632201 F: +49 3943 905685

930 Misch- und Förderanlage für Feuerfestmassen

Maschinenfabrik Gustav Eirich
GmbH & Co KG, Walldürner Straße 50,
74736 Hardheim, www.eirich.de

956 Stampfschablonen

A. Fengler H. Uhlmann
Maschinen u. Waagenbau GmbH
Hasseröder Straße 6,
38855 Wernigerode
Mail: fenglergmbh@aol.com
T: +49 3943 632201 F: +49 3943 905685

980 Verschleißanzeige der FF-Zustellung

Saveway GmbH & Co. KG
Wümbacher Landstraße 8, 98693 Ilmenau
T: +49 3677 8060-0 F: +49 3677 8060-99
www.saveway-germany.de

982 Verschleißmessung bzw. -überwachung der FF-Zustellung

Saveway GmbH & Co. KG
Wümbacher Landstraße 8, 98693 Ilmenau
T: +49 3677 8060-0 F: +49 3677 8060-99
www.saveway-germany.de

985 Zustandsdiagnose von feuerfesten Zustellungen

Saveway GmbH & Co. KG
Wümbacher Landstraße 8, 98693 Ilmenau
T: +49 3677 8060-0 F: +49 3677 8060-99
www.saveway-germany.de

04.02 Feuerfeste Werkstoffe (geformt und ungeformt)

1030 Feuerbetone

Dörentrup Feuerfestprodukte GmbH & Co.KG
www.doerentrup-feuerfest.de

1040 Feuerfeste Erzeugnisse, allgemein

Dörentrup Feuerfestprodukte GmbH & Co.KG
www.doerentrup-feuerfest.de

1070 Feuerfest-Material für Aluminium-Schmelzöfen

Dörentrup Feuerfestprodukte GmbH & Co.KG
www.doerentrup-feuerfest.de

1090 Feuerfest-Material für Schmelzöfen, allgemein

Dörentrup Feuerfestprodukte GmbH & Co.KG
www.doerentrup-feuerfest.de

1100 Feuerfest-Material für Warmhalteöfen

Dörentrup Feuerfestprodukte GmbH & Co.KG
www.doerentrup-feuerfest.de

1110 Gießschnauzensteine

Dörentrup Feuerfestprodukte GmbH & Co.KG
www.doerentrup-feuerfest.de

1114 Glimmer-Gleitfolien

Dörentrup Feuerfestprodukte GmbH & Co.KG
www.doerentrup-feuerfest.de

1120 Induktionsofenmassen

Dörentrup Feuerfestprodukte GmbH & Co.KG
www.doerentrup-feuerfest.de

1140 Isolierprodukte (Faser, Mikanit etc.)

Dörentrup Feuerfestprodukte GmbH & Co.KG
www.doerentrup-feuerfest.de

1200 Kupolofenmassen, Siphonmassen

Dörentrup Feuerfestprodukte GmbH & Co.KG
www.doerentrup-feuerfest.de

1240 Pfannenmassen

Dörentrup Feuerfestprodukte GmbH & Co.KG
www.doerentrup-feuerfest.de

1270 Saure Massen, Silikamassen

Dörentrup Feuerfestprodukte GmbH & Co.KG
www.doerentrup-feuerfest.de

1333 Stampf-, Gieß-, Spritz- und Reparaturmassen

Dörentrup Feuerfestprodukte GmbH & Co.KG
www.doerentrup-feuerfest.de

04.04 Feuerfestbau

1420 Feuerfestbau

Dörentrup Feuerfestprodukte GmbH & Co.KG
www.doerentrup-feuerfest.de

M. GLESER GmbH Feuerfestbau
P.O. Box 13 06, 66746 Dillingen
Stummstraße 1, 66763 Dillingen
T: +49 6831 9878-0 F: -11
info@gleser.de, www.gleser.de

05 Nichtmetallische Rohstoffe und Hilfsstoffe für den Schmelzbetrieb

05.04 Aufkohlungsmittel

1630 Aufkohlungsmittel, allgemein

Richard Anton KG
Würmstraße 55, 82166 Gräfelfing
T: +49 89/898144-0
www.richard-anton.de

1660 Elektrodengraphit

Richard Anton KG
Würmstraße 55, 82166 Gräfelfing
T: +49 89/898144-0
www.richard-anton.de

1670 Graphit

Richard Anton KG
Würmstraße 55, 82166 Gräfelfing
T: +49 89/898144-0
www.richard-anton.de

1680 Koksgrus, Koksstaub

ARISTON Formstaub-Werke GmbH & Co.KG
Worringstraße 255, 45289 Essen
T: +49 201 57761, F: +49 201 570648
www.ariston-essen.de

1700 Petrolkoks

Richard Anton KG
Würmstraße 55, 82166 Gräfelfing
T: +49 89/898144-0
www.richard-anton.de

1710 Siliciumcarbid

GPS SIC Keßl GmbH u. Co. KG
Bärnwinkel 10a, 92724 Trabitz
P.O. Box 12 06, 92687 Pressath
T: +49 9644 9200-0 F: -77
www.kessl.com

06 Metallische Einsatzstoffe für Eisen-, Stahl- und Temperguss

06.03 Import-Roheisen

2000 Hämatit-Roheisen

Richard Anton KG
Würmstraße 55, 82166 Gräfelfing
T: +49 89/898144-0
www.richard-anton.de

2020 Spezialroheisen für die Herstellung von Gusseisen mit Kugelgraphit

Richard Anton KG
Würmstraße 55, 82166 Gräfelfing
T: +49 89/898144-0
www.richard-anton.de

06.04 Ferrolegierungen

2070 Ferrolegierungen, allgemein

GPS SIC Keßl GmbH u. Co. KG
Bärnwinkel 10a, 92724 Trabitz
P.O. Box 12 06, 92687 Pressath
T: +49 9644 9200-0 F: -77
www.kessl.com

06.05 Weitere Legierungsmetalle und Vorlegierungen

2360 Kupolofenbriketts, -formlinge

GPS SIC Keßl GmbH u. Co. KG
Bärnwinkel 10a, 92724 Trabitz
P.O. Box 12 06, 92687 Pressath
T: +49 9644 9200-0 F: -77
www.kessl.com

2530 Siliciumcarbid

GPS SIC Keßl GmbH u. Co. KG
Bärnwinkel 10a, 92724 Trabitz
P.O. Box 12 06, 92687 Pressath
T: +49 9644 9200-0 F: -77
www.kessl.com

06.07 Impfmittel und Hilfseinrichtungen

2680 Impfmittel und -legierungen, allgemein

GPS SIC Keßl GmbH u. Co. KG
Bärnwinkel 10a, 92724 Trabitz
P.O. Box 12 06, 92687 Pressath
T: +49 9644 9200-0 F: -77
www.kessl.com

Richard Anton KG
Würmstraße 55, 82166 Gräfelfing
T: +49 89/898144-0
www.richard-anton.de

08 Anlagen und Maschinen zur Form- und Kernherstellung

08.01 Formanlagen

3050 Formanlagen, allgemein

FAT Förder- u. Anlagentechnik GmbH
Industriestraße 12
57572 Niederfischbach
www.f-a-t.de

HEINRICH WAGNER SINTO
Maschinenfabrik GmbH
Bahnhofstr. 101, 57334 Bad Laasphe
T: +49 2752 907-0
info@wagner-sinto.de
www.wagner-sinto.de

08.02 Form- und Kernformmaschinen

3140 Kaltharzsand-Formanlagen und -maschinen

AAGM Aalener Gießereimaschinen GmbH
Gewerbehof 28, 73441 Bopfingen
T: +49 7362 956037-0 F: -10
info@aagm.de, www.aagm.de

08.03 Anlagen und Maschinen zur Form- und Kernherstellung

3325 Dichtkappen für eintauchende Blasdüsen

Eugen Weil Industrie-Service
Ohmstraße 1, 35315 Homberg/Ohm
T: +49 6633/826 F: -/5773
www.ewis.eu

3360 Entlüftungsdüsen

Eugen Weil Industrie-Service
Ohmstraße 1, 35315 Homberg/Ohm
T: +49 6633/826 F: -/5773
www.ewis.eu

3370 Entlüftungsschlitzdüsen

Hohnen & Co. KG, 33604 Bielefeld
info@hohnen.de, www.hohnen.de

Eugen Weil Industrie-Service
Ohmstraße 1, 35315 Homberg/Ohm
T: +49 6633/826 F: -/5773
www.ewis.eu

09 Formstoffe

09.01 Formgrundstoffe

3630 Chromitsande

GTP Schäfer GmbH, 41515 Grevenbroich
T: +49 2181 23394-0 F: -23394-55
info@gtp-schaefer.de
www.gtp-schaefer.de

3645 Keramiksande/ Schamottesande

GTP Schäfer GmbH, 41515 Grevenbroich
T: +49 2181 23394-0 F: -23394-55
info@gtp-schaefer.de
www.gtp-schaefer.de

3720 Quarzsande

STROBEL QUARZSAND GmbH
Freihungsand, 92271 Freihung
T: +49 9646/9201-0 F: +49 9646/9201-701
info@strobel-quarzsand.de
www.strobel-quarzsand.de

09.04 Form- und Kernüberzugstoffe

4270 Schwärzen, allgemein

ARISTON Formstaub-Werke GmbH & Co.KG
Worringstraße 255, 45289 Essen
T: +49 201 57761, F: +49 201 570648
www.ariston-essen.de

09.06 Formstoffprüfung

4400 Festigkeitsprüfapparate für Formsand

Maschinenfabrik Gustav Eirich
GmbH & Co KG, Walldürner Straße 50,
74736 Hardheim, www.eirich.de

4410 Feuchtigkeitsprüfapparate für Formsand

Maschinenfabrik Gustav Eirich
GmbH & Co KG, Walldürner Straße 50,
74736 Hardheim, www.eirich.de

4420 Formstoffprüfgeräte, allgemein

Maschinenfabrik Gustav Eirich
GmbH & Co KG, Walldürner Straße 50,
74736 Hardheim, www.eirich.de

10 Sandaufbereitung und Regenerierung

4446 Sandaufbereitung und Regenerierung

FAT Förder- u. Anlagentechnik GmbH
Industriestraße 12
57572 Niederfischbach
www.f-a-t.de

GEMCO Engineers b.v.
Science Park Eindhoven 5053
NL-5692 EB Son
T: +31 40 2643607
eng@gemco.nl, www.gemco.nl

HEINRICH WAGNER SINTO
Maschinenfabrik GmbH
Bahnhofstr. 101, 57334 Bad Laasphe
T: +49 2752 907-0
info@wagner-sinto.de
www.wagner-sinto.de

10.01 Formsandaufbereitung

4460 Durchlaufmischer für Kaltharzsand

AAGM Aalener Gießereimaschinen GmbH
Gewerbehof 28, 73441 Bopfingen
T: +49 7362 956037-0 F: -10
info@aagm.de, www.aagm.de

FAT Förder- u. Anlagentechnik GmbH
Industriestraße 12
57572 Niederfischbach
www.f-a-t.de

4470 Fertigsandschleudern

Maschinenfabrik Gustav Eirich
GmbH & Co KG, Walldürner Straße 50,
74736 Hardheim, www.eirich.de

4480 Formsandaufbereitungsmaschinen und -anlagen

Maschinenfabrik Gustav Eirich
GmbH & Co KG, Walldürner Straße 50,
74736 Hardheim, www.eirich.de

4500 Messgeräte für Verdichtbarkeit, Scherfestigkeit, Verformbarkeit

Maschinenfabrik Gustav Eirich
GmbH & Co KG, Walldürner Straße 50,
74736 Hardheim, www.eirich.de

4510 Messverfahren für Formbarkeitskontrolle (Feuchte, Dichte, Temperatur)

Maschinenfabrik Gustav Eirich
GmbH & Co KG, Walldürner Straße 50,
74736 Hardheim, www.eirich.de

4520 Mischmaschinen und Mischanlagen

Maschinenfabrik Gustav Eirich
GmbH & Co KG, Walldürner Straße 50,
74736 Hardheim, www.eirich.de

4550 Sandmischer

Maschinenfabrik Gustav Eirich
GmbH & Co KG, Walldürner Straße 50,
74736 Hardheim, www.eirich.de

4560 Sandschleudermaschinen

Maschinenfabrik Gustav Eirich
GmbH & Co KG, Walldürner Straße 50,
74736 Hardheim, www.eirich.de

4590 Waagen und Wiegesteuerung

Maschinenfabrik Gustav Eirich
GmbH & Co KG, Walldürner Straße 50,
74736 Hardheim, www.eirich.de

10.04 Altsandaufbereitung

4660 Altsandaufbereitungsanlagen

Maschinenfabrik Gustav Eirich
GmbH & Co KG, Walldürner Straße 50,
74736 Hardheim, www.eirich.de

4720 Sandkühler

Maschinenfabrik Gustav Eirich
GmbH & Co KG, Walldürner Straße 50,
74736 Hardheim, www.eirich.de

10.05 Altsandregenerierung

4780 Regenerierungsanlagen, allgemein

GEMCO Engineers b.v.
Science Park Eindhoven 5053
NL-5692 EB Son
T: +31 40 2643607
eng@gemco.nl, www.gemco.nl

HEINRICH WAGNER SINTO
Maschinenfabrik GmbH
Bahnhofstr. 101, 57334 Bad Laasphe
T: +49 2752 907-0
info@wagner-sinto.de
www.wagner-sinto.de

4790 Regenerierungsanlagen, mechanisch

AAGM Aalener Gießereimaschinen GmbH
Gewerbehof 28, 73441 Bopfingen
T: +49 7362 956037-0 F: -10
info@aagm.de, www.aagm.de

11 Formereibedarf

4890 Formerstifte, Drahtstifte

Hohnen & Co. KG, 33604 Bielefeld
info@hohnen.de, www.hohnen.de

4910 Formerwerkzeuge

Hohnen & Co. KG, 33604 Bielefeld
info@hohnen.de, www.hohnen.de

4970 Keramische Gießfilter

Hohnen & Co. KG, 33604 Bielefeld
info@hohnen.de, www.hohnen.de

5020 Kerne (Cold-Box)

Kohlisch GmbH & Co. KG
An der Knorr-Bremse 9
58300 Wetter-Volmarstein
T: +49 2335 681833
F: +49 2335 681088
info@kohlisch.de
www.kohlisch.de

5070 Kernkleber

RESAU & Co. KG Chemische Produkte
Gutenbergstraße 11, 73779 Deizisau
T: +49 7153/8303-0 F: /8303-10
http://www.resau.de

5090 Kernnägel

Hohnen & Co. KG, 33604 Bielefeld
info@hohnen.de, www.hohnen.de

5110 Kernstützen

Hohnen & Co. KG, 33604 Bielefeld
info@hohnen.de, www.hohnen.de

5240 Lunkerpulver

GTP Schäfer GmbH, 41515 Grevenbroich
T: +49 2181 23394-0 F: -23394-55
info@gtp-schaefer.de
www.gtp-schaefer.de

5310 Trennmittel

Hohnen & Co. KG, 33604 Bielefeld
info@hohnen.de, www.hohnen.de

RESAU & Co. KG Chemische Produkte
Gutenbergstraße 11, 73779 Deizisau
T: +49 7153/8303-0 F: /8303-10
http://www.resau.de

12 Anschnitt- und Speisertechnik

5340 Brechkerne

Chemex Foundry Solutions GmbH
Maschstraße 16, 31073 Delligsen
T: +49 5187 94010, www.chemex.de

GTP Schäfer GmbH, 41515 Grevenbroich
T: +49 2181 23394-0 F: -23394-55
info@gtp-schaefer.de
www.gtp-schaefer.de

5360 Exotherme Erzeugnisse

Chemex Foundry Solutions GmbH
Maschstraße 16, 31073 Delligsen
T: +49 5187 94010, www.chemex.de

GTP Schäfer GmbH, 41515 Grevenbroich
T: +49 2181 23394-0 F: -23394-55
info@gtp-schaefer.de
www.gtp-schaefer.de

5375 Isolierspeiser

Chemex Foundry Solutions GmbH
Maschstraße 16, 31073 Delligsen
T: +49 5187 94010, www.chemex.de

GTP Schäfer GmbH, 41515 Grevenbroich
T: +49 2181 23394-0 F: -23394-55
info@gtp-schaefer.de
www.gtp-schaefer.de

Hohnen & Co. KG, 33604 Bielefeld
info@hohnen.de, www.hohnen.de

5380 Keramikfilter

Hohnen & Co. KG, 33604 Bielefeld
info@hohnen.de, www.hohnen.de

5400 Minispeiser

Chemex Foundry Solutions GmbH
Maschstraße 16, 31073 Delligsen
T: +49 5187 94010, www.chemex.de

GTP Schäfer GmbH, 41515 Grevenbroich
T: +49 2181 23394-0 F: -23394-55
info@gtp-schaefer.de
www.gtp-schaefer.de

5420 Speisereinsätze, -massen (wärmeführend)

Chemex Foundry Solutions GmbH
Maschstraße 16, 31073 Delligsen
T: +49 5187 94010, www.chemex.de

GTP Schäfer GmbH, 41515 Grevenbroich
T: +49 2181 23394-0 F: -23394-55
info@gtp-schaefer.de
www.gtp-schaefer.de

13 Gießmaschinen und -einrichtungen

5436 Gießmaschinen und -einrichtungen

HEINRICH WAGNER SINTO
Maschinenfabrik GmbH
Bahnhofstr. 101, 57334 Bad Laasphe
T: +49 2752 907-0
info@wagner-sinto.de
www.wagner-sinto.de

13.01 Gießöfen und -einrichtungen

5460 Gießlöffel

Hohnen & Co. KG, 33604 Bielefeld
info@hohnen.de, www.hohnen.de

5468 Gießmaschinen für Masseln und Blöcke

IOG GmbH, www.IOG.de
Im Rottfeld 10, 40239 Düsseldorf
T: +49 211 633044 F: +49 211 633048

5480 Gießpfannen

Hohnen & Co. KG, 33604 Bielefeld
info@hohnen.de, www.hohnen.de

IBB Maschinenbau GmbH
Talweg 8, 75433 Maulbronn
T: +49 7043 2096 F: -8805
www.ibb-baumann.de

5500 Masselgießmaschinen

IOG GmbH, www.IOG.de
Im Rottfeld 10, 40239 Düsseldorf
T: +49 211 633044 F: +49 211 633048

13.02 Druckgießen und Zubehör

5530 Abgratpressen für Druckguss

August Mössner GmbH + Co. KG
Hohenstaufenstraße 3, 73568 Eschach
T: +49 7175/998060 F: -35
post@moessner-kg.de
www.moessner-kg.de

5640 Druckgießmaschinen

Gerhard P. Hirsch
Elektronische Ersatzteile und Reparaturen für Frech Steuerungen Statamat, SBC, ESC, Datacontrol, Dataprocess, Druckgießmaschinen; Temperaturregler Ausgleichsleitung
Neuenhaus 14, 423449 Wuppertal
T: +49 202 472-223 F: +49 202 472-292
www.g-tronic.com

IDRA Pressen GmbH
Eisenbahnstraße 6
73630 Remshalden
T: +49 163 6364 801
F: +49 7151 7008-20
sales.germany@idragroup.com
www.idragroup.com

5690 Entnahmeroboter für Druckgießmaschinen

August Mössner GmbH + Co. KG
Hohenstaufenstraße 3, 73568 Eschach
T: +49 7175/998060 F: -35
post@moessner-kg.de
www.moessner-kg.de

13.03 Kokillengießen

5940 Kokillengießmaschinen

HEINRICH WAGNER SINTO
Maschinenfabrik GmbH
Bahnhofstr. 101, 57334 Bad Laasphe
T: +49 2752 907-0
info@wagner-sinto.de
www.wagner-sinto.de

IBB Maschinenbau GmbH
Talweg 8, 75433 Maulbronn
T: +49 7043 2096 F: -8805
www.ibb-baumann.de

IOG GmbH, www.IOG.de
Im Rottfeld 10, 40239 Düsseldorf
T: +49 211 633044 F: +49 211 633048

August Mössner GmbH + Co. KG
Hohenstaufenstraße 3, 73568 Eschach
T: +49 7175/998060 F: -35
post@moessner-kg.de
www.moessner-kg.de

13.05 Stranggießen

6001 Längen- und Geschwindigkeitsmessung für Stranggießanlagen, berührungslos

POLYTEC GmbH
www.velocimeter.de, 76333 Waldbronn

6033 Stranggießmaschinen und -anlagen (NE)

IOG GmbH, www.IOG.de
Im Rottfeld 10, 40239 Düsseldorf
T: +49 211 633044 F: +49 211 633048

13.08 Hilfseinrichtungen, Zubehörteile und Hilfsstoffe

6140 Gießkarussell

IOG GmbH, www.IOG.de
Im Rottfeld 10, 40239 Düsseldorf
T: +49 211 633044 F: +49 211 633048

14 Ausleeren, Putzen, Rohguss-Nachbehandlung

6305 Gusskühlanlagen

August Mössner GmbH + Co. KG
Hohenstaufenstraße 3, 73568 Eschach
T: +49 7175/998060 F: -35
post@moessner-kg.de
www.moessner-kg.de

14.01 Ausleeren, Auspacken

6350 Entkernungsanlagen, -maschinen

August Mössner GmbH + Co. KG
Hohenstaufenstraße 3, 73568 Eschach
T: +49 7175/998060 F: -35
post@moessner-kg.de
www.moessner-kg.de

6373 Manipulatoren für die Ausleerstelle

Henschel Industrietechnik GmbH
Postfach 10 16 66
Henschelplatz 1, 34127 Kassel
T: +49 561 801-6800, F: -5775
www.andromat.de

6380 Roboter

August Mössner GmbH + Co. KG
Hohenstaufenstraße 3, 73568 Eschach
T: +49 7175/998060 F: -35
post@moessner-kg.de
www.moessner-kg.de

14.02 Strahlputzanlagen und Zubehör

6420 Druckluftstrahlanlagen

Rösler Oberflächentechnik GmbH
T: +49 9533 924-0 www.rosler.com

6430 Durchlaufstrahlautomaten

Rösler Oberflächentechnik GmbH
T: +49 9533 924-0 www.rosler.com

6440 Entzunderungsanlagen

Rösler Oberflächentechnik GmbH
T: +49 9533 924-0 www.rosler.com

6475 Leistungstuning für Strahlanlagen

Rösler Oberflächentechnik GmbH
T: +49 9533 924-0 www.rosler.com

6485 Muldenbandstrahlanlagen, druckluftbetrieben

Rösler Oberflächentechnik GmbH
T: +49 9533 924-0 www.rosler.com

6490 Nass- und Trockenstrahlanlagen

Rösler Oberflächentechnik GmbH
T: +49 9533 924-0 www.rosler.com

14.04 Schleifmaschinen und -zubehör

6690 Biegsame Wellen

haspa GmbH
Biegsame Wellen und Spannzangen
Sägmühlstraße 39, 74930 Ittlingen
T: +49 7266/9148-0
F: +49 7266/9148-30
info@haspa-gmbh.de
www.haspa-gmbh.de

6720 Gleitschleifmaschinen und -anlagen

Rösler Oberflächentechnik GmbH
T: +49 9533 924-0 www.rosler.com

6870 Schleifwerkzeuge

haspa GmbH
Biegsame Wellen und Spannzangen
Sägmühlstraße 39, 74930 Ittlingen
T: +49 7266/9148-0
F: +49 7266/9148-30
info@haspa-gmbh.de
www.haspa-gmbh.de

14.05 Weitere Putzanlagen und -geräte

6925 Anlagen zur Gussnachbehandlung

August Mössner GmbH + Co. KG
Hohenstaufenstraße 3, 73568 Eschach
T: +49 7175/998060 F: -35
post@moessner-kg.de
www.moessner-kg.de

6930 Automation

August Mössner GmbH + Co. KG
Hohenstaufenstraße 3, 73568 Eschach
T: +49 7175/998060 F: -35
post@moessner-kg.de
www.moessner-kg.de

6940 Drucklufthämmer

August Mössner GmbH + Co. KG
Hohenstaufenstraße 3, 73568 Eschach
T: +49 7175/998060 F: -35
post@moessner-kg.de
www.moessner-kg.de

6950 Entgratmaschinen

August Mössner GmbH + Co. KG
Hohenstaufenstraße 3, 73568 Eschach
T: +49 7175/998060 F: -35
post@moessner-kg.de
www.moessner-kg.de

6954 Entgratanlagen, robotergestützt

August Mössner GmbH + Co. KG
Hohenstaufenstraße 3, 73568 Eschach
T: +49 7175/998060 F: -35
post@moessner-kg.de
www.moessner-kg.de

WMS-engineering
Werkzeuge-Maschinen-Systeme GmbH
Jahnstraße 1, 79771 Klettgau-Grießen
T: +49 7742 85757-0 F: -199
www.wms-engineering.de

6955 Entgratsysteme (robotergestützt)

August Mössner GmbH + Co. KG
Hohenstaufenstraße 3, 73568 Eschach
T: +49 7175/998060 F: -35
post@moessner-kg.de
www.moessner-kg.de

6959 Automatisierte Gussputzanlagen

August Mössner GmbH + Co. KG
Hohenstaufenstraße 3, 73568 Eschach
T: +49 7175/998060 F: -35
post@moessner-kg.de
www.moessner-kg.de

WMS-engineering
Werkzeuge-Maschinen-Systeme GmbH
Jahnstraße 1, 79771 Klettgau-Grießen
T: +49 7742 85757-0 F: -199
www.wms-engineering.de

6960 Gussputzkabinen

August Mössner GmbH + Co. KG
Hohenstaufenstraße 3, 73568 Eschach
T: +49 7175/998060 F: -35
post@moessner-kg.de
www.moessner-kg.de

6970 Gussputzmanipulatoren

Henschel Industrietechnik GmbH
Postfach 10 16 66
Henschelplatz 1, 34127 Kassel
T: +49 561 801-6800, F: -5775
www.andromat.de

August Mössner GmbH + Co. KG
Hohenstaufenstraße 3, 73568 Eschach
T: +49 7175/998060 F: -35
post@moessner-kg.de
www.moessner-kg.de

6980 Gussputztische

Henschel Industrietechnik GmbH
Postfach 10 16 66
Henschelplatz 1, 34127 Kassel
T: +49 561 801-6800, F: -5775
www.andromat.de

7040 Roboter-Gussputzzelle

August Mössner GmbH + Co. KG
Hohenstaufenstraße 3, 73568 Eschach
T: +49 7175/998060 F: -35
post@moessner-kg.de
www.moessner-kg.de

7050 Speiserabbrechmaschinen

Henschel Industrietechnik GmbH
Postfach 10 16 66
Henschelplatz 1, 34127 Kassel
T: +49 561 801-6800, F: -5775
www.andromat.de

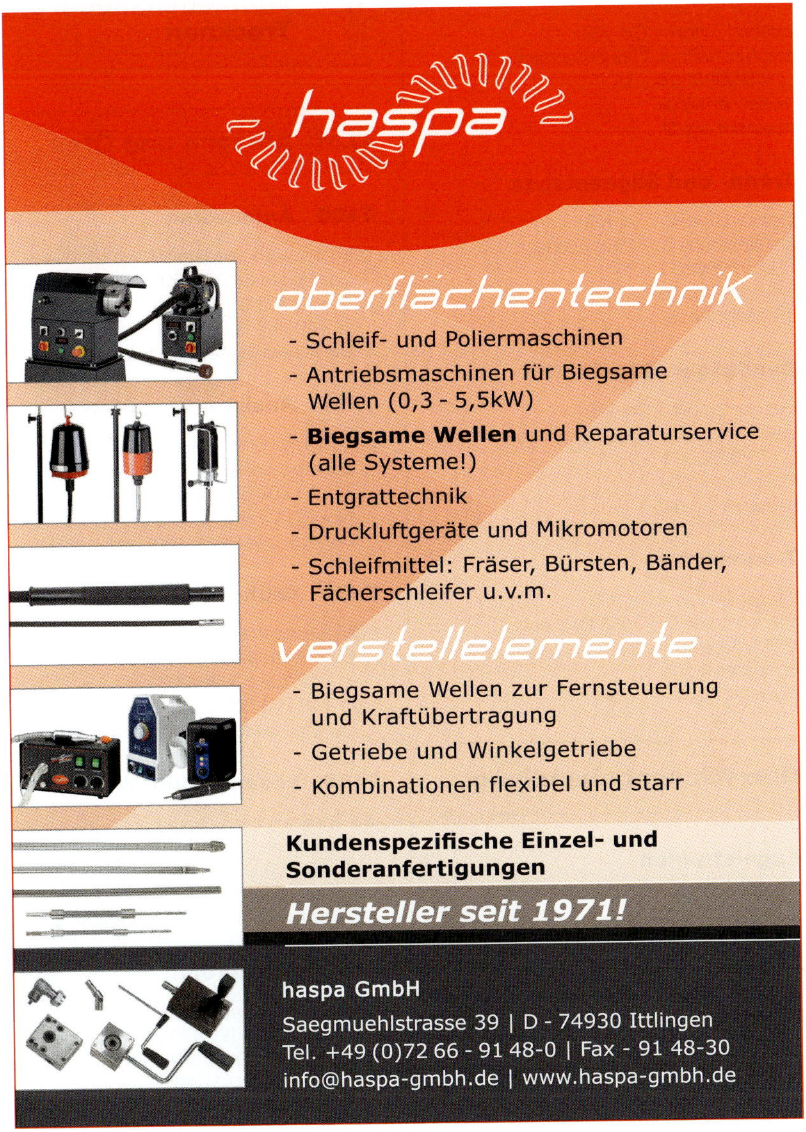
haspa
oberflächentechnik
- Schleif- und Poliermaschinen
- Antriebsmaschinen für Biegsame Wellen (0,3 - 5,5kW)
- Biegsame Wellen und Reparaturservice (alle Systeme!)
- Entgrattechnik
- Druckluftgeräte und Mikromotoren
- Schleifmittel: Fräser, Bürsten, Bänder, Fächerschleifer u.v.m.
verstellelemente
- Biegsame Wellen zur Fernsteuerung und Kraftübertragung
- Getriebe und Winkelgetriebe
- Kombinationen flexibel und starr
Kundenspezifische Einzel- und Sonderanfertigungen
Hersteller seit 1971!
haspa GmbH
Saegmuehlstrasse 39 | D - 74930 Ittlingen
Tel. +49 (0)72 66 - 91 48-0 | Fax - 91 48-30
info@haspa-gmbh.de | www.haspa-gmbh.de

7052 Stanzentgratanlagen (Werkzeuge, Pressen)

August Mössner GmbH + Co. KG
Hohenstaufenstraße 3, 73568 Eschach
T: +49 7175/998060 F: -35
post@moessner-kg.de
www.moessner-kg.de

7056 Trenn- und Sägeanlagen

August Mössner GmbH + Co. KG
Hohenstaufenstraße 3, 73568 Eschach
T: +49 7175/998060 F: -35
post@moessner-kg.de
www.moessner-kg.de

7058 Bandsägen/Sägeblätter

August Mössner GmbH + Co. KG
Hohenstaufenstraße 3, 73568 Eschach
T: +49 7175/998060 F: -35
post@moessner-kg.de
www.moessner-kg.de

7059 Trennsägen

August Mössner GmbH + Co. KG
Hohenstaufenstraße 3, 73568 Eschach
T: +49 7175/998060 F: -35
post@moessner-kg.de
www.moessner-kg.de

15 Oberflächenbehandlung

7230 Kugelstrahlen

Rösler Oberflächentechnik GmbH
T: +49 9533 924-0 www.rosler.com

7234 Oberflächenbehandlung

Rösler Oberflächentechnik GmbH
T: +49 9533 924-0 www.rosler.com

17 Wärmebehandeln und Trocknen

17.01 Anlagen und Öfen

7400 Anlassöfen

LOI Thermprocess GmbH
Schifferstraße 80, 47059 Duisburg
T: +49 203 80398-900
F: +49 203 80398-901
Service-loi@tenova.com, www.loi.tenova.com

7401 Auslagerungsöfen

LOI Thermprocess GmbH
Schifferstraße 80, 47059 Duisburg
T: +49 203 80398-900
F: +49 203 80398-901
Service-loi@tenova.com, www.loi.tenova.com

7430 Glüh- und Härteöfen

LOI Thermprocess GmbH
Schifferstraße 80, 47059 Duisburg
T: +49 203 80398-900
F: +49 203 80398-901
Service-loi@tenova.com, www.loi.tenova.com

7455 Lösungsglühöfen, -anlagen

LOI Thermprocess GmbH
Schifferstraße 80, 47059 Duisburg
T: +49 203 80398-900
F: +49 203 80398-901
Service-loi@tenova.com, www.loi.tenova.com

7490 Temperöfen

LOI Thermprocess GmbH
Schifferstraße 80, 47059 Duisburg
T: +49 203 80398-900
F: +49 203 80398-901
Service-loi@tenova.com, www.loi.tenova.com

7510 Vergüteöfen

LOI Thermprocess GmbH
Schifferstraße 80, 47059 Duisburg
T: +49 203 80398-900
F: +49 203 80398-901
Service-loi@tenova.com, www.loi.tenova.com

7520 Wärmebehandlungsöfen

LOI Thermprocess GmbH
Schifferstraße 80, 47059 Duisburg
T: +49 203 80398-900
F: +49 203 80398-901
Service-loi@tenova.com, www.loi.tenova.com

7525 Herdwagenöfen

LOI Thermprocess GmbH
Schifferstraße 80, 47059 Duisburg
T: +49 203 80398-900
F: +49 203 80398-901
Service-loi@tenova.com, www.loi.tenova.com

18 Anlagen-, Transport-, Lager- und Handhabungstechnik

18.01 Stetigförderer und Zubehör

7676 Flexible Schläuche mit keramischem Verschleißschutz

STEIN INJECTION TECHNOLOGY GmbH
Hagener Str. 20-24, 58285 Gevelsberg
T: +49 2332/75742-0 F: /75742-40
stein@sit-gmbh.net, www.sit-gmbh.net

7850 Pneumatische Förderanlagen

STEIN INJECTION TECHNOLOGY GmbH
Hagener Str. 20-24, 58285 Gevelsberg
T: +49 2332/75742-0 F: /75742-40
stein@sit-gmbh.net, www.sit-gmbh.net

18.03 Fahrzeuge und Transportbehälter

8110 Metallschmelzentransport-Vorrichtungen

IBB Maschinenbau GmbH
Talweg 8, 75433 Maulbronn
T: +49 7043 2096 F: -8805
www.ibb-baumann.de

19 Modell- und Formenbau

19.02 Werkstoffe, Normalien und Werkzeuge für den Modell- und Formenbau

8650 Formenbau-Zubehör

RESAU & Co. KG Chemische Produkte
Gutenbergstraße 11, 73779 Deizisau
T: +49 7153/8303-0 F: /8303-10
http://www.resau.de

8690 Kunstharze für den Modellbau

ebalta Kunststoff GmbH
Erlbacher Straße 100
91541 Rothenburg/Tauber
T: +49 9861 7007-0 F: -77
info@ebalta.com, www.ebalta.com

Hohnen & Co. KG, 33604 Bielefeld
info@hohnen.de, www.hohnen.de

RESAU & Co. KG Chemische Produkte
Gutenbergstraße 11, 73779 Deizisau
T: +49 7153/8303-0 F: /8303-10
http://www.resau.de

8700 Kunststoffplatten für Gießerei und Modellbau

ebalta Kunststoff GmbH
Erlbacher Straße 100
91541 Rothenburg/Tauber
T: +49 9861 7007-0 F: -77
info@ebalta.com, www.ebalta.com

Hohnen & Co. KG, 33604 Bielefeld
info@hohnen.de, www.hohnen.de

8710 Modellbaubedarf, allgemein

Hohnen & Co. KG, 33604 Bielefeld
info@hohnen.de, www.hohnen.de

8720 Modellbauwerkstoffe, allgemein

ebalta Kunststoff GmbH
Erlbacher Straße 100
91541 Rothenburg/Tauber
T: +49 9861 7007-0 F: -77
info@ebalta.com, www.ebalta.com

SCHURG GmbH, 34537 Bad Wildungen
T: +49 5621-7003-0 F: +49 5621-7003-33
info@schurg.de | www.schurg.de

8730 Modellbuchstaben, -zeichen, -schriften

Hohnen & Co. KG, 33604 Bielefeld
info@hohnen.de, www.hohnen.de

8750 Modell-Gießharze

ebalta Kunststoff GmbH
Erlbacher Straße 100
91541 Rothenburg/Tauber
T: +49 9861 7007-0 F: -77
info@ebalta.com, www.ebalta.com

Hohnen & Co. KG, 33604 Bielefeld
info@hohnen.de, www.hohnen.de

RESAU & Co. KG Chemische Produkte
Gutenbergstraße 11, 73779 Deizisau
T: +49 7153/8303-0 F: /8303-10
http://www.resau.de

8760 Modell-Gießharz-Füllstoffe

ebalta Kunststoff GmbH
Erlbacher Straße 100
91541 Rothenburg/Tauber
T: +49 9861 7007-0 F: -77
info@ebalta.com, www.ebalta.com

8780 Modellhohlkehlenkitt

RESAU & Co. KG Chemische Produkte
Gutenbergstraße 11, 73779 Deizisau
T: +49 7153/8303-0 F: /8303-10
http://www.resau.de

8800 Modelllack

Hohnen & Co. KG, 33604 Bielefeld
info@hohnen.de, www.hohnen.de

RESAU & Co. KG Chemische Produkte
Gutenbergstraße 11, 73779 Deizisau
T: +49 7153/8303-0 F: /8303-10
http://www.resau.de

8820 Modellspachtel

ebalta Kunststoff GmbH
Erlbacher Straße 100
91541 Rothenburg/Tauber
T: +49 9861 7007-0 F: -77
info@ebalta.com, www.ebalta.com

RESAU & Co. KG Chemische Produkte
Gutenbergstraße 11, 73779 Deizisau
T: +49 7153/8303-0 F: /8303-10
http://www.resau.de

19.03 Modelleinrichtungen

8930 Kernkasteneinrichtungen für Serienfertigung

ebalta Kunststoff GmbH
Erlbacher Straße 100
91541 Rothenburg/Tauber
T: +49 9861 7007-0 F: -77
info@ebalta.com, www.ebalta.com

20 Leittechnik und Automation

20.01 Steuerungs- und Regelungstechnik

9030 Automation und Steuerungstechnik in der Sandaufbereitung

Maschinenfabrik Gustav Eirich
GmbH & Co KG, Walldürner Straße 50,
74736 Hardheim, www.eirich.de

9040 Automatisierungstechnik

August Mössner GmbH + Co. KG
Hohenstaufenstraße 3, 73568 Eschach
T: +49 7175/998060 F: -35
post@moessner-kg.de
www.moessner-kg.de

20.02 Mess- und Regelgeräte

9230 Tauchthermoelemente

MINKON GmbH
Heinrich-Hertz-Straße 30-32
40699 Erkrath
T: +49 211/209908-0 F: -90
www.minkon.de
info@minkon.de

9310 Lasermesstechnik

August Mössner GmbH + Co. KG
Hohenstaufenstraße 3, 73568 Eschach
T: +49 7175/998060 F: -35
post@moessner-kg.de
www.moessner-kg.de

POLYTEC GmbH
www.velocimeter.de, 76333 Waldbronn

9380 Temperaturmessung

MINKON GmbH
Heinrich-Hertz-Straße 30-32
40699 Erkrath
T: +49 211/209908-0 F: -90
www.minkon.de
info@minkon.de

9391 Temperaturregler

Gerhard P. Hirsch
Elektronische Ersatzteile und Reparaturen für Frech Steuerungen Statamat, SBC, ESC, Datacontrol, Dataprocess, Druckgießmaschinen; Temperaturregler Ausgleichsleitung
Neuenhaus 14, 423449 Wuppertal
T: +49 202 472-223 F: +49 202 472-292
www.g-tronic.com

9400 Thermische-Analyse-Geräte

MINKON GmbH
Heinrich-Hertz-Straße 30-32
40699 Erkrath
T: +49 211/209908-0 F: -90
www.minkon.de
info@minkon.de

9410 Thermoelemente

MINKON GmbH
Heinrich-Hertz-Straße 30-32
40699 Erkrath
T: +49 211/209908-0 F: -90
www.minkon.de
info@minkon.de

20.03 Datenerfassung und -verarbeitung

9502 Numerische Erstarrungssimulation und Prozessoptimierung

MAGMA Gießereitechnologie GmbH
Kackertstraße 16-18
52072 Aachen
T: +49 241/88901-0 F: -60
info@magmasoft.de
www.magmasoft.de

9522 Simulations-Software

MAGMA Gießereitechnologie GmbH
Kackertstraße 16-18
52072 Aachen
T: +49 241/88901-0 F: -60
info@magmasoft.de
www.magmasoft.de

August Mössner GmbH + Co. KG
Hohenstaufenstraße 3, 73568 Eschach
T: +49 7175/998060 F: -35
post@moessner-kg.de
www.moessner-kg.de

21 Werkstoffprüfung

21.01 Werkstoffprüfung und Werkstückprüfung

9600 Farbeindringmittel

HELLING GmbH
T: +49 41 22 922-0, F: -201
info@helling.de, www.helling.de

9678 Magnetpulverprüfmittel

HELLING GmbH
T: +49 41 22 922-0, F: -201
info@helling.de, www.helling.de
- für alle NDT-Verfahren

9759 UV-Leuchten

HELLING GmbH
T: +49 41 22 922-0, F: -201
info@helling.de, www.helling.de
- für alle NDT-Verfahren

22 Analysentechnik und Laboratorausrüstung

9865 Bildanalyse

August Mössner GmbH + Co. KG
Hohenstaufenstraße 3, 73568 Eschach
T: +49 7175/998060 F: -35
post@moessner-kg.de
www.moessner-kg.de

9948 Optische Emissionsspektrometer

SPECTRO Analytical Instruments GmbH
Boschstraße 10, 47533 Kleve
T: +49 2821 892-2100
www.spectro.com

9970 Probenentnahmesysteme

MINKON GmbH
Heinrich-Hertz-Straße 30-32
40699 Erkrath
T: +49 211/209908-0 F: -90
www.minkon.de
info@minkon.de

23 Lufttechnische Anlagen und Geräte

23.01 Drucklufttechnik

10080 Kompressoren

Aerzener Maschinenfabrik GmbH
P.O. Box 11 63, 31849 Aerzen
T: +49 515481-0 F: +49 515481-9191

23.02 Gebläse

10120 Gebläse, allgemein

Aerzener Maschinenfabrik GmbH
P.O. Box 11 63, 31849 Aerzen
T: +49 515481-0 F: +49 515481-9191

24 Umweltschutz und Entsorgung

10230 Umweltschutz und Entsorgung

Maschinenfabrik Gustav Eirich
GmbH & Co KG, Walldürner Straße 50,
74736 Hardheim, www.eirich.de

24.01 Entstaubungsanlagen

10280 Entstaubungsanlagen, allgemein

Nederman MikroPul GmbH
Industriestraße 9, 77948 Friesenheim
T: +49 7821/966-0, F: -245
www.nedermanmikropul.com
info.emea@nedermanmikropul.com

10400 Pneumatische Filterstaubförderung mit Druckgefäßen

STEIN INJECTION TECHNOLOGY GmbH
Hagener Str. 20-24, 58285 Gevelsberg
T: +49 2332/75742-0 F: /75742-40
stein@sit-gmbh.net, www.sit-gmbh.net

10440 Trockenentstaubungsanlagen

Nederman MikroPul GmbH
Industriestraße 9, 77948 Friesenheim
T: +49 7821/966-0, F: -245
www.nedermanmikropul.com
info.emea@nedermanmikropul.com

24.02 Filter

10500 Filter, allgemein

Nederman MikroPul GmbH
Industriestraße 9, 77948 Friesenheim
T: +49 7821/966-0, F: -245
www.nedermanmikropul.com
info.emea@nedermanmikropul.com

25 Arbeitsschutz und Ergonomie

10960 Arbeitsschutzartikel

RUDOLF UHLEN GmbH
Am Höfgen 13, 42781 Haan
T: +49 2129 1444 F: +49 2129 59980
info@aschua-uhlen.de
www.aschua-uhlen.de

11025 Hitzeschutzbekleidung und -handschuhe

Hohnen & Co. KG, 33604 Bielefeld
info@hohnen.de, www.hohnen.de

Eugen Weil Industrie-Service
Ohmstraße 1, 35315 Homberg/Ohm
T: +49 6633/826 F: -/5773
www.ewis.eu
Handschuhe für die Kernmacherei

26 Sonstige Erzeugnisse für Gießereien

26.02 Betriebsbedarf

11120 Asbestfreie Dichtungen

MINKON GmbH
Heinrich-Hertz-Straße 30-32
40699 Erkrath
T: +49 211/209908-0 F: -90
www.minkon.de
info@minkon.de

11125 Dicht- und Isolierprodukte bis 1260 øC

MINKON GmbH
Heinrich-Hertz-Straße 30-32
40699 Erkrath
T: +49 211/209908-0 F: -90
www.minkon.de
info@minkon.de

11150 Gießereibedarf, allgemein

Hohnen & Co. KG, 33604 Bielefeld
info@hohnen.de, www.hohnen.de

26.04 Auftrags-Kernfertigung

11182 Anorganische Verfahren

Kohlisch GmbH & Co. KG
An der Knorr-Bremse 9
58300 Wetter-Volmarstein
T: +49 2335 681833
F: +49 2335 681088
info@kohlisch.de
www.kohlisch.de

11184 Kalte Verfahren

Kohlisch GmbH & Co. KG
An der Knorr-Bremse 9
58300 Wetter-Volmarstein
T: +49 2335 681833
F: +49 2335 681088
info@kohlisch.de
www.kohlisch.de

27 Beratung und Dienstleistungen

11220 Gießerei-Beratung

GEMCO Engineers b.v.
Science Park Eindhoven 5053
NL-5692 EB Son
T: +31 40 2643607
eng@gemco.nl, www.gemco.nl

MAGMA Gießereitechnologie GmbH
Kackertstraße 16-18
52072 Aachen
T: +49 241/88901-0 F: -60
info@magmasoft.de
www.magmasoft.de

11230 Gießerei-Gutachten

KNIGHT WENDLING GmbH
Arnheimer Str. 118, 40489 Düsseldorf
T: +49 211 77006-0 F: -77
info@knightwendling.de
www.knightwendling.de

11250 Gießerei-Planung

GEMCO Engineers b.v.
Science Park Eindhoven 5053
NL-5692 EB Son
T: +31 40 2643607
eng@gemco.nl, www.gemco.nl

11253 Gussteile, Konstruktion und Beratung, Optimierung der Form-Kernherstell- und Gießtechnik

GEMCO Engineers b.v.
Science Park Eindhoven 5053
NL-5692 EB Son
T: +31 40 2643607
eng@gemco.nl, www.gemco.nl

11291 Managementberatung

KNIGHT WENDLING GmbH
Arnheimer Str. 118, 40489 Düsseldorf
T: +49 211 77006-0 F: -77
info@knightwendling.de
www.knightwendling.de

11298 Prozessoptimierung

GEMCO Engineers b.v.
Science Park Eindhoven 5053
NL-5692 EB Son
T: +31 40 2643607
eng@gemco.nl, www.gemco.nl

11310 Simulationsdienstleistungen

GEMCO Engineers b.v.
Science Park Eindhoven 5053
NL-5692 EB Son
T: +31 40 2643607
eng@gemco.nl, www.gemco.nl

11340 Umwelttechnische Beratung

GEMCO Engineers b.v.
Science Park Eindhoven 5053
NL-5692 EB Son
T: +31 40 2643607
eng@gemco.nl, www.gemco.nl

11342 Unternehmensberatung

KNIGHT WENDLING GmbH
Arnheimer Str. 118, 40489 Düsseldorf
T: +49 211 77006-0 F: -77
info@knightwendling.de
www.knightwendling.de

28 Gusserzeugnisse

11430 C-Stahlguss, legierter und hochlegierter Stahlguss

Maschinenfabrik Liezen und Gießerei
Ges.m.b.H. - www.mfl.at
Werkstraße 5, A-8940 Liezen
T: +43 3612 270-0, office@mfl.at

11489 Grauguss

Behringer GmbH
Maschinenfabrik und Eisengießerei
Industriestr. 23, 74912 Kirchardt
T: +49 7266 207-0 | info@behringer.net
www.behringer.net

Eisengiesserei Baumgarte GmbH
Duisburger Str. 35, 33647 Bielefeld
T: +49 521 4044-0 F: +49 521 401848
info@eisengiesserei-baumgarte.de
www.eisengiesserei-baumgarte.de

11496 Kunstguss

Ernst Strassacker GmbH & Co. KG
Kunstgiesserei
Postfach 1360, 73075 Süßen
mail@strassacker.de
http://www.strassacker.de
- Wachsausschmelzverfahren, Sandgussverfahren

11510 NE-Metall-Sandguss

Gebr. Kemper GmbH + Co. KG
Harkortstraße 5, 57462 Olpe
T: +49 2761/891-0
info@kemper-group.com
www.kemper-group.com

11540 Sphäroguss (Gusseisen mit Kugelgraphit)

Behringer GmbH
Maschinenfabrik und Eisengießerei
Industriestr. 23, 74912 Kirchardt
T: +49 7266 207-0 | info@behringer.net
www.behringer.net

Eisengiesserei Baumgarte GmbH
Duisburger Str. 35, 33647 Bielefeld
T: +49 521 4044-0 F: +49 521 401848
info@eisengiesserei-baumgarte.de
www.eisengiesserei-baumgarte.de

11547 Stahlguss

Maschinenfabrik Liezen und Gießerei
Ges.m.b.H. - www.mfl.at
Werkstraße 5, A-8940 Liezen
T: +43 3612 270-0, office@mfl.at

11550 Strangguss

T: +49 4961 986-150
sales-cc@de.rheinmetall.com
www.rheinmetall.com

KS Gleitlager GmbH, Werk Papenburg
Bronze-Stranggießerei
Friesenstraße 2, 26871 Papenburg

30 Informationstechnologie

11700 Formfüll- und Erstarrungssimulation

MAGMA Gießereitechnologie GmbH
Kackertstraße 16-18
52072 Aachen
T: +49 241/88901-0 F: -60
info@magmasoft.de
www.magmasoft.de

11800 Simulationsprogramme für Gießereiprozesse

MAGMA Gießereitechnologie GmbH
Kackertstraße 16-18
52072 Aachen
T: +49 241/88901-0 F: -60
info@magmasoft.de
www.magmasoft.de

31 Gießereien

31.01 Eisen-, Stahl- und Tempergießereien

11855 Eisengießereien

Behringer GmbH
Maschinenfabrik und Eisengießerei
Industriestr. 23, 74912 Kirchardt
T: +49 7266 207-0 | info@behringer.net
www.behringer.net

Inserentenverzeichnis